U0184103

全国教育科学"十三五"规划
2019 年度国家一般课题（BFA190054）阶段性成果

因果推断

在教育及其他社会科学领域的应用

黄斌 范雯 朱宇 著

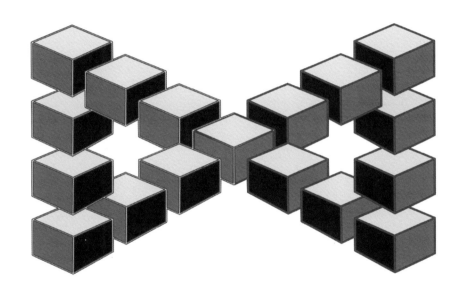

Causal Inference

applications in education and other social sciences

教育科学出版社

·北京·

作者简介

黄斌，香港中文大学哲学博士，南京大学教育研究院、陶行知教师教育学院教授，南京大学教育经济与管理研究所所长，研究方向为义务教育财政、教育经济微观计量分析，长期讲授微观计量方法前沿课程；主持国家社科基金青年项目和一般项目、江苏省社科基金重点项目、联合国教科文组织国际合作项目等，研究成果曾获江苏省哲学社会科学优秀成果一等奖、全国教育科学研究优秀成果三等奖，作为第一作者在《人口经济学杂志》（*Journal of Population Economics*）、《教育经济学评论》（*Economics of Education Review*）、《住房经济学杂志》（*Journal of Housing Economics*）、《中国经济评论》（*China Economic Review*）、《教育研究》、《北京大学教育评论》、《华东师范大学学报（教育科学版)》、《中国农村经济》、《教育与经济》等SSCI和CSSCI期刊发表论文30余篇；华东师范大学国家教育宏观政策研究院兼职研究员，兼任中国教育学会教育经济学分会常务理事、中国教育战略发展学会教育财政研究委员会常务理事、《华东师范大学学报（教育科学版)》编委等学术职务，为国内外十余家社科类学术期刊担任匿名审稿人。

范雯，爱尔兰都柏林大学经济学博
士，南京财经大学公共管理学院副教授，
研究方向为个体经济决策、公共教育政
策分析。相关研究成果发表于《政策建
模杂志》（*Journal of Policy Modeling*）、
《教育经济学评论》、《亚洲经济文汇》

（*Asian Economic Papers*）、《应用经济学快报》（*Applied Economics Letters*）
等 SSCI 期刊。欧洲劳动经济学协会会员，为《美国社会学评论》（*Ameri-
can Sociological Review*）、《基础与应用社会心理学》（*Basic and Applied So-
cial Psychology*）等社科类学术期刊担任匿名审稿人。

朱宇，剑桥大学经济学博士，英国
邓迪大学商学院讲席教授，研究方向为
教育经济与劳动经济，曾为欧盟职业培
训发展中心，英国教育部、就业和养老
金部，以及商业、创新和技能部，苏格
兰政府及英国皇家学会撰写咨询报告，

主持或参加英国教育部、英国社会科学院、纳菲尔德基金会等的多项重要
课题。在《英国教育研究杂志》（*British Educational Research Journal*）、
《牛津经济论文集》（*Oxford Economic Papers*）、《高等教育研究》（*Studies
in Higher Education*）、《比较经济学杂志》（*Journal of Comparative Econom-
ics*）、《人口经济学杂志》、《中国经济评论》、《教育经济学评论》等 SSCI
期刊发表论文 30 余篇，谷歌学术引用频次达 2700 余次。兼任《家庭与经
济问题杂志》（*Journal of Family and Economic Issues*）编委，德国的劳动经
济研究所（Institute of Labor Economics，IZA）和全球劳动组织（Global
Labor Organization，GLO）研究员，为近 50 家国际社科类学术期刊、国际
知名学术会议和多国（英国、德国、瑞士、波兰）科研基金担任匿名审稿
人和评审专家。

谨以此书献给我的岳母朱小蔓教授，她是我的学术启蒙者与领路人。

黄　斌

献给我的父母和游学归来的这十年。

范　雯

"人为什么要读书，知识分子为什么渴求读学术精品？究其主要原因，我认为，是因为学术精品中具有强大的文化的力量。……我们为什么需要学术中文化的力量，是因为……人活着太需要支撑我们生命的东西，太需要为我们每一天的生活得到鼓励和依据的东西，所以我们需要寻找自己为人做事的原则、信念乃至方式。"

——朱小蔓：《让读书支撑我们的生命》，2003 年

序

因果推断方法常用于评估教育及其他公共政策。当今世界各国政府制定公共决策已由依靠主观经验的传统模式向以客观证据为导向的科学模式转变，越来越依赖因果证据的获取，这促成了近 30 年因果推断方法的爆发式发展。当前，在各社会科学领域均有大量学者专门从事基于观测或实验数据的因果推断研究工作，因果推断方法已替代传统相关方法，成为微观计量领域的主流方法。社会科学的经验研究愈发苛求估计结果的因果效力，因果识别业已成为众多社会科学学术期刊用稿的通行"技术标准"。"无因果不发表"，一项计量研究能否通过期刊同行评议，在很大程度上取决于其运用方法的规范性与因果识别的有效性。

与因果推断方法在学术市场蓬勃发展形成鲜明对比的是，有关因果推断方法的专业书籍和教材严重匮乏。目前，市面上销售的绝大多数微观计量方法教材和工具书在内容编排上依然以探索变量间相关关系为主线，所讲授的方法大都是早已绝迹于"计量江湖"的"死方法"，即便涉及部分因果推断方法，也只是散落于书中各章节，不成体系。2005 年后，国内外计量经济学家陆续出版了一些因果推断方面的专业书籍和教材，其中不乏优秀者，但这些书籍和教材大都面向有经济学背景的读者，表述高度数学化，令非经济学背景的读者阅读起来十分困难。

1

2011 年，我开始为研究生讲授微观计量方法前沿课程，所教授的学生中有很大一部分在本科阶段未修读计量经济学或其他相关统计课程。因此，于我而言，授课的一个重要目标是让这些"零起点"或"低起点"的学生能通过一学期 2 或 3 学分的课程学习，掌握各类因果推断方法的基本原理并具备将所学方法应用于研究实战的能力。五年前，有感于现有出版物与研究、教学实际所需之间的严重脱节，我产生了为非经济学背景读者撰写一本因果推断方法书的念头，并立即着手系统地收集、阅读相关文献。"一读文献深似海"，一方面是有巨量的过往文献需补充阅读，另一方面是新发表的重要文献层出不穷。文献越读越多，可越读越不敢下笔。正所谓"想得清楚不如说得清楚，说得清楚不如写得清楚"，想都未想清楚，如何敢下笔呢？直至 2020 年年初，课程教学工作受疫情影响转为线上，教师们需录制课程视频，交予学生自学。录制课程视频不比常规授课，知识讲授需前后贯通且一次成型。我耗费两个多月重新整理读书笔记和授课讲义，将全套课程视频录制完毕，总算是跨过"想得清楚"和"说得清楚"阶段，方有勇气开始试写一些章节。不曾想，进展十分顺利，一年时间便完成全书初稿，之后将其作为预印教材投入课堂教学实战。我边教学边对书稿进行修改和完善，终于在虎年农历新年前夕完成修改。

本书有三重定位：一是作为教育学、经济学、公共管理学、社会学、政治学等专业高年级本科生和研究生研修因果推断方法的初、中级教材；二是作为指引社会科学领域研究者从事微观计量应用研究的方法工具书；三是作为系统梳理和评述近年来因果推断方法前沿发展的专业书籍。当前，社会科学研究实现因果推断有随机对照实验和准实验（或自然实验）两种方法。本书主要对准实验方法进行系统讲解，囊括了目前常用于社会科学领域观测数据因果分析的主要方法。全书共分六讲，分别是：计量分析的起点、线性回归分析、倍差法、工具变量、断点回归和匹配法。前两讲为读者奠定微观计量基础，后四讲详细介绍四种常用的准实验方法。在后四讲中，每一讲大致分因果识别策略、估计方法、实例讲解、Stata 操作四部分进行讲解。

与同类出版物相比，本书有以下三方面特点。

一是注重非经济学背景读者的"用户体验"。本书从交叉表格、回归控制等初阶方法入手，循序渐进地向读者介绍各种因果推断高阶方法。作者尽量采用非技术表述，并穿插大量的图表及漫画，降低读者的阅读难度，激发读者对枯燥计量方法的学习兴趣。各讲开篇均有题记、思维导图与导语，将读者引入本讲学习；结尾处有"结语"，帮助读者回顾整讲的内容与要点，并推荐延伸阅读文献，指引读者通过其他文献进行补充学习。本书在知识讲授顺序上亦异于其他同类读物。绝大部分因果推断方法书籍开篇从反事实分析框架与随机实验谈起，其中涉及不少非常重要但相对抽象的统计概念、假设与定理。基础薄弱的读者可能会觉得这部分内容晦涩难懂，不知学习这些概念、假设和定理有何作用，入门不得其法，便会过早放弃对方法的学习。为此，本书作者特意调整了讲授顺序，先介绍变量间关系，教会读者如何运用图形工具理解各类型因果识别策略，在帮助读者明白"为何识别变量间因果关系如此重要，又如此之难"这一核心问题之后，才徐徐进入对因果推断方法的学习。在书中，作者未将反事实分析框架与随机实验单独设一章，而是将它们融入倍差法的讲解，这也正是为便于读者理解而有意为之。

二是注重培养读者对方法学习的"设计感"。因果推断非常强调研究设计的有效性。仅学习方法的统计原理，读者无法明白在特定的研究情景中和数据环境下如何形成有效的因果识别。为此，本书除第一讲外，其余各讲都设有一节专门用作实例讲解，以文献解读与对话的方式，带领读者领略各种因果推断方法在实际研究中的"妙用"。所讲解的文献均选自经济学、教育学的重要学术期刊，所讨论的议题包括最低工资政策、小班化教学、延长学生在校学习时间、大学生转换专业、学生奖助学金、教育收益率、学区房溢价、离婚的性别不平等、农村道路修建等，不同学科背景的读者对于这些大众化议题应不会感到陌生。

三是注重对读者方法学习的实战训练。学习计量方法极强调实用性，好的方法教科书和工具书应让读者"学完即能用"。为达成这一目的，本书每一讲均设有一节专门用于呈现 Stata 统计软件操作过程，对实现各类方法的 Stata 命令及程序进行细致讲解。随书奉送实例数据和 do 文件，方便读者跟随书中讲解重复软件操作的全过程，增强读者的实战应用能力。

本书得以撰写完成，需感谢众多学界好友的帮助和支持。本书的合作者范雯老师协助我完成了三讲的 Stata 操作数据收集、do 文件编写及解说文字撰写工作。范老师与我同在一个科研团队，她是都柏林大学经济学博士，计量功底扎实，治学严谨。为保证实例数据操作的顺畅性，我们常在线上讨论至深夜，书中许多内容的撰写思路都得益于她的启发。本书的另一位合作者朱宇教授负责全书的审校工作。朱老师较我年长，是我深交多年的好友，我与他一直保持着非常愉快的科研合作关系。朱老师早年留学欧洲，获剑桥大学经济学博士学位，他学养深厚，为人谦和，既是我的益友，更是我的良师。此外，我要感谢远在美国的弟子徐彩群博士。徐博士人在异乡，工作和学习压力极大，却主动提出协助我完成最后一讲中匹配法操作数据和 do 文件的整理工作，并热心帮助我寻找到不少早年的计量文献。感谢《华东师范大学学报（教育科学版）》主编杨九诠教授的支持。2020 年 9 月，杨主编联合陕西师范大学教育实验经济研究所与我领导的教育经济科研团队在南京成功举办"教育随机实验与准实验研究：理论、方法与中国经验"研讨会，在线观看人次达 3 万余。在教育领域竟有如此多学生和研究者对因果推断方法感兴趣，是我始料未及的，这极大激发并坚定了我将此书撰写完成的信心和决心。感谢南京师范大学姚继军教授、北京师范大学郑磊副教授和华东师范大学曹妍副教授，三位老师第一时间推荐自己的学生观看我的方法课视频，并反馈了许多有益的意见。感谢南京财经大学公共管理学院李晓鹤老师、曾迪洋老师，两位老师热心帮忙通读了本书初稿并给出许多专业且细致的建议，她们同为本书的"第一读者"。感谢研究生何沛芸、冯碧云、廖彬、陆琳、唐恒等同学费时费力帮助我完成书稿的最后一遍校稿工作。特别感谢本书责任编辑翁绮睿，她对书稿逐字逐句进行审核，对每一处引用的出处及内容进行核实，其工作负责任之态度令人感佩。为坚定写下去的决心，我常在朋友圈"晒"刚写成的文稿，许多师长、学友总是纷纷点赞并留言表示鼓励和支持，没有他们一路相伴，此书恐怕永远无法完成！

此书于我而言，意义重大。有好友曾云："少不做理论，老不学方法。"我年岁已奔五十，依然在学习方法的道路上不断向前探索，从全力奔跑到步履蹒跚。回想十余年前刚入读香港中文大学，第一次步入大学图书馆二楼藏书室时，书架重重叠叠，满眼望去全是外文专业书籍，不禁感慨："这怎么读的完啊！"是啊，读是读不完的，但还得继续读。本书可算是我自博士毕业以来学习微观计量方法的一份读书报告。既然是读书报告，我不敢奢望自己能有什么创见或创新，只希望尽我所能，将我所读到的、学到的、领悟到的如实地报告给各位读者，仅此而已。

是为序。

于南京鸡鸣寺兰园

2022 年 1 月 30 日

目　录

表目录

图目录

第一讲　计量分析的起点

"既然我们的目的是要得到认识，又，我们在明白了每一事物的'为什么'（就是说把握了它们的基本原因）之前是不会认为自己已经认识了一个事物的，所以很明显，在生与灭的问题以及每一种自然变化的问题上去把握它们的基本原因，以便我们可以用它们来解决我们的每一个问题。"

——亚里士多德（Aristotle）（1982, pp. 49 –50）

"在过去的十年间，部分得益于图形模型的进步，因果论经历了一次重大转变：它从一个笼罩着神秘色彩的概念转变为一个具有明确语义和逻辑基础的数学对象。悖论和争议得以解决，含糊的概念得以阐明，那些长期被认为是形而上的或无法处理的有赖于因果信息的现实问题，现在借助初等数学就可以得到解决。简而言之，因果论已经完成了数学化。"

——朱迪亚·珀尔（Judea Pearl, 2009, p. xv）

"在得出结论之前，先画出你的假设吧。"

——米格尔·赫尔南、

詹姆斯·罗宾斯（Miguel A. Hernán &

James M. Robins, 2020, p. 69）

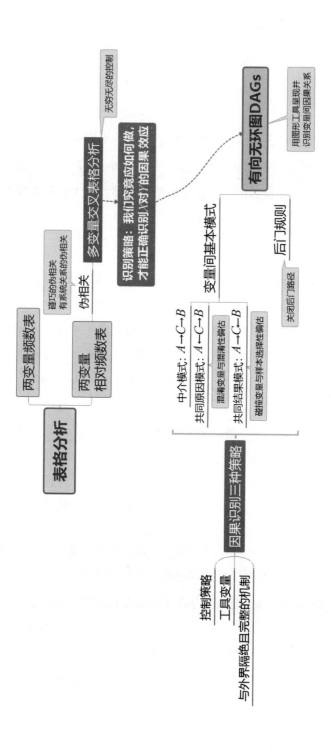

　　这是一个信息大爆炸的时代。现代人类手握各种信息技术利器，可以轻易地获取海量的数据。然而，获取数据不是目的，揭示数据背后所蕴含的知识才是目的。数据可以告诉我们很多故事，比如目前国人的平均收入水平有多高，与之前相比是增加还是减少了，与其他国家相比处于何种水平，这些都属于描述性知识。再比如，它还可以告诉我们国人的收入水平会由于个人性别、教育水平、所居住的地域的不同而存在多大差异，这些属于相关性知识。描述性知识和相关性知识都是非常有益的信息，它们能帮助我们快速了解世界的整体状况。但还不够！因为我们不仅希望了解自身所处的物质世界和精神世界是怎样的，还希望了解它为什么会是这样的，以及它未来应该怎样。描述性知识和相关性知识只是单纯通过对数据的概要分析来刻画事实，它只能回答"是什么"的问题，不涉及探究事件与事件之间的因果联系。因果必定相关，而相关未必是因果。因果知识对于指导人类社会正常和健康发展来说是极为必要和重要的。唯有含有因果关系内容的知识，方可解答"为什么"与"应如何"的问题，为人类下一步的行动提供可信的指引。正如古希腊先哲亚里士多德在其《物理学》一书中所指出的，我们只有了解了事物的根本原因，才真正获取了有关它的知识，才能真正将知识用于解决现实中所存在的问题（亚里士多德，1982，pp. 49 - 50）。

　　"对于因果关系方面的知识来说，数据没有任何发言权。"（珀尔，麦肯齐，2019，p. XXIII）因果解释只存在于数据之外人类的想象和逻辑推理之中。我们需先构建出因果模型，并在它的指导下从现实世界中获取数据，或对已有数据进行挖掘和分析，才可能获得具有因果意义的知识。事实上，因果推断的思维早已存在于人类意识之中。人们脑中储存了大量的因果知识：远古人明白，在狩猎时团结协作要比单枪匹马能收获更多的猎物；现代上班族只要早上出门发现下雨，就会立刻意识到当天早高峰会大堵车。虽然人类早已掌握并习惯于运用因果思维进行行为决策，但总是缺少科学的方法去捕捉它。长久以来，因果思维未被模型化和数学化，因果推断方法未得到系统发展，这极大地阻碍和限制了因果知识在改善人类生活方面的作用的发挥。

　　早在 100 多年前，现代统计学的开创者弗朗西斯·高尔顿（Francis Galton）和卡尔·皮尔逊（Karl Pearson）为验证查尔斯·达尔文（Charles R. Darwin）提出的物种起源理论，一头扎进"是什么引发了遗传？"的因果问题研究中，之后却不自觉地转向"遗传具有何种表现？"的相关问题研究。他们研究取向的转变直接导致统计学在之后 100 年走向了相关分析的发展"歧路"。值得庆幸的是，自 20 世纪七八十年代以来，经过唐纳德·鲁宾（Donald B. Rubin）、朱迪亚·珀尔（Judea Pearl）等一批学者的努力，专门用于因果识别的数学语言和分析框架被系统地建立起来，与之有关的理论和应用研究都取得了长足的进步。目前，因果推断方法已被大量地应用到经济学、人工智能、医学、心理学等领域研究中，并快速向教育学、社会学、政治学等其他社会科学领域渗透。对因果知识的追求极大地提高了我们对数据分析的"品位"，但要想精通因果推断方法，并不容易。凡事总要由简入繁，此刻我们需先放下身段，从最基础的分析工具开始学起。

第一节　交叉表格与相关分析

　　表格（tabulations）算得上是最古老的统计工具。在日常生活和商业活动中，我们经常使用表格对数据进行分类、归集和分析。学童在小学四五年级就开始学习如何绘制和解读单变量频数分布表（one-way frequency distribution table）。本书第一作者的大儿子邈五年级时，就曾在班上发起过"学校午餐中你最喜欢哪个菜品？"的调查，他自行设计问卷并实施调查，将收集到的数据汇集成表格。如表 1.1 所示，表头呈现了学校午餐经常提供的五个菜品，每个表格单元（cell）中的数据表示选择某菜品为自己最喜欢菜品的学生的累积人数，我们将它称为频数（frequency）。该表呈现了班级同学选择某菜品为自己最喜爱菜品的人数分布情况，即频数分布（frequency distribution）。结果一目了然，学生们的口味分布有着很强的集中度，他们对于炸鸡腿和西红柿炒鸡蛋的热爱是其他菜品远不能及的。这个分析过程既简单，又切中问题要害，完全符合科学训练的整个流程：首先提出研究问题"学校午餐中哪个菜品最受同学们喜爱？"，然后找到合适的统计工具，包括设计问卷、实施调查并绘制频数表，最后根据统计结果回答研究问题。事实上，科学的计量研究大都遵循以上流程，只是专业的研究者所提的问题要比邈的研究问题更加复杂，所使用的工具更加先进而已。

表 1.1 "学校午餐中你最喜欢哪个菜品？"的频数分布

（单位：人）

	炸鸡腿	炒青菜	西红柿炒鸡蛋	红烧带鱼	青椒炒肉丝	合计
人数	21	0	18	1	1	41

虽然邈的调查作业最终获得老师五颗星的好评，但他的研究设计还是偏简单，其中只涉及一个变量"你最喜欢的菜品"。如果他能尝试在分析中再增加一个变量，就有机会得到更多有趣的结论。譬如，他可以考虑增加一个性别变量，对"男生和女生对菜品的喜爱是否不同？"这一问题做出回答。

单变量统计分析最多只能对单个变量的分布特征进行描述，无法反映不同变量之间存在怎样的联系，而如果我们不能发掘出不同变量之间的联系，就不能为特定的事件为什么会发生提供解释，也就断绝了运用计量分析构建或验证特定理论的可能。什么是理论？根据《牛津英语词典》的解释，理论就是"试图对某事件为何会发生或存在做出解释的一种想法"[①]。

---

① 释义原文为"a formal set of ideas that is intended to explain why sth happens or exists"。

可见，理论并不需要宏大叙事和抽象建构，它没有我们想象的那么"高大上"，任何一种有关两种或多种变量"谁引起谁"（what cause what）或者它们之间为什么及如何发生联系的想法，都有机会成为理论（Treiman，2009，p. 2）。从这一角度看，邂与生产理论或许只差一个性别变量。

一、 两变量交叉表格

那么，如何利用表格实现多变量之间的关系分析呢？接下来，我们看一个正式的例子。20 世纪 60—70 年代，美国经济学家西奥多·舒尔茨（Theodore W. Schultz）、加里·贝克尔（Gary S. Becker）和雅各布·明瑟（Jacob Mincer）发表了一系列重要著作和文章，共同创建了人力资本理论，为之后教育经济学的发展奠定了重要的理论基础（Schultz，1963；Becker，1993；Mincer，1974）。人力资本理论认为，教育是一种极为重要的人力资本投入方式，接受教育能提高个人的劳动生产力，进而增加个人的收入。有众多学者利用不同国家数据就教育对个人收入的因果效应（即教育收益率或回报率）进行计量分析，期望以经验证据证明人力资本理论。虽然绝大多数计量研究结果表明，接受学校教育确能对个人未来收入产生提升作用，但由于不同国家及同一国家不同地区所实行的教育、经济与社会制度各不相同，因此不同研究所估计得到的教育收益率存在一定的差别（Psacharopoulos，1981；Psacharopoulos & Patrinos，2004）。本书第一作者黄斌与钟晓琳（2012）曾采用 2009—2010 年浙江、安徽和陕西三省农村入户调查数据，就中国农村地区的个人教育收益率进行过估计。以下，我们用该研究的实例数据，向读者展示如何利用交叉表格就多变量间关系进行计量分析。

我们的研究问题是"在农村地区，个人受教育程度对收入水平是否具有因果效应？"。其中涉及两个变量。

一是被调查者的受教育程度，记为 edu。通常情况下，该变量为连续型变量①，用个人所受教育的实际年限对该变量赋值（code）。例如，被调查者如果是小学毕业，$edu=6$，如果是初中毕业，$edu=9$，以此类推。为方便做表格分析，我们采用离散（非连续）赋值的方式来反映个人受教育程度，即以个人所获教育文凭的层次进行赋值：未上过学，$edu=1$；小学文凭，$edu=2$；初中文凭，$edu=3$；高中文凭，$edu=4$；大专文凭，$edu=5$；本科及以上文凭，$edu=6$。

二是被调查者的月平均收入水平，记为 $income\_level$。同样为便于做表格分析，我们按照样本中被调查者月平均收入水平的 25 百分位数（250元）和 75 百分位数（1000 元），将个人收入水平分为三类：月平均收入低于或等于 250 元为低收入者，$income\_level=1$；月平均收入高于 250 元且低于或等于 1000 元为中等收入者，$income\_level=2$；月平均收入高于 1000 元为高收入者，$income\_level=3$。

依据人力资本理论，这两个变量的假设关系是教育影响收入，因此在计量分析中，个人收入水平是结果变量（outcome variable）或因变量（dependent variable），个人的受教育程度是自变量（independent variable）。同样利用频数分布方法，我们可以绘制出交叉表格（见表 1.2）。该表格看似一个矩阵，个人受教育程度置于行，分为 6 类，收入水平置于列，分

---

① 根据测量数据的特征，通常把变量分为四类：定类（nominal）、定序（ordinal）、定距（interval）和比率（ratio）。（1）定类变量只用于判定测量对象的类别，不同类别之间不能进行数值大小排序，因此定类变量不能做加、减、乘、除运算。我们对变量做类别划分，要囊括测量对象所有可能的类别，并且不同类别之间应相互排斥，如男性与女性、国内和国外，以及东部、中部和西部。（2）定序变量的特点是它能对测量对象在数量、价值或层次上做有序排列，但它不提供不同类别之间的距离信息，因此也不能做加、减、乘、除运算，如满意度分高、中、低，但高满意度与中满意度之间满意程度的差别和中满意度与低满意度之间满意程度的差别未见得是相同的。（3）定距和比率变量在特征上十分相近，它们的区别在于定距变量没有实质意义上的零值，定距变量取零值，不代表"无"或"没有"，因此定距变量只能做加、减运算，不能做乘和除，而比率变量的零值有实质意义，可以做加、减、乘、除运算。例如，温度、智商分数和职业声望就是定距变量，这些变量的测量值等于零不代表没有温度、智商和职业声望。在本例中，教育和收入变量都属于比率变量，都可近似为连续变量。我们将这两个比率变量都"降维"为定序变量，是为了便于做交叉表格分析。一般情况下，定距和比率变量所包含的数据变异信息要比定类和定序变量更加丰富，因此将"高等级"的定距或比率变量转化为"低等级"的定类或定序变量进行计量分析，会导致数据变异信息无谓丢失，是不可取的做法。

为 3 类，于是就形成 6×3＝18 个表格单元。每个单元中的数据分别表示被调查者归于不同受教育程度和收入水平组合之下的累积人数。在行方向和列方向上各有合计数。从行、列合计数看，在受教育程度的频数分布上，初中教育层次的人数最多，本科及以上层次的人数最少；在收入水平的频数分布上，收入处于中等水平的人数最多，低收入和高收入人数相当。除此之外，该表似乎不能告诉我们更多的信息。

表 1.2　农村地区个人受教育程度与收入水平的频数分布

（单位：人）

| | 受教育程度 | | | | | | 合计 |
	未上过学	小学	初中	高中	大专	本科及以上	
低收入	118	215	279	49	8	2	671
中等收入	89	342	533	164	34	18	1180
高收入	7	121	249	100	36	33	546
合计	214	678	1061	313	78	53	2397

注：各表格单元中的数据表示各分类组合的频数。

从实现相关分析功能的角度看，频数分布表几乎是"无用"的工具，因为不同的受教育程度和收入水平类别的合计人数是不同的，不同类别的频数不能直接做数值大小的比较。譬如，在具有高收入的被调查者中，拥有初中文凭的人数（249 人）要比拥有本科及以上文凭的人数（33 人）多得多，但这说明不了什么，因为在被调查者中拥有初中文凭的人数（1061 人）原本就是最多的。

为实现变量间关系分析，我们需在表 1.2 的基础上增加相对频数（relative frequency）信息。如表 1.3，我们增加了比例数（表中括弧内数据），分别表示各表格单元频数占列向频数合计数的比例。譬如，根据第一行表格单元，我们可以看出未上过学且为低收入者的人数为 118 人，占未上过学总人数（214 人）的 55.14%，而受教育程度为本科及以上且为低收入者的人数为 2 人，占受教育程度为本科及以上总人数（53 人）的比例仅为 3.77%。再譬如，根据第三行表格单元，未上过学且为高收入者的仅有 7 人，占未上过学总人数（214 人）的 3.27%，而受教育程度为本科及以上且为高收入者的人数为 33 人，占受教育程度为本科及以上总人数（53 人）的比例为 62.26%。这些相对频数对比分析充分说明，随受教育程度的升高，取得低收入的人数占比在不断下降，而取得高收入的人数占比在不断升高，表明被调查者的受教育程度与收入水平之间存在正相关关系。

利用皮尔逊卡方检验（Pearson chi-squared test），我们可以对这两个变量是否存在显著的相关关系进行检验。卡方检验的零假设是：变量间不存在相关性。检验结果显示卡方值 $\chi^2 = 213.08$，概率值 $p < 0.0001$，这表明受教育程度和收入水平两变量不相关只是一个极小概率事件，因此拒绝零假设，承认两变量存在显著的相关性。

表 1.3　农村地区个人受教育程度与收入水平的相对频数分布

| | 受教育程度 | | | | | | 合计 |
	未上过学	小学	初中	高中	大专	本科及以上	
低收入	118	215	279	49	8	2	671
	(55.14%)	(31.71%)	(26.30%)	(15.65%)	(10.26%)	(3.77%)	(27.99%)
中等收入	89	342	533	164	34	18	1180
	(41.59%)	(50.44%)	(50.24%)	(52.40%)	(43.59%)	(33.96%)	(49.23%)
高收入	7	121	249	100	36	33	546
	(3.27%)	(17.85%)	(23.47%)	(31.95%)	(46.15%)	(62.26%)	(22.78%)
合计	214	678	1061	313	78	53	2397
	(100.00%)	(100.00%)	(100.00%)	(100.00%)	(100.00%)	(100.00%)	(100.00%)

注：各表格单元中第一行数据表示各分类组合的频数（单位：人），下面括弧内数据表示各分类组合频数占列向频数合计数的百分数。

皮尔逊卡方检验

皮尔逊卡方检验是用于检验实际观测值与理论推测值相似度大小的一种传统检验法。该检验一般用于多个定类或定序变量之间的相关性检验。

卡方检验的零假设是变量间关系是独立的，即不存在相关性。如本例，有个人受教育程度和收入水平两个变量。我们根据调查数据计算出每个表格单元的频数，这是实际观测值（记为 f_0）。如表 1A.1 的第一个表格单位，未上过学且为低收入者的频数为 118 人，这就是实际观测值。如果零假设成立，即两变量是无关的，我们可以据此为每个表格单元计算出一个理论推测值（记为 f_e）。如本例，样本中未上过学的总人数为 214 人，而低收入者有 671 人，占样本总数的 27.99%。如果受教育程度与收入水平确实是无关的，那么在未上过学的 214 人中应该有 27.99% 为低收入者，即有 $f_e = 214 \times 27.99\% = 59.90$ 人。按此逻辑，我们可以将所有表格单元的理论推测频数都计算出来，即表 1A.1 中所有带 * 的数。

表 1A.1　农村地区个人受教育程度与收入水平的频数分布和理论推测频数分布

	受教育程度						合计
	未上过学	小学	初中	高中	大专	本科及以上	
低收入	118	215	279	49	8	2	671
	59.90*	189.77*	296.97*	87.61*	21.83*	14.83*	(27.99%)
中等收入	89	342	533	164	34	18	1180
	105.35*	333.78*	522.33*	154.09*	38.40*	26.09*	(49.23%)
高收入	7	121	249	100	36	33	546
	48.75*	154.45*	241.70*	71.30*	17.77*	12.07*	(22.78%)
合计	214	678	1061	313	78	53	2397
	(100.00%)	(100.00%)	(100.00%)	(100.00%)	(100.00%)	(100.00%)	(100.00%)

注：表中各单元带 * 的数表示理论推测频数（单位：人）。

有了 f_0 和 f_e 值后，采用以下公式可以计算出卡方统计量：

$$\chi^2 = \sum \frac{(f_0 - f_e)^2}{f_e}$$

该统计量符合自由度为 $(R-1)(C-1)$ 的卡方分布，其中 R 和 C 分别表示行变量和列变量的分类数量。如本例，$\chi^2 = 213.08$，行变量有 6 类，列变量有 3 类，于是自由度为 $5 \times 2 = 10$。通过查卡方分布临界值表可知，零假设"受教育程度与收入水平不相关"成立的概率值小于 0.0001，这是一个极小概率事件，因此拒绝零假设，接受"受教育程度与收入水平相关"。

绘制相对频数分布表，需注意两点：一是分清谁是自变量，谁是结果变量。如本例，受教育程度是自变量，收入水平是结果变量，因此各表格单元中的百分数应为具有相同受教育程度的被调查者中处于不同收入水平者的比例，不能颠倒。二是需在表中加入百分数的 100% 合计数，让读者明白应从哪个方向解读数据。如本例，100% 合计数在列方向，于是我们应这么解读："随受教育程度的上升，低收入和中等收入人群所占比例在不断下降，而高收入人群所占比例在不断上升。"

利用相对频数分布表，我们验证了个人受教育程度与收入水平之间存在显著的相关关系。但细心的读者会发现，我们在行文中"偷偷"改变了对这两个变量关系的用词。在本节开端，我们抛出的研究问题是"个人受教育程度对收入水平是否具有因果效应？"，而之后我们"偷偷"将"因果"换成了"相关"。因果必定相关，而相关未必是因果。使用交叉表格至多只能验证变量间相关关系，我们通过交叉表格只观测到不同变量发生了共同变化，但存在共同变化就一定表示存在因果关系吗？不一定！为获得因果结论，我们还需做更多的计量探索。

二、 伪相关

社会科学的研究对象是人及其行为，人与人每天都会发生大量的行为互动，由此导致事件与事件之间极易通过已知或未知的机制发生联系。大部分事件发生相关并不是因为它们之间确有因果关系，而是因为它们通过其他变量发生了联系。更要命的是，现实中还存在大量纯属巧合的相关现象，它们之间并未通过任何机制产生联系，运气使然而已。如果你手边掌握一些数据，不妨尝试随意挑选两个变量，就它们的变化趋势进行刻画，就会惊奇地发现一些在我们想象中根本不可能有关联的事件却在数量变化上呈现一定程度的相关性。

美国数据信息分析专家泰勒·维根（Tyler Vigen）在其专著《伪相关》（*Spurious Correlations*）中列举了不少有趣的"纯属巧合"的相关（Vigen，2015），我们从中摘取了两个范例。如图 1.1，上图描绘了1999—2009 年美国每年从挪威进口的原油数量和与火车相撞导致的汽车司机死亡人数的变化趋势，下图描绘了 1999—2009 年美国每年泳池溺水死亡人数和影星尼古拉斯·凯奇主演的影片上映数量的变化趋势。从图中的变化趋势看，两对事件在数量上呈现出极相似的起伏变化特点，它们的皮尔逊相关系数①分别为 0.95 和 0.67，表明这两对事件在数量变化上具有强相关关系。但事实上，它们都是无关事件，至少没有足够的理由能使我们相信这两对事件之间是有关的。我们宁愿相信它们的数量变化表现只是一种巧合，是一种伪相关。判定变量间关系首先要满足事实逻辑，如果道理讲不通，那么无论获得多么漂亮的数据分析结果，都是无用的，甚至是有害的。

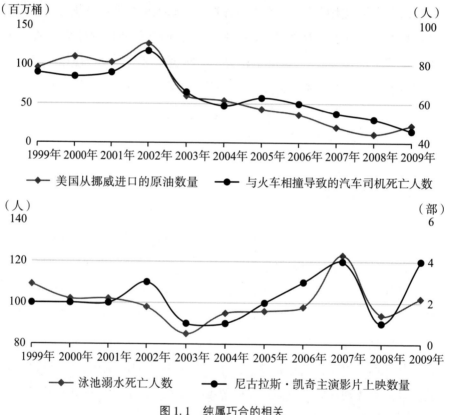

图 1.1　纯属巧合的相关

注：数据来源于泰勒·维根为《伪相关》一书专门开设的网站：http：//tylervi-gen. com/spurious-correlations。

———————————

①　皮尔逊相关系数是反映变量间线性相关程度大小的统计量。设有两个变量 X_1 和 X_2，它们的皮尔逊相关系数为：$r = \mathrm{cov}\ (X_1,\ X_2)\ /\ \sqrt{\mathrm{var}\ (X_1)\ \mathrm{var}\ (X_2)}$，其中，$\mathrm{cov}\ (X_1,\ X_2)$ 为变量 X_1 和 X_2 的协方差，$\mathrm{var}\ (X_1)$ 和 $\mathrm{var}\ (X_2)$ 分别为变量 X_1 和 X_2 的方差。一般认为，两变量的皮尔逊相关系数达 0.6 以上，即具有强相关关系。

除巧合外，还有一种伪相关是由于遗漏重要变量引发的。如上文中农村地区个人受教育程度与收入水平的范例，我们完全有理由相信存在"第三变量"，该变量同时是个人受教育程度与收入水平的"因"，个人受教育程度与收入水平之所以发生相关，是这个共同的"因"在发生作用。

例如，性别变量就可能充当这个"第三者"的角色。由于制度性或非制度性的歧视，男性和女性在受教育权利和收入上存在着差异。性别变量也是定类变量，记为 $gender$，取值 0 和 1：男性，$gender = 1$；女性，$gender = 0$。

如图 1.2 所示，受教育程度之所以与收入水平在数量变化上呈现相关性，很可能并不是因为教育对收入具有系统性影响，而是因为性别对个人受教育程度和收入水平同时有影响。男性获得比女性更多的受教育机会，从而接受了更多的教育，并且男性在收入分配上拥有对女性的"统治地位"，由此导致男性平均收入水平较女性高。性别同时是个人受教育程度和收入水平的"因"。学界将此种对其他变量具有"共同原因"（common cause）作用的变量称为"混淆变量"（confounder or confusing variable）。混淆变量会导致伪相关，我们必须在因果计量分析中控制混淆变量。

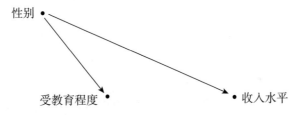

图 1.2　性别作为混淆变量

为证实性别作为混淆变量的影响，我们采用交叉表格分别对性别与个人受教育程度、性别与个人收入水平的相关性进行分析。如表 1.4 所示，女性中未上过学的人数占比明显高于男性，而女性中具有初中和高中文凭的人数占比比男性低。总体看，性别与个人受教育程度呈正相关。根据皮尔逊卡方检验，性别与受教育程度相关度的 $\chi^2 = 69.89$，在 0.01 水平上通过了显著性检验。

表 1.4　农村地区性别与个人受教育程度的相对频数分布

	性别		合计
	女性	男性	
未上过学	145	69	214
	（13.90%）	（5.10%）	（8.93%）
小学	304	374	678
	（29.15%）	（27.62%）	（28.29%）
初中	426	635	1061
	（40.84%）	（46.90%）	（44.26%）
高中	112	201	313
	（10.74%）	（14.84%）	（13.06%）
大专	40	38	78
	（3.84%）	（2.81%）	（3.25%）
本科及以上	16	37	53
	（1.53%）	（2.73%）	（2.21%）
合计	1043	1354	2397
	（100.00%）	（100.00%）	（100.00%）

注：各表格单元中第一行数据表示各分类组合的频数（单位：人），第二行括弧内数据表示各分类组合频数占列向频数合计数的百分数。

表 1.5 呈现的是性别与个人收入水平的相对频数变化关系，两者相关性表现得比性别与受教育程度的相关性更加明显。女性中低收入者占比高达 40.17%，而男性低收入者占比不足 20%。相比之下，女性中高收入者占比为 13.23%，男性高收入者占比达 30.13%。性别与收入水平的相关关系同样为正，皮尔逊卡方检验显示这一正相关关系是显著的（$\chi^2 =$ 174.32，在 0.01 水平上显著）。

表 1.5　农村地区性别与个人收入水平的相对频数分布

	性别		合计
	女性	男性	
低收入	419	252	671
	（40.17%）	（18.61%）	（27.99%）

（续表）

	性别		合计
	女性	男性	
中等收入	486	694	1180
	（46.60%）	（51.26%）	（49.23%）
高收入	138	408	546
	（13.23%）	（30.13%）	（22.78%）
合计	1043	1354	2397
	（100.00%）	（100.00%）	（100.00%）

　　注：各表格单元中第一行数据表示各分类组合的频数（单位：人），第二行括弧内数据表示各分类组合频数占列向频数合计数的百分数。

　　既然证据显示性别与个人受教育程度、收入水平都存在相关，那么就必须控制性别这个变量。此时，摆在我们面前的问题就变成："在控制性别变量的条件下，受教育程度与收入水平的正相关关系还能成立吗？"如何实现对性别变量的控制呢？在英文文献中，"控制"一词常用"controlling"表示，它有两个同义词"conditioning"和"stratification"，中文分别译为"以……为条件"和"以……分层"。无论使用"控制某变量"还是"以某变量为条件""以某变量分层"进行表述，实际上表达的都是同一含义，即"在保持某一或某些变量取值不变的条件下"。如本例，我们要控制性别变量，那么就要在保持性别变量取值不变的条件下审视个人受教育程度和收入水平之间的关系。性别变量取值为 1 和 0，分别表示男性和女性，于是控制性别就相当于将总样本拆分为男、女性两组，在男、女性各自组内形成个人受教育程度和收入水平交叉表格，再分别进行相关性分析，结果如表 1.6 所示。

表 1.6　农村地区男、女性个人受教育程度与收入水平的相对频数分布

	男性						合计
	未上过学	小学	初中	高中	大专	本科及以上	
低收入	27	74	116	29	5	1	252
	（39.31%）	（19.79%）	（18.27%）	（14.43%）	（13.16%）	（2.70%）	（18.61%）

（续表）

男性							合计
	未上过学	小学	初中	高中	大专	本科及以上	
中等收入	38	201	326	102	15	12	694
	（55.07%）	（53.74%）	（51.34%）	（50.75%）	（39.47%）	（32.43%）	（51.26%）
高收入	4	99	193	70	18	24	408
	（5.80%）	（26.47%）	（30.39%）	（34.83%）	（47.37%）	（64.86%）	（30.13%）
合计	69	374	635	201	38	37	1354
	（100.00%）	（100.00%）	（100.00%）	（100.00%）	（100.00%）	（100.00%）	（100.00%）

女性							合计
	未上过学	小学	初中	高中	大专	本科及以上	
低收入	91	141	163	20	3	1	419
	（62.76%）	（46.38%）	（38.26%）	（17.86%）	（7.50%）	（6.25%）	（40.17%）
中等收入	51	141	207	62	19	6	486
	（35.17%）	（46.38%）	（48.59%）	（55.36%）	（47.50%）	（37.50%）	（46.60%）
高收入	3	22	56	30	18	9	138
	（2.07%）	（7.24%）	（13.15%）	（26.79%）	（45.00%）	（56.25%）	（13.23%）
合计	145	304	426	112	40	16	1043
	（100.00%）	（100.00%）	（100.00%）	（100.00%）	（100.00%）	（100.00%）	（100.00%）

注：各表格单元中第一行数据表示各分类组合的频数（单位：人），第二行括弧内数据表示各分类组合频数占列向频数合计数的百分数。

在男性组内，随着受教育程度上升，低收入者和中等收入者的人数占比在不断下降，而高收入者占比在不断上升（皮尔逊卡方检验：$\chi^2 = 62.97$，在0.01水平上显著）。在女性组内，随受教育程度上升，低收入者的人数占比在不断下降，而中等收入和高收入者占比不断上升（皮尔逊卡方检验：$\chi^2 = 147.73$，在0.01水平上显著）。请注意，以上受教育程度和收入水平的变化趋势分析都是在性别取值相同的条件下进行的。也就是说，在控制了性别变量后，我们依然观察到个人受教育程度与收入水平存在着显著的相关性。这说明个人受教育程度与收入水平之间的关系不会受到性别变量太大的影响，它们之间的关系至少在控制变量的条件下不是伪相关。

控制性别变量只排除了一种伪相关可能，还有其他变量会同时对个人受教育程度和收入水平有影响，例如家庭社会经济背景（socio-economic status，SES）、天生能力（innate ability）等等。[①] 交叉表格分析一般只适用于两变量或三变量相关分析，并且常用于定类或定序变量分析。如果我们需控制三个及以上变量，或所要分析的变量为连续变量，那么使用交叉表格进行相关分析就会非常不方便。[②] 此时，我们需运用更加"高级"的方法，如线性回归分析。我们将在第二讲专门讲授线性回归分析。再回到本例，在之前的分析中，我们已经知道为获得个人受教育程度与收入水平的真实关系，必须控制性别这个混淆变量。那么，是否还存在其他混淆变量？是不是所有的混淆变量都需要控制？除混淆变量外，我们还需要顾虑其他变量吗？这些问题最终汇聚为一个"终极问题"，即"我们究竟应如何做，才能正确识别 X 对 Y 的因果效应？"如果这个问题不能得到完美的解答，无论使用多么"高级"的计量方法都是无益的。

第二节　变量间因果关系的图形分析

我们分析变量间关系总是基于现实环境展开，变量间关系通常不是在

---

① 如果还要控制其他变量，分析操作过程与表 1.6 类似。比如，控制家庭社会经济背景变量，该变量也是定类变量，取值 1、2 和 3，于是同时控制性别和家庭社会经济背景变量，就相当于先按性别分组，再按家庭社会经济背景变量分组，于是总样本被分为 2×3＝6 组，在每一组内被调查者的性别和家庭社会经济背景都相同。对这 6 组分别采用交叉表格分析，就相当于在保持性别和家庭社会经济背景不变的条件下对个人受教育程度和收入水平进行相关性分析。

② 有关交叉表格工具更多的讲解与说明，请参见唐启明（Treiman，2009）专著第 1—3 章的内容。

一个封闭系统里独立发生的①，它们或多或少会与一些外界因素有着不同方向和程度的联系。一个变量对另一个变量产生影响，它们可能同时被其他变量所影响，还可能共同对另一些变量发挥作用。我对你有影响，我和你又被其他人影响着，同时我和你还对其他人发挥着作用，这不就是我们所生活的世界吗？因果推断的核心任务，就是从如此纷繁复杂的现实环境中将特定两变量或多变量之间的因果关系准确地识别出来。为达成这一目标，一种有益的做法是，在着手展开计量分析之前，先将所有可能涉入其中的变量及变量间关系以图形的方式呈现出来。

2011 年，美国计算机协会（Association for Computing Machinery, ACM）将"图灵奖"授予加利福尼亚大学洛杉矶分校计算机科学家朱迪亚·珀尔，以表彰他在人工智能领域所做出的开创性学术贡献。20 世纪 90 年代中后期，珀尔曾提出一种可用于因果推理演算的全新方法——有向无环图（directed acyclic graphs，DAGs），为研究者识别和分析变量间因果关系提供了一种易于理解且非常有效的研究范式（Pearl，1995，2009）。接下来，我们将对 DAGs 方法做概略式的讲解。

一、 有向无环图的基本要素

绘制有向无环图可以将与我们所关注的结果变量有因果关系的所有变量都以图形的形式呈现出来。其实，图 1.2 就是一个有向无环图，它描述了性别、受教育程度对个人收入水平的因果作用。虽然该图还不够完整，还有其他对个人收入水平具有因果效应的变量未在图中呈现，但我们从该图中可以大致看出有向无环图需包含的若干基本要素。

首先，DAGs 包括结果变量和若干直接或间接对结果变量有因果作用的变量。这些变量，凡是观测到的，都用黑圆点表示，如果未观测到，则用圆圈表示。如图 1.3，左图的 A、B 和 C 三个变量都是观测变量，都用黑圆点表示，而右图中的 U 变量为未观测变量，因此用圆圈表示。

---

① 除非数据是从一个经过完美设计的实验环境中获取的，实验设计将可能对两变量关系产生影响的其他变量都隔绝在外。

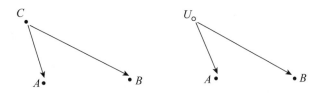

图 1.3 有向无环图的基本要素

其次，在 DAGs 中，只要两变量之间有因果关系，就用一条带有指示箭头的连接线将两变量连接起来，如果两变量之间没有连接线，则表示它们是相互独立的。如图 1.3，左图中变量 C 同时指向 A 和 B，表示 C 是 A 和 B 的共同原因；右图中，U 同时指向 A 和 B，U 也是 A 和 B 的共同原因，只不过它未被观测到。

最后，在 DAGs 中，不允许变量间存在同时因果（simultaneous causation）关系。一方面，DAGs 要求变量对变量的指向箭头都只能是单向的，如图 1.4 的左图，A 对 B 和 B 对 A 同时具有因果关系，此种互为因果关系是不允许的；另一方面，变量间也不能通过其他变量形成因果循环。如图 1.4 的右图，虽然所有箭头都是单向的，但它们通过首尾相连的方式形成了因果循环，这也是不允许的。

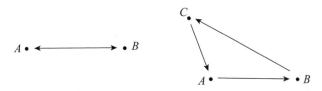

图 1.4 同时因果与因果循环

遵循以上要素和规则，研究者就可以在相关理论的指导下，很轻松地将自己所关心的各种变量之间的因果关系及其发生路径绘制出来。绘制完成 DAGs 之后，接下来的工作就是厘清各变量在图中所承担的角色，并据此选择一定的策略，对特定变量的因果关系进行识别。

二、 变量关系的基本模式

在 DAGs 中，居于核心地位的无疑是"因"和"果"两变量。我们将作为"果"的变量统一称为结果变量（outcome variable），用字母 Y 表示，将作为"因"的变量一般称为处理变量（treatment variable）或原因变量

(cause variance)①，用字母 T 表示。除这两个关键变量外，DAGs 还包含其他一些变量，这些变量通常都是对结果变量能造成直接或间接影响的变量②。众多变量汇聚在一起，便形成复杂的因果链条（causal chain）。为便于分析，我们可以采取"化整为零"的策略，将图中处于同一因果链条上的任意三个位置相连的变量摘取出来分别进行分析。一般情况下，任意三个位置相连变量之间的关系可归为三种基本模式：中介模式、共同原因模式和共同结果模式（Pearl，2009；Morgan & Winship，2015）。

第一种为中介模式（mediation）。如图 1.5 的图（a），变量 A 影响 C，C 又影响 B，即变量 A 通过 C 对 B 产生因果效应，其中 C 起到中介作用，因此 C 被称为中介变量（mediator）。中介模式记为"$A \rightarrow C \rightarrow B$"，它的特质是变量 A 经过中介变量 C 的勾连，对变量 B 产生了影响。因此，如果把变量 C 控制住，让 C 保持不变，A 与 B 之间的相关就会消失。例如，我们考察一项教学改革的效果，该改革完全通过提升学生学习兴趣对学生学业成绩产生影响，于是形成中介关系"教学改革→学习兴趣→学业成绩"。学生学习兴趣是中介变量，如果我们将学生学习兴趣控制住，让学生学习兴趣不变化，那么这个教学改革自然不会对学生学业成绩产生任何影响。也就是说，在中介模式中，控制了中介变量就等同于关闭（block）了 A 到 B 的路径。教学改革是真的对学生学业成绩有影响，但由于我们控制了学生学习兴趣，使得这种真实存在的影响在计量分析中消失了。

第二种为共同原因模式（mutual dependence）。如图 1.5 的图（b），变量 C 是 A 和 B 共同的因，引起 A 和 B 相关，C 变量是混淆变量。共同原因模式记为"$A \leftarrow C \rightarrow B$"，它的特质是模型中有一个变量 C 同时对 A 和 B 具有影响，由此导致在不控制 C 的条件下，A 和 B 表现出相关性。例如，有一项教学改革对学生的数学成绩有正影响，对体育成绩有负影响。如果我们不控制教学改革，就会发现学生数学成绩和体育成绩呈负相关关系。也就是说，在混淆变量的干扰下，两个原本不存在关联的变量在计量分析

①　为保持与之后各讲讨论相一致，我们统一使用"处理变量"这一称呼。
②　可能影响结果变量的变量有很多，但如果其中有部分变量只与结果变量发生关系，与处理变量无关，那么在绘制 DAGs 时可以将这些变量省略，因为这些变量通常不会干扰对处理变量和结果变量的因果关系的识别。

中表现出显著的相关性。在共同原因模式中，控制了混淆变量就等同于关闭了 A 到 B 的路径，使得原本不相关的变量依然保持相互独立的状态。

　　第三种为共同结果模式（mutual causation）。如图 1.5 的图（c），C 同时受 A 和 B 的影响，它是 A 和 B 的共同结果，变量 A 和 B 的因果作用在变量 C 处发生碰撞，因此变量 C 被称为碰撞变量（collider）。共同结果模式记为 "$A \rightarrow C \leftarrow B$"，该模式的路径开关原理与中介模式和共同原因模式很不相同。在中介模式和共同原因模式中，控制中介变量或混淆变量 C 会使路径关闭，但在共同结果模式中，如果控制碰撞变量 C，不是关闭路径，而是打开路径。也就是说，在共同结果模式中，当我们不控制 C 时，A 和 B 的路径是关闭的，此时 A 和 B 不相关，而当控制 C 时，A 和 B 的路径反而是打开的，此时 A 和 B 相关。为理解碰撞模式的路径原理，我们举两个实例。

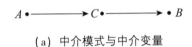

（a）中介模式与中介变量

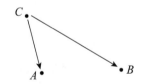

（b）共同原因模式与混淆变量

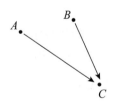

（c）共同结果模式与碰撞变量

图 1.5　DAGs 的变量间关系基本模式

　　例 1：智商水平、地区教育发展水平与名牌大学录取率。 学生智商越高，考入名牌大学的可能性越大；而学生所在地区教育越发达，他考入名牌大学的可能性也越大。学生是否考入名牌大学是碰撞变量，它是学生智商及其所在地区教育发展水平的共同结果。不同地区学生的智商分布是相同的，并无二致，因此学生智商与其所在地区教育发达程度原本无任何相关性①，但如果控制了碰撞变量"是否考上名牌大学"，就相当于将样本分为考上和没考上名牌大学两组，分别对学生智商和地区教育发达程度进行相关分析。此时，我们就会"惊奇地"发现在那些考上名牌大学的学生中，大部分为高智商且大多来自教育发达地区，由此就会得到"地区教育越发达，学生智商越高"或"学生智商越高，地区教育越发达"这样的错误结论。

例2： 班级规模对学生成绩的因果效应。 假设不同学校采用多大的班级规模与各学校教师质量、学生构成等变量都是无关的，不同学校之间除采用不同班级规模外再无其他特征差异，此时我们可以就采用大班教学的学校和采用小班教学的学校的学生平均成绩进行简单对比，便可估计出班级规模对学生成绩的因果效应。但有"好事者"在分析时"灵机一动"，将学校生均支出变量控制住——他认为学校对学生的财力投入水平必定会对学生成绩有影响，因此控制学校生均支出变量可增强估计结果的统计功效（statistical power）。而事实上，控制生均投入相当于将具有相同生均投入且采用不同班级规模的学校放在一起对比，而这两类学校是不可比的。这是因为采用小班教学的学校通常需要聘任更多的教师，当学校的生均投入相同时，采用小班教学学校的教师工资必定要比采用大班教学学校的教师工资低。而由于工资是决定学校教师质量的重要因素，因此在学校生均投入相同时，采用小班教学学校教师的质量必定要比采用大班教学的学校教师的质量差。此时，我们很难说清楚这两类学校的学生平均成绩存在差距，究竟是因为班级规模不同，还是因为教师质量不同。在这个例子中，生均投入变量同时受班级规模和教师质量的影响，它是碰撞变量，不控制它可以获得班级规模真实的因果效应，控制它反而会产生错误的结果。

无论面对多复杂的DAGs，我们都可以依据上述三种模式认清每个变

---

① 为简化讨论，假定地区间人口不会为追逐教育质量而发生流动。

量在其中所充当的角色，从而为之后正确识别处理变量 T 对结果变量 Y 的因果效应做好准备。要正确识别因果，我们需注意共同原因（混淆变量）和共同结果（碰撞变量）可能带来的两种估计偏差问题：首先，如果模型存在混淆变量，我们就不能确定我们所观测到的处理变量对结果变量的影响作用究竟是真实存在的，还是通过混淆变量形成的伪相关。混淆变量应得到控制而未控制，会引起因果效应被高估或低估，此种由共同原因引发的因果识别错误现象被称为混淆性偏估（confusing bias）。其次，如果模型存在碰撞变量，但我们不小心错误地控制了它，这就相当于挑选了特定的人群进行因果分析，如此估计出的因果效应也很可能是被高估或低估的。此种由共同结果引发的因果识别错误现象被称为样本选择性偏估（sample selection bias）。

正确识别因果需尽可能杜绝混淆性偏估和样本选择性偏估两种偏差问题，而要达成这一目标，研究者就必须采取一定识别策略（identification strategy）以阻断所有"可疑"变量对因果识别可能产生的干扰。那么，有哪些识别策略可用于对因果的识别呢？这还要从 DAGs 路径分析的一个重要规则——后门规则谈起。

三、 后门规则与识别策略

所谓后门（路径）是指满足两方面条件的一种特定路径：（1）处理变量被该路径箭头所指向；（2）该路径还通向结果变量。如图 1.6 所示，处理变量是个人是否上过大学（T），结果变量是个人收入（Y），智商（Z）是混淆变量。Z 对处理变量 T 和结果变量 Y 分别有一条影响路径，于是在图（a）中，处理变量 T 和结果变量 Y 之间就有两条路径：一条是 $T{\to}Y$，这是我们想识别并估计得到的因果路径；另一条是 $T{\leftarrow}Z{\to}Y$，在这条路径上处理变量 T 被 Z 所指向且 Z 同时与 Y 有路径相连，因此 $T{\leftarrow}Z{\to}Y$ 就是一条后门路径。后门路径需阻断，不阻断后门路径会导致因果路径 $T{\to}Y$ 被错误识别。如图（b），控制了智商 Z（用方框表示），$T{\leftarrow}Z{\to}Y$ 这条后门路径就被阻断了，T 通向 Y 就只剩唯一一条因果路径 $T{\to}Y$。

图 1.6 只呈现了阻断后门路径的一种情况。珀尔（Pearl，2009）提出

了三条后门规则（back-door criteria），他证明只要控制了系列变量 Z（或以系列变量 Z 为条件），所有存在于处理变量 T 与结果变量 Y 之间的后门路径都将被阻断，我们就可以正确识别出 T 对 Y 的真实因果效应。那么，如何实现通过控制系列变量 Z 来阻断所有后门路径呢？他证明只要每条后门路径都至少满足以下三种规则中的一种即可。

（1）包含一条中介路径 $A{\rightarrow}C{\rightarrow}B$，其中中介变量 C 属于系列变量 Z。即将中介变量 C 控制住，整条中介路径就会被阻断。

（2）包含一条共同原因路径 $A{\leftarrow}C{\rightarrow}B$，其中混淆变量 C 属于系列变量 Z。即将混淆变量 C 控制住，整条共同原因路径就会被阻断。

（3）包含一条共同结果路径 $A{\rightarrow}C{\leftarrow}B$，其中碰撞变量 C 不属于系列变量 Z。即不控制碰撞变量，整条共同结果路径就已被阻断。

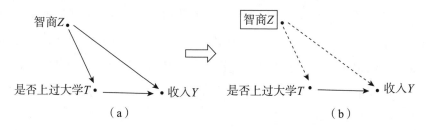

图 1.6　因果路径与后门路径

有了这三条后门规则，我们就可以对现实中复杂的因果模型做出正确的识别。如图 1.7 所示，处理变量 T 到结果变量 Y 依然是我们想估计的因果路径，但处理变量 T 分别被变量 A、B 和 C 所指向，这些指向处理变量 T 的路径都可能存在后门路径，以下我们分别就这三种路径进行分析。

（1）T 被 A 所指向的路径分析。其中，U_1 是未观测变量，它是 A 和 F 的共同原因，在 U_1 未得到控制的条件下 A 和 F 是相关的，而 F 又对结果变量 Y 有影响，于是存在一条后门路径 $T{\leftarrow}A{\leftarrow}U_1{\rightarrow}F{\rightarrow}Y$。虽然 U_1 未观测到，无法直接对 U_1 实施控制，但在这条后门路径中 $T{\leftarrow}A{\leftarrow}U_1$ 属于中介模式，并且 A 是观测到的变量，因此只要控制了观测变量 A 即可阻断整条后门路径 $T{\leftarrow}A{\leftarrow}U_1{\rightarrow}F{\rightarrow}Y$。同理，在这条后门路径上，$U_1{\rightarrow}F{\rightarrow}Y$ 也属于中介模式，因此控制 F 也可阻断整条后门路径。

（2）T 被 B 所指向的路径分析。U_2 也是未观测变量，它是 A 和 B 的共同原因，在 U_2 未得到控制的条件下 B 和 A 也是相关的，而如前所述，A

会通过未观测变量 U_1 与结果变量 Y 发生联系，于是 $T{\leftarrow}B{\leftarrow}U_2{\rightarrow}A{\leftarrow}U_1{\rightarrow}$ $F{\rightarrow}Y$ 也是一条后门路径。虽然 U_2 未观测到，但 $T{\leftarrow}B{\leftarrow}U_2$ 属于中介模式，因此只要控制了观测变量 B，即可阻断整条后门路径 $T{\leftarrow}B{\leftarrow}U_2{\rightarrow}A{\leftarrow}U_1{\rightarrow}$ $F{\rightarrow}Y$。当然，这条后门路径也可以通过控制观测变量 F 实现阻断，因为 $U_1{\rightarrow}F{\rightarrow}Y$ 也属于中介模式。

（3）T 被 C 所指向的路径分析。虽然变量 C 也指向 T，但 $C{\rightarrow}T$ 这条路径不是后门路径，因为这条路径到 C 就断绝了，C 与结果变量 Y 无其他路径连接。因此，控制和不控制 C 对于识别 $T{\rightarrow}Y$ 因果路径无影响。相似地，$G{\rightarrow}Y$ 也不是后门，因为 G 没有路径指向处理变量 T。

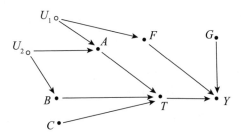

图 1.7　因果识别的控制策略与工具变量策略

注：此图借鉴了 Morgan & Winship（2015）图 1.1。

总结以上分析，识别 $T{\rightarrow}Y$ 因果关系的最小充分（minimally sufficient）条件是要在观测到的变量集合 $\{A, B, C, F, G\}$ 中至少控制子集 $\{A, B\}$ 或 $\{F\}$。如前所述，图 1.7 共有两条后门路径 $T{\leftarrow}A{\leftarrow}U_1{\rightarrow}F{\rightarrow}Y$ 和 $T{\leftarrow}$ $B{\leftarrow}U_2{\rightarrow}A{\leftarrow}U_1{\rightarrow}F{\rightarrow}Y$，同时控制 A 和 B，或单独控制 F 可以将这两条后门路径完全阻断，由此整个模型中处理变量到结果变量的路径就只剩 $T{\rightarrow}$ Y 这一条因果路径，这就实现了对处理变量 T 和结果变量 Y 因果关系的正确识别。也许有细心的读者发现，在图 1.7 中变量 A 是碰撞变量，控制 A 是否会导致不可观测变量 U_1 与 U_2 之间的路径打开，造成控制失败？不会的，因为我们是同时控制 A 和 B，控制 B 意味着关闭了 $T{\leftarrow}B{\leftarrow}U_2{\rightarrow}A{\leftarrow}$ $U_1{\rightarrow}F{\rightarrow}Y$ 这条路径，此时即便控制 A 会导致 U_2 和 U_1 通道打开，也没关系，因为 $T{\leftarrow}B{\leftarrow}U_2{\rightarrow}A{\leftarrow}U_1{\rightarrow}F{\rightarrow}Y$ 这条路径在 B 之后就断绝了，A 被控制后 $T{\leftarrow}A{\leftarrow}U_1{\rightarrow}F{\rightarrow}Y$ 这条路径在 A 之后也断绝了，而 U_1 和 U_2 都位列于 A 和 B 之后，在同时控制 A 和 B 的条件下，U_1 与 U_2 之间通道是否打开不影响我们识别 $T{\rightarrow}Y$ 因果关系。当然，我们也可以选择只控制单个变量 F，

因为上述两条后门路径都由处理变量 T 出发，并且都"途经" F 变量，最终到达结果变量 Y。因此，只要控制了 F 变量，就可以同时将两条后门路径阻断。所谓"最小充分条件"是指为正确识别因果关系最少要求控制哪些变量。当然，你也可以选择控制更大的变量子集，只要该子集包含 $\{A, B\}$ 或 $\{F\}$ 并且不包含其他不应控制的变量①，也一样能正确识别因果关系（虽然无此必要）。例如，我们选择控制 $\{A, B, F\}$ 或 $\{B, F\}$ 也可以正确识别因果关系，因为 $\{A, B\} \in \{A, B, F\}$，$\{F\} \in \{B, F\}$，但如果我们只控制 $\{A\}$ 或 $\{B\}$，则不能正确识别因果关系。②

后门路径分析需小心碰撞变量。如图1.8所示，变量 A 是 U_1 和 U_2 的共同结果，A 是碰撞变量。若要阻断途经变量 A 的后门路径，就不能对 A 进行控制，因为在共同结果模式下，不控制碰撞变量才能阻断路径，控制碰撞变量反而是打开路径。③ 从上述分析可以看出，"控制"就是一种因果识别策略。控制的本质是阻断后门路径，我们只要阻断所有的后门路径，就可以正确识别因果关系。在不同条件下，我们需采用控制或不控制的手段以阻断后门路径：当变量间关系为中介模式或共同原因模式时，我们需采用控制手段，保持中介变量或混淆变量取值不变化，以阻断后门路径；而当变量间关系为共同结果模式时，我们需采用不控制手段，让碰撞

---

① 譬如，不包括碰撞变量或位于处理变量和结果变量之间的中介变量。不应控制处理变量和结果变量之间中介变量的理由，可参见我们在第二讲第二节中有关"OLS回归分析中实施控制策略的五条法则"的讨论。

② 有读者可能会想到，既然图1.7存在两条后门路径 $T \leftarrow A \leftarrow U_1 \rightarrow F \rightarrow Y$ 和 $T \leftarrow B \leftarrow U_2 \rightarrow A \leftarrow U_1 \rightarrow F \rightarrow Y$，这两条路径都"途经" A 变量，那么是不是可以只控制 A，而无须同时控制 A 和 B，就可识别出 $T \rightarrow Y$ 的因果关系？在其他案例中或许可行，但在本例中不行。因为 U_1 和 U_2 未观测到而不可控制，这使得 A 变量同时与 B 和 F 相关，于是就形成了 $B \rightarrow A \leftarrow F$，即 A 可以看成是 B 和 F 的共同结果，在 A、B 和 F 三变量关系中，A 充当了"碰撞变量"的角色。如之前有关碰撞变量的讨论，控制碰撞变量 A 会使得 B 和 F 发生相关。于是，如果只控制变量 A 而不控制 B，虽然第一条后门路径 $T \leftarrow A \leftarrow U_1 \rightarrow F \rightarrow Y$ 被阻断，但第二条路径 $T \leftarrow B \leftarrow U_2 \rightarrow A \leftarrow U_1 \rightarrow F \rightarrow Y$ 转变为 $T \leftarrow B \leftarrow F \rightarrow Y$，依然处于打开状态。

③ 图1.8面临着难以解决的矛盾，因为该图有两条后门路径：一条是正文中所说的 $T \leftarrow U_2 \rightarrow A \leftarrow U_1 \rightarrow Y$，为阻断这条后门路径，我们不能控制 A；但另一条是 $T \leftarrow A \leftarrow U_1 \rightarrow Y$，为阻断这条后门路径，我们又必须控制 A。要解决这一矛盾，要么我们对 U_1 或 U_2 进行测量并予以控制，要么放弃控制策略，采用其他策略进行因果识别。

变量取值保持变化，以阻断后门路径。

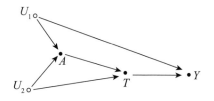

图 1.8 碰撞变量的 DAGs

控制策略在实际计量分析中有大量应用，我们可以使用回归、分层、匹配来实现对特定的观测变量的控制。对于这些技术，我们在后文中还会做具体介绍。除控制外，因果识别还有其他识别策略吗？有！

第二种重要的因果识别策略是工具变量（instrumental variable）。再次回到图 1.7，如前所述，变量 C 虽然指向处理变量 T，但它与结果变量 Y 没有路径相连，因此不构成后门路径。变量 C 看起来是个无用变量，其实不然，它有两个优良品质：一是它不受模型中其他任何变量的影响，即它是外生的（exogenous）；二是它对结果变量 Y 没有直接影响，它对结果变量的影响完全通过处理变量 T 实现。利用变量 C 的这两个特征，我们可实现对 $T{\rightarrow}Y$ 因果效应的正确识别。

在 $C{\rightarrow}T{\rightarrow}Y$ 这条路径中，（1）处理变量 T 对结果变量 Y 的因果效应（记作 $\beta_{T\rightarrow Y}$）是我们想得到的结果；（2）变量 C 是外生的，因此 C 对 T 的因果效应（记作 $\beta_{C\rightarrow T}$）不存在后门路径，可直接估计得到；（3）在不控制 T 的情况下，我们可以得到变量 C 对结果变量 Y 的影响（记作 $\beta_{C\rightarrow Y}$）。因为 C 对 Y 的影响是完全通过 T 实现的，根据路径分析原理，C 对 Y 的影响就等于 C 对 T 的影响乘以 T 对 Y 的影响，即有如下等式：

$$\beta_{C\rightarrow Y}=\beta_{C\rightarrow T}\times\beta_{T\rightarrow Y} \tag{1.1}$$

把等式（1.1）进行移项，可变换为

$$\beta_{T\rightarrow Y}=\beta_{C\rightarrow Y}\div\beta_{C\rightarrow T} \tag{1.2}$$

其中，$\beta_{C\rightarrow Y}$ 和 $\beta_{C\rightarrow T}$ 是可以直接估计得到的，将二者相除即可获得处理变量对结果变量的因果效应 $\beta_{T\rightarrow Y}$。

与控制策略相比，工具变量的优势在于它不用控制如此多的后门路径，只需保证外生的工具变量 C 通过处理变量 T 影响结果变量 Y，并且与结果变量 Y 无任何其他直接关联，即可正确识别出因果关系。有关工具变量的研究设计和回归估计还有更多细节，我们将在第四讲做专门的讲解。

第三种因果识别策略是形成一个与外界隔绝且完整的机制（isolated and exhaustive mechanism）。如图 1.9 所示，处理变量 T 到 Y 的因果关系是通过两个具有"平行"地位的中介变量 M 和 N 实现的。很明显，处理变量 T 到结果变量 Y 是存在后门路径的，这与图 1.7 的情况相同；不同在于这些后门路径都与变量 M 和 N 没有联系，这就形成了一个与外界隔绝的影响机制，如图中椭圆虚线所示。

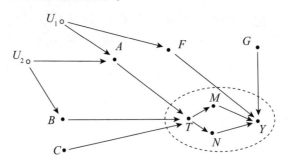

图 1.9 利用与外界隔绝且完整的机制识别因果

注：此图借鉴了 Morgan & Winship（2015）图 1.3。

在这个隔绝机制内，除处理变量 T 外，变量 M 和 N 不受其他任何变量指向，因此 T 对 M 和 N 的因果关系不存在任何后门路径，可以直接估计得到 T 对 M 和 T 对 N 的因果效应 $\beta_{T \to M}$ 和 $\beta_{T \to N}$。此外，M 和 N 对结果变量 Y 的因果关系存在后门路径，但这些后门路径都通过变量 T，因此只要控制 T，就可以估计出 M 对 Y 和 N 对 Y 的因果效应 $\beta_{M \to Y}$ 和 $\beta_{N \to Y}$。同样地，根据路径分析原理，我们可得到：

$$T \text{ 通过 } M \text{ 对 } Y \text{ 的因果效应} = \beta_{T \to M} \times \beta_{M \to Y}$$

$$T \text{ 通过 } N \text{ 对 } Y \text{ 的因果效应} = \beta_{T \to N} \times \beta_{N \to Y}$$

由于 M 和 N 是介于 T 和 Y 之间的两个平行中介变量，因此 T 对 Y 总的因果效应为：

$$\beta_{T \to Y} = \beta_{T \to M} \times \beta_{M \to Y} + \beta_{T \to N} \times \beta_{N \to Y} \tag{1.3}$$

机制识别策略在实际研究中的应用不如控制策略和工具变量策略常见，主要是因为要形成一个与外界隔绝且完整的机制并非易事。一方面，研究者要保证这个机制中所有的中介变量都与外界无联系，做到机制与外界变量完全隔绝；另一方面，研究者要把处理变量 T 对结果变量 Y 所有的影响路径都呈现出来，如果其中有某条影响路径未考虑到，譬如 T 对 Y 还有一条通过中介变量 Q 的影响路径，并且 Q 还与机制外变量有联系（即有后门路径通向结果变量 Y），而研究者不知晓，也未在模型中体现，就会导致 $T \rightarrow Y$ 因果关系的错误识别。

珀尔提出的 DAGs 因果演算法为实现因果推断提供了一个一般化的分析框架。在此框架下，研究者可基于理论形成多变量路径走向，并为自己所关心的因果关系制定特定的识别策略，这些策略包括（Morgan & Winship，2015）：（1）通过控制或不控制某些特定的变量以阻断所有的后门路径；（2）利用工具变量的外生变异特质完全消除其他变量对因果识别的干扰；（3）形成一个与外界隔绝且完整的机制，并利用该机制内部的中介路径，计算得到处理变量对结果变量的因果效应。以上三种识别策略就是实现因果研究设计的常规"套路"，所有宣称自己实现因果有效推断的计量研究必定要依照其中某种"套路"，或通过某些"套路"的组合来完成自己的研究设计。熟悉并掌握这些"套路"是研究者行走"计量江湖"的必备技能。

这三种因果识别策略既可"单技出击"，也可以"组合出击"。譬如，在工具变量不符合特定条件的情况下，我们可以将工具变量策略和控制策略组合起来使用，以实现有效的因果识别。将图 1.7 略做改变可形成图 1.10。从图 1.10 中可见，工具变量 C 同时通过变量 T 和 N 实现对 Y 的影

响，不再是由处理变量 T "包揽" 所有的中介效应。在这种情况下，等式
（1.1）就不成立了。怎么办？我们可以控制变量 N，将 $C{\to}N{\to}Y$ 这条路
径阻断，此时 C 对 Y 的影响又变成完全通过 T 实现，于是等式（1.1）再
度成立。同理，我们也可以将控制策略与机制策略组合进行研究设计，只
要掌握好并充分利用后门规则，即便模型所涉变量数量众多，变量间关系
异常复杂，形成有效的因果研究设计亦非难事。

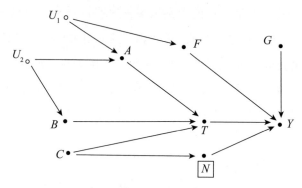

图 1.10　控制策略与工具变量策略的 "组合拳"

通过学习 DAGs，我们至少可以吸取两方面经验：（1）并非只有控制
了所有对结果变量有影响的变量，才能做出正确的因果识别。非混淆变量
无须控制，即便是混淆变量，也无须全部控制。在很多情形下，我们只需
控制混淆变量集的部分子集即可达成目标。（2）DAGs 改变了我们思考
因果关系的方式。在做因果研究时，我们常这么思考研究问题："处理变
量 T 究竟是不是结果变量 Y 的因？" 而在 DAGs 分析框架中，这个问题被
转化为："在给定一系列可观测变量关系结构的条件下，为获得处理变量
T 对结果变量 Y 的因果效应，我们必须阻断哪些后门或控制哪些变量？"
相较而言，前一种问法更加开放，有些让人摸不着头脑，不知从何下手；
而后一种问法更加具体，也更容易导入之后的技术性设计和操作。

DAGs 固然有许多的优点，但也存在一些不足（Williams et al.，
2018）：首先，DAGs 对因果关系的识别只有在背景信息完备的条件下才是
有效的，它要求研究者所绘制的 DAGs 包含与因果路径相关相涉的所有变
量，并正确标识出变量间所有的影响路径及影响方向。要做到这一点，其
实非常困难。形成 DAGs 不能凭直觉或常识，需依靠已有理论或已达成共
识的经验结论，而从当前社会科学研究发展水平看，我们对于人类行为的

因果研究还很不够。基于有限知识，研究者很难完整并精确刻画出变量间因果关系的全貌和所有细节。我们总是自觉或不自觉地倾向于过度简化现实世界，在证据未明的情况下，任何一处略微的简化或微小的疏漏都有可能导致较大的错误识别风险。其次，DAGs 是一种非参数估计法（nonparametric estimation），虽然使用图形分析可以避免参数估计常见的一些问题（例如线性和非线性函数形式设定），但它只能用于确定一个变量对另一个变量是否存在因果效应，不能告诉我们一个变量对另一个变量因果效应的强弱，由此，我们就无法判定不同"因"在决定同一个"果"中的相对地位。如果想获得因果效应的估计量和统计推断信息，研究者还需借助参数估计技术。

第三节　交叉表格分析的 Stata 操作

在本节中，我们使用黄斌和钟晓琳（2012）有关农村教育收益率估计的实例数据，具体介绍如何使用 Stata 软件实现交叉表格分析。

请读者打开附送资料中本讲的文件夹"第一讲演示数据和 do 文件"。在该文件夹中，有一个数据文件"chap01. dta"和一个程序文件"chap01. do"。先用 Stata 软件调用 chap01. do，在这个程序文件中，我们可以看到即将介绍的所有操作步骤，用鼠标选中某一条命令，使用快捷键 Ctrl + D 即可执行你所指定的这条命令。在本书中，每一条 Stata 程序都以一个圆点"."起始，该圆点用来表示开始一条新的程序。但 Stata 程序语法中没有这个要求，换行即表示开始一条新的程序。读者自己输入程序时，不要写该圆点。如一条程序太长，可用三条斜杠"///"换行。此外，本书中有些程序涉及比较复杂的数据操作或计量分析，为便于读者理解程序含义，我们用双斜杠"//"标记文字注释。

第一步，使用命令 – cd – 设定程序运行的文件夹所在位置，例如：

. cd "D：\ 桌面 \ 因果推断 \ 第一讲演示数据和 do 文件"

在""中，读者可自行设定并填入你所要执行的数据所在文件夹位置，如我们预设的路径是"D：\ 桌面 \ 因果推断 \ 第一讲演示数据和 do 文件"，演示数据 chap01. dta 就存放在这个文件夹中。一旦某一文件夹路径被设定，接下来所有数据或其他文件的调用、操作、储存都将在这个文件夹中执行。

第二步，使用命令 – use – 调用我们即将使用的实例数据 chap01. dta，该数据是对原数据进行 75% 随机抽样而得。

. use chap01. dta, clear

使用选项"clear"，Stata 会清空当前已载入的数据集，并重新加载新的数据集 chap01. dta。

一、 数据操作与描述

调取数据后，我们可以使用 – describe – 命令，要求计算机对该数据的总体情况进行描述。所有 Stata 命令都有简写形式，一般是取命令前几个字母，如 – describe – 可简写为 – d – 。只写一个字母表示命令，过于简化，不利于阅读和查找，研究者通常习惯采用命令的前三个字母进行简写，如 – describe – 命令可简写为 – des – 。

. des

执行该命令后，Stata 会输出一系列数据整体信息，如下：

```
Contains data from chap01.dta
  obs:         2,397
  vars:            5                          12 Jun 2020 11:08
  size:       69,513

              storage   display    value
variable name   type    format     label      variable label

id_fam        double    %10.0g                 ID of family
id            double    %10.0g                 ID of respondents
gender        byte      %8.0g      gender      gender
income        double    %10.0g                 average monthly income in recent three years
edu_dum       float     %24.0g     educ_dum    schooling dummy

Sorted by: income
    Note: Dataset has changed since last saved.
```

　　根据输出结果，chap01. dta 数据集共有 2397 个观测对象和 5 个变量。根据设定好的变量标签（label），我们可以了解各变量的含义。

　　数据中有两个编码变量：一是 *id*，表示观测对象的编码；二是 *id_fam*，表示观测对象所在家庭的编码，属于同一家庭的不同观测对象共享同一家庭编码。可以使用 – sort – 命令，要求计算机对数据按观测对象编码和家庭编码进行排序，如下：

```
. sort id id_ fam
```

　　gender 表示观测对象性别，该变量取 0 和 1 两个值，女性 = 0，男性 = 1；*income* 表示观测对象月平均收入，单位为元；*edu_dum* 表示观测对象受教育程度，取值 1、2、3、4、5、6，分别表示文盲（半文盲）、小学、初中、高中、大专、本科及以上。在这三个变量中，性别是定类变量，受教育程度是定序变量，定类和定序都属于非连续的类别变量，而收入变量是连续变量。为方便交叉表格分析，我们将连续的收入变量转化为类别变量。先执行 – summarize – 命令，呈现收入变量的描述统计信息。

```
. sum income, detail
```

　　每个 Stata 命令都有自己的使用语法（syntax），我们可以使用 – help – 调用有关特定命令语法的帮助文件。例如，如果想调取命令 – summarize – 的语法，就执行：

```
. help summarize
```

　　Stata 命令的帮助文件包含如何使用特定命令的各类信息。上一命令调用的帮助文件先介绍命令 – summarize – 的语法：

```
summarize [varlist] [if] [in] [weight] [, options]
```

　　Stata 命令语法一般分为两部分，用逗号隔开，前半部分为主语句，后半部分为选项（options）语句。如 – sum – 命令语法，主语句为：

```
summarize [varlist] [if] [in] [weight]
```

　　其中，varlist 表示变量名，if 和 in 分别表示条件和范围，weight 表示权重。其选项语句为：

[, options]

options 就是选项的意思（调取命令的帮助文件可查询该命令的所有选项及其使用功能）。例如，之前执行的命令"sum income, detail"中的"detail"就是一个选项，表示需要计算机提供更加详细的描述统计信息。如果不采用该选项，执行命令 – sum – 就只呈现均值、标准差、最小值、最大值这几种常见的变量分布统计信息。如使用选项"detail"，计算机会提供更多的变量分布统计信息，包括偏态、峰态、各百分位数值等。

命令语法中的"［　］"表示可选语句，凡是未被"［　］"包含的语句都是必备语句。如 – sum – 命令的语法，除命令 – sum – 本身外，其他都被"［　］"包含，这说明我们仅执行命令 – sum – 而不指定被统计的变量名也是可以的，此时计算机就会对数据包含的所有变量做描述统计。如果我们要对特定变量实施描述统计，就要在命令 – sum – 后面加指定的变量名。譬如，执行命令"sum income, detail"，就会呈现以下结果：

```
              average monthly income in recent three years

              Percentiles      Smallest
   1%          83.33333           75
   5%          83.33333           75
  10%             150             75         Obs              2,397
  25%             250             75         Sum of Wgt.      2,397

  50%          583.3333                      Mean             743.1788
                                Largest      Std. Dev.        613.3644
  75%            1000            2500
  90%          1666.667          2500        Variance         376215.9
  95%          2083.333          2500        Skewness         1.209808
  99%            2500            2500        Kurtosis         3.888833
```

根据 *income* 变量的描述统计结果可知，样本中被调查者的月平均收入的 25 百分位数和 75 百分位数分别为 250 元和 1000 元。我们采用这两个百分位数，将样本中的收入变量分为三组：月平均收入在 250 元及以下的为低收入者，250—1000 元之间的为中等收入者，超过 1000 元的为高收入者。我们可组合使用 – generate – 、 – replace – 、 – label define – 、 – label values – 等多个命令以实现上述变量操作。

.gen income_level = 1　　*//产生一个新变量 income_level，取值都为 1*

.replace income_level = 2 if income > 250 & income < = 1000
//将月收入在 250—1000 元之间的被调查者的 income_level 赋值为 2

.replace income_level = 3 if income > 1000　　　　　　*//将月收*

入超过 *1000* 元的被调查者的 *income_level* 赋值为 *3*

. label define income 1 "low" 2 "middle" 3 "high"　　//创建
一个变量标签 *income*，定义变量取值为 *1* 时为 "*low*"，取值为 *2* 时为
"*middle*"，取值为 *3* 时为 "*high*"

. label values income_level income　　//将新建标签 *income* 用于
变量 *income_level*

如此操作，便能产生一个新的类别变量 income_level，表示观测对象
的收入水平高低，使用 – tabulate – 命令，可呈现样本中观测对象的收入水
平分布的基本情况：

. tab income_level

income_leve l	Freq.	Percent	Cum.
low	671	27.99	27.99
middle	1,180	49.23	77.22
high	546	22.78	100.00
Total	2,397	100.00	

从输出结果看，这是一个单变量频数分布表，报告了样本中低、中、
高收入者人数及占比情况。其中，中等收入者占比最高，约占一半，低收
入和高收入者分别占比在25%左右。这是符合预期的，因为我们原本就是
按照收入的 25 百分位数和 75 百分位数划分被调查者的收入水平。

同样地，我们也可以使用 – tabulate – 命令对观测对象的受教育程度做
频数分布分析：

. tab edu_dum

schooling dummy	Freq.	Percent	Cum.
illiteracy	214	8.93	8.93
primary edu	678	28.29	37.21
junior edu	1,061	44.26	81.48
secondary edu	313	13.06	94.53
3-yr college	78	3.25	97.79
4-year college and above	53	2.21	100.00
Total	2,397	100.00	

从输出结果看，样本中农村地区个人受教育程度分布主要集中在小学

和初中层次，分别占总样本数的 28. 29% 和 44. 26%，合计超过 70%。

二、 交叉表格分析的实现过程

接下来，我们开始就个人收入水平与受教育程度之间的相关性进行交叉表格分析。实施交叉表格分析，也是采用 – tabulate – 命令，这与做单变量频数分布分析是一样的。不同在于，单变量分析的 – tabulate – 命令后只跟一个变量名，而做多变量分析需跟多个变量名。譬如，我们对被调查者的收入水平和受教育程度做交叉表格分析：

. tab income_level edu_dum

执行上述命令，即可得到表 1. 2。Stata 的输出结果是直接显示在计算机界面上的，我们可以采用比较"原始"的方法，将输出结果直接复制、粘贴到 doc 文件中，再自行进行调整和美化，但这么做，费时费事不说，效果未见得好，移动和誊抄结果数字时常会犯错。有一个非常有用的外部命令① – asdoc –，在该命令的帮助下，我们可以很轻松地获得符合出版要求的表格结果。– asdoc – 的使用方法很简单，以输出上一个 – tab – 命令结果为例，只需在原命令 "tab income_level edu_dum" 之前加 – asdoc – 即可：

. asdoc tab income_level edu_dum, replace dec (2) title (Table 1 -2) save (table 1 -2)

执行该命令后，计算机会自动产生一个 doc 文件，打开后就能看到一个符合出版要求的"三线式"表格，只要对输出表格稍做修改和美化，即

---

① 所谓外部命令，是指 Stata 用户自行开发的非官方命令，下载和安装外部命令可使用 – ssc install –、– search – 等命令。其中， – ssc install – 主要用于搜索和安装存放在 RePEc 网站（http：//www. repec. org）上的命令。执行 "ssc hot"，可快速查看目前存放在 RePEc 网站上最受欢迎的十个 Stata 命令；– search – 的搜索范围要比 – ssc install – 更广。理论上，凡是存放于互联网各用户社区网站上的命令，都可以通过 – search – 搜索到，包括公布于《Stata 杂志》（the Stata Journal）和《Stata 技术时讯》（the Stata Technical Bulletin）的命令。RePEc、《Stata 杂志》和《Stata 技术时讯》是 Stata 用户获取命令最重要的三个来源。

可将其放入研究论文中使用。选项"dec（#）"表示表格显示几位小数；选项"title（）"表示表格取何标题；选项"save（）"表示将输出结果的 doc 文件储存并命名，如果不使用该选项，计算机也会自动帮你新建一个 doc 文件并将输出结果存入其中，默认文件名为"Myfile. doc"；选项"replace"表示每次执行命令所产生的新结果会覆盖之前 doc 文件的存储结果，如使用选项"append"则表示每次执行命令所产生的新结果会添加在之前 doc 文件的存储结果之后。

如前所述，对于分析变量间相关关系来说，频数分布表用处不大，需采用相对频数分布表，而要计算相对频数，只需增加选项"column"，它表示要在列方向上计算各表格单元占比，如下：

. asdoc tab income_level edu_dum, column chi2 replace dec (2) title（Table 1 - 3）label save（table 1 - 3）

Key
frequency *column percentage*

income_lev el	illiterac	primary e	junior ed	secondary	3-yr coll	4-year co	Total
			schooling dummy				
low	118 55.14	215 31.71	279 26.30	49 15.65	8 10.26	2 3.77	671 27.99
middle	89 41.59	342 50.44	533 50.24	164 52.40	34 43.59	18 33.96	1,180 49.23
high	7 3.27	121 17.85	249 23.47	100 31.95	36 46.15	33 62.26	546 22.78
Total	214 100.00	678 100.00	1,061 100.00	313 100.00	78 100.00	53 100.00	2,397 100.00

```
          Pearson chi2(10) = 214.0363   Pr = 0.000
Click to Open File:  table1-3.doc
```

执行上述命令得到的输出结果正是表 1.3。在这个表格中，结果变量收入水平在列，因此应该在列方向做相对频数（即占比）计算，由此我们才能看出低、中和高收入者占比随着受教育程度上升的变化情况。如果使用选项"row"，就是在行方向上计算相对频数，这就颠倒变量间影响关系了。另一个选项"chi2"表示要对表格中数据做皮尔逊卡方检验。使用该选项，计算机会输出两变量之间相关性的卡方检验的卡方值和 p 值，但不显示中间的卡方值计算过程，计算机输出结果与之前手动计算结果稍有出入，但不影响最终的检验结果。

采用相同的命令和语句，我们还可以跑出表 1.4 和表 1.5 的结果，即性别与受教育程度、性别与收入水平之间的交叉表格分析结果。

. asdoc tab edu_dum gender, column chi2 replace dec (2) title (Table 1 - 4) label save (table 1 - 4)

. asdoc tab income_level gender, column chi2 replace dec (2) title (Table 1 - 5) label save (table 1 - 5)

最后，我们考察在控制性别变量的条件下个人受教育程度是否依然与收入水平保持显著的相关性。要实现这个目的，同样采用 - tab - 命令，只不过增加了条件语句，如下：

. asdoc tab income_level edu_dum if gender = =1, column chi2 replace dec (2) title (Table 1 - 6) label save (table 1 - 6)

. asdoc tab income_level edu_dum if gender = =0, column chi2 append dec (2) title (Table 1 - 6) label save (table 1 - 6)

在以上命令中，我们使用了 if 条件语句，分别就男性和女性的受教育程度和收入水平做了相对频数分析。此外，我们可以灵活使用 - bysort - 命令，将上述两条命令合并为一条执行，以简化程序，如下：

. bysort gender: asdoc tab income_level edu_dum, column chi2

或者，采用稍微复杂一些的循环语句实现，实现循环语句的命令是 - foreach - ，有兴趣的读者可以阅读我们提供的 do 文件自行学习。

‖ 结语

交叉表格工具虽然简单，但在实际研究中能派上大用场。使用交叉表格，我们可以快速判定变量之间相关关系，为建立因果识别模型提供必要的信息。相关未必是因果，因果必定相关。若一对变量在简单的交叉表格分析中都未表现出应有的数量同变关系，我们就没有必要花费更多时间去分析它们之间是否存在因果关系。

控制是形成因果推断的重要策略之一。在之后的学习中，读者会发现绝大多数因果推断研究设计都基于控制策略展开。不同方法对于"控制"有着不同的习惯性表述。譬如，在交叉表格中，控制意为将样本中具有相同或相似特征的观测对象划归同一表格单元（子样本）中进行对比分析；在线性回归中，控制等同于在保持变量取值不变的条件下探究自变量与因变量之间关系；在匹配法中，控制则变身为分层控制，用于实现处理组和控制组之间数据平衡。无论采用何种表述，其内涵都是通过一定的手段消除可疑变量对目标变量因果关系所可能具有的混淆作用。用不同方法实施控制具有相同的目的，只是所采用的手段不同而已。

　　DAGs 是一种用于判定变量因果关系的非参数方法，该方法直观明了，蕴含强大的分析能力。珀尔虽来自计算机领域，但他所研发的 DAGs 方法在因果分析思维上与计量经济学家推崇的因果反事实框架（counter-factual framework of causality）[①] 相契合。DAGs 中的碰撞变量与经济学家赫克曼（Heckman，1979）提出的样本选择性偏估相呼应，而计量经济学家保罗·罗森鲍姆（Paul R. Rosenbaum）和唐纳德·鲁宾（Donald B. Rubin）研发的倾向得分匹配法亦可在 DAGs 框架下得到完美的诠释（Rosenbaum & Rubin，1983，1984，1985）。DAGs 和反事实框架术异而道同，可相互印证、相互诠释。目前，DAGs 广泛应用于计算机与流行病学领域，但在经济学及其他社会科学领域中应用得不多，主要有以下两方面原因：一是 DAGs 呈现变量间因果关系采用的是结构化模式（structural form），它强调变量间因果关系内嵌于整体模型或机制之中，模型或机制环境对于两变量间因果关系的识别具有重要作用。而计量经济学识别因果关系采用的是简化模式（reduced form），倾向于运用实际发生的观测数据，并通过一定研究设计，将两变量间关系从整体机制中抽取出来，单独进行分析。可以说，DAGs 和反事实框架在方法论层面上存在重大分歧，很难兼容。二是 DAGs 以非参数的图形方式分析变量间因果路径并呈现为达成因果推断所必须满足的关键假设，这虽有利于研究者理解变量间因果关系的发生机制，但难以被参数化和模型化（Imbens，2020）。对于方法应用者来说，取不同方法之所长，避其所短，是明智的做法。在观测研究中，研究者通

─────────────

　　① 我们将在第三讲介绍反事实框架。

常先采用DAGs了解模型中各重要变量之间可能的因果路径，并大致确定因果识别策略，形成初步的研究设计，再挑选特定的准实验方法对因果效应进行参数估计与显著性检验。可供挑选的准实验方法包括倍差法、工具变量法、断点回归法和匹配法。在之后各讲中，我们将陆续对这些方法进行详细介绍。

延伸阅读推荐

交叉表格分析可参阅唐启明（Treiman，2009）著作第1—3章，该书有中译本《量化数据分析：通过社会研究检验想法》，2012年由社会科学文献出版社出版。有关混淆变量、碰撞变量与有向无环图分析参见珀尔和麦肯齐（Pearl & Mackenzie，2018）著作第3—5章、摩根和温希普（Morgan & Winship，2015）著作第1章和第3章，以及赫尔南和罗宾斯（Hernán & Robins，2020）著作第6—8章。其中，珀尔和麦肯齐（Pearl & Mackenzie，2018）一书有中译本《为什么：关于因果关系的新科学》，2019年由中信出版集团出版。

第二讲　线性回归分析

"盖将自其变者而观之，则天地曾不能以一瞬；自其不变者而观之，则物与我皆无尽也，而又何羡乎？"

——苏轼《前赤壁赋》

"回归分析是预设因果关系的相关分析。"

——李连江(2017, p. 154)

"如同科学不是技术一样，科学亦不是某些知识的特定实体。……'科学'不会告诉我们任何事情；人们才会告诉我们事情。……科学作为一种思考与研究的方法，最好想象它不是存在于书本中、在机械中，或者在内含数字的报告中；而是存在于无形的心智世界中。"

——肯尼斯·胡佛、托德·多诺万
(Kenneth Hoover & Todd Donovan,
2011, pp. 2 – 3)

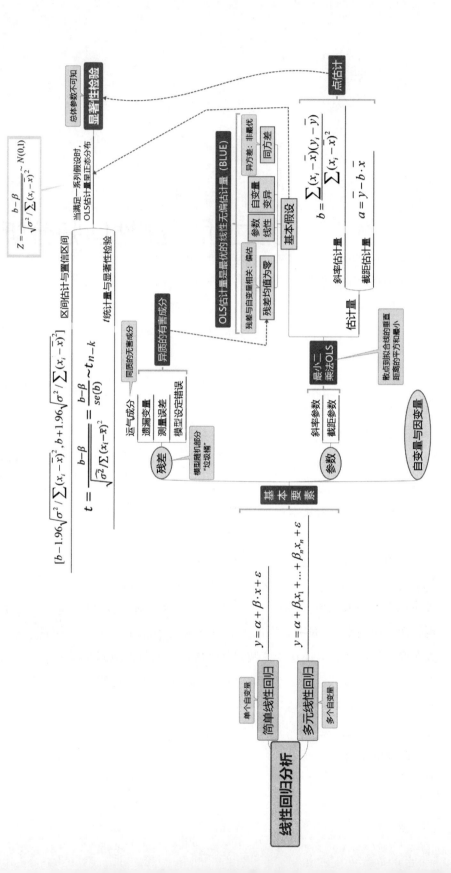

线性回归分析

简单线性回归 　单个自变量
$$y = \alpha + \beta \cdot x + \varepsilon$$

多元线性回归 　多个自变量
$$y = \alpha + \beta_1 x_1 + \ldots + \beta_n x_n + \varepsilon$$

基本要素

残差
　运气成分　同质的无害成分
　异质的有害成分
　　遗漏变量
　　测量误差
　　模型设定错误
　模型随机部分
　"垃圾桶"

参数
　斜率参数
　截距参数

自变量与因变量

最小二乘法OLS
　散点到拟合线的垂直距离的平方和最小

OLS估计量是最优的线性无偏估计量（BLUE）
　残差与自变量相关：偏估
　残差均值为零
　基本限设
　　参数线性
　　自变量变异
　　异方差：非最优
　　同方差

估计量
　斜率估计量
$$b = \frac{\sum (x_i - \overline{x})(y_i - \overline{y})}{\sum (x_i - \overline{x})^2}$$
　截距估计量
$$a = \overline{y} - b \cdot \overline{x}$$

点估计

显著性检验　总体参数不可知

$$Z = \frac{b - \beta}{\sqrt{\sigma^2 / \sum (x_i - \overline{x})^2}} \sim N(0,1)$$

当满足一系列假设时，OLS估计量呈正态分布

区间估计与置信区间
$$[b - 1.96\sqrt{\sigma^2 / \sum (x_i - \overline{x})^2}, b + 1.96\sqrt{\sigma^2 / \sum (x_i - \overline{x})^2}]$$

t统计量与显著性检验

$$t = \frac{b - \beta}{\sqrt{\widehat{\sigma}^2 / \sum (x_i - \overline{x})^2}} = \frac{b - \beta}{se(b)} \sim t_{n-k}$$

线性回归（linear regression）中"线性"一词直观易懂，表示变量间数量变化关系可以用某种直线的形式来描述；"回归"一词按中文词意就是"归来、返回"，考究其英文"regress"原义，为"退化到最初或低级状态"。若照字面理解，"线性回归"就是"以线性的形式使变量间数量变化退化到最初状态"，不得其解。要明白"回归"一词的含义，需追究统计学早期发展历史。一百多年前，著名统计学家弗朗西斯·高尔顿（Francis Galton）在伦敦建立了一家生物统计实验室，致力于对人类遗传特征的统计调查，试图通过对家庭成员身高的数据测量和分析来揭示父母身高对子女身高的遗传特征。一般认为，父母身高高，子女身高也高，但高尔顿在调查中发现那些父亲身高特别高的，孩子往往比父亲矮，而那些父亲身高特别矮的，孩子往往比父亲高。冥冥之中，似乎有一种神秘的力量将人类身高拉向平均水平。正是有此"向均力"，人类身高才具有代际稳定的相似性，不至于出现"高者愈高、矮者愈矮"的两极分化状况。高尔顿将该现象称为"回归均值"（regress to the mean）①，这是"回归"一词首次出现在统计研究中，采用的正是其英文"退化"原意，但同时含有"归因"或"回溯"的意思，即将子女身高归因或回溯于父母身高。现代统计学继续使用这个术语，将其中"退化"之意舍弃，强调其"回溯"含义，因此线性回归分析的本质就是对数量变化追根溯源，将一种量的变化"回溯"于另一种量的变化，由此建立起两种甚至多种数量变化之间的系统性（systematic）关系（李连江，2017，pp. 152 – 154）。

近千年前，苏轼因"乌台诗案"被贬黄州，与好友在江中月夜泛舟，举杯著赋述怀，写下了千古名篇《前赤壁赋》，其中有一句"盖将自其变者而观之，则天地曾不能以一瞬；自其不变者而观之，则物与我皆无尽也，而又何羡乎？"是啊，世间万物无一刻不在变化，非人力所能左右。天在变，地在变，人亦在变。诚如苏轼所言，人与天地同变即永存，因此人不用艳羡无穷的江水和不灭的明月，无须感叹人生短暂而自怨自艾。然而，人与物的相对不变是基于同变，变化依然是人的发展与天地万物运转

---

① 有关回归分析及现代统计学发展历程的专业文献，可参见萨尔斯伯格（Salsburg，2001）和施蒂格勒（Stigler，1986）的著作，其中第一本书有中译本，即《女士品茶：统计学如何变革了科学和生活》（江西人民出版社2016年版）。

永恒的主题。事物的变动不居带来了极大的不确定性，这正是理性的人类所最厌恶的。人类总是希望把握变化规律，对变化做出解释，并借此实现对变化走向的准确预测。线性回归技术的产生恰好迎合了人类对于追溯变化源起、预测变化走向的心理需要，该方法将看似杂乱无章的数量变化以线性拟合的方式联系在一起，由此对数量变化形成解释并做出预测。从这一点看，线性回归分析同样是一种以识别因果关系为目的的计量方法。然而，想要利用线性回归分析获得因果结论，需满足一系列严苛的条件，这些条件在非随机实验数据（观测数据）环境中常无法得到满足，这使得大部分运用线性回归分析的研究无法达成具有因果效力的结论。

"回归分析是预设因果关系的相关分析"（李连江，2017，p. 154）。当下，国内外学术期刊对于单纯运用线性回归的观测研究论文的接受度越来越低，不少学者将线性回归分析视为一种"过时"的方法。即便如此，我们还需花大力气学习它，因为线性回归技术是后续因果推断方法的基础，掌握不好线性回归，我们就无法理解后续方法的因果识别策略、参数估计与统计推断的基本原理。

第一节　简单线性回归

简单线性回归（simple linear regression，SLR）用于探讨两变量之间数量变化关系，简单线性回归模型只包含两个变量：一个因变量 y，一个自变量 x。如果我们所要构建的计量模型包含不止 1 个自变量，就要采用多元线性回归（multiple linear regression，MLR）。简单线性回归之所以被称为"简单"，是因为它只包含单个自变量，并不是说它采用的统计技术简单。简单回归和多元回归在统计原理上并无太大差别，掌握前者即基本通晓后者。

一、 简单线性回归模型

当我们对变量间关系进行讨论时，通常对"y 变量会随着 x 变量的变化而发生怎样的变化？"或"x 变量是否对 y 变量有影响，以及有怎样的影响？"此类问题最感兴趣。要回答这些问题，我们首先要构建出一个用于表达这两个变量变化关系的线性回归模型：

$$y = \alpha + \beta \cdot x + \varepsilon \tag{2.1}$$

方程（2.1）就是一个典型的简单线性回归模型，它包含了若干基本要素，以下分别进行介绍。

（一） 自变量和因变量

根据模型（2.1）的设定，y 取值随着 x 取值变化而发生变化，且 x 取值的变化不受制于 y，所以 y 为因变量，x 为自变量。此外，y 取值受制于 x，这意味着 y 的取值变化可以被 x 所解释，因此因变量 y 和自变量 x 又常称为被解释变量（explained variable）和解释变量（explanatory variable）。在多元线性回归模型中，有多个自变量，为区分不同自变量在模型中的主次地位，学者们常将自己主要关心的自变量称为解释变量，将其他自变量称为控制变量（control variable）。譬如第一讲中的例子，我们在保持性别不变的条件下就受教育程度对个人收入水平的影响进行分析，其中收入水平是被解释变量，受教育程度是解释变量，性别是控制变量。

在实验研究及其他致力于探讨变量因果关系的研究中，研究者常将观测对象分为处理组（treatment group）和控制组（control group），对处理组施加特定的干预或处理（intervention or treatment），对控制组一般不施加干预或处理，观察两组的结果是否会因干预或处理发生显著的差别。在此类研究中，x 作为干预或处理手段，是"因"，因而称为处理变量；而 y 作为被干预影响的结果，是"果"，因而称为结果变量。

在不同研究情境中，我们对自变量 x 和因变量 y 采用不同的术语，这并不是在故弄玄虚，而是为了更好地向读者呈现研究的现实意义，方便读者理解我们的研究设计与量化结果。在回归分析中，我们观察 x 取不同值时 y 的取值会发生怎样的变化，因此 x 取值是给定的，它是非随机变量，而 y 的取值是不定的，是随机变量。譬如，分析受教育程度对收入水平的影响，虽然个人收入水平确受受教育程度的影响，但仅依靠受教育程度这个单一变量并不能精确预测出个人的收入水平，不同观测对象即便具有相同的受教育程度，他们的收入水平依然存在差异。于是，我们可以将受教育程度变量看成非随机变量，将收入变量看成随机变量。

（二）残差

简单线性回归模型（2.1）只包含一个自变量 x。除 x 外，很可能还有其他因素对 y 有影响，或 y 本身存在其他非系统性的取值变化。于是，要使模型（2.1）中等号成立，就必须纳入一个残差项（residual term）。残差项 ε 又称为误差项（error term）或干扰项（disturbance）。我们可以把残差看成一个"垃圾桶"，凡是 y 变化中未被 x 解释的部分都可以归于其中：

$$\varepsilon = y - (\alpha + \beta \cdot x) \tag{2.2}$$

如方程（2.2），因变量 y 扣除了已被模型解释的系统部分 "$\alpha + \beta \cdot x$" 后，剩余的部分就是残差 ε。进入残差"垃圾桶"的"常客"包括：

（1）遗漏变量。除 x 外，还有其他影响 y 的未观测变量。譬如，受教育程度对收入有影响，但性别、天生能力、家庭背景等变量也可能对收入有影响。如果回归模型只考虑受教育程度，性别、天生能力、家庭背景就都被遗漏了。遗漏不是丢失，它们都进入了残差"垃圾桶"。

（2）变量测量误差。测量自变量常会出错，原因有很多，包括数据录入差错、被调查者未如实报告、测量工具不合适或不恰当等等。无论何种原因，只要变量测量有误差，误差就会进入残差"垃圾桶"。

（3）模型设定错误（model misspecification）。模型（2.1）将 x 和 y 的函数关系定义为线性关系，如果 x 和 y 真实的函数关系不是线性的，而是非线性的，那么模型（2.1）的设定就出现了误差，这个误差无处安放，只有进入残差这个"垃圾桶"。

（4）运气成分。人类行为及结果无法完全预测。即便存在两个没有任何特征差异的人，他们的人生发展也会因际遇不同而存在差异。正如闽南名曲所唱："人生可比是海上的波浪，有时起有时落。"运气发生为随机扰动，残差中的运气成分时起时伏，不可预知，因此与模型所含自变量都是无关的。如果一个回归模型没有遗漏任何变量，变量测量无误且模型设定正确，那么残差"垃圾桶"中就只包括运气成分。这是最理想和最完美的一种状态，我们通过回归模型可以将因变量 y 所有的系统变化完全解释清楚。

但理想和现实往往差距巨大。在满地都是六便士的大街上抬头望月，月亮虽好，却遥不可及。"追逐梦想就是追逐自己的厄运"①，遗漏变量、测量误差和模型错设就是每一位计量研究者的"厄运"，无人幸免。

（三）参数

根据模型（2.1），我们可以将自变量 x 与因变量 y 之间的数量变化关系"参数化"。

首先，从模型（2.1）可以看出，x 与 y 被设定为一种线性关系。假设残差项均值为 0，即 $E(\varepsilon)=0$，就可以得到拟合方程：

$$E(y \mid x) = \alpha + \beta \cdot x \qquad (2.3)$$

其中，$E(y \mid x)$ 表示给定自变量 x 值下因变量 y 的条件均值。例如，样本中受教育程度为小学的观测对象有 3 人，他们的月平均收入分别为 2000元、2500 元、3000 元，均值为 2500 元，那么就有：$E(income \mid edu = 小学)=2500$。依照拟合函数（2.3），因变量 y 的条件均值随 x 取值变化而变化，如果 x 变动 Δx，y 的条件均值就会随之变动 $\beta \cdot \Delta x$，即

$$\Delta E(y \mid x) = \beta \cdot \Delta x \Rightarrow \beta = \frac{\Delta E(y \mid x)}{\Delta x} \qquad (2.4)$$

根据拟合方程（2.3），我们可绘制出自变量 x 对因变量 y 回归的拟合线（fitted line）。如图 2.1，有一条向右上方倾斜的拟合线，它反映了 x 和 $E(y \mid x)$ 的线性变化关系。参数 β 等于 x 变化量与 $E(y \mid x)$ 变化量之比，

---

① 《月亮与六便士》作者、英国小说家威廉·萨默赛特·毛姆（William Somerset Mougham）语。

该比值恰好就是拟合线的斜率，因此 β 被称为斜率参数（slope parameter）。

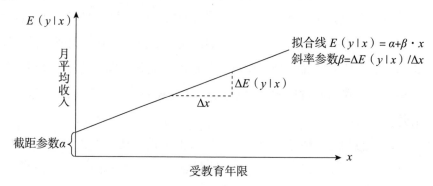

图 2.1　线性回归模型中的斜率参数与截距参数

斜率参数是回归分析中最重要的参数，有两个原因：（1）它反映了 x 与 $E(y\,|\,x)$ 之间的数量变化方向。如果 $\beta>0$，拟合线向右上倾斜，表明 x 与 $E(y\,|\,x)$ 同方向变化，$E(y\,|\,x)$ 取值随 x 取值增大而增大；如果 $\beta<0$，拟合线向右下倾斜，表明 x 与 $E(y\,|\,x)$ 反方向变化，$E(y\,|\,x)$ 取值随 x 取值增大而减小；如果 $\beta=0$，表明 x 与 $E(y\,|\,x)$ 没有变化关系，拟合线为水平直线，$E(y\,|\,x)$ 取值不随 x 的变化而变化。（2）它反映了 x 与 $E(y\,|\,x)$ 之间的数量变动程度，β 绝对值越大，$E(y\,|\,x)$ 随 x 的变动幅度就越大；反之，β 绝对值越小，$E(y\,|\,x)$ 随 x 的变动幅度就越小。

除斜率参数外，拟合方程（2.3）还含有一个截距参数（intercept parameter）α。如果将 $x=0$ 代入方程（2.3），即可得：

$$E(y\,|\,x)\ =\alpha+\beta\cdot0=\alpha \tag{2.5}$$

也就是说，截距参数 α 表示自变量 x 等于 0 时因变量 y 的条件均值。如图 2.1，截距参数 α 就是拟合线和纵坐标（此时 $x=0$）的交点。截距参数 α 相当于拟合线的"起跑线"，而斜率参数 β 表示拟合线"起跑"后的奔跑方向和奔跑速度。例如，设自变量 x 为受教育年限，因变量 y 为月平均收入，那么截距参数 α 表示个人未接受任何教育时的月平均收入，而斜率系数 β 表示受教育年限每增加 1 年，个人月平均收入会发生怎样的变化。在实际研究中，截距参数 α 通常不太重要，除非 x 取 0 时恰好有特定的意义。譬如，当 x 均值恰好等于 0 时，此时截距参数 α 就表示自变量 x 取其均值时 y 的条件均值。即便 x 均值不为 0，我们也可以对自变量做中心化（centering）处理，以使得截距参数 α 具有特定的意义。所谓中心化，就是让自变量 x 减去其均值 $\bar{x}$，并将其代入回归方程：

$$E(y \mid x) = \alpha + \beta \cdot (x - \bar{x}) \tag{2.6}$$

对自变量取值中心化后，斜率参数含义未变，但截距参数含义变化了。原先截距参数表示自变量 x 取 0 时 y 的条件均值，而中心化后截距参数就变为表示自变量 x 取其均值时 y 的条件均值。

二、 最小二乘估计量

构建了 x 和 y 的线性回归模型（2.1）之后，接下来的任务就是采用一定的统计技术估计出截距参数 α 和斜率参数 β 的值。以下，我们继续采用"受教育程度与收入水平"这个实例来展现简单线性回归的参数估计过程。

（一） 普通最小二乘法

在第一讲中，为方便交叉表格分析，我们需将受教育程度和收入水平都转化为类别变量，而线性回归则无此禁忌，于是我们将它们都恢复为连续变量。受教育程度用受教育年限表示，收入水平用月平均收入表示。计量分析需采用数据，最理想的条件莫过于拥有所有数据，利用总体直接估计出总体参数 α 和 β。然而，在实际研究中几乎是不可能获得总体数据的，我们通常是从总体中随机抽取一个包含 n 个观测对象的样本，利用该样本所提供的数据信息进行参数估计和推断。

假定我们从全国劳动人口总体中随机抽取 16 个观测对象，分别对这些观测对象进行调查，获取他们的受教育年限、月平均收入等数据信息。如表 2.1 所示，ID 表示各观测对象编码，下标 i 表示第 i 个观测对象，第 i 个观测对象的受教育年限为 x_i，第 i 个观测对象的月平均收入为 y_i。单从表 2.1 很难看出自变量 x_i 与因变量 y_i 之间存在怎样的数量变化关系，我们可以尝试绘制散点图（scatter graph）呈现二者关系。

表 2.1　观测对象的受教育年限与月平均收入

ID	x_i（年）	y_i（元）
1	0	613
2	2	965
3	4	1241
4	6	940
5	8	1400
6	10	1267
7	12	1934
8	14	1781
9	1	675
10	3	704
11	5	1345
12	7	1334
13	9	1313
14	11	1612
15	13	2059
16	16	1540

　　如图 2.2 所示，横坐标为受教育年限，纵坐标为月平均收入，图中有 16 个散点，分别代表样本中 16 个观测对象。从该图可以看出，散点变化有非常明显的向右上方倾斜的特征，表明随受教育年限增加，个人月平均收入有增加趋势。对于样本中各观测对象，可构建如下线性回归计量模型：

$$y_i = a + b \cdot x_i + \varepsilon_i \qquad (2.7)$$

　　在模型（2.7）中，截距系数 a 和斜率系数 b 是我们想估计的两个重要系数。请注意，估计系数 a 和 b 与总体参数 α 和 β 不同，总体参数 α 和 β 是总体的模型参数，而估计系数 a 和 b 是抽样样本的估计系数。① 由于

---

　　① 在不少英文文献中，参数和系数都用同一词"parameter"表示。为区分总体参数和样本估计系数，本书将基于总体形成的理论模型中的"parameter"称为参数，将基于样本形成的计量模型中的"parameter"称为系数。

我们没有总体数据，所以总体参数 α 和 β 是不可知的，我们想利用样本估计出系数 a 和 b，借此"推测"出总体参数 α 和 β。因此，a 和 b 是总体参数 α 和 β 的估计量（estimator）。

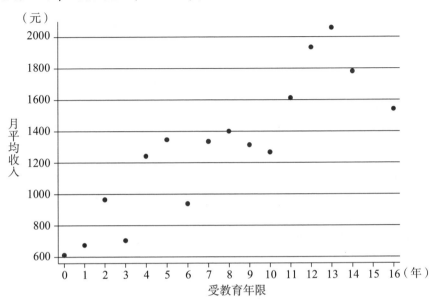

图 2.2 个人受教育年限与月平均收入的散点图

那么，如何估计出这两个系数呢？我们可以尝试绘制一条穿过众散点且向右上方倾斜的拟合线，以表示受教育年限与月平均收入的线性变化关系。然而，穿过众散点可以绘制无数条直线，究竟哪条拟合线最适合呢？

普通最小二乘法（ordinary least squares，OLS）提出，如果存在一条拟合线能最优反映因变量和自变量之间的线性变动关系，它应能使所有散点到拟合线的垂直距离的平方和达到最小。如图 2.3 所示，有一条用于表示个人受教育年限与月平均收入数量变动关系的拟合线，该拟合线从众散点中穿过。因变量月平均收入中有两类值需区分清楚：一个是因变量的实际观测值 y_i，它是我们通过调查获得的因变量的取值，在图 2.3 中，因变量的实际观测值 y_i 相当于各散点到横坐标的垂直距离；另一个是因变量的拟合值（fitted value）$\hat{y}_i$，它是我们根据拟合函数（即拟合线）得到的因变量预测值。拟合值 $\hat{y}_i$ 头上戴了一个帽子，读作"hat"。该拟合值如何获得呢？如图 2.3 中有一条拟合线，设其为：

$$\hat{y}_i = a + b \cdot x_i \tag{2.8}$$

假定拟合函数中截距系数和斜率系数的值已经估计得到，即 a 和 b 已知，那么我们只要将表 2.1 中自变量 x_i 的实际观测值代入式（2.8）中，就可以获得在自变量取特定值条件下因变量的拟合值 $\hat{y}_i$。如图 2.3 所示，因变量的拟合值相当于拟合线上各点到横坐标的垂直距离。

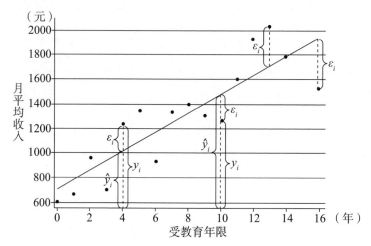

图 2.3　个人受教育年限与月平均收入的拟合线

以受教育年限为 4 年为例，从该散点画一条到横坐标的垂直线段（虚线），该线段长度表示自变量（受教育年限）等于 4 年时因变量（月平均收入）的实际观测值（1241 元）。该垂直线段可分解为两段：一段是由散点到拟合线的距离，它表示残差 ε_i；另一段是由拟合线到横坐标的距离，它表示因变量的拟合值 $\hat{y}_i$。

因变量的实际观测值与拟合值之差，恰好等于其残差，因此有：

$$y_i - \hat{y}_i = y_i - (a + b \cdot x_i) = \varepsilon_i \qquad (2.9)$$

运用公式（2.9），可计算出每个观测对象的残差 ε_i，残差有正有负。如图 2.3，当 $x = 4$、$x = 13$ 时，散点位于拟合线上方，此时 $\varepsilon_i > 0$；而当 $x_i = 10$、$x = 16$ 时，散点位于拟合线下方，此时 $\varepsilon_i < 0$。为了避免残差正负相加后相互抵消，普通最小二乘法对各观测对象残差先做了平方，再求残差平方之和，以反映拟合优度。当残差平方和 $\sum \varepsilon_i^2$ 最小时，斜率系数和截距系数的估计量如下：

$$b = \frac{\sum (x_i - \bar{x})(y_i - \bar{y})}{\sum (x_i - \bar{x})^2} = \frac{\mathrm{cov}(x, y)}{\mathrm{var}(x)} \qquad (2.10)$$

$$a = \bar{y} - b \cdot \bar{x} \qquad (2.11)$$

$\bar{x}$ 和 $\bar{y}$ 分别表示自变量 x 和因变量 y 的样本均值。斜率系数估计量公式（2.10）的分子为 $\sum (x_i - \bar{x})(y_i - \bar{y})$，其中 $(x_i - \bar{x})$ 和 $(y_i - \bar{y})$ 为 x 和 y 离均差（deviation），分别表示 x 和 y 偏离其各自均值的程度，即离散程度。经过整理，斜率系数估计量 b 可表示为自变量 x 和因变量 y 的样本协方差（sample covariance）与自变量 x 的样本方差之比，即 $b = \mathrm{cov}(x, y) / \mathrm{var}(x)$。① 协方差用于衡量变量间的数量变动关系，如果 x 和 y 正相关，协方差 $\mathrm{cov}(x, y)$ 为正，反之为负。方差用于衡量单个变量取值的变异程度，方差越大，变异程度越大，反之则越小。

截距系数和斜率系数的 OLS 估计量

给定一个包含 n 个观测对象的抽样样本，根据普通最小二乘法，需确定截距参数 α 和斜率参数 β 的组合值 (a, b)，以使得残差平方和函数达最小化。残差平方和函数如下：

$$S(\alpha, \beta) = \sum_{i=1}^{n} \varepsilon_i^2 = \sum_{i=1}^{n} (y_i - \alpha - \beta \cdot x_i)^2$$

分别对截距参数 α 和斜率参数 β 求偏导，可得：

$$\partial S / \partial \alpha = 2n\alpha - 2\sum y_i + 2(\sum x_i)\beta$$

$$\partial S / \partial \beta = 2(\sum x_i^2)\beta - 2\sum x_i y_i + 2(\sum x_i)\alpha$$

根据最优化，截距参数 α 和斜率系数 β 需取特定的值 a 和 b，使得 $\dfrac{\partial S}{\partial \alpha}$ 和 $\dfrac{\partial S}{\partial \beta}$ 恰好等于 0，有：

$$\begin{cases} 2na - 2\sum y_i + 2(\sum x_i)b = 0 \\ 2(\sum x_i^2)b - 2\sum x_i y_i + 2(\sum x_i)a = 0 \end{cases}$$

稍加整理，可得：

$$\begin{cases} na + (\sum x_i)b = \sum y_i & (2A.1) \\ (\sum x_i)a + (\sum x_i^2)b = \sum x_i y_i & (2A.2) \end{cases}$$

---

① 样本协方差和方差的标准公式分别为：$\mathrm{cov}(x, y) = \dfrac{1}{n-1}\sum (x_i - \bar{x})(y_i - \bar{y})$，$\mathrm{var}(x) = \dfrac{1}{n-1}\sum (x_i - \bar{x})^2$，$n$ 为样本容量。

将式（2A.1）乘以 $\sum x_i$，式（2A.2）乘以 n，然后相减，可解出

$$b = (n\sum x_i y_i - \sum x_i \sum y_i)/[n\sum x_i^2 - (\sum x_i)^2] \qquad (2A.3)$$

x 和 y 的均值分别为：$\bar{x} = \sum x_i/n$ 和 $\bar{y} = \sum y_i/n$。式（2A.3）中分子 $n\sum x_i y_i - \sum x_i \sum y_i$ 可转化为 $n\sum(x_i - \bar{x})(y_i - \bar{y})$，分母 $n\sum x_i^2 - (\sum x_i^2)$ 可转化为 $n\sum(x_i - \bar{x})^2$。将它们代入式（2A.3），即可得斜率参数估计量：

$$b = \frac{\sum(x_i - \bar{x})(y_i - \bar{y})}{\sum(x_i - \bar{x})^2}$$

根据式（2A.1），截距参数估计量为：

$$a = \bar{y} - b \cdot \bar{x}$$

综上分析，斜率系数的 OLS 估计量等于自变量和因变量的样本协方差与自变量样本方差之比，$b = \dfrac{\text{cov}(x, y)}{\text{var}(x)}$，该斜率系数表示在自变量 x 变异中拿出了多少用于对因变量 y 变异进行解释。其中，$\text{var}(x)$ 肯定为正，所以斜率系数估计量的取值方向完全决定于其分子，即协方差 $\text{cov}(x, y)$。如果 x 和 y 正相关，$\text{cov}(x, y) > 0$，斜率系数 $b > 0$，拟合线向右上方倾斜；如果 x 和 y 负相关，$\text{cov}(x, y) < 0$，斜率系数 $b < 0$，拟合线向右下方倾斜；如果 x 和 y 无关，$\text{cov}(x, y) = 0$，斜率系数 $b = 0$，拟合线为水平直线。依据公式（2.10）计算出斜率系数 b 后，将其代入截距系数估计量公式（2.11），就可计算出截距系数 a。

让我们再回到"受教育程度与收入水平"实例。根据表 2.1 提供的数据，我们计算出自变量受教育年限 x_i 和因变量月平均收入 y_i 的样本均值 $\bar{x}$ 和 $\bar{y}$ 分别为 7.56 年和 1295.19 元。如表 2.2 所示，我们先计算出 16 个观测对象 $x_i - \bar{x}$ 和 $y_i - \bar{y}$ 的值，再依次计算出 $(x_i - \bar{x})(y_i - \bar{y})$ 和 $(x_i - \bar{x})^2$ 的值，最后对 $(x_i - \bar{x})(y_i - \bar{y})$ 和 $(x_i - \bar{x})^2$ 求和，便可以得到 $\sum(x_i - \bar{x})(y_i - \bar{y}) = 27634.31$，$\sum(x_i - \bar{x})^2 = 355.94$。

表 2.2　截距系数和斜率系数的估计值计算过程

ID	x_i	y_i	$x_i - \bar{x}$	$y_i - \bar{y}$	$(x_i - \bar{x})(y_i - \bar{y})$	$(x_i - \bar{x})^2$
1	0.00	613.00	−7.56	−682.19	5157.36	57.15
2	2.00	965.00	−5.56	−330.19	1835.86	30.91
3	4.00	1241.00	−3.56	−54.19	192.92	12.67
4	6.00	940.00	−1.56	−355.19	554.10	2.43
5	8.00	1400.00	0.44	104.81	46.12	0.19
6	10.00	1267.00	2.44	−28.19	−68.78	5.95
7	12.00	1934.00	4.44	638.81	2836.32	19.71
8	14.00	1781.00	6.44	485.81	3128.62	41.47
9	1.00	675.00	−6.56	−620.19	4068.45	43.03
10	3.00	704.00	−4.56	−591.19	2695.83	20.79
11	5.00	1345.00	−2.56	49.81	−127.51	6.55
12	7.00	1334.00	−0.56	38.81	−21.73	0.31
13	9.00	1313.00	1.44	17.81	25.65	2.07
14	11.00	1612.00	3.44	316.81	1089.83	11.83
15	13.00	2059.00	5.44	763.81	4155.13	29.59
16	16.00	1540.00	8.44	244.81	2066.20	71.23
				加总值：	27634.31	355.94

根据估计量公式（2.10），用 $\sum(x_i - \bar{x})(y_i - \bar{y})$ 除以 $\sum(x_i - \bar{x})^2$，即可得到斜率系数的估计值：$b = 27634.31/355.94 = 77.64$[①]，再将 $b = 77.64$ 代入截距系数估计量公式（2.11），又可计算出截距系数估计值为：$a = 708.05$。

得到 a 和 b 估计值后，我们就可以写出符合最小二乘法的拟合线函数：

$$\hat{y}_i = 708.05 + 77.64\, x_i$$

根据该估计结果，我们可以预测当受教育年限为 0 时，个人月平均收

---

① 计算中使用了原始数据，但报告结果时仅保留两位小数，后同。

入为 708.05 元（即截距系数 a），且受教育年限每增加 1 年，个人月平均收入将增加 77.64 元（即斜率系数 b）。

（二）拟合优度

如图 2.3 所示，散点到横坐标的垂直距离表示因变量 y 的实际观测值，观测值取值有变异，表现为各散点"星星点点"散落在拟合线两侧。我们将 y 的实际观测值变异定义为：

$$SST = \sum (y_i - \bar{y})^2 \tag{2.12}$$

SST（total sum of squares）反映因变量实际观测值 y_i 的变异程度。SST 值越小，表示因变量的实际观测值变异程度越小；反之，表示因变量的实际观测值变异程度越大。

我们采用最小二乘法，构造出一条拟合线来表示因变量 y 取值如何随着自变量 x 取值变化而变化。y 的实际观测值变异中有一部分被 x 所解释，我们将这部分被 x 解释的因变量变异定义为：

$$SSE = \sum (\hat{y}_i - \bar{y})^2 \tag{2.13}$$

SSE 表示因变量拟合值 $\hat{y}_i$ 的变异程度，被称为解释平方和（explained sum of squares）。因变量拟合值 $\hat{y}_i$ 是将 x 取值代入拟合函数得到的，因此因变量拟合值 $\hat{y}_i$ 变异表示因变量 y 变异中被自变量 x 所解释的部分。

自变量 x 只解释了因变量 y 的一部分变异，未被解释的变异为残差变异。我们将残差变异定义为：

$$SSR = \sum (y_i - \hat{y}_i)^2 = \sum \varepsilon_i^2 \tag{2.14}$$

综上所述，SST 表示因变量实际观测值变异，SSE 表示因变量实际观测值变异中被自变量所解释的部分，用前者减去后者即可得因变量总变异中未被自变量所解释的部分 SSR，即

$$SSR = SST - SSE$$
$$SST = SSE + SSR \tag{2.15}$$

可以想象，如果我们构造一个计量模型，采用 OLS 形成一条回归拟合线，它能够很好地利用自变量 x 变异解释因变量 y 变异，那么这个计量模型就具有较高的拟合优度（goodness of fit）。测量模型的拟合优度可采用

统计量 R^2 来表示。

$$R^2 = SSE/SST = 1 - SSR/SST \qquad (2.16)$$

R^2 值越大，模型拟合优度就越高；反之，模型拟合优度就越低。R^2 被称为可决系数（coefficient of determination），取值范围是 $[0, 1]$。想象一种极端情况，图 2.3 中所有散点都恰好位于回归拟合线上，此时各散点与拟合线距离都等于零（所有残差都等于 0），于是有 $SSR = 0$，将它代入可决系数公式，可得 $R^2 = 1 - 0/SST = 1$，这就是完美拟合情况。大部分研究的计量模型达不到完美拟合，譬如本节实例的拟合函数 $R^2 = 0.755$，这意味着采用受教育年限可以解释个人月平均收入变异的 75.5%，已经很不错了，是一个具有高解释力的回归。

（三） OLS 估计量的特质

估计量（estimator）与估计值（estimate）是两个不同的概念。a 和 b 是斜率系数和截距系数的估计量。根据估计量公式（2.10）和公式（2.11），我们可以计算出在特定样本中斜率系数和截距系数的估计值。如前所述，在缺少总体数据的条件下，总体参数 α 和 β 是不可知的，我们需借助样本来推测总体参数情况。一次抽样获得一个样本，我们将一次抽样获得的估计值称为点估计（point estimate）；再抽一个样本，又可计算出另一组点估计。如此反复抽样，我们便可以获得许多组估计值（见表 2.3）。

表 2.3　重复抽样 10 次的点估计值

抽样次数	截距系数 a	斜率系数 b
1	708.05	77.64
2	644.65	89.52
3	953.35	52.35
4	598.08	95.22
5	887.56	56.35
6	602.55	97.85
7	989.23	65.33
8	586.37	91.56

（续表）

抽样次数	截距系数 a	斜率系数 b
9	896.56	34.89
10	456.23	70.56
均值	732.26	73.13

因此，估计量是随机变量，而估计值是在对总体进行若干次抽样后，利用估计量公式计算得到的截距系数和斜率系数的具体数值。从表2.3中可以看出，各组点估计值有较大变化。截距系数 a 估计值在 [456.23，989.23] 之间变化，斜率系数 b 估计值在 [34.89，97.85] 之间变化，我们无法确定每次抽样估计得到的估计值是否就与总体参数 α 和 β 一致，(a, b) 取值也许碰巧与 (α, β) 非常接近，但也可能相差极远。读者可能会问："既然我们不知道从一次抽样得到的点估计能否'猜中'总体参数，那么通过抽样估计参数还有意义吗？"

有意义！统计学家证明，只要自变量 x 是非随机变量且残差 ε_i 均值为零并满足其他一些假设条件①，那么通过重复抽样所获得的截距系数和斜率系数估计值的均值恰好等于其总体参数的真值，即

$$E(a) = \alpha$$
$$E(b) = \beta$$

OLS 估计量是对总体参数的无偏估计量（unbiased estimator）。请注意，这里所谓的"无偏"不是说单次抽样获得的估计值是无偏的，而是说截距系数 a 和斜率系数 b 的估计量是无偏的，或者说，我们利用最小二乘法形成参数估计这个过程是无偏的。在一系列假设得到满足的条件下，我们可以运用估计量公式准确"猜测"出总体参数 α 和 β 的真值。如表2.3，我们计算出这 10 组 (a, b) 估计值的均值（$\bar{a} = 732.26$，$\bar{b} = 73.13$），该均值与总体参数 α 和 β 的真值是非常接近的。

OLS 估计量是随机变量，它的取值分布会呈现出一些特征。之前我们已经论证了，当满足一定条件时 OLS 估计量是无偏估计量，其均值与总体参数相同，那么是否无偏的估计量就是最好的估计量呢？不一定。如图

---

① 关于这些假设条件，我们将在本讲第二节再做详细说明。

2.4 所示，横坐标为估计量取值，可以看成是每次抽样计算得到的估计值，纵坐标表示不同估计量取值的发生概率。假设对总体参数 β 有两种估计量，它们的概率密度函数分别为 $f_1(b)$ 和 $f_2(b)$。两种估计量均值相同，都等于总体参数 β（$=80$），因此这两种估计量都是无偏估计量，然而，这两种估计量的分布形状有很大不同：$f_1(b)$ 方差较小，长得又高又瘦，取值集中在均值附近；相比之下，$f_2(b)$ 方差较大，长得又矮又胖，取值变异范围明显要比 $f_1(b)$ 宽广得多。

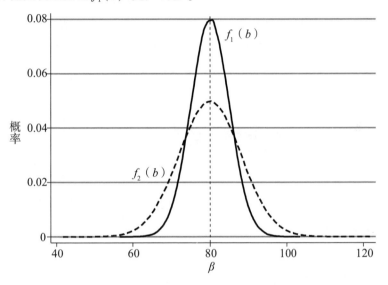

图 2.4 斜率系数估计量的概率密度分布

这两种估计量都是无偏的，但估计量 $f_1(b)$ 明显优于估计量 $f_2(b)$，因为前者方差小，每次抽样得到的估计值大都落在总体参数 β 真值附近；而后者方差大，每次抽样得到的估计值有更大可能落在离总体参数 β 真值较远的区域。虽然我们不知道每次抽样获得的估计值究竟与总体参数 β 相差有多大，但如果估计量方差小一些，每次抽样获得的估计值就有更大可能落在总体参数 β 真值附近。因此，估计量的方差大小可以用于反映估计量对总体参数的估计精度（precision）。当总体参数的线性回归估计有多种估计量时[1]，方差最小的估计量被称为最优估计量（the best estimator），

———————

① 对线性回归而言，除最小二乘法外，还有其他许多估计法。譬如，我们可以在图 2.2 中找到因变量取值最小和最大的两个散点，以连接这两个散点的直线作为拟合线，估计出截距系数和斜率系数，这也是一个备选的线性回归估计量。

它实现了对总体参数最精确的估计。

综上所述，估计量的优劣主要看两方面：一是估计量的无偏性，如果估计量均值与总体参数真值相同，它就是无偏估计量；二是估计量的精度，估计量方差越小，估计精度越高。

高斯－马尔科夫定理证明，在一系列条件得到满足的条件下，OLS 截距和斜率估计量就是所有无偏估计量中方差最小的。也就说，OLS 估计量同时满足了无偏性和最优性两个特质，它们是截距和斜率总体参数最优的线性无偏估计量（the best linear unbiased estimators，BLUE）。OLS 截距参数和斜率参数的估计量 a 和 b 的方差与协方差公式如下：

$$\mathrm{var}(a) = \sigma^2 \left[\frac{\sum x_i^2}{n \sum (x_i - \bar{x})^2} \right] \tag{2.17}$$

$$\mathrm{var}(b) = \frac{\sigma^2}{\sum (x_i - \bar{x})^2} \tag{2.18}$$

$$\mathrm{cov}(a,\ b) = \sigma^2 \left[\frac{-\bar{x}}{\sum (x_i - \bar{x})^2} \right] \tag{2.19}$$

第二节　OLS 的基本假设

上述高斯－马尔科夫定理成立，需满足一系列假设，若其中有假设得不到满足，OLS 估计量就是有偏的（biased）或非最优。事实上，对于采用非实验数据的观测研究而言，这些假设可谓相当严苛，常得不到满足，尤其是有些假设事关估计能否达到无偏性。无偏是一个好估计量的第一条件，偏离了对总体参数的无偏估计谈估计精确性，是毫无意义的。有偏即意味着我们无法确定运用 OLS 所获得的估计值是否代表了变量间真实的因果关系。可以说，正是科学研究对 OLS 有偏估计的极度不满，促发了现代因果推断技术的大发展。

一、 参数线性假设

参数线性假设要求回归模型相对于参数而言是线性的。需注意，此处并未要求自变量 x 和因变量 y 之间是线性关系。我们可以对自变量和因变量进行数学转换，以得到有趣的非线性回归函数式。譬如，我们可以使用半对数函数（semi-log function）形式来估计教育收益率（rates of return to education）：

$$\ln(income_i) = a + b \cdot edu_i + \varepsilon_i \qquad (2.20)$$

为估计模型（2.20），我们先对月平均收入变量 $income$ 进行自然对数转化，变为 $\ln(income)$，然后再以 $\ln(income)$ 作为因变量、以 edu 作为自变量进行 OLS 回归（见表 2.4）。如此操作，便可估计得到斜率系数 $b =$ 0.066。在半对数函数设定下，月平均收入的对数 $\ln(income)$ 与受教育年限 edu 这两个变量是线性关系，但月平均收入与受教育年限这两个变量的关系变成非线性的[①]。

表2.4　受教育年限与月平均收入变量的对数转化

ID	edu_i（年）	$\ln(edu_i)$	$income_i$（元）	$\ln(income_i)$
1	0	—	613	6.42
2	2	0.69	965	6.87
3	4	1.39	1241	7.12
4	6	1.79	940	6.85
5	8	2.08	1400	7.24
6	10	2.30	1267	7.14
7	12	2.48	1934	7.57
8	14	2.64	1781	7.48
9	1	0.00	675	6.51
10	3	1.10	704	6.56

---

① 这两个变量的函数关系变为非线性的指数关系：$income = e^{(\alpha + \beta \cdot edu + \varepsilon)}$。

（续表）

ID	edu_i（年）	$\ln(edu_i)$	$income_i$（元）	$\ln(income_i)$
11	5	1.61	1345	7.20
12	7	1.95	1334	7.20
13	9	2.20	1313	7.18
14	11	2.40	1612	7.39
15	13	2.56	2059	7.63
16	16	2.77	1540	7.34

在半对数函数形式下，斜率系数 b 的含义也发生了变化。在 $income_i$ 转化为 $\ln(income_i)$ 之前，b 表示"受教育年限每增加 1 年，个人月平均收入将平均变化多少元"；在因变量对数转化之后，b 可以解释为教育收益率[①]，表示"受教育年限每增加 1 年，个人月平均收入将平均变化百分之几"，$b=0.066$ 表明受教育年限每增加 1 年，个人月平均收入将平均增加 6.6%。

另一种常采用的非线性函数形式是对数–对数函数（log-log function）：

$$\ln(income_i) = a + b \cdot \ln(edu_i) + \varepsilon_i \qquad (2.21)$$

在模型（2.21）中，因变量月平均收入做了对数转化，自变量受教育年限也做了对数转化。此时，斜率系数 b 的含义再次发生变化，变为"受教育年限每增加百分之一，个人月平均收入将平均变化百分之几"，也就是经济学常用的弹性系数（coefficient of elasticity）。如表 2.4 所示，我们可以计算出受教育年限的对数值 $\ln(edu_i)$，接着用受教育年限的对数值 $\ln(edu_i)$ 对月平均收入的对数值 $\ln(income_i)$ 进行 OLS 回归，得到斜率系数 b 的估计值为 0.366，这意味着受教育年限每增加 1%，个人月平均收入将平均增长 0.366%。弹性系数小于 1，属于缺乏弹性，表明个人收入的增长变化要低于个人受教育年限的增长变化。[②]

---

① 对模型（2.20）求关于自变量 edu 的偏导，可得 $b=(\partial income/\partial edu)/income$，表明因变量做对数转换后，斜率系数 b 表示受教育年限每增加 1 年，个人月平均收入将平均变化百分之几。

② 经济学将弹性划分为三种类型：弹性系数取值在（0，1）之间为缺乏弹性，弹性系数取值超过 1 为富有弹性，弹性系数等于 1 为单位弹性。

利用数学转换技巧，我们可以实现对 x 与 y 多种非线性函数关系的线性回归估计，譬如：

二次多项式函数：$y_i = a + b_1 \cdot x_i + b_2 \cdot x_i^2 + \varepsilon_i$

三次多项式函数：$y_i = a + b_1 \cdot x_i + b_2 \cdot x_i^2 + b_3 \cdot x_i^3 + \varepsilon_i$

本书之后各讲中将经常用到二次、三次甚至更高次项回归函数式。

二、 自变量变异假设

自变量变异假设要求非随机的自变量 x 至少有两个不同的观测值。如果样本中自变量 x 只有一个值，没有任何变异，这就意味着我们无法通过 OLS 拟合出因变量 y 取值会随自变量 x 发生怎样的变动。

事实上，从 OLS 回归的估计量及其方差、协方差公式也能看到这一假设的重要性。斜率系数和截距系数估计量公式（2.10）、公式（2.11），以及它们的方差、协方差公式（2.17）—（2.19）中，分母都包含 $(x - \bar{x})$，该项式相当于自变量 x 的离均差，离均差越大，x 取值偏离其均值的离散程度越大。如果样本中自变量 x 只取一个数值，那么 $x - \bar{x} = 0$，此时斜率系数及其方差、协方差的分母皆为零，这在数学上是无意义的。①

此外，如前所述，截距系数和斜率系数方差决定了估计精度，方差越小，回归估计的精度越高，因此我们总是希望估计系数方差越小越好。截距系数和斜率系数方差的分母都含有 $(x - \bar{x})$ 这个离均差项，为使这些系数保持较大的估计精度（小方差），自变量 x 取值越离散越好，因为自变量 x 取值越离散，离均差项 $(x - \bar{x})$ 越大，估计系数方差则越小。因此，在 OLS 回归中自变量 x 不仅取值要有变异，而且变异越大越好。这就要求我们在收集数据时，应尽可能对异质人群进行调查。如果调查对象过于同质，会导致自变量 x 取值变异变小，OLS 估计精度下降。

---

① 截距系数估计量公式（2.11）虽然并非直接包括 $(x - \bar{x})$，但截距系数估计量是基于斜率系数估计量计算而得的，斜率系数无法计算，截距系数自然也无法计算。

三、 残差均值为零假设

残差均值为零即 $E(\varepsilon_i) = 0$。该假设对于 OLS 回归来说，是极为重要的一个假设，因为它事关 OLS 估计量能否达成无偏性。可以证明，如果残差均值不为零，OLS 估计量必定是有偏的。

如前所述，残差相当于一个"垃圾桶"，所有未被模型系统部分考虑到的因素都会被放入残差中，包括遗漏变量、变量测量误差、模型设定错误和运气成分。如果我们能准确测量所有变量，正确识别自变量和因变量之间的函数关系，并将所有可能影响因变量的自变量都纳入模型，残差这个"垃圾桶"就只剩下运气成分。运气是随机扰动的，时好时坏，好坏相抵，这样就保证残差均值为零。

要满足残差均值为零假设，是非常困难的。尤其在观测研究中，可资利用的数据极为有限，研究者常在回归估计中遗漏一些重要变量，这些被遗漏的变量进入残差，从而导致残差均值不为零与 OLS 有偏估计。事实上，无论由哪种变量担当因变量的角色，它都可能被其他众多的变量所影响。一方面，我们根本不知道究竟有多少变量会对因变量有影响（知识有限）；另一方面，即便知道有哪些变量对因变量有影响，也总有些变量数据是无法获得的（数据受限）。因此，要将所有可能影响因变量的因素都纳入模型中，这几乎是"不可能完成的任务"。那么，怎么办呢？

在 OLS 回归中，我们常常只关注某一特定自变量对因变量的影响，并不要求模型中所有自变量的斜率系数估计都是无偏的，只要保证我们所关心的主要解释变量对因变量的估计系数是无偏的，即可达成研究目的。基于这个思路，我们就不再要求残差均值为零，只要求所有对因变量 y 有影响且与主要解释变量 x 相关的变量不在残差中，就可以保证主要解释变量 x 的斜率系数是无偏的。

譬如，在受教育年限对月平均收入的回归中，我们可以多考虑一个变量——性别。根据第一讲的解释，性别同时对个人受教育年限、月平均收入有影响，它是典型的混淆变量。主要解释变量受教育年限有一条后门路径，它经由性别变量通往因变量月平均收入（受教育年限←性别→月平均收入），因此模型必须控制性别变量，否则会错误识别受教育年限与月平均收入之间的因果关系。那么，如何在 OLS 回归中实现控制呢？采用多元线性回归模型：

$$income_i = a + b_1 \cdot edu_i + b_2 \cdot gender_i + \varepsilon_i \qquad (2.22)$$

在模型（2.22）中，因变量依然是月平均收入，但自变量有两个：受教育年限和性别，其中受教育年限变量为解释变量，性别变量为控制变量。模型控制了性别变量，于是受教育年限变量的斜率系数 b_1 就表示"在保持性别不变的情况下，受教育年限对个人月平均收入的影响"。从数据分析角度看，回归模型（2.22）与第一讲使用交叉表格在男性和女性各自组内观察受教育程度与收入水平相关关系（见表 1.6）所实现的分析功能是完全相同的。我们同样采用 OLS[①]，可以推导并计算出模型（2.22）中截距系数和斜率系数估计值：$a = 590.37$，$b_1 = 70.36$，$b_2 = 345.45$，其回归拟合函数如下：

$$\widehat{income_i} = 590.37 + 70.36\, edu_i + 345.45\, gender_i \qquad (2.23)$$

回归拟合优度 $R^2 = 0.916$，较之前未控制性别变量时的模型拟合优度（$R^2 = 0.755$）提高了不少，已接近 1，这说明多控制一个性别变量后，模型已能解释因变量的绝大部分变异。

性别变量为虚拟变量（dummy variable），只取 0 和 1 两个值，男性 = 1，女性 = 0。性别变量的斜率系数 $b_2 = 345.45$，表示样本中男性月平均收入要比女性多出 345.45 元。如之前的估计结果，在未控制性别变量时，受教育年限的斜率系数估计值为 77.64，在控制了性别变量后，受教育年限的斜率系数估计值有所下降，变为 70.36。可见，不控制性别变量确会导致受教育年限对月平均收入的偏高估计（overestimate）。

虚拟变量在回归分析中的应用

虚拟变量常用于回归分析，它有多种译法，如哑变量或虚设变量等。

---

① 多元线性回归和简单线性回归的参数估计原理完全相同，但截距系数和斜率系数估计量公式有些差别。为保证阅读顺畅，在此略去不谈。有兴趣的读者可自行参阅一些初级计量经济学教材，如希尔等（Hill et al.，2011）和伍德里奇（Wooldridge，2018）的著作。

虚拟变量属于非连续的类别变量，主要用于反映变量的类别或属性变化，取值通常为 0 和 1，典型如性别变量（女性 = 0，男性 = 1）、户口变量（农业户口 = 0，非农业户口 = 1）。利用虚拟变量可实现不同组别的对比分析。如正文中回归模型（2.22），其回归拟合函数为：

$$\widehat{income}_i = a + b_1 \cdot edu_i + b_2 \cdot gender_i$$

之前我们主要关注受教育程度的影响，现在变化一下思维，把性别变量当作解释变量，把受教育年限当作控制变量，在保持受教育年限不变的情况下，观察性别变量对月平均收入的影响。既然保持受教育年限不变，不妨用该变量均值 $\overline{edu}$ 代入，即

$$\widehat{income}_i = a + b_1 \cdot \overline{edu} + b_2 \cdot gender_i$$

根据以上模型，可以预测：当 $gender_i = 1$ 时（即男性），月平均收入为 $\widehat{income}_i = a + b_1 \cdot \overline{edu} + b_2$；当 $gender_i = 0$ 时（即女性），月平均收入为 $\widehat{income}_i = a + b_1 \cdot \overline{edu}$。于是，男女性收入差

$$\Delta \widehat{income}_i = \left(a + b_1 \cdot \overline{edu} + b_2\right) - \left(a + b_1 \cdot \overline{edu}\right) = b_2$$

可见，性别虚拟变量的斜率系数 b_2 表示男女性月平均收入的差距。性别变量是二分类别变量。如果变量是多分类别变量，需转化为若干虚拟变量。设多分类别变量有 n 个类别，它要转化为 $n-1$ 个虚拟变量再进入回归模型。譬如东、中、西部地域变量，有 3 个类别，分别赋值为 1、2 和 3。设东部为参照组（reference group），将该三分变量转化为两个虚拟变量：$middle_i$ 表示中部，中部 = 1，其余 = 0；$west_i$ 表示西部，西部 = 1，其余 = 0。并构造以下回归模型：

$$income_i = a + b_1 \cdot middle + b_2 \cdot west + \varepsilon_i$$

为何不再设定一个东部虚拟变量 $east_i$ 呢？因为当 $middle_i = 0$ 且 $west_i = 0$ 时，$east_i = 1$。也就是说，$middle_i$ 和 $west_i$ 的取值完全决定了东部变量 $east_i$ 取值，如果将东、中、西三个虚拟变量都放入回归模型中，就会引发完全共线性（perfect collinearity），导致斜率系数无法被正常估计。根据以上模型，可以预测：当 $middle_i = 0$ 且 $west_i = 0$ 时（即东部），月平

均收入$\widehat{income}_i = a$；当 $middle_i = 1$ 且 $west_i = 0$ 时（即中部），月平均收入 $\widehat{income}_i = a + b_1$；当 $middle_i = 0$ 且 $west_i = 1$ 时（即西部），月平均收入 $\widehat{income}_i = a + b_2$。于是可知：截距系数 a 表示东部观测对象的月平均收入；斜率系数 b_1 表示中部与东部观测对象的月平均收入之差；斜率系数 b_2 表示西部与东部观测对象的月平均收入之差。

东部被设为参照组，因此中部、西部都与东部对比。谁做参照组是人为设定的，可任意挑选某一类别作为参照组。不过，变换参照组会使截距系数和斜率系数的估计值和解释发生变化。如本例，如果选择西部作为参照组，截距系数 a 就表示西部观测对象月平均收入，而斜率系数 b_1 和 b_2 则分别表示中部与西部观测对象的月平均收入之差、东部与西部观测对象的月平均收入之差。

根据计量经济学中的定义，模型中如果有自变量与残差相关，该自变量就是内生变量（endogenous variable）。所谓"内生"，是指变量取值受制于模型内其他变量，从而内生于模型。如本例，受教育年限就是一个内生变量，个人受教育年限受到个人性别、能力与家庭背景的影响，而性别、能力与家庭背景又同时对个人月平均收入有影响。如果这些变量在模型中没有得到控制，受教育年限就是一个与残差相关的内生变量，运用 OLS 估计受教育年限的斜率系数是有偏的。如果模型中自变量与残差无关，该自变量就被称为外生变量（exogenous variable）。"外生"是指变量外生于模型，该变量取值是外界给定的，与模型内其他变量无关。性别就是一个外生变量，性别由"老天爷"决定，它不受模型中其他变量的影响，因此如果我们要估计性别变量的斜率系数，不必考虑它是否与残差相关，运用 OLS 估计性别变量的斜率系数是无偏的。

从无偏估计的角度看，OLS 回归模型所包含的自变量都应为外生变量，如果模型含有内生变量，该变量的斜率系数估计值必定是有偏的。为解决这一问题，可以采用变量控制。譬如，个人受教育年限是内生变量，受性别、能力与家庭背景的影响，假设除这些变量外再无其他会导致偏估的因素，那么我们只要在模型中控制了这些变量，它们就会从残差项中跑出来，进入模型系统部分，此时残差项又恢复成"人畜无害"的模样，只余下与解释变量受教育年限无关的运气成分 ［即 $cov(edu, \varepsilon) = 0$］，此时 OLS 估计受教育年限的斜率系数就是无偏的。也就是说，计量模型没有遗漏任何重要变量是 OLS 回归实现无偏估计的一个重要前提条件。如果模型中遗漏了某些重要变量，这些变量就会跑到残差中，导致残差与模型中解释变量相关，此时残差就被"异质化"①，变为异质残差（heterogeneity error），此种因遗漏混淆变量而导致的偏估被称为未观测的异质性（unobserved heterogeneity）。

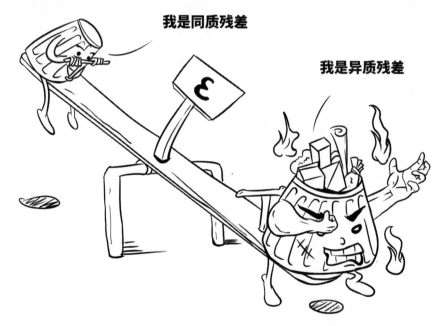

当然，根据第一讲中的后门规则，未见得要把所有的混淆变量都控制住才能获得无偏估计。如果我们依据已有理论或经验证据将相关变量间所有路径及其方向都正确标识出，那么在后门规则的指引下，只需控制混淆变量集合中的部分子集，便可实现因果关系的正确识别。不过，在实际研究中，我们通常对相关变量之间的关系极度缺乏先验知识，所以最安全的

① 此处的"异质化"是指由于残差与模型自变量相关，导致自变量取值不同的观测对象具有不同的残差分布。如果残差与模型自变量不相关，自变量取值不同的观测对象就具有相同的残差分布，此时残差是同质的。

策略还是将所有可疑的混淆变量都尽可能地控制住。

结合统计原理与研究经验，我们总结出在 OLS 回归分析中实施控制策略的五条"法则"。①

第一条法则：对因变量有影响但与解释变量无关的变量，或者，对解释变量有影响但与因变量无关的变量，都属于非混淆变量，无须控制。例如，有部分地区刚推行新的工资标准，对个人月平均收入具有提升作用，但短期内工资改革对个人受教育年限无影响，那么，工资改革就属于非混淆变量，无须控制。是否控制工资改革变量不会对我们估计教育收益率造成影响。如控制这两类变量，可能会对估计精度（即估计系数标准误）产生一定影响。一般情况下，控制对解释变量有影响但与因变量无关的变量，可减少纳入回归分析的因变量变异，这有助于提升估计精度（即估计系数标准误减小）。相反，若控制对因变量有影响但与解释变量无关的变量，这会降低纳入分析的解释变量变异，由此导致估计精度下降（即估计系数标准误增大）。此外，在解释变量对因变量的估计原本就存在混淆变量而有偏的情况下，若控制对解释变量有影响的变量，不仅无助于减小偏估，反而会增大偏估。

第二条法则：对于同时对因变量和解释变量有影响的混淆变量，需考虑控制，典型的如个人能力变量。在调查研究中，我们通常不会对观测对象做智商或情商测量，一方面是由于测量智商、情商耗费成本巨大，另一方面是由于测量智商、情商可能面临较高的测量误差。然而，个人能力对个人受教育年限和月平均收入都具有正影响，若不控制个人能力变量，必定会导致教育收益率的偏高估计。

第三条法则：如果模型中存在若干个高度相关的混淆变量，可能只需控制其中一个混淆变量就可保证估计无偏。例如，我们要估计课外补习对学生学业成绩是否有影响，必须考虑并控制个人能力。首先，个人能力对

---

① 奇内利等（Cinelli et al., 2022）运用 DAGs，就应如何选择控制变量进行了系统论述。他们将控制变量分为三类：好控制变量、坏控制变量与中性控制变量，控制前两种控制变量会对因果识别与估计产生有益或有害的影响，是否控制第三种控制变量对于因果识别与估计不具有影响，但可能会对估计结果的精度（即标准误）产生影响。若读者想系统了解控制变量的选择及其对因果识别的影响，建议详读该文。

因变量学生学业成绩有影响；其次，学生是否接受课外补习亦会受到个人能力的影响，能力强的学生参加"培优"补习，能力弱的学生参加"补差"补习。假定我们没有能够反映个人能力的数据，但有学生在参加补习之前的标准化学业成绩数据，即期初成绩。我们可以在 OLS 回归中控制学生期初成绩，估计出参加课外补习对学生学业成绩（期末成绩）的增值作用。此时，是否控制个人能力变量就变得不那么重要了，因为个人能力短期内不会发生太大变化，如果个人能力会影响学生期末成绩，也必定会影响学生期初成绩。个人能力与期初成绩高度相关，控制学生期初成绩就基本切断了"参加补习←个人能力→学生期末成绩"这条后门路径，如此就纠正了参加补习对学生学业成绩的偏估作用。此时，估计结果即便依然是有偏的，其偏估程度也有限，至少要比未控制期初成绩的 OLS 估计偏差小了许多。

第四条法则：在回归分析中不能控制碰撞变量，若错误控制了碰撞变量，会导致样本选择性偏估，这在第一讲中已介绍过，不再赘述。

第五条法则：在回归分析中控制中介变量需小心。如第一讲所述，中介变量是在变量间传递影响作用的变量。例如，个人受教育程度的高低决定了个人所从事的职业，而不同职业的收入水平是有差异的，于是就形成了一条中介路径"受教育年限→从事的职业→收入水平"。如果我们想估计教育收益率，但不小心在回归模型中控制了观测对象所从事的职业变量，回归模型如下：

$$\ln(income_i) = \alpha + \beta_1 \cdot edu_i + \beta_2 \cdot occupation_i + \varepsilon_i \qquad (2.24)$$

如前所述，模型（2.24）因变量为月平均收入的对数值，此时受教育年限变量的斜率估计系数 β_1 即表示教育收益率。然而，模型同时控制了职业变量，在这种情况下受教育年限对于个人月平均收入的影响路径有两条。

（1）受教育年限通过职业对个人月平均收入产生的间接效应，即图 2.5 中 "$edu \rightarrow occupation \rightarrow income$" 这条路径。该路径又分为两阶段。

第一阶段是 "$edu \rightarrow occupation$"，第一阶段效应 γ_1 可使用如下回归模型估计得到：

$$occupation_i = \gamma_0 + \gamma_1 \cdot edu_i + e_i \qquad (2.25)$$

第二阶段是"$occupation \to income$"，第二阶段效应就是回归模型（2.24）中职业变量 $occupation_i$ 的斜率系数 β_2，它表示在控制了受教育年限变量的条件下职业对个人月平均收入的影响。

用第一阶段效应乘以第二阶段效应，即可得到受教育年限对个人月平均收入的间接效应。

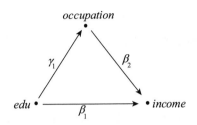

图 2.5　中介效应模型直接效应与间接效应分解

（2）受教育年限对个人月平均收入产生的直接效应，即图 2.5 中"$edu \to income$"这条路径。直接效应是在控制了职业变量的条件下估计得到的，即回归模型（2.24）中受教育年限变量的斜率系数 β_1。

根据上述分析，教育收益率应同时包含受教育年限对个人月平均收入的直接效应和间接效应，即

$$教育收益率 = 直接效应 + 间接效应 = \beta_1 + \gamma_1 \times \beta_2$$

在控制中介变量的条件下，如果我们依然使用受教育年限变量的斜率系数 β_1 来估计教育收益率，就会错误估计教育收益率水平。因为 β_1 只代表教育投资收益中的直接效应部分，它低估了教育投资收益的总体水平。因此，如果研究是以估计教育收益率水平为目标，回归模型中就不应控制受教育年限与个人月平均收入之间的中介变量（如职业变量）；如果我们的研究是以分析教育收益的形成机制为目标，就应尝试加入一些中介变量，以呈现受教育年限是如何通过不同路径对个人月平均收入产生影响的。模型设定需依据研究目标做调整，对具体研究要具体分析。[①]

---

① 有关中介效应及其参数估计与统计推断的更多介绍，可参阅海耶斯（Hayes，2018）著作。

四、 同方差假设

如前所述，理想的 OLS 估计量应同时具有无偏性和最优性。之前，我们假设残差均值为零，是为了保证 OLS 估计量的无偏性。为达成 OLS 估计量的最优性，我们还需对残差方差进行限定。同方差（homoskedasticity）假设是指在回归模型中，给定自变量任何值，其所对应的残差都应具有相同的方差，即

$$\text{var}\,(\varepsilon \mid x)\ = \sigma^2$$

异方差（heteroskedasticity）常发生在横截面数据中，例如，我们估计收入水平对于个人食物支出的影响。当收入较低时，食物可选择范围有限，所以在低收入人群内部，食物支出水平的差异是比较小的。随着收入提高，可选择的食物范围增大，人与人之间的食物支出水平的差异会不断拉大。如此便形成不同收入人群内部的食物支出差异随着人群收入水平上升而不断增大的异方差问题。

再比如，在对教育收益率进行计量分析时，我们常发现低技能劳动力所能从事的职业类型范围比较窄，彼此之间的收入差异也比较小；而高技能劳动力可选择的职业类型范围比较广，彼此之间的收入差异也比较大。这就形成了不同技能水平劳动力内部的收入差异程度随技能水平上升而不断增大的异方差问题。

如图 2.6 中的图（a），当自变量受教育年限取不同值时，因变量月平均收入的散点分布大致相同，其概率密度曲线形状十分相似，这是典型的同方差。再看图 2.6 中的图（b），随受教育年限增加，因变量月平均收入的散点分布越来越分散，当个人受教育年限取低值时，收入的概率密度曲线又高又窄，随受教育年限增加，收入的概率密度曲线变得越来越矮、越来越宽。因变量方差随自变量取值不断变化，这是典型的异方差。

异方差会导致什么不良后果呢？异方差不会造成 OLS 估计有偏，这与之前残差均值为零假设不同，但异方差会使得 OLS 估计量不是最优的，即在异方差条件下 OLS 的估计量方差不再是所有可能的估计量中最小的。此外，异方差会使得 OLS 估计量公式（2.17）—（2.19）变得更加复杂，

在异方差条件下如果依然使用公式（2.17）—（2.19）计算截距系数和斜率系数方差与协方差，就会得到错误的结果，由此导致后续区间估计和显著性检验发生错误。

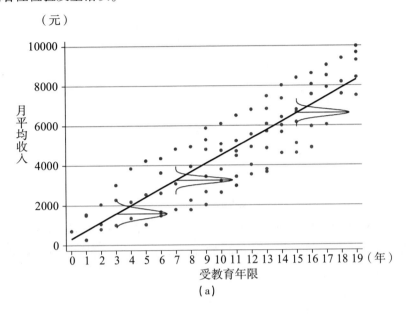

（a）

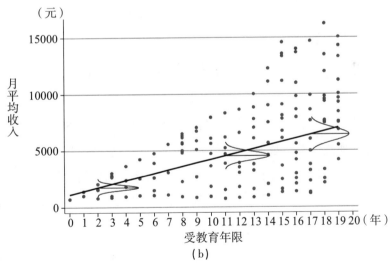

（b）

图2.6 同方差与异方差

什么是区间估计和显著性检验呢？如前所述，总体参数是不可知的，我们利用抽样数据根据估计量公式计算得到一组截距系数和斜率系数点估计值，如此反复抽样，便可获得许多组点估计值。可以证明，当OLS模型符合参数线性、自变量变异、残差均值为零、同方差及其他假设时，这些点估计值就会呈现正态分布（normal distribution）。以斜率系数 b 为例，在满足一系列条件时，b 估计量符合正态分布，该正态分布的均值为总体斜率参数 β，方差为 $\sigma^2 / \sum (x_i - \bar{x})^2$（标准差 $= \sqrt{\sigma^2 / \sum (x_i - \bar{x})^2}$），即

$$b \sim N \left[\beta, \frac{\sigma^2}{\sum (x_i - \bar{x})^2} \right]$$

其中，σ^2 为残差方差。将以上正态分布进行标准化转化（减去其均值 β 并除以其标准差），便可形成一个符合标准正态分布（standard normal distribution）的统计量 Z：

$$Z = \frac{b - \beta}{\sqrt{\sigma^2 / \sum (x_i - \bar{x})^2}} \sim N(0, 1)$$

统计量 Z 符合均值为 0、方差为 1 的标准正态分布。查找标准正态分布累积概率表，可知统计量 Z 取值在 $[-1.96, 1.96]$ 之间的概率达 95%，即

$$p \left(-1.96 \leq \frac{b - \beta}{\sqrt{\sigma^2 / \sum (x_i - \bar{x})^2}} \leq 1.96 \right) = 0.95$$

对上式进行转换后，又可得：

$$p \left[b - 1.96 \sqrt{\sigma^2 / \sum (x_i - \bar{x})^2} \leq \beta \leq b + 1.96 \sqrt{\sigma^2 / \sum (x_i - \bar{x})^2} \right] = 0.95$$

$$(2.26)$$

不等式（2.26）透露出一个非常重要的统计观点，即统计推断是有风险的。如前所述，总体数据不可获取，因此我们只能依靠样本的点估计值推测总体参数真值。[①] 然而，只要是推测，就都有犯错的可能，是否接受一种猜测，关键在于我们能容忍多高的犯错概率。根据不等式（2.26），我们可以形成一个猜测总体参数 β 的可接受区间：

$$\left[b - 1.96 \sqrt{\sigma^2 / \sum (x_i - \bar{x})^2}, \ b + 1.96 \sqrt{\sigma^2 / \sum (x_i - \bar{x})^2} \right] \quad (2.27)$$

---

① 这也正是区间估计和显著性检验被称为"统计推断"（statistical inference）的原因。通常情况下，一项完整的统计技术应包含两部分内容：一是参数估计，呈现形成点估计统计量的技术过程；二是统计推断，呈现形成区间估计及显著性检验的技术过程。

该区间被称为区间估计（interval estimate），它是以样本点估计值为中心，加、减点估计值标准差的 1.96 倍而形成的。区间估计的含义是总体参数 β 落入该区间估计范围内的概率是 95%。如此这般，我们就达到了根据已掌握信息去推断出未知信息的目的。

虽然我们无法通过样本点估计值直接推测出总体参数真值，但退而求其次，我们能够给出总体参数真值大概率落入的一个区间范围。虽然它依然有 5% 的犯错可能，但这个可能性已经很低了，足以让大多数人满意。诚然，"放心""相信"或"满意"这些词都带有很强的主观性。也许对于风险规避者来说，5% 的犯错概率依然太高了，不能令人放心，应将犯错风险减少到 1%；而对于风险偏好者来说，5% 的犯错概率可能太过保守，即便将犯错风险增加到 10%，也是可以接受的。区间估计是我们在一定概率水平上可以接受和相信的一个估计范围，因此这一区间常被称为置信区间（confidence interval）。

统计学将总体参数落在某一估计区间内的可能犯错的概率称为显著性水平（significance level），记作 α。如式（2.27），它的显著性水平为 $\alpha = 5\%$，而置信水平（confidence level）为 95%（$=1-\alpha$）。显著性水平的设定具有很强的主观性，理论上可以自由设定，但一般来说，将显著性水平 α 设定为 1% 和 5% 最常见，被学界和期刊普遍接受，小样本研究的显著性检验可放宽至 10%，超过 10% 通常不被采信和接受。

值得注意的是，区间估计公式（2.26）中残差方差 σ^2 是总体残差的方差，而总体残差方差与总体参数一样都是不可知的。如果我们用样本残差方差 $\widehat{\sigma^2}$ 代替总体残差方差 σ^2，此时便形成了一个 t 统计量：

$$t = \frac{b-\beta}{\sqrt{\widehat{\sigma^2}/\sum(x_i-\bar{x})_2}} = \frac{b-\beta}{\sqrt{\widehat{\text{var}(b)}}} = \frac{b-\beta}{se(b)} \sim t_{n-k} \qquad (2.28)$$

该统计量符合自由度为 $n-k$ 的 t 分布。其中，n 表示样本容量，k 表示回归模型需估计的参数数量。一般情况下，我们构建的回归模型都包括截距参数，同时还要估计斜率参数，模型包含多少个自变量，就要估计多少个斜率参数。因此，自由度 $n-k=n-1-m$，其中 1 代表所要估计的 1 个截距项参数，m 代表模型包含的自变量个数。譬如回归模型（2.22），数据共有 16 个观测对象（$n=16$），模型含有截距项并纳入了 2 个自变量，

于是 t 统计量分布的自由度为13。

构建了 t 统计量，我们就可以对回归模型参数进行显著性检验。显著性检验的目的在于考查我们所估计的总体参数是否有很大概率为0。譬如，在对受教育年限和月平均收入的回归中，我们估计出受教育年限的斜率系数 $b=77.64$，这个值远大于0，那么我们能否说受教育年限一定对个人月平均收入有正影响呢？不能。因为这只是一次抽样的点估计值，也许我们再多抽几次样本，就会看到点估计值向0趋近。为确定总体斜率参数 β 是否有可能等于0，必须做显著性检验（significance test）。显著性检验的一般步骤如下。

第一步，假设总体斜率参数 β 等于0，即设立零假设 $H_0: \beta=0$，如果零假设不成立，就支持备择假设 $H_1: \beta \neq 0$。作为研究者，我们总是希望能通过计量模型，证明自变量对因变量确具有一定的"非零"影响，从而形成对理论假说的经验证据支持。因此，我们总是偏爱于"非零"的备择假设，厌恶零假设。

第二步，假设零假设成立，将 $\beta=0$ 代入 t 统计量公式（2.28），可得：

$$t^* = \frac{b}{se(b)} \sim t_{n-k} \tag{2.29}$$

根据该公式，将样本点估计值 b 除以估计值标准误 $se(b)$，就可以计算出 t^* 值。

第三步，进行显著性检验。t^* 值是在零假设成立的条件下计算得到的，如果 t^* 值在 t 分布中属于"正常值"，是大概率发生事件，这就说明回归模型中自变量对因变量的影响系数 β 有很大概率为0，显著性检验不通过，表明自变量对因变量的影响是非显著的。反之，如果 t^* 值在 t 分布中属于"异常值"，发生的概率非常小，这就说明回归模型中自变量对因变量的影响系数 β 为0的概率非常小，通过显著性检验，表明自变量对因变量具有显著的影响。

还是回到"受教育程度与收入水平"的实例，要就个人受教育年限是否对月平均收入具有影响进行显著性检验，需经历以下过程。

第一步，对模型（2.7）进行 OLS 回归，受教育年限斜率系数的点估

计为 $b = 77.64$，该估计值的标准误 $se(b) = 11.82$。

第二步，设定显著性水平 $\alpha = 0.05$（置信水平 $= 0.95$），根据区间估计式 (2.27)，获得区间估计为 $[54.47, 100.81]$，受教育年限的总体斜率参数 β 有 95% 的概率落在这个区间内。

第三步，根据公式 (2.29)，在零假设下计算出 $t^* = 6.57$。样本容量为 16，含有 1 个截距项和 1 个自变量，于是 t 统计量分布的自由度 $df = 14$。

最后一步，根据置信水平 0.95 和自由度 $df = 14$ 这两个参数，我们通过 t 分布的百分点表，查知 t 关键值 $t_c = 1.76$，t 统计量有 95% 的概率取值在 $[-1.76, 1.76]$ 区间内。如图 2.7 所示，只要 t^* 取值落在 $[-1.76, 1.76]$ 区间范围内就属于"正常值"，要接受零假设。然而，在这个实例中，零假设下 $t^* = 6.57$，远高过 t 关键值 1.76，属于发生概率极小的"异常值"，因此我们拒绝零假设，接受备择假设，判定在显著性水平 $\alpha = 0.05$ 下受教育年限对月平均收入具有显著的正影响。

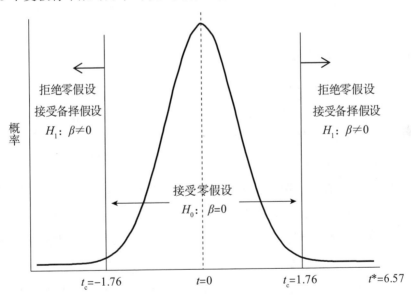

图 2.7　显著性 t 检验

我们进行计量分析，总是希望自己所关心的变量估计系数能通过显著性检验。然而，从以上分析可知，估计系数要通过显著性检验，t 的绝对值要足够大。t 值等于估计系数点估计值与其标准误之比，点估计值越大（估计水平越高），估计系数标准误越小（估计精度越高），t 的绝对值就越大，估计系数的显著性表现也就越好。通过观察 t 值大小，我们能快速判定估计系数的显著性。一般来说，当模型的自由度达到 30 以上时，只要自变量估计系数的 t 绝对值超过 2，我们即可快速判定该自变量对因变量的影响是显著的。

判定显著性还可以采用 p 值法。之前，我们通过设定置信水平来查找 t 关键值，再计算出在零假设条件下的 t^* 值，最后通过 t^* 和 t 关键值的大小比较来判定显著性。p 值法的思路正好相反，它不预设置信水平，而是直接计算出 $t^* = 6.57$，接着根据 t 分布的百分点表，查知 t 值大于 t^* 的概率 p 是多少。如果这个概率值非常小，譬如小于 0.05 或 0.01，我们就拒绝零假设；如果这个概率值比较大，譬如大于 0.05 或 0.10，我们就接受零假设。

回到上例，$t^* = 6.57$，查表可知在 t 分布下 t 值大于 6.57 的概率值 $p < 0.0001$。[①] 此时，无论你选取何种显著性水平（0.01、0.05 或者 0.1），其所对应的 t_c 必定位于 $t^* = 6.57$ 的左边，或者说，$t^* = 6.57$ 必定位于 t_c 的右边，总之 $t^* = 6.57$ 肯定是落在拒绝原假设的区间范围内。运用 p 值，我们只需将计算得到的 p 值与预先设定的显著性水平 α 进行大小比较，即可判定显著性：如果 $p < \alpha$，就拒绝零假设 $\beta = 0$，通过显著性检验；如果 $p > \alpha$，就接受零假设 $\beta = 0$，未通过显著性检验。p 值法与 t 值法原理相同，只是思考角度不同而已。

最后，再回到对异方差的讨论。如前所述，当模型存在异方差时，若继续使用 OLS 估计系数方差和协方差的标准公式（2.17）—（2.19），会导致估计系数标准差计算错误，而如果估计系数标准差是错的，t 值肯定也是错的，区间估计与显著性检验结果也就不可信了。在异方差下，估计系数方差计算公式会变得更加复杂。例如，根据公式（2.18），在同方差假设下，所有观测对象的残差方差都相同，都等于 σ^2，此时斜率系数方差的标准计算公式为 $var(b) = \sigma^2 / \sum (x_i - \bar{x})^2$。如果模型存在异方差，不同观测对象 i 拥有不同的残差方差 σ_i^2，此时斜率系数的方差公式就会

---

① 从图 2.7 就可以看出，$t^* = 6.57$ 在横坐标中位于极右的位置，比 $t^* = 6.57$ 更大的 t 值势必更靠右，这是发生概率极小的区域。

变成：

$$\mathrm{var}(b) = \sum \left[(x_i - \bar{x})^2 \sigma_i^2 \right] / \left[\sum (x_i - \bar{x})^2 \right]^2 \qquad (2.30)$$

方差估计公式（2.30）由美国计量经济学家霍尔伯特·L. 怀特（Halbert L. White，1980）提出，被称为"怀特异质性一致方差"（White's heteroskedasticity-consistent variance）。使用怀特方差替代标准方差，可以避免异方差条件下估计系数标准差误算问题。

本讲主要是呈现线性回归基本原理及其变量控制策略，为之后因果推断方法的讲授奠定基础。OLS 回归还有其他一些重要假设与技术细节。考虑到这些知识与本书后续内容关联不大，囿于篇幅，我们在此不做过多介绍。想了解更多 OLS 回归知识，读者可自行研读一些统计学或计量经济学入门书籍（如 Lewis-Beck，1980；Hill et al.，2011；Wooldridge，2018；等）。

第三节　线性回归分析的实例讲解

在本节，我们采用美国著名公共经济学家马丁·费尔德斯坦（Martin Feldstein）1978 年在《人力资本杂志》（*Journal of Human Resources*）发表的《有条件差异化资助的效果：Title I 和地方教育支出》（The Effect of a Differential Add-on Grant：Title I and Local Education Spending）一文作为实例，展示线性回归分析在实际研究中的整个实现过程。马丁·费尔德斯坦是供给经济学派的重要代表人物，他 29 岁任哈佛大学经济学教授，38 岁获美国经济学会"约翰·贝茨·克拉克奖"，曾长期担任美国经济研究局（National Bureau of Economic Research，NBER）主席，是里根、小布什、奥巴马等多位美国总统的高级经济顾问。费尔德斯坦在政府财政研究领域涉猎甚广，包括税收减免、货币政策、财政转移支付、医疗与社保支出、公共教育支出等。他在教育财政领域主要关注美国联邦政府与州政府的财政转移支付在提升地方学区公共教育支出水平及改善地区间公共教育支出不公平上的影响。费尔德斯坦发表的教育财政论文数量虽不多，但对后续研究产生了重要影响①。

一、 研究背景

20世纪60年代，美国总统林登·约翰逊（Lyndon B. Johnson）提出建设"伟大社会"（Great Society）计划，实施了一系列旨在反对歧视、消除贫困、改善居住环境与提升生活质量的政策措施。1965年4月，约翰逊签署《中小学教育法案》（the Elementary and Secondary Education Act, ESEA）。法案第一条（Title I of ESEA）是整个法案的最核心部分，它要求联邦政府向地方教育部门提供财政援助，以保证贫困家庭儿童接受恰当的教育。在该法案出台之前的很长一段历史时期内，美国中小学教育被认为是地方政府自己的事务，地方公共教育支出绝大部分由地区居民缴纳的房产税（property tax）负担，联邦政府对地方公共教育的财政资助极少。法案出台后，联邦政府不断加大对地方公共教育的财政援助规模，涉及贫困家庭儿童教育援助、图书馆建设、为学校提供教材及其他教学资源、资助教育研究与培训项目等多个领域，其中贫困家庭儿童资助经费占比最大。

现代不少国家实行多层级政府体制，譬如美国政府设立联邦－州－地方三层级政府，而中国政府有中央－省－市－县－乡五层级政府。出于不同目的（包括补充地方财力不足、平衡地区间财力、保障地方公共产品充足供给、改善财政纵向不公平、实现国家特定的政策目标等等），高层级政府常对低层级政府实施不同类型的财政转移支付。在当时美国的教育财

---

① 费尔德斯坦关于公共教育财政转移支付的文章大都发表于20世纪70年代。除正文采用的实例论文外，他的另一篇关于公共教育财富中立的论文也非常值得研读，参见：Feldstein, 1975。

政体系中，最常见的转移支付类型有两种①。

一种是块状资助（block grants），该类型转移支付通常按生均拨款的形式下发至地方，主要用于弥补地方公共教育财政供给能力不足、平衡地区间教育财政。块状资助类似无条件转移支付（unconditional transfers），它不对地方如何使用、如何分配转移经费做过多限制，地方获得块状资助就如同自己增加财政收入一般，而地方未见得会将所有增加的收入都用于公共教育，有一部分资助可能会以退税的形式返还给地区居民。因此，根据教育财政理论，块状资助只具有收入效应（income effect），它对地方公共教育支出只有有限的提升作用。

另一种是配套资助（matching grants），该类型资助按照地方实际教育财政支出的一定配套比例发放给地方。在同一配套比例下，教育财政支出越多的地方，获得配套资助的金额也越多，这会扩大原本就存在的地区间公共教育支出不均衡。为体现教育财政公平，配套资助通常是为富裕地区设定较低的配套率，为贫困地区设定较高的配套率。如此设计，一方面能刺激地方增加自有财政收入对公共教育的投入②，另一方面能削弱或切断地方财政收入与公共教育支出之间关系，有助于实现地区间公共教育财富中立（fiscal neutrality）（Feldstein，1975）。

美国联邦政府面向贫困家庭儿童实施的 Title I 资助不同于以上两种转移支付类型，它既没有采取配套率的方式进行资助分配，也不像块状资助那样不附带任何条件而只按学生人头数平均拨款。首先，Title I 资助对地方使用资助经费有附带条件（add-on），它要求地方学区将全部资助都用于公共教育，地方接受资助后不得降低地方已有的投入水平；其次，Title I 资助的经费分配不再使用按学生人头平均分配的办法，而是根据各地贫困家庭儿童数量进行差异化（differential）分配，上学的贫困家庭儿童数量

①　更多有关美国基础教育财政转移支付类型及其各自特点的讨论请参见黄斌（2012，pp. 59 – 75）专著，有关美国各类型转移支付的理论与经验研究综述可参见曾和莱文（Tsang & Levin，1983）及蒙克（Monk，1990，pp. 175 – 269）的研究。

②　在配套资助模式下，地方教育财政支出越多，所获得的高层级政府配套资助金额就越多，这就相当于地方居民为多供给一单位公共教育服务所需承担的税负下降了，而税收价格（tax price）下降势必会刺激地方居民对公共教育的需求，使得地方生均教育财政支出水平提升。

越多，地方所分配到的资助金额也越多。

Title I 资助方案的设计者希望通过此种"有条件＋差异化"的特别设计，来弥补传统块状资助的缺点，提高教育财政转移支付的效果。那么，Title I 资助是否真的比块状资助更能提升地方生均教育财政支出水平呢？这需要通过计量分析加以验证。

二、 变量与模型

要分析 Title I 资助对地方中小学教育财政支出水平的影响，必定要以学区作为观测对象，使用学区一级数据，以 Title I 资助和学区中小学教育财政支出水平分别作为解释变量和因变量进行回归分析。由于不同学区学校的在校生规模存在较大差别，因此必须对解释变量和因变量做生均处理，即解释变量（记为 $TITLE\_I$）① 为各学区所接受的生均 Title I 资助额，因变量（记为 TCE）为各学区实际的生均公共教育支出。学区中小学教育财政支出可以按照支出功能拆分为教学支出和非教学支出两大类。其中，教学支出是公共教育支出的主体部分，它以教师工资支出为主。因此，我们可以以生均 Title I 资助额作为解释变量，对生均公共教育支出（TCE）、生均教学支出（TIE）、生均教师工资支出（$INSAL$）三个因变量分别进行回归分析，以此区分并比较同一种财政资助对不同口径的公共教育支出所可能形成的不同影响。

除联邦政府转移支付外，还有许多其他影响因素会对学区公共教育支出水平产生影响，这些变量都应作为控制变量进入回归模型。根据以往同类研究，费尔德斯坦将这些影响因素分为支出意愿、投入成本和转移支付三大类。

（一）反映学区公共教育支出意愿的因素

此类因素包括居民收入水平、受教育程度、年龄结构、学生规模、私

---

① 括弧中斜体英文表示各变量名称。

立教育规模，这些因素都用一定可操作化变量（operationalization variable）表示。

居民收入是对地方教育支出最重要的影响因素，它直接反映了学区居民通过纳税提供公共教育服务的能力。费尔德斯坦将学区家庭分为三类：高于中位数收入水平的为高收入家庭，处于中位数收入水平的为中等收入家庭，低于中位数收入水平的为低收入家庭。他计算出各个学区中这三类家庭的数量占比，用这三个比例变量（分别记作 *FHI*、*MFI*、*FLI*）反映学区家庭收入分布情况。

学区居民受教育程度同样用三个比例变量来表示：学区 25 岁及以上人口中高中毕业人数占比（记作 *HSG*）、大学肄业人数占比（记作 *SCOL*）和大学毕业人数占比（记作 *CG*）。

学区居民年龄结构也是使用三个比例变量来表示：35—44 岁人口占比（记作 *A3544*）、45—64 岁人口占比（记作 *A4564*）、65 岁及以上人口占比（记作 *A65*）。之所以未考虑 35 岁以下年轻人口，是因为这部分人口大部分未生育或已生育但孩子年龄还处于学前阶段，因此他们可能对本地区公共教育发展不甚关心，对参与学区公共教育支出决策缺乏兴趣。

学生规模用人均在校生人数（记作 *PUP*）表示，该变量对学区公共教育支出可能具有两种不同方向的影响：一方面，人均在校生人数越多，说明拥有学龄儿童的家庭覆盖面越大，地方居民就越愿意投入于公共教育；另一方面，人均在校生人数越多，地区居民为供给公共教育服务所负担的平均税赋越重，于是越厌恶公共教育支出。一种自变量对因变量同时具有一正一负两种影响，我们无法对它的影响方向预先做出判断。

私立教育规模用私立教育在校生人数与公立教育在校生人数之比（记作 *PRIV*）表示，它是一种相对指标。可以想象，如果一个地区私立教育发达，这个地区居民就会对公立教育投入缺少兴趣。

（二）反映学区公共教育投入成本的因素

此类因素包括学校投入成本、规模效应与学生个体特征。

通常来说，学校投入中至少有六成用于教师工资，而教师工资水平又与学区聘任的教师质量密切相关，因此费尔德斯坦使用各州中小学教师平均工资（记作 *TSAL*）反映教师投入成本。除教师工资外，学校还有其他必要的成本投入，也需在模型中进行控制，但费尔德斯坦认为这些非教师投入的价格大部分产生于全国性市场，各州、各学区面临着统一的市场价格，因此无须在模型中进行控制①。唯一需控制的是各学区的采暖费用，用各学区冬天的平均气温变量（记作 *TEMP*）进行控制。

教育经济学将学校教育视为一种生产。与其他产品生产相似，学校教育生产同样具有规模效应（economies of scale）。学校教育投入可分为固定投入和可变投入，其中固定投入是沉淀成本，即无论学生培养规模有多大，固定投入都保持不变。于是，随着学生培养规模的增加，公共教育的固定投入会不断被摊薄。但当学生规模达到一定程度后，学区管理工作会变得相当复杂，管理效率变低，这会推动生均成本不断上升。可以预测，学区生均成本会随着在校生规模的增大呈现先下降后上升的 U 状变化特征。费尔德斯坦构造了一个类别变量来表示学区在校生规模，该类别变量将学区规模分为小、中小、中、中大、大五类。如前所述，类别变量有五类，则需选取其中一类作为参照组，将其他四类拆分为四个虚拟变量。费尔德斯坦以小规模学区作为参照组，形成如下四个虚拟变量进入回归模型：（1）变量 *P1025* 表示中小规模学区，如果学区在校生人数在 10000—25000 之间，$P1025 = 1$，其余 $P1025 = 0$；（2）变量 *P25100* 表示中规模学区，如果学区在校生人数在 25000—100000 之间，$P25100 = 1$，其余 $P25100 = 0$；（3）变量 *P100500* 表示中大规模学区，如果学区在校生人数在 100000—500000 之间，$P100500 = 1$，其余 $P100500 = 0$；（4）变量 *P500* 表示大规模学区，如果学区在校生人数在 500000 以上，$P500 = 1$，其余 $P500 = 0$。

---

① 事实上并非如此。各州、各学区在物价水平上是存在一定差异的，譬如各地地形地貌和与主要城市地理距离有很大差别，这会导致各地购买同一教育投入要素的价格存在一定差异。由于数据可获性问题，费尔德斯坦对于教师和非教师投入变量采用了比较简单的可操作化定义，这很可能导致估计结果发生偏差。更多有关教育投入成本的讨论请参见布拉德伯里（Bradbury et al.，1984）、莱德（Ladd，1994）和钱伯斯（Chambers，1998）的研究。

学生个体特征中有两方面特征会对学区公共教育支出产生影响。一是学生所就读的教育层次。通常情况下，初高中的生均教育成本要比小学高，因为初高中不仅教授学科数量比小学多，并且课程难度增加，教学内容更加丰富和抽象，教法更加复杂。费尔德斯坦采用小学在校生人数占中小学在校生总数的比例（记作 *ELEM*）来反映学生就读不同教育层级的成本。二是贫困家庭学生，贫困家庭学生平均学业成绩较差，学校需投入更多的资源及给予额外的教学关照，因此面临更高的教育成本。费尔德斯坦采用来自贫困家庭学生占比变量（记作 *SCBPL*）来反映此种因需特别关照而产生的教育成本。

（三） 政府间财政转移支付因素

除 Title I 资助外，地方学区还接受联邦政府、州政府提供的其他财政转移支付。这些转移支付资金既有以块状资助形式下拨到地方的，也有以配套或附加条件形式下拨到地方的，很难分清。为此，费尔德斯坦对这些转移支付只就其来源进行了区分。他将除 Title I 资助外凡来自联邦政府的其他教育转移支付加总在一起，形成一个联邦其他转移支付变量（记作 *OFAID*），再将所有来自州政府的各类型教育转移支付加总在一起，形成一个州政府转移支付变量（记作 *STAID*）。Title I 资助与联邦其他教育转移支付、州政府转移支付之间是具有一定相关性的，因为这些转移支付都发生在同一财政体制之下，遵循着相同或相似的政治逻辑，资助资金的分配和拨付需考虑资助政府的财政预算约束、被资助地方的财力情况与教育发展状况，以及其他一些共同的因素。因此，如果不对联邦其他转移支付和州政府转移支付进行控制，很可能会导致 Title I 资助变量斜率系数的有偏估计。

以上各种可能影响学区公共教育支出水平的因素与 Title I 资助之间的关系是不清晰的。根据理论和经验研究，居民支出意愿、投入成本和转移支付确会对学区生均公共教育支出水平具有一定的影响，但关于这些自变量之间有何关系，却鲜有人研究，它们之间的关系路径和方向是未明的。因此，为估计 Title I 资助的效果，费尔德斯坦采取全控制（full control）

策略，将所有可能影响因变量的自变量都控制住，以最大限度地保证 Title I 资助变量斜率系数的无偏估计。

（四）计量模型设定

基于上述讨论，费尔德斯坦构建了如下线性回归模型：

$$
\begin{aligned}
TCE_i =\ & \alpha + \beta_1 \cdot TITLE\_I_i + \beta_2 \cdot OFAID_i + \beta_3 \cdot STAID_i + \lambda_1 \cdot FLI_i + \lambda_2 \cdot \\
& MFI_i + \lambda_3 \cdot FHI_i + \lambda_4 \cdot HSG_i + \lambda_5 \cdot SCOL_i + \lambda_6 \cdot CG_i + \lambda_7 \cdot \\
& A\,3544_i + \lambda_8 \cdot A\,4564_i + \lambda_9 \cdot A\,65_i + \lambda_{10} \cdot PUP_i + \lambda_{11} \cdot PRIV_i + \theta_1 \cdot \\
& TSAL_i + \theta_2 \cdot TEMP_i + \theta_3 \cdot P1025_i + \theta_4 \cdot P\,25100_i + \theta_5 \cdot P\,100500_i + \\
& \theta_6 \cdot P\,500_i + \theta_7 \cdot ELEM_i + \theta_8 \cdot SCBPL_i + \varepsilon_i
\end{aligned}
\tag{2.31}
$$

计量模型（2.31）采用的是常规的线性回归函数形式，模型中共有 22 个自变量，共需估计 23 个截距系数和斜率系数。斜率系数 β、λ 和 θ 分别表示各类转移支付、各类支出意愿因素、各类投入成本因素对学区生均公共教育支出的影响作用。其中，β_1 是我们最关心的估计系数，它表示 Title I 资助对学区生均公共教育支出的影响效果，我们期待此种不同于传统块状资助和配套资助的新资助方式能使学区生均公共教育支出水平获得更大程度的提升，即估计系数 β_1 越高越好。按照曾和莱文（Tsang & Levin, 1983）的定义，如果学区每获得 1 美元的上级转移支付，学区生均教育支出增加超过 1 美元，即当 $\beta_1 > 1$ 时，该转移支付影响属于刺激性影响（stimulative effect）。此时，学区不仅将上级资助全部用于公共教育，而且从自有财政收入中拿出经费做了追加投入。如果地方每获得 1 美元的上级转移支付，地方生均教育支出有所增加但增加不超过 1 美元，即当 $0 < \beta_1 < 1$ 时，该转移支付影响属于替代性影响（substitutive effect）。此时，学区只将部分上级资助用于公共教育，其中有部分资助资金被地方挪至他用（用于其他地方公共支出项目或作为退税还给地区居民）。如果学区每获得 1 美元的上级转移支付，学区生均教育支出不仅不增加，反而有所下降，即当 $\beta_1 < 0$ 时，该转移支付影响属于冲减性影响（dilutive effect）。此时，不仅上级资助的经费一分一毫都未用于地方公共教育，地方还削减了原先自身对公共教育的投入水平。

如前所述，因变量生均公共教育支出可进一步细分为生均教学支出和生均教师工资支出，并分别进行回归，即

$$TIE_i = \alpha + \beta_1 \cdot TITLE\_I_i + \beta_2 \cdot OFAID_i + \beta_3 \cdot STAID_i + \lambda_1 \cdot FLI_i + \lambda_2 \cdot$$
$$MFI_i + \lambda_3 \cdot FHI_i + \lambda_4 \cdot HSG_i + \lambda_5 \cdot SCOL_i + \lambda_6 \cdot CG_i + \lambda_7 \cdot A3544_i + \lambda_8 \cdot$$
$$A4564_i + \lambda_9 \cdot A65_i + \lambda_{10} \cdot PUP_i + \lambda_{11} \cdot PRIV_i + \theta_1 \cdot TSAL_i + \theta_2 \cdot$$
$$TEMP_i + \theta_3 \cdot P1025_i + \theta_4 \cdot P25100_i + \theta_5 \cdot P100500_i + \theta_6 \cdot P500_i +$$
$$\theta_7 \cdot ELEM_i + \theta_8 \cdot SCBPL_i + \varepsilon_i \tag{2.32}$$

$$INSAL_i = \alpha + \beta_1 \cdot TITLE\_I_i + \beta_2 \cdot OFAID_i + \beta_3 \cdot STAID_i + \lambda_1 \cdot FLI_i + \lambda_2 \cdot$$
$$MFI_i + \lambda_3 \cdot FHI_i + \lambda_4 \cdot HSG_i + \lambda_5 \cdot SCOL_i + \lambda_6 \cdot CG_i + \lambda_7 \cdot$$
$$A3544_i + \lambda_8 \cdot A4564_i + \lambda_9 \cdot A65_i + \lambda_{10} \cdot PUP_i + \lambda_{11} \cdot PRIV_i + \theta_1 \cdot$$
$$TSAL_i + \theta_2 \cdot TEMP_i + \theta_3 \cdot P1025_i + \theta_4 \cdot P25100_i + \theta_5 \cdot$$
$$P100500_i + \theta_6 \cdot P500_i + \theta_7 \cdot ELEM_i + \theta_8 \cdot SCBPL_i + \varepsilon_i \tag{2.33}$$

模型（2.32）、模型（2.33）与模型（2.31）采用相同的函数形式并含有相同的自变量，只是因变量发生了变化。我们可以通过斜率系数 β_1 在模型（2.31）—（2.33）中的估计表现，观测 Title I 资助对不同口径生均支出的影响变化。

三、 OLS 估计结果

费尔德斯坦利用美国教育部国家教育统计中心（National Center for Educational Statistics，NCES）提供的 1970 年美国全国学区横截面数据，对模型（2.31）—（2.33）分别进行了 OLS 回归，估计结果如表 2.5 所示。

表 2.5　Title I 资助与学区生均公共教育支出

变量	模型		
	生均公共教育支出 （TCE）	生均教学支出 （TIE）	生均教师工资支出 （INSAL）
转移支付：			
TITLE_I	0.72**	0.47**	0.38**
	(0.12)	(0.08)	(0.07)

（续表）

变量	模型		
	生均公共教育支出 （*TCE*）	生均教学支出 （*TIE*）	生均教师工资支出 （*INSAL*）
OFAID	0.41**	0.26**	0.22**
	(0.04)	(0.02)	(0.02)
STAID	0.13**	0.01	−0.01
	(0.02)	(0.01)	(0.01)
居民支出意愿因素：			
FLI	−64.53	−101.51**	−99.29**
	(80.87)	(33.58)	(30.44)
MFI	3.26	3.22	2.60
	(4.22)	(2.79)	(2.52)
FHI	855.22**	407.51**	394.15**
	(181.58)	(119.87)	(108.64)
HSG	239.29**	126.16**	133.47**
	(42.53)	(28.08)	(25.45)
SCOL	−303.66**	−130.31**	−122.25**
	(87.61)	(57.84)	(52.42)
CG	48.69	128.91**	87.32**
	(53.93)	(35.60)	(32.27)
A3544	−582.37**	−439.67**	−401.68**
	(166.47)	(109.89)	(99.60)
A4564	855.26**	475.36**	439.85**
	(88.93)	(58.71)	(53.21)
A65	25.24	173.50**	129.72**
	(87.47)	(57.74)	(52.33)
PUP	−189.42**	−146.81**	−133.91**
	(74.71)	(49.32)	(44.69)
PRIV	29.46	−13.14	−31.45
	(36.78)	(24.28)	(22.01)

（续表）

变量	模型		
	生均公共教育支出（TCE）	生均教学支出（TIE）	生均教师工资支出（INSAL）
投入成本因素：			
TSAL	7.11**	4.72**	4.27**
	(0.23)	(0.15)	(0.14)
TEMP	19.92**	10.39**	8.61**
	(1.29)	(0.85)	(0.77)
ELEM	−153.37**	−116.09**	−125.87**
	(56.10)	(37.04)	(33.57)
SCBPL	84.84**	50.41**	48.14**
	(35.36)	(23.34)	(21.15)
P1025	−27.21**	−4.57	−0.65
	(5.73)	(3.78)	(3.43)
P25100	−20.13**	0.54	6.14
	(6.45)	(4.26)	(3.86)
P100500	26.08**	33.42**	39.70**
	(10.94)	(7.22)	(6.55)
P500	79.95**	68.35**	76.52**
	(26.60)	(17.56)	(15.91)
截距	−218.22**	−44.88	−2.90
	(84.30)	(55.65)	(50.44)
R^2	0.562	0.573	0.575
样本容量	4690	4690	4690

注：表中估计结果取自 Feldstein（1978）表1；＊＊为0.05水平上显著，＊为0.1水平上显著；括弧内数据为估计系数标准误。

如表2.5所示，Title I 资助对学区生均公共教育支出、生均教学支出、生均教师工资支出都具有正影响，该变量在三个回归中的估计系数分别为0.72、0.47和0.38，这表明联邦政府以 Title I 资助形式每转移给学区1美元，学区生均公共教育支出将平均增加 0.72 美元，在所增加的生均公共教育支出中约有 65.28%（ = 0.47/0.72 × 100%）用于教学支出，而在所增加的生均教学支出中又约有 80.85%（ = 0.38/0.47 × 100%）用于教师工资支出。Title I 资助对学区公共教育支出的影响是显著的，其估计系数在三个回归中都通过了 0.05 水平的显著性检验。在本讲第二节，我们曾介绍过一个基于经验的显著性的快速判定法，即当模型的自由度达到 30 以上时，只要自变量估计系数的 t 值超过 2，即可快速判定该自变量对因变量的影响是显著的。如本例，Title I 资助在模型（2.31）中的斜率系数 β_1 点估计值为 0.72，该估计系数的标准误为 0.12。依照 t 统计量公式（2.29），可计算出 $t^* = 0.72/0.12 = 6$（ > 2）。模型的样本容量为 4690，模型含有 1 个截距项，待估计的斜率参数个数为 22 个，于是 t 统计量的自由度为 4667（ > 30），由此便可判定拒绝零假设，接受 Title I 资助具有显著影响这一备择假设。

联邦其他教育资助（即联邦其他转移支付变量 $OFAID$）对学区生均公共教育支出、生均教学支出、生均教师工资支出也具有显著的正影响，该变量在三个回归中的斜率系数估计值分别为 0.41、0.26 和 0.22。很明显，联邦其他教育资助的点估计值要比联邦 Title I 资助的点估计值小得多。联邦 Title I 资助的估计系数达 0.72，超过 0.5；而联邦其他教育资助的估计系数为 0.41，低于 0.5。[①] 那么，我们能不能就此判定联邦 Title I 资助的效果要优于联邦其他教育资助呢？不行。因为这些都是属于一次抽样估计得到的点估计结果。虽然单次抽样得到的联邦 Title I 资助的点估计值要大于联邦其他教育资助，但也许这只是一次巧合，下次抽样的对比结果也可能相反。[②]

---

① 按照曾和莱文（Tsang & Levin, 1983）的定义，联邦 Title I 资助对学区公共教育支出的影响属于替代－刺激性（substitutive-stimulative effect）影响，而联邦其他教育资助的影响属于替代性影响。

② 费尔德斯坦文中采用的样本包含 4690 个学区，他在文中未明确告知这 4690 个学区是否包含了全美所有学区。如果包含了所有学区，费尔德斯坦所采用的就是总体，其所估计得到的点估计值即代表了总体参数，可以直接做估计系数数值上的大小比较。如果未包含所有学区，那么估计得到的就是一次抽样的点估计值，不可直接做数值上的大小比较，需进行 F 检验。

就同一回归模型中不同自变量对因变量的估计系数做大小比较的前提，是不同自变量的单位相同。如本例，联邦 Title I 资助和联邦其他教育资助的单位都是美元，是同一单位，这就可以直接做估计系数的数值比较。如果不同自变量的单位不同，譬如我们想比较回归模型（2.31）中人均在校生人数和私立教育在校生人数占比这两个自变量对因变量的估计系数大小，就需先将模型中因变量和所有自变量进行标准化转换①后再进行 OLS 回归。此外，即便模型中不同自变量具有相同的单位，也不可以根据点估计值的数值做不同自变量对因变量的作用大小比较，需通过特定的方法对估计系数是否相等做正式的推断检验，如 F 检验②。有关如何通过 Stata 实现该检验，我们将在下一节"线性回归的 Stata 操作"中具体介绍。

费尔德斯坦原文并未对联邦 Title I 资助变量和联邦其他教育资助变量的估计系数是否相等做检验。由于缺少原始数据，我们也无法模拟检验过程及结果，但根据表 2.5 估计结果，联邦 Title I 资助变量斜率系数的点估计值为 0.72，标准误为 0.12，联邦其他教育资助斜率系数的点估计值为 0.41，标准误为 0.04。根据区间估计式（2.27），我们只要以联邦 Title I 资助和其他教育资助变量估计系数为中心，上下各加、减其估计系数标准误的 1.96 倍，就可形成这两个变量的估计区间。联邦 Title I 资助变量的 95% 区间估计为：$[0.72 - 1.96 \times 0.12, 0.72 + 1.96 \times 0.12]$，即 $[0.48,$

---

① 所谓标准化转换，就是将模型因变量和所有自变量都减去它们各自的均值后再除以各自的标准差。标准化后因变量和所有自变量就都具有了相同的尺度，它们的均值都为 0，标准差都为 1。此外，我们还可以不对因变量和自变量做标准化，直接利用估计系数转化公式计算得到标准化后的估计系数值。标准化估计转换公式：$\beta' = \beta \times [se(x)/se(y)]$，其中，$\beta$ 表示未标准化前的估计系数，$se(x)$ 和 $se(y)$ 分别表示自变量和因变量的标准误，β' 表示标准化后的估计系数。

② 该检验先强迫不同自变量对因变量具有相同的作用，即它们的斜率系数估计是相等的，在这样的模型设定下进行 OLS 回归，可以得到一个新的拟合优度 R^{2*}，将该拟合优度与原先未强迫自变量估计系数相同时的拟合优度 R^2 进行对比，得到一个拟合优度的变化量 ΔR^2。我们的任务是检验 ΔR^2 是否足够大。零假设是 $\Delta R^2 = 0$，即不同自变量对因变量具有相同的影响，对该假设进行 F 检验：若通过，即拒绝零假设，说明不同自变量对因变量具有不同的影响；若不通过，即接受零假设，说明不同自变量对因变量具有相同的影响。

0.96]。联邦其他教育资助变量的区间估计为：[0.41 – 1.96 × 0.04, 0.41 + 1.96 × 0.04]，即 [0.33, 0.49]。这两个区间估计只在 [0.48, 0.49] 这个非常狭窄的值域范围内有重合，联邦 Title I 资助变量的区间估计范围整体大于联邦其他教育资助的区间估计范围。据此，我们就能基本认定联邦 Title I 资助对学区生均公共教育支出的影响大于联邦其他教育资助的影响，这说明增添约束条件且做了差别化配套设计的联邦 Title I 资助效果优于联邦其他教育资助项目。

州政府教育资助（即州政府转移支付变量 *STAID*）对学区生均公共教育支出也具有显著的正影响，但其点估计值仅为 0.13，区间估计为 [0.09, 0.17]，远低于联邦教育资助的点估计值和区间估计结果。此外，州政府教育资助对生均教学支出和生均教师工资支出的影响估计系数值接近于 0，且非显著。这些估计结果都表明州政府对学区的教育资助效果要比联邦政府教育资助效果差，州政府下拨的教育资助经费大都被学区用于非教学支出。自此，费尔德斯坦通过 OLS 回归分析得出了全篇论文最重要的结论：增添对地方约束条件并做了差别化设计的联邦 Title I 资助是一种有效的教育财政转移支付，与联邦其他教育资助和州政府教育资助相比，Title I 独特的资助设计更能促使地方增加对公共教育的财政投入水平。

除解释变量外，我们还可以从表 2.5 中看到各控制变量的估计结果，这些结果与预期大致相符。例如，高收入家庭占比、贫困家庭学生占比对学区公共教育支出水平具有显著的正影响，以及随着在校生人数增多，学区生均公共教育支出呈现先下降后上升的变化特征，等等。读者可根据我们之前的讲授，对表 2.5 中各控制变量估计结果自行做出解释。

第四节　线性回归的 Stata 操作

在本节，我们继续使用黄斌和钟晓琳（2012）有关农村教育收益率估计的实例数据。与上一讲不同的是，本节我们将在计量分析中使用更多的变量数据，以实现更加丰富和复杂的变量间关系分析。

一、 简单线性回归的实现过程

打开附送资料中的本讲文件夹"第二讲演示数据和 do 文件"，调用 do 文件，仍旧先使用命令 – cd – 、 – use – 和 – des – ，设定程序运行的文件夹所在位置，调用演示数据 chap02. dta，并呈现该数据集的整体情况。

```
Contains data from chap02.dta
  obs:         2,397
  vars:            9                      18 Jul 2020 23:08
  size:      110,262

              storage   display    value
variable name   type    format     label      variable label

id_fam         double   %10.0g                 ID of family
id             double   %10.0g                 ID of respondents
age            byte     %8.0g                  age
gender         byte     %8.0g      gender      gender
edu            float    %9.0g                  schooling years
fa_edu         float    %9.0g                  father's schooling years
mo_edu         float    %9.0g                  mother's schooling years
income         double   %10.0g                 average income monthly
region         double   %14.0g     region      regional type
```

如输出结果所示，chap02. dta 演示数据含有 9 个变量，其中编码变量 *id_fam* 与 *id*、性别变量 *gender*、收入变量 *income* 与上一讲相同，不再赘述。个人受教育年限 *edu* 是连续变量，单位为年。变量 *fa_edu* 和变量 *mo_edu* 分别表示观测对象父亲和母亲的受教育年限，它们也都是以年为单位的连续变量。变量 *region* 表示观测对象户籍所在地域，为类别变量，赋值为：东部地区 =1，中部地区 =2，西部地区 =3。

我们先以 *edu* 作为自变量，对因变量 *income* 进行线性回归，这是一个简单线性回归，构建回归模型如下：

$$income_i = \alpha + \beta \cdot edu_i + \varepsilon_i \tag{2.34}$$

Stata 执行线性回归的命令是 – reg – ，该命令语法很简单，在命令之后依次输入因变量名和自变量名即可。

. reg income edu   *//以 edu 作为自变量对因变量 income 进行 OLS 回归*

Source	SS	df	MS		Number of obs	=	2,397
					F(1, 2395)	=	211.61
Model	73178610.8	1	73178610.8		Prob > F	=	0.0000
Residual	828234703	2,395	345818.248		R-squared	=	0.0812
					Adj R-squared	=	0.0808
Total	901413314	2,396	376215.907		Root MSE	=	588.06

income	Coef.	Std. Err.	t	P>|t|	[95% Conf. Interval]	
edu	46.673	3.208	14.55	0.000	40.381	52.964
_cons	382.094	27.576	13.86	0.000	328.020	436.169

从输出结果看，变量 edu 斜率系数的点估计值为 46.673，95% 的置信区间为 [40.381, 52.964]，说明受教育年限对个人月平均收入具有正影响，受教育年限每增加 1 年，个人月平均收入将平均增加 46.673 元。变量 edu 估计系数的标准误为 3.208，显著性检验 t 值为 14.55（= 46.673/3.208），p 值小于 0.0001（远小于显著性水平 α = 0.01 或 0.05），表明受教育年限对个人月平均收入的影响为零是一个极小概率事件，受教育年限对个人月平均收入的影响是显著的。

截距系数的点估计值为 382.094，同样在 0.01 水平上显著。根据截距估计结果，我们可以预测观测对象未接受任何教育（edu = 0）时的月平均收入为 382.094 元。输出结果还报告了模型的拟合优度 R^2 = 0.0812，表明只使用受教育年限这一个变量能解释因变量月平均收入变异的 8.12%。[①]

模型（2.34）中自变量 edu 和因变量 $income$ 为线性函数关系。为估计教育收益率，我们需采用半对数函数形式，即构建如下回归模型：

$$\ln(income_i) = \alpha + \beta \cdot edu_i + \varepsilon_i \qquad (2.35)$$

因变量 $\ln(income)$ 为月平均收入的对数值，受教育年限的斜率系数 β 是教育收益率，表示受教育年限每增加 1 年，个人月平均收入变化百分之几。要执行对模型（2.35）的线性回归，需先对因变量进行对数转换，再进行 OLS 回归：

. gen lnincome = ln（income） *//产生一个新变量 lnincome，表*

---

① 我们也可以利用 Stata 有关模型变异的输出结果，自己手动计算出 R^2 值。如前所述，拟合系数 R^2 等于因变量拟合值的变异程度（SSE）与因变量实际观测值的变异程度（SST）之比。根据 Stata 的输出结果，我们已知 SSE = 73178610.8、SSR = 828234703、SST = 901413314，利用这些统计量信息，可计算得到：R^2 = 73178610.8/901413314 = 0.0812。

示月平均收入的对数值

. reg lnincome edu   //以 edu 作为自变量对因变量 lnincome 进行
OLS 回归

Source	SS	df	MS			
				Number of obs	=	2,397
				F(1, 2395)	=	230.94
Model	182.783926	1	182.783926	Prob > F	=	0.0000
Residual	1895.59851	2,395	.791481633	R-squared	=	0.0879
				Adj R-squared	=	0.0876
Total	2078.38244	2,396	.867438413	Root MSE	=	.88965

lnincome	Coef.	Std. Err.	t	P>|t|	[95% Conf. Interval]	
edu	0.074	0.005	15.20	0.000	0.064	0.083
_cons	5.664	0.042	135.77	0.000	5.582	5.746

根据 Stata 输出结果，教育收益率估计值为 0.074，在 0.01 水平上显著，它表示个人受教育年限每增加 1 年，月平均收入将平均增长 7.4%。采用半对数函数形式后，模型拟合优度 R^2 值较之前有些许上升，这表明半对数函数的拟合效果要稍优于之前的线性函数。

如前所述，估计教育收益率很可能面临异方差问题，因为具有不同教育水平的人群内部会表现出不同的收入分布特征。通常情况下，低教育水平劳动者内部的收入差距较小，而高教育水平劳动者内部的收入差距较大。检测回归模型是否存在异方差可采用怀特方法。该方法以模型中不存在异方差作为零假设进行卡方检验（χ^2 test）。在 Stata 中实现怀特检验，需要在执行 OLS 回归后执行如下命令：

. estat imtest, white

```
White's test for Ho: homoskedasticity
        against Ha: unrestricted heteroskedasticity

        chi2(2)     =      18.27
        Prob > chi2 =     0.0001
```

如上，模型（2.35）怀特检验的卡方值为 18.27，显著性检验 *p* 值为 0.0001，小于显著性水平 $\alpha = 0.05$，这表明在 0.05 显著性水平上拒绝同方差零假设，接受模型异方差的备择假设。模型存在异方差，如何消除它呢？我们可使用前文提及的怀特异质性一致方差估计法。要实现该估计，只需在命令 – reg – 后添加选项"vce（robust）"即可。

```
. reg lnincome edu, vce (robust)
```

```
Linear regression                              Number of obs   =      2,397
                                               F(1, 2395)      =     265.46
                                               Prob > F        =     0.0000
                                               R-squared       =     0.0879
                                               Root MSE        =     .88965
```

lnincome	Coef.	Robust Std. Err.	t	P>|t|	[95% Conf. Interval]	
edu	0.074	0.005	16.29	0.000	0.065	0.083
_cons	5.664	0.040	141.47	0.000	5.585	5.743

选项"vce（ ）"表示选择模型方差估计的类型，默认是选择 vce
（ols），即执行 OLS 传统的方差估计法，在"vce（ ）"括弧中选择"ro-
bust"表示要对异方差实行一致估计法。如以上输出结果，采用异方差一
致估计后，截距系数和斜率系数的估计值几乎没有发生变化，这是因为怀
特方法是对估计系数方差进行一致估计，它只对估计系数的标准误计算有
影响，不改变回归模型的参数估计。在一致估计下，教育收益率估计系数
的标准误没有变化，但截距系数的标准误发生了些许变化，由原先的
0.042 变为 0.040。可见，模型虽存在异方差，但似乎不太严重，它对估
计系数标准误的计算结果只有极为微小的影响。

二、 多元线性回归的实现过程

如前所述，性别变量同时对受教育年限和月平均收入变量有影响，它
是一个混淆变量，需在模型中进行控制，否则会导致教育收益率偏估。为
控制性别变量，构建如下多元线性回归模型：

$$\ln(income_i) = \alpha + \beta \cdot edu_i + \lambda \cdot gender_i + \varepsilon_i \qquad (2.36)$$

在这个模型中，edu 是解释变量，性别变量 gender 是控制变量，但它
们同样都是用于解释因变量变化的自变量。根据 – reg – 命令语法，自变
量名需跟在因变量名之后，即

```
. reg lnincome edu gender
```

Source	SS	df	MS		Number of obs	=	2,397
					F(2, 2394)	=	206.66
Model	305.995849	2	152.997924		Prob > F	=	0.0000
Residual	1772.38659	2,394	.740345275		R-squared	=	0.1472
					Adj R-squared	=	0.1465
Total	2078.38244	2,396	.867438413		Root MSE	=	.86043

lnincome	Coef.	Std. Err.	t	P>|t|	[95% Conf. Interval]	
edu	0.066	0.005	13.85	0.000	0.056	0.075
gender	0.461	0.036	12.90	0.000	0.391	0.532
_cons	5.466	0.043	126.67	0.000	5.382	5.551

根据 Stata 输出结果，在控制了性别变量 *gender* 后，教育收益率估计值依然显著，但数值有一定程度的下降，由原先的 7.4% 降至 6.6%，这验证了遗漏性别变量确会导致教育收益率过高估计。如何判断遗漏特定变量时解释变量是会被高估还是被低估呢？这主要看解释变量与混淆变量之间、混淆变量与因变量之间的数量变动方向：如果这两对变量的数量变动方向为同向，比如同为正相关或同为负相关，那么模型遗漏混淆变量就会导致解释变量估计系数被高估；如果这两个数量变动方向相反，比如一正一负，那么模型遗漏混淆变量就会导致解释变量估计系数被低估。[①] 如本

---

① 设模型有混淆变量 A，解释变量为 X，因变量为 Y。控制混淆变量 A 时的回归模型为：

$$Y = \alpha^u + \beta^u \cdot X + \gamma^u \cdot A + \varepsilon^u \qquad (2.\text{n1})$$

因为控制了混淆变量 A，此时解释变量估计系数 β^u 是无偏的。

不控制混淆变量 A 时的回归模型为：

$$Y = \alpha^b + \beta^b \cdot X + \varepsilon^b \qquad (2.\text{n2})$$

此时解释变量估计系数 β^b 是有偏的。混淆变量与解释变量之间存在相关性，这是导致估计有偏的主要原因，设二者有函数关系为：

$$A = \pi_0 + \pi_1 \cdot X + u \qquad (2.\text{n3})$$

估计系数 π_1 表示混淆变量与解释变量之间的相关性，将式 (2.n3) 代入模型 (2.n1)，可得：

$$Y = \alpha^u + \beta^u \cdot X + \gamma^u \cdot (\pi_0 + \pi_1 \cdot X + u) + \varepsilon^u$$

整理后，可得：

$$Y = (\alpha^u + \gamma^u \cdot \pi_0) + (\beta^u + \gamma^u \cdot \pi_1) X + (\gamma^u \cdot u + \varepsilon^u) \qquad (2.\text{n4})$$

将模型 (2.n4) 与模型 (2.n2) 对比，可知：$\beta^b = \beta^u + \gamma^u \cdot \pi_1$，其中 β^b 是解释变量 A 的有偏估计，β^u 是解释变量 A 的无偏估计。于是，有偏和无偏估计两者差 $\beta^b - \beta^u = \gamma_u \cdot \pi_1$。因此，如果混淆变量与因变量相关性（$\gamma^u$）和混淆变量与解释变量相关性（$\pi_1$）的符号相同，即它们的相关是同方向的，那么 $\beta^b - \beta^u > 0$，此时会高估解释变量估计系数；如果混淆变量与因变量相关性（γ^u）和混淆变量与解释变量相关性（π_1）符号不相同，即它们的相关不是同方向的，那么 $\beta^b - \beta^u < 0$，此时会低估解释变量估计系数。

例，混淆变量性别与解释变量受教育年限正相关，而混淆变量性别又与因变量月平均收入（对数值）正相关①，两种关系同为正相关，此时若不控制性别变量，必定导致教育收益率被高估。

增加性别变量使模型拟合优度有较大幅度的提升，R^2 值由上一个模型的 0.0879 增加至 0.1472。性别变量的估计值为 0.461，在 0.01 水平上显著，这一结果表明在保持受教育年限不变的情况下，男性月平均收入要比女性显著高出 46.1%，也就是说，无论在何种教育水平上，男性收入总是显著高于女性。性别变量 gender 为虚拟变量，取值 0 和 1，女性 gender = 0，男性 gender = 1，将男女性取值分别代入模型（2.36）可得：

女性：$\ln(income_i) = \alpha + \beta \cdot edu_i + \varepsilon_i$

男性：$\ln(income_i) = (\alpha + \lambda) + \beta \cdot edu_i + \varepsilon_i$

由此可见，对于男女性来说，受教育年限的斜率系数（即教育收益率）是相同的，都是 β，不同在于截距：女性截距为 α，男性截距为 $\alpha + \lambda$。如前所述，截距是拟合线的"起跑线"，于是只要模型（2.36）中的估计系数 λ 是显著的，那么男女性拟合线的"起跑线"就存在差异。根据估计结果，$\alpha = 5.466$，$\lambda = 0.461$，于是女性拟合线的截距值为 $\alpha = 5.466$，而男性拟合线的截距值为 $\alpha + \lambda = 5.466 + 0.461 = 5.927$。可以想象，如果我们绘制出男性和女性拟合线，它们将是相互平行的两条线（因为它们的斜率相同，都为 $\beta = 0.066$），男性拟合线始终位于女性的上方（因为男性截距系数大于女性）。绘制模型（2.36）的男女性拟合线的 Stata 程序语句如下：

```
.predict yhat, xb        //回归后预测因变量的拟合值，将该拟合
值记作 yhat
.twoway (connected yhat edu if gender ==0) (connected
yhat edu if gender ==1), ytitle (Log of Average income monthly)
xtitle (Schooling Years) ylabel (#8) xlabel (#15)
graphregion (fcolor (white) lcolor (white))        //利用因
```

① 即男性受教育年限较女性受教育年限多，并且男性收入水平较女性高，都是正相关。

变量拟合值 yhat，分别绘制男性与女性月平均收入对数值随受教育年限变化的拟合线

　　执行以上程序即可绘制出图 2.8。正如我们所预料的，男女性月平均收入的对数值随受教育年限的变化方向和速率是一致的，他们的拟合线斜率都为 β，相互平行。此外，男性拟合线的"起跑线"要高于女性拟合线，无论受教育年限取何值，男性月平均收入总是高于女性，两者月平均收入对数值总是相差 λ。模型（2.36）被称为加法效应模型（additive model），此类模型的典型特征是通过控制虚拟变量将观测对象分为不同类型，在保持不同类型观测对象拟合线具有相同斜率系数的条件下允许他们的截距系数存在不同。

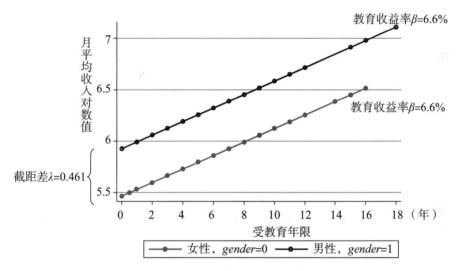

图 2.8　加法效应模型拟合线

　　加法效应模型允许男性与女性拟合线的截距系数存在不同。那么，男女性拟合线的斜率系数是否也可能不同呢？为验证这一点，我们构造如下回归模型：

$$\ln(income_i) = \alpha + \beta \cdot edu_i + \gamma \cdot (gender_i \cdot edu_i) + \varepsilon_i \qquad (2.37)$$

　　模型（2.37）含有一个交互项（interaction），该交互项是性别变量 gender 与受教育年限变量 edu 的乘积。模型（2.37）移项合并后可得：

$$\ln(income_i) = \alpha + (\beta + \gamma \cdot gender_i) edu_i + \varepsilon_i \qquad (2.38)$$

　　将模型（2.38）与模型（2.36）进行对比，模型（2.36）中受教育年限变量的斜率系数（即教育收益率）是一个常数 β，而在模型（2.38）

中，它变成了一个关于性别变量 *gender* 的函数：

$$教育收益率 = \beta + \gamma \cdot gender_i \qquad (2.39)$$

将性别变量 *gender* 的两个取值 0 和 1 分别代入公式（2.39）中，可得：

女性教育收益率 $= \beta$

男性教育收益率 $= \beta + \gamma$

男女性教育收益率相差 γ。可见，交互项的斜率系数 γ 表示的正是男女性教育收益率之差。如果 γ 显著为正，表明男性收益率显著高于女性；如果 γ 显著为负，表明女性教育收益率显著高于男性；如果 γ 不显著，表明男女性教育收益率无显著差别。

在回归模型中设定交互项的作用，在于区分和对比不同类型观测对象的斜率系数，以呈现不同类型观测对象因变量取值随自变量变化的趋势差别，学界将此类模型称为交互效应模型（interactive model）。

运用 Stata 对交互效应模型（2.37）进行线性回归，需先形成一个表示两变量乘积的交互项，再做 OLS 回归：

. gen gender_edu = gender*edu   *//产生一个新变量 gender_edu，它等于变量 gender 和变量 edu 的乘积*

. reg lnincome edu gender_edu

Source	SS	df	MS			
				Number of obs	=	2,397
				F(2, 2394)	=	163.81
Model	250.192462	2	125.096231	Prob > F	=	0.0000
Residual	1828.18998	2,394	.76365496	R-squared	=	0.1204
				Adj R-squared	=	0.1196
Total	2078.38244	2,396	.867438413	Root MSE	=	.87387

lnincome	Coef.	Std. Err.	t	P>|t|	[95% Conf. Interval]	
edu	0.049	0.005	8.96	0.000	0.038	0.060
gender_edu	0.040	0.004	9.40	0.000	0.032	0.048
_cons	5.672	0.041	138.39	0.000	5.592	5.753

根据输出结果，女性教育收益率为 4.9%，在 0.01 水平上显著。交互项的估计系数显著为正，点估计值为 0.04（4%），这意味着男性教育收益率显著高于女性，男性教育收益率为 8.9%（= 4.9% + 4%）。

执行以下程序可绘制出交互效应模型图：

```
. predict yhat1, xb

. twoway (connected yhat1 edu if gender = = 0) (connected
yhat1 edu if gender = = 1), ytitle (Log of Average income
monthly) xtitle (Schooling Years) ylabel (#8) xlabel (#15)
graphregion (fcolor (white) lcolor (white))
```

如图 2.9 所示，男性与女性拟合线具有相同的"起跑线"，但起跑后速率不同，男性拟合线比女性更加陡峭，即男性教育收益率高于女性。教育经济学认为教育收益率反映了个人从教育中获取收益的能力，众多经验研究表明在大部分国家女性教育收益率要高于男性（Psacharopoulos & Patrinos，2004）。我们的估计结果正好相反，这主要是因为模型（2.37）纳入了性别变量 gender 与受教育年限 edu 的交互项，但没有控制性别变量一次项。

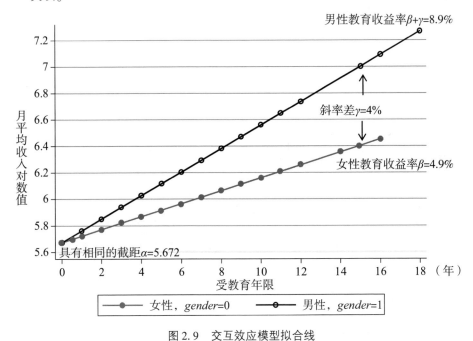

图 2.9　交互效应模型拟合线

为验证这一点，我们建立一个同时包含加法效应和交互效应的回归模型，如下：

$$\ln(income_i) = \alpha + \beta \cdot edu_i + \lambda \cdot gender_i + \gamma \cdot (gender_i \cdot edu_i) + \varepsilon_i$$

$$(2.40)$$

模型（2.40）同时包含 *edu* 的一次项、*gender* 的一次项，以及这两个变量的交互项。统计学通常将构成交互项的单个变量一次项的估计系数 β 和 λ 称为主效应（main effect），将变量乘积的交互项的估计系数 γ 称为交互效应（interactive effect）。我们尝试将性别变量 *gender* 的两个取值 0 和 1 代入模型（2.40），可得：

女性：$\ln(income_i) = \alpha + \beta \cdot edu_i + \varepsilon_i$

男性：$\ln(income_i) = (\alpha + \lambda) + (\beta + \gamma) \cdot edu_i + \varepsilon_i$

可见，加法 – 交互效应模型（additive-interactive model）允许截距系数和斜率系数在性别间都发生变化。女性截距系数为 α，教育收益率为 β，男性截距系数为 $\alpha + \lambda$，教育收益率为 $\beta + \gamma$。男性和女性截距相差 λ，斜率相差 γ。接下来，我们用 Stata 对加法 – 交互效应模型（2.40）进行 OLS 回归并绘制拟合线图：

```
. reg lnincome edu gender gender_edu

. predict yhat2, xb

. twoway (connected yhat2 edu if gender = = 0) (connected
yhat2 edu if gender = = 1), ytitle (Log of Average income
monthly) xtitle (Schooling Years) ylabel (#8) xlabel (#15)
graphregion (fcolor (white) lcolor (white))
```

Source	SS	df	MS			
				Number of obs	=	2,397
				F(3, 2393)	=	146.12
Model	321.789261	3	107.263087	Prob > F	=	0.0000
Residual	1756.59318	2,393	.734054817	R-squared	=	0.1548
				Adj R-squared	=	0.1538
Total	2078.38244	2,396	.867438413	Root MSE	=	.85677

lnincome	Coef.	Std. Err.	t	P>|t|	[95% Conf. Interval]	
edu	0.087	0.007	13.19	0.000	0.074	0.100
gender	0.798	0.081	9.88	0.000	0.639	0.956
gender_edu	-0.044	0.009	-4.64	0.000	-0.062	-0.025
_cons	5.313	0.054	98.03	0.000	5.207	5.420

根据输出结果，模型中截距系数 α 和斜率系数 β、λ、γ 均在 0.01 水平上显著。女性拟合线的截距值 $\alpha = 5.313$，男性拟合线的截距值 $\alpha + \lambda = 6.111$。可见，当受教育年限为零时，男性的"起始"收入高于女性。交互项斜率系数的点估计值为 -0.044，表明男性教育收益率显著低于女性。

女性教育收益率 $\beta = 8.7\%$，男性教育收益率 $\beta + \gamma = 4.3\%$。

性别间截距和斜率变化可以通过拟合线图 2.10 清晰地看出。代表男性和女性的两条拟合线既具有不同的起点，斜率亦不相同。女性虽然"起始"收入低于男性，但女性收入随受教育年限增加而提高的速率要超过男性，这使得男女性之间的月平均收入差距随受教育年限的上升而不断缩小。

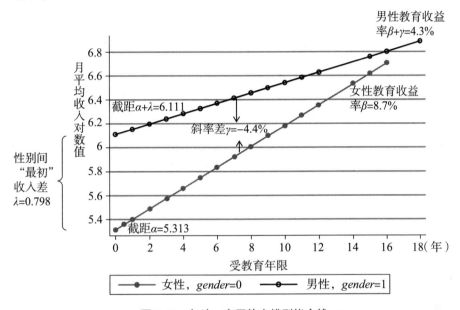

图 2.10　加法 – 交互效应模型拟合线

是否控制性别变量 *gender* 对于性别与受教育年限交互项 *gender_edu* 的估计结果具有重要影响。在未控制变量 *gender* 时，交互项 *gender_edu* 估计系数显著为正，在控制了变量 *gender* 后，交互项 *gender_edu* 的估计系数变为显著为负。可见，当我们对变量之间交互效应进行回归分析时，必须同时控制构成交互项的各个自变量的一次项，即控制其主效应，方可保证交互项的估计结果无偏。①

①　其中道理很简单。如本例，因为交互项 *gender_edu* 是性别变量 *gender* 与受教育年限变量 *edu* 的乘积，因此性别变量 *gender* 必定对交互项 *gender_edu* 有正影响。性别变量对因变量 *lnincome* 也有正影响。这也就是说，*gender* 同时影响 *gender_edu* 和 *lnincome*，是这两个变量的混淆变量。因此，如果不控制 *gender*，必定会高估交互项 *gender_edu* 的斜率系数。

三、 多分类别变量在线性回归分析中的应用

除性别外，是否还存在其他混淆变量会导致教育收益率偏估呢？肯定有！譬如观测对象所身处的地域。在 chap02.dta 数据中有一个类别变量 *region*，它表示观测对象当前户籍所在地域类别，该变量包含三个类别：东部 = 1、中部 = 2、西部 = 3。如前所述，具有 n 种类别的多分类别变量要进入回归模型，需转化为 $n-1$ 个虚拟变量。*region* 变量包含三个类别，我们选取东部作为参照组，由此形成表示中部、西部的两个虚拟变量 *middle* 和 *west*，通过这两个变量的不同取值组合（见表 2.6），就可以定义观测对象身处的三种地域。

表 2.6　地域虚拟变量取值

	middle	*west*
东部（参照组）	0	0
中部	1	0
西部	0	1

加入地域虚拟变量后，新构造的回归模型如下：

$$\ln(income_i) = \alpha + \beta \cdot edu_i + \lambda \cdot gender_i + \delta_1 \cdot middle_i + \delta_2 \cdot west_i + \varepsilon_i$$

$$(2.41)$$

要在 Stata 中执行模型（2.41），先要联合利用 – gen – 和 – replace – 两个命令，将类别变量 *region* 拆解为两个虚拟变量 *middle* 和 *west*，接着再进行 OLS 回归，实现过程如下：

. gen middle = 0　　　//*产生一个新变量 middle，该变量取值都为 0*

. replace middle = 1 if region = = 2　　//*将所有中部观测对象的 middle 变量取值都改为 1*

. gen west = 0　　　//*产生一个新变量 west，该变量取值都为 0*

. replace west = 1 if region = = 3　　//*将所有西部观测对象的 west 变量取值都改为 1*

. reg lnincome edu gender middle west

以上拆解类别变量的过程稍显复杂，我们可以使用 Stata 提供的"i."来定义类别变量，从而极大地简化以上程序：

```
. reg lnincome edu gender i.region
```

Source	SS	df	MS		Number of obs	=	2,397
					F(4, 2392)	=	263.04
Model	634.921343	4	158.730336		Prob > F	=	0.0000
Residual	1443.46109	2,392	.603453635		R-squared	=	0.3055
					Adj R-squared	=	0.3043
Total	2078.38244	2,396	.867438413		Root MSE	=	.77682

lnincome	Coef.	Std. Err.	t	P>|t|	[95% Conf. Interval]	
edu	0.077	0.004	17.76	0.000	0.069	0.086
gender	0.451	0.032	13.98	0.000	0.388	0.515
region						
central region	-0.496	0.041	-12.12	0.000	-0.576	-0.416
western region	-0.955	0.041	-23.28	0.000	-1.035	-0.874
_cons	5.923	0.048	124.63	0.000	5.830	6.016

对地域变量 *region* 使用"i."定义后，计算机知道变量 *region* 是类别变量，便会自动将该变量进行拆解。Stata 默认将类别变量中取值最小的那一个类别作为参照组。如本例，东部取值最小，因此 Stata 以东部作为参照组，自动形成代表中部和西部的两个虚拟变量。定义类别变量"i."非常实用、好用，读者在计量编程中应多加利用。[①]

根据输出结果，增加控制地域变量 *middle* 和 *west* 后，教育收益率估计结果由 6.6% 上升至 7.7%。可见，地域变量也是混淆变量，不控制地域

———————————

① Stata 中有不少用于变量类型定义与变量操作的命令，这些命令可以帮助研究者快速构建特定的加法效应模型、交互效应模型与加法 - 交互效应模型。除正文所提及的"i."用于定义类别变量外，另有"c."用于定义连续变量，"#"用于形成交互项，"##"用于将自变量各自一次项及它们的交互项同时纳入模型，同时对变量 *edu* 和变量 *gender* 的主效应和交互效应进行估计。比如，对模型（2.37）进行 OLS 回归，我们如果采用"#"，就无须编写程序专门构建一个交互项新变量 *gender_edu*，而是直接运行如下程序即可完成回归：

. reg lnincome edu i.gender#c.edu

其中，"i.gender#c.edu"与正文中执行的"gen gender_edu = gender * edu"是等价的。再比如，对模型（2.40）进行 OLS 回归，我们如果使用"##"，就可以将程序简化为：

. reg lnincome c.edu##i.gender

变量会导致教育收益率被偏低估计。[①] 增加了地域变量，模型拟合度有大幅增加，由原先的 14.72% 上升至 30.55%，模型对因变量变异的解释力增加了一倍多。这反映了在微观计量分析中控制观测对象所属地域的重要性，它既能纠正偏估，又能提升模型整体解释力。虚拟变量 *middle* 和 *west* 的估计系数在 0.01 水平上都显著为负，说明样本中中部和西部观测对象的平均月收入水平都显著低于东部观测对象。

控制了性别、地域变量后，我们可以继续设想还有哪些可能会对教育收益率产生偏估影响的混淆变量。例如，家庭社会经济背景变量同时对个人受教育年限和月平均收入具有正向影响，它也是一个可能导致教育收益率被高估的"嫌疑犯"。为消除此偏估嫌疑，我们继续在模型中控制父亲和母亲受教育年限变量 *fa_edu* 和 *mo_edu*：

```
. reg lnincome edu gender i.region mo_edu fa_edu
```

Source	SS	df	MS			
				Number of obs	=	2,147
				F(6, 2140)	=	148.54
Model	538.198736	6	89.6997893	Prob > F	=	0.0000
Residual	1292.2754	2,140	.603867008	R-squared	=	0.2940
				Adj R-squared	=	0.2920
Total	1830.47413	2,146	.852970239	Root MSE	=	.77709

lnincome	Coef.	Std. Err.	t	P>|t|	[95% Conf. Interval]	
edu	0.070	0.005	13.47	0.000	0.060	0.080
gender	0.440	0.034	12.89	0.000	0.373	0.507
region						
central region	-0.498	0.042	-11.83	0.000	-0.581	-0.415
western region	-0.970	0.045	-21.77	0.000	-1.057	-0.882
mo_edu	0.010	0.006	1.68	0.094	-0.002	0.022
fa_edu	0.009	0.005	1.78	0.075	-0.001	0.019
_cons	5.935	0.050	118.65	0.000	5.837	6.033

由输出结果可知，控制父母受教育年限后观测对象教育收益率的估计结果依然显著，但估计值又有些许变化，由之前的 7.7% 下降至 7.0%。父亲和母亲受教育年限对观测对象收入水平都具有正影响，但显著性表现不够好，仅在 0.1 水平上显著。父亲受教育年限的估计系数为 0.010，母

---

① 根据样本中变量间相关性分析，地域变量 *region* 与受教育年限变量 *edu* 为负相关，与月平均收入变量 *income* 正相关。因此，不控制地域变量会导致教育收益率偏低估计，这与不控制性别变量会形成高估的结果正相反。

亲受教育年限的估计系数为 0.009，估计结果非常接近，据此我们能否判定父母受教育年限对观测对象收入具有相同影响呢？不能。

如前所述，虽然父亲受教育年限和母亲受教育年限都以年为单位，具有相同的测量尺度，但 0.010 和 0.009 这两个数值都只是点估计值，我们不能根据点估计值的大小来判定不同自变量是否对因变量具有相同或不同的作用，需执行 F 检验方可判定。在执行 OLS 回归后，我们使用 – test – 命令即可以实现这一检验：

```
. test mo_edu = fa_edu

 ( 1)  mo_edu - fa_edu = 0

    F(  1,  2140) =     0.01
          Prob > F =     0.9222
```

该检验的零假设是：父亲和母亲受教育年限的估计系数相同，即这两个变量对因变量具有相同的影响作用。检验结果显示 $F = 0.01$，显著性检验 $p = 0.9222$，这是一个极大的 p 值，也就是说父亲和母亲受教育年限对个人月平均收入水平具有相同影响是一个大概率事件。我们需接受父母受教育年限对观测对象收入具有相同影响的零假设。

结语

从技术层面上看，线性回归比第一讲的交叉表格复杂得多，但从统计原理上看，线性回归的变量控制与交叉表格的分组或分层对比并无本质上的不同。在交叉表格分析中，我们将观测对象分为男性和女性两组，在各自组内观察个人受教育程度与收入水平的数量变动关系，这就相当于控制了性别变量。同样地，在回归分析中，我们控制了性别，在保持性别不变的条件下观察个人受教育年限与个人月平均收入的数量变动关系，这就相当于将观测对象分为不同组并在各自组内进行对比分析。也正是这个原因，统计学家常把交叉表格、线性回归和之后我们将讲授的匹配法统归为分层法（stratification）或控制法（conditioning）。一般认为，分层法唯有在完美分层（perfect stratification）条件下才能正确识别变量间因果关系。什么叫完美分层呢？就是把所有应控制的混淆变量都控制了，模型没有遗漏任何重要变量，使得原本内生的解释变量被彻底"外生化"，保证因果效应能得到无偏估计。

回顾前文，我们先后在回归模型中控制了性别、地域、父亲和母亲受教育年限等变量，希望通过对变量的回归控制来实现对真实变量间因果关系的无偏估计。然而，模型是对现实的模拟，现实中变量间关系极其复杂，而无论是在理论上还是在经验上，我们对变量间关系都缺乏了解，由此导致在许多研究情形下我们甚至不知道究竟哪些变量属于必须得到控制的混淆变量。退一万步说，即便我们完全了解特定模型必须控制哪些变量方可获得无偏估计，受制于观测数据的可获性，我们也无法对这些混淆变量实施直接和有效的控制。譬如，能力对于个人受教育年限和月平均收入都有重要影响，不控制能力变量会导致教育收益率被高估。然而现实中，绝大多数的调查数据不提供个人能力的测量数据，此时若依然固执地凭借回归控制策略来探索受教育年限与个人月平均收入之间的因果关系，将永远面临高估教育收益率的诘难。回归控制策略的失败源自我们对现实世界缺乏足够的知识和极为有限的观测数据资源。"一无所知"和"一无所有"的研究者在线性回归中面临着无穷无尽的变量控制需要，"你得控制A、你得控制B、你得控制C……你得控制整个世界！"在运行线性回归分析时，我们的脑海中总回荡着这样"可怕"的声音。

你要控制A，不控制A，会偏估，如果不想偏估，就要控制A。你要控制B，不控制B，……你想偏估吗？你真的想偏估吗？你想偏估你就说嘛，你不说，我怎么知道你想偏估……

诚如之前我们介绍的费尔德斯坦关于 Title I 资助效果的研究，虽然作者依照教育财政一般理论与前期经验研究结论，在模型中控制了看似足够多的变量，但我们依然有理由怀疑费尔德斯坦的回归模型遗漏了某些重要的制度变量。例如，众所周知，美国财政体制是典型的联邦制，地方拥有充分的财政收支自主权，各地实行不同的财政制度并延续着不同的政治传统，不同地方对联邦政府资助经费分配决策的影响力亦存在一定差异，这些因素完全有可能对各地方学区获得的资助数额、生均教育支出水平同时产生着影响。在未对这些制度性和政治性因素实行有效控制的条件下，很难说费尔德斯坦通过线性回归得到的估计结果一定代表了 Title I 资助的真实效果。

总而言之，线性回归对因果关系的无偏估计有赖于"解释变量与残差无关"的严苛假设，而这一假设常常因遗漏重要变量而不能得到满足，尤其是在观测数据条件下，仅凭借回归控制策略识别因果关系往往不能取得成功。为此，我们需另辟蹊径，采用其他更加"睿智"的因果识别策略和计量技术，绕开这个"应控制但无法控制"的难题，达成更加令人信服的因果结论。从下一讲开始，我们将对一系列前沿准实验方法进行学习，这些方法包括倍差法、工具变量法、断点回归法和匹配法。

延伸阅读推荐

线性回归可参阅伍德里奇（Wooldridge，2018）著作第 1—9 章，该书第六版有中文译本，名为《计量经济学导论：现代观点》，2018 年由中国人民大学出版社出版；也可选用希尔等（Hill et al.，2011）所编写教材的第 2—8 章，该教材有中文译本，名为《计量经济学原理》，2013 年由东北财经大学出版社出版。希尔等人教材英文原版配有 Stata 操作辅导书，有中文译本，书名为《应用 Stata 学习计量经济学原理》，2015 年由重庆大学出版社出版。有关回归中控制变量的选择，建议阅读奇内利等（Cinelli et al.，2022）的论文。

第三讲　倍差法

"曾经有一份真诚的爱情放在我面前，我没有珍惜，等我失去的时候，我才后悔莫及，人世间最痛苦的事莫过于此。……如果上天能够给我一个再来一次的机会，我会对那个女孩子说三个字：我爱你。如果非要在这份爱上加一个期限，我希望是……一万年。"

——周星驰

电影《大话西游之大圣娶亲》

"路在黄色的树林分向两旁，可惜我只是一个旅人，不能同时踏上两条路。我长久地驻足，朝一条路极目远望，直到它在灌木丛间转了方向。我选择另一条一样美丽的路，也许我还能说出更好的理由，因为它绿草茵茵，因为它诱人前去。但其实，过往旅人留下的足迹，在两条路上相差无几。那天清晨，两条路一样动人，落叶上都没有被踩踏的痕迹。哦，我把一条路留待他日，但我知道，路总会通向他途，我怀疑我是否还能重返此处。多年以后，在某个地方，我将谈起此事，轻声诉说：'路在树林中分向两旁，而我——选择了人迹更少的路，一切的一切都从此两样。'"

——罗伯特·弗罗斯特（Robert Frost, 2020）

"我可以想象当人们讨论如何确定肥力梯度时，费希尔微笑着坐在椅子上，看着他们越来越纠结于复杂的实验构造。他已经考虑了这个问题，想到一个简单的答案。认识他的人回忆说，当其他人争执不休时，费希尔坐在那里，静静地吸着烟斗，等待着说话的机会。'随机化。'他开口了。"

——戴维·萨尔斯伯格（David Salsburg，2016，p. 55）

"笛卡尔这位近代哲学的奠定者，曾创出一种方法，即至今还有用的系统怀疑法。凡是他不曾看得十分清楚明白的事物，他绝不相信是真的。任何事物，只要他认为可以怀疑的，他就怀疑，直到无可怀疑为止。运用这种方法，他逐渐相信他所能完全肯定的唯一存在就是他自己的存在。"

——伯特兰·罗素（Bertrand Russell，2021，pp. 38 – 39）

《哲学问题》，2021 年，第 38 – 39 页

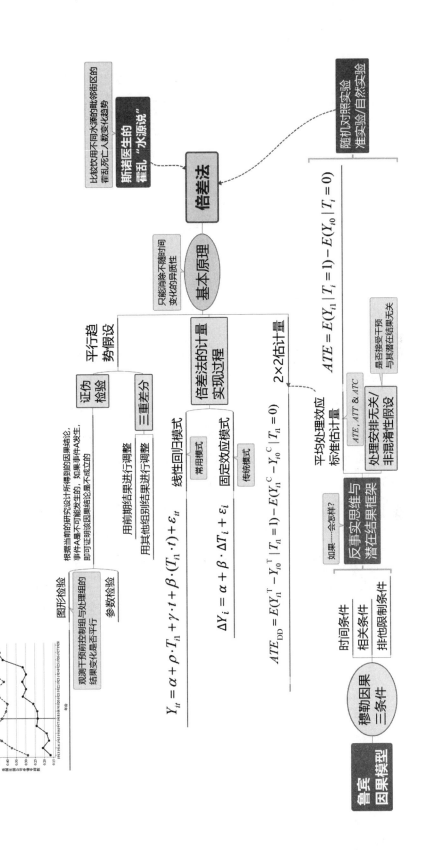

假设分析（what-ifs）是现代因果推断方法最基本的思考方式。在所有有关因果推断的书籍和文献中，我们都能看到其中充斥着大量类似"如果……会怎样？"的表述。哈佛大学两位教授米格尔·A. 赫尔南和詹姆斯·M. 罗宾斯的因果推断方法专著就直接以《因果推断：如果……会怎样》（*Causal Inference*：*What If*）作为书名（Hernán & Robins，2020）。

因果推断源自人类独特的想象思维。"思维胜于数据"（mind over data）（Pearl & Mackenzie，2018，p.1），数据本身并不直接产生因果结论，如果我们思考和判定因果关系所采用的角度和策略是错误的，那么获取再多的数据亦无济于事。唯有当人们运用想象力构建出同一事件在不同状况下可能形成的不同结果时，方可确立因果关系，而由此产生的因果关系常具有极强的说服力，极易为人所信服。

当然，假设分析不只存在于人类的理性思考中。在日常对话和行文中，使用假设性词汇还蕴含着"时光一去不复返"或"一旦选择便无法回头"的情感抒发。这是因为我们对事件因果性做出判断往往是在事后（ex post）而非事前（ex ante），而对于人类来说，未发生的结果似乎永远都要比已发生的事后结果拥有更高的价值，且愈加珍贵和美好。人们总是在已选择的道路上前行的同时，还幻想着另一条道路上美好的风景。在之前两讲中，我们已频繁使用诸如"如果……会怎样"这样的表述，之后还将继续使用，但这些表述都只限于理性分析，不带有任何情感和价值判定。在因果推断科学中，已发生和未发生的结果是同一事件在不同时空的两种表现，已发生的事实和未发生的"反事实"具有同等的价值。为了从复杂的世界中识别出正确的因果关系，我们必须运用假设分析同时得到这两种结果，缺一不可。

第一节　约翰·斯诺医生的霍乱 "水源说"

倍差法（difference-in-differences or double difference，DID or DD）是用于政策或项目效果评估的一种常见因果推断方法。该方法在实际研究中有大量应用，它既见诸各主流经济学期刊，亦是教育学、政治学、社会学研究者对各类社会制度和政策工具进行优劣或成败评价研究时所惯常使用的方法。倍差法如此流行，得益于该方法具有基本原理直接明了、研究设计易于理解，以及技术实现过程相对简单等方面的优势。

倍差法应用于科学研究可追溯至170多年前，历史上有据可循的第一位使用倍差法的研究者是英国医生约翰·斯诺（John Snow）。19世纪30年代，霍乱从印度次大陆恒河三角洲开始肆虐全球，数百万人因此丧生，英国亦不能幸免（道布森，2016）。当时人们凭经验观察，发现霍乱大都是从工业化城镇的贫民街区暴发，再向城市其他街区蔓延，而贫民街区给人的印象总是公共卫生状况极差，街道污水横流，人畜粪便随处可见，由此不少人以为污秽的空气是导致霍乱流行的原因，此即为当时最盛行的"瘴气说"。统计学家威廉·法尔（William Farr）绘制了伦敦等城市街区的"臭气分布图"，发现街区的臭气程度与人口致病率、死亡率高度相关，这进一步证实了疫情起因是污秽空气的说法。根据"瘴气说"，遏制霍乱传播的最有效途径是改善贫民街区的公共卫生状况。另有一些人认为，霍乱并不是来源于英国本土，它是经由海运和陆运，通过接触病人身上的未知"毒素"才得以传播的，因此对付霍乱最有效的方法是实行严格的人际隔离。

约翰·斯诺对这两种流行病理论都抱有疑问。19世纪50年代，霍乱再次在英国伦敦苏豪区一处名为宽街的街区暴发。斯诺开设的诊所离此不远，他敏锐地发现虽然这次疫情来势汹汹，在十天内就有10%的宽街居民染病死亡，但与宽街毗邻的一家修道院和一家酿酒厂却无一人染病。修道院和酿酒厂的工作人员与宽街居民居住和工作地点如此接近，呼吸着相同的臭气，相互之间日常生活接触频繁，为何独独他们能幸免于难呢？很明显，这是"瘴气说"和"毒素接触说"都解释不了的。

为解开这一疑惑，斯诺医生开始收集死亡人数，并绘制出宽街及附近街区的病例分布图。他发现死亡病例都是使用宽街公用水泵取水的居民，而修道院和酿酒厂有自己独立的水井。据此，斯诺怀疑霍乱传播是因为公共水井的水源被污染，于是他说服当地政府移除宽街公用水泵把手，停止向居民供水，自此，染病人数迅速下降，霍乱逐渐消失。为进一步证实霍乱传播"水源说"，斯诺医生事后收集了更多街区的霍乱死亡数据，逐户调查收集居民用水来源，并就饮用不同水源的街区的霍乱死亡人数进行了对照分析，他发现1849—1854年间饮用萨瑟克（Sothwark）和沃克斯豪尔（Vauxhall）两家公司供水的居民患霍乱死亡的人数在不断上升，而饮用朗伯斯（Lambeth）公司供水的居民患霍乱死亡的人数则趋于下降，由此进一步验证了被污染水源是导致霍乱流行的一个主因。[1]

斯诺医生的研究设计虽然简单，但充分揭示了倍差法分析的全部要素。首先，他找到了一个可疑的霍乱传染媒介——水源，不同街区居民饮用来自不同水源的水，这就形成了一个处理变量 T；其次，他就不同街区的霍乱死亡人数进行了统计，这就形成了结果变量 Y；最后，他还在不同时间点追踪统计了不同街区的霍乱死亡人数，这就形成了时间变量 t。生活在同一城市，居民呼吸着相同质量的空气，面临着相同的接触感染的风险，如果不是某些特定街区水源被污染，那么在同一个时间段不同街区的霍乱死亡人数的变化趋势应十分相似。而根据斯诺医生的数据分析，饮用

---

[1] 彼时，伦敦大部分供水公司都是从泰晤士河的下游取水，下游水源已被城市居民排污所污染，而朗伯斯公司取水点从下游移至上游。这样就自然形成了一种对照实验，接受朗伯斯公司供水服务的居民为处理组，接受其他公司供水服务的居民为控制组。有关斯诺的霍乱因果研究更深入的讨论，请参见科尔曼（Coleman，2019）的专门论文。科尔曼详细讨论了斯诺分析霍乱起因溯源的基本思路与方法，并运用现代因果推断方法"重现"了斯诺的研究。

不同水源的街区的霍乱死亡人数变化趋势并不相似，这就说明水源很可能是导致霍乱流行的一个原因。

当然，只能说是可能，毕竟除水源不同外，不同街区还可能存在着其他一些斯诺医生未观察到的差异。譬如，在霍乱流行期有些街区重视公共卫生并加大投入改善医疗条件，而其他街区依然保持原状。如果这些未观察到的街区差异也使得霍乱流行期各街区被感染的死亡人数的变化趋势发生异化，那么水源污染与霍乱流行之间的因果关系并不能得到完全的确认。① 既然如此，究竟应通过怎样的科学研究设计和分析，来证实两个事件之间的因果关系呢？倍差设计为解决此难题提供了思路和方法，这是本讲的主要内容。在进入正题之前，我们先打个岔，向大家介绍实现因果推断的基础理论模型——潜在结果框架（potential outcome framework）。

第二节 鲁宾的因果模型

哈佛大学统计学家唐纳德·鲁宾（Donald B. Rubin）提出的潜在结果框架是当前社会科学领域研究者开展各类因果计量分析的模型基础和起点，目前流行的所有因果推断方法都可以基于这一分析框架得到诠释。熟悉并掌握潜在结果框架，可以帮助大家更好地理解倍差法及后续一系列因果推断方法的基本原理。

潜在结果框架主要运用了反事实（counter-factual）概念，该概念最早由波兰统计学家杰西·内曼（Jerzy Neyman）于 1923 年提出，当时这个概念只是基于随机实验研究而提出的（Neyman，1990；Rubin，2008）。20世纪 70—80 年代，鲁宾陆续在统计学、教育学期刊发表了数篇重要论文，

---

① 时隔 30 年后，德国细菌学家罗伯特·科赫（Robert Koch）使用显微镜在霍乱感染者的体内组织、饮用水和粪便中都观测到形如"逗号"的霍乱弧菌，彻底揭示了霍乱的传播机制，即霍乱是一种经水传播的疾病，主要由粪口途径传播。

将反事实概念扩展运用到整个实验研究领域（包括随机实验研究和准实验研究），并完成了对反事实分析框架的系统化建构工作（Rubin，1974，1977，1986）。[1] 鲁宾的研究工作与内曼的因果推断思想一脉相承，学界常将鲁宾构建的因果模型称作"内曼 – 鲁宾因果反事实框架"（Neyman-Rubin counter-factual framework of causality），或简称为"反事实框架"（counter-factual framework）[2]。

一、 穆勒的判定因果三条件

本书作者在中小学做调查或培训时，学校校长和教师常会咨询应如何对一项教学改革项目的实施效果进行评价，在询问时这些改革项目大都已经实施完成或正在实施中，整体研究设计已经定型，数据已基本收集完毕。与校长和教师们具体了解项目实施情况后，我们发现他们通常只关注被试学生，期望通过对这些学生在施教前后的课堂行为、学业成绩、师生情感交流等方面的数量变化进行分析，来反映教学改革的效果。然而，这些被试学生在施教前后的认知和非认知能力变化一定是由教学改革项目造成的吗？当我抛出这个问题时，不少咨询者表示不解，因为在他们看来，实施教学改革与学生表现发生变化之间的因果关系似乎是天然的。教学改革发生在前，学生表现变化发生在后，这还不能证明教学改革有效吗？确实，形成因果结论的一个重要前提条件是"因"与"果"必须有严格的前后时序，之后发生的事件不可能成为之前发生事件的因。采用技术化的表述，即表示"因"的变量必定是表示"果"的变量的前定变量（prede-terminant or predetermined variable）。然而，凡之前发生的事件就一定是之后发生事件的"因"吗？显然并不一定。

也许，学校在进行教学改革的同时还发生了一些其他事件，如任命了新的校长、年级主任或任课教师，又或者学校食堂换了一位擅长做炸鸡的

---

① 统计学家保罗·霍兰德（Paul W. Holland）对反事实分析框架的形成与推广亦有极重要贡献（Holland，1986）。

② 有关反事实框架历史发展的详细回顾可参见温希普和摩根（Winship & Morgan，1999）的研究。

大厨，校门口小卖部提高了辣条的售价。如果只使用前后时序这一种标准就做出因果判定，那么我们是不是也可以判定学生认知和非认知表现的变化是由于小卖部提高辣条售价引起的？读者可能会说，提出这样的判定不符合常识（common sense）——小卖部提高辣条售价与学生表现之间没有明显的逻辑关系，但常识也未见得靠谱。在人类社会中，事件之间的因果逻辑关系是复杂的，并且经常会随时空和人群发生变化，仅凭经验或常识很难洞察清楚。常识不能作为科学证据，相反，常识常常阻碍科学进程，是需科学验证的对象。布鲁诺（Giordano Bruno）被处以火刑不正是因为他宣扬当时作为常识的"地心说"和"泛神论"是错误的吗？过往的科学研究已推翻了许多人类惯有的常识判断，在本书之后讲解中，我们还能看到许多这样的例子。常识和历史经验缺乏形成人类共同客观认识的理性基础。你有你的常识与经验，我有我的常识和经验，"公说公有理、婆说婆有理"，依据常识与所谓"老人经验"进行公共决策，几乎可以与"闭上眼睛画圈圈"画上等号。

既然因与果的时间顺序只是因果判定的必要条件之一，那么除此之外，判定因果还需要其他什么条件呢？对于这一问题，英国著名的哲学家约翰·穆勒（John S. Mill）1843 年在其著作《逻辑体系（第一卷）》[*System of Logic（Vol. I）*]中就给出了"标准"答案（Mill，1843）。在该书中，穆勒提出了达成因果判定需满足的若干条件，经拉扎斯菲尔德（Lazarsfeld，1959）和沙迪什等（Shadish et al.，2001）整理，可表述为以下三个条件。

（1）时间条件：在时间上，假设的"因"应发生在预期的"果"之前。

（2）相关条件：如果假设的"因"在某些方面呈现系统性的变化，那么预期的"果"也应发生相应的变动。

（3）排他限制（exclusive restrictions）条件：假设的"因"对预期的"果"的影响已经考虑了其他所有可能的解释，即在考虑了其他所有可能的解释之后，假设的"因"对预期的"果"仍具有解释力。

如果一项研究同时符合上述三条件，我们就能在该研究所分析的样本内部确立起事件之间正确的因果关系。统计学家将一项研究设计对于因果关系的确定程度定义为内部有效性（internal validity），该概念反映了某项研究能在多大程度上将"果"的变化归于"因"的变化（Campbell，1957；Isaac & Michael，1980；Meyer，1995）。与内部有效性相对应的另一个概念是外部有效性（external validity）。外部有效性是指样本分析所得到的因果关系结论推及总体而获得一般化，即在特定环境下对局部群体的某一结果进行分析所获得的因果关系结论适用于其他群体、环境和结果的能力。相较而言，内部有效性要比外部有效性具有更高的优先级，因为无论是实验研究还是（非实验的）观测研究，我们都首先要保证在所分析样本中事件之间确实存在着因果关系，再在此基础上探讨样本结论能否推及更广泛的人群，其对其他人群的适用性如何。如果研究结论在源头处就是错误的，那么，讨论一个错误的结论在更广泛样本中的适用性就是无意义的工作。因此，保证局部样本因果结论的有效性是所有量化研究的首要任务，即使为保证内部有效性而不得不放弃一定的外部有效性，也是值得的。

排他限制条件是上述因果三条件中最难满足的条件。让我们再回到教学改革项目这个例子，对照因果三条件做一一解读。

首先，教学改革发生在前，学生学业成绩变化发生在后，符合因果的时间条件。

其次，教学改革这个事件由不发生变为发生，而学生的学业成绩在教学改革前后也发生了相应的变化，符合因果的相关条件。

最后，除教学改革外，我们是否排除了所有可能会对学生学业成绩产生影响的其他的"因"呢？这是不确定的。如前所述，校长和教师们只对接受教学改革的学生组做了前测与后测，这属于"单组前测与后测研究设计"（one-group pretest-posttest design）。根据坎贝尔（Campbell，1957）的观点，此种研究设计主要面临着两种内部有效性威胁：一是历史（history），即在开展教学改革的这一段时间内还有其他事件发生，譬如更换校长、小卖部提高辣条售价等，并且这些事件也可能对学生的认知和非认知表现产生影响。如果不对这个时期发生的其他相关事件进行控制，就会导致教学改革对学生表现的因果错误识别（misidentification of causality）。二是成熟（maturation），即在开展教学改革的这一段时期，被试学生即便没有经历教学改革，他们的学业成绩也可能随着个人心智成熟而得到自然的提升，识别二者因果关系需控制这一成熟变化量，否则会错误地将个人自然成长的结果归因于教学改革。①

很明显，"单组前测与后测研究设计"无法对这些内部有效性质疑做出回应。有读者可能已经明白"单组前测与后测研究设计"的最大缺陷是它只对单组被试者的前测与后测结果进行比较，那么如果我们多设立一个未接受教学改革的控制组，也对控制组学生进行前测和后测，形成一个"控制组前测与后测研究设计"（pretest-posttest control group design），能否对识别因果关系有所裨益呢？

例如，我们在同一学校同一年级挑选两个班，甲班学生作为处理组，接受教学改革；乙班学生作为控制组，进行常规教学。通过对这两个班学生成绩的前后测结果比较可知：在接受教学改革的这段时间内，甲班学生的平均成绩增加了 25 分，乙班学生的平均成绩增加了 20 分。我们发现多设立一个控制组可以帮助化解之前所提及的内部有效性问题：首先，这两个班在同一学校，因此即便在教学改革期间学校有一些共性环境特征发生变化（例如任命新的校长、食堂换了新厨师、小卖部提高辣条售价），它们对于这两个班学生成绩的影响也应当是相同的，所以这一部分"历史"因素造成的影响应包含在乙班的成绩变化量 20 分中；其次，这两个班同学处于同一年级，年龄相仿，有理由相信这两个班学生心智的成熟水平相似，因此如果在教学改革期间甲班学生的成绩有"自然"增长的话，那么这一部分"自然"因素造成的影响也应包含在乙班的成绩变化量 20 分中。基于这两个理由，我们可以将乙班的成绩变化量 20 分当作甲班学生因受两个班共同的"历史"和"成熟"因素影响而形成的成绩变化量，于是我们用甲班学生的成绩变化量（25 分）扣除这一共同变化量（20 分），就可以剔除"历史"和"成熟"因素的影响，从而得到教学改革对甲班学生成绩的"净"效应 5 分。

在这里，之所以给"净"字加引号，是因为这个所谓的"净"效应可能还不够"干净"，虽然我们利用控制组设计，排除了学校共同的环境变化和学生共同自然成长的影响，但还可能存在其他内部有效性威胁。例

---

① 坎贝尔还探讨了"单组前测与后测研究设计"面临的其他三种内部有效性威胁，包括测试（test）、工具衰退（instrument decay）和向均值回归（regression to the mean），更多讨论请参见坎贝尔（Campbell, 1957）原文。

如，在实施教学改革过程中，甲班换了一个更具有教学经验的任课教师，这使得两个班的学生经历了不一样的"历史"变化。再比如，学校班级不是随机分配的，而是按照学生入学成绩分为快班和慢班，而接受教学改革的甲班又恰巧是快班，甲班学生的入学成绩要比作为控制组的乙班学生高出许多，此时我们完全有理由怀疑这两个班同学成绩的"自然生长"是不同的。如果以上两点都成立，那么即便扣除了乙班成绩变化量，所得到的5分"净"因果效应依然是被高估了。可见，单纯引入控制组依然不能保证得到令人满意的因果识别结果。那么，究竟需要怎样的研究设计才能彻底解决内部有效性的威胁，满足因果的排他限制条件呢？为回答这一问题，我们需要借助"反事实"思维。

二、 反事实思维与潜在结果框架

什么是反事实？它是指"因"不发生时可能出现的一种事件状态或结果（Shadish et al.，2001）。如本例，我们用控制组乙班学生的成绩变化量来代表处理组甲班学生的"历史变化"和"自然生长"，但正如之前讨论的，此种做法仍存在漏洞。更为理想的方法是直接使用反事实，即甲班学生不接受教学改革时的成绩变化量，用甲班学生接受教学改革时的成绩变化量减去甲班学生不接受教学改革时的成绩变化量，就可以得到教学改革对甲班学生成绩"纯净"的因果效应。

在反事实的因果分析框架中，不单单处理组有反事实，控制组也有自己的反事实。如本例，对于接受教学改革的甲班学生来说，其反事实就是如果他们没有接受教学改革会取得怎样的学业成绩，而对于未接受教学改革的乙班学生来说，其反事实就是如果他们接受教学改革会取得怎样的学业成绩。

根据内曼－鲁宾因果反事实框架，进行因果推断首先要确定干预或处理，干预作为"因"发生在前，对之后发生的结果产生因果效应，该因果效应在估计中又常被称为处理效应（treatment effect）。表示干预的变量被称为处理变量（treatment variable），该变量可以是类别变量或连续变量，但在绝大多数情况下是一个两分类别变量 T，只取两个值 0 和 1：接受干预的为处理者，$T=1$，所有处理者构成处理组；不接受干预的为控制者，$T=0$，所有控制者构成控制组。无论是处理者还是控制者，每个参与者都有两种潜在结果 Y_{i0} 和 Y_{i1}。此处，结果变量 Y 有两个下标：i 表示第 i 个体，0 和 1 分别表示个体 i 处于何种状态，1 表示接受干预，0 表示未接受干预①。于是，Y_{i0} 表示个体 i 未接受干预时的结果值，Y_{i1} 表示个体 i 接受干预的结果值。潜在结果是指同一个体在不同干预状态下的两种可能结果，因此无论是控制组还是处理组，我们都可以用个体接受干预时的潜在结果（Y_{i1}）减去个体不接受干预时的潜在结果（Y_{i0}），从而获得干预对处理组和控制组个体的因果效应。也就是说，对于所有参与者来说，干预所产生的个体处理效应（individual treatment effect，ITE）都可定义为

$$\tau_i = Y_{i1} - Y_{i0} \tag{3.1}$$

如果我们有了干预对每一个处理组和控制组个体的处理效应，就可以对这些个体处理效应做数学期望，得到样本的平均处理效应（average treatment effect，ATE）

$$ATE = E(Y_{i1} - Y_{i0}) \tag{3.2}$$

当我们运用反事实思维理解平均处理效应公式（3.2）时，有一点必须注意：处理效应是在同一时间作用于同一对象的因果效应（赵西亮，2017）。对于这一点，我们可以如此想象：假设我们拥有一台时光机，对被试学生进行观察，先让他们接受干预，经过一段时间后对他们进行考试，获得一个成绩（即 Y_{i1}）。接着启动时光机，回到发生干预之前的原初，此次不施加任何干预，经过同样长的时间再进行同样的考试，又获得一个成绩（即 Y_{i0}）。于是我们就得到同一组学生在同一时间范围发生的两种潜在结果，此时使用公式（3.2）就可获得干预产生的因果效应。时光机为两次实验操作提供了一个共同的起点，两次操作开始时参与者是处于

① 注意，结果变量 Y 下标中的 0 和 1 与处理变量 T 取值 0 和 1 表示的是不同含义。T 取值 0 和 1 表示的是参与者的现实状态，$T=1$ 表示参与者实际接受处理而归于处理组，$T=0$ 表示参与者实际未接受处理而归于控制组。结果变量 Y 下标中的 0 和 1 则表示参与者在反事实想象中处于何种状态。T 的取值和 Y 的下标取值不一定是一致的，我们可以设想一个控制组个体（$T_i=0$）如果接受干预会有怎样的结果（Y_{i1}），也可以设想一个处理组个体（$T_i=1$）如果不接受干预会有怎样的结果（Y_{i0}）。

同一时间点上的同一组学生，这非常重要，它保证了两个潜在结果是可比的。我们不能使用同一对象在不同时间点处于不同状态下的结果进行对比来获得因果效应，因为即便是同一个人，不同时间点上的结果也是不可比的。譬如，为了测试某种药物的疗效，我不能用今天吃药的潜在结果和昨天不吃药的潜在结果进行对比，今天的"我"和昨天的"我"不是同一个"我"，只有用今天我吃药的潜在结果减去今天我不吃药的潜在结果，才能得到正确的因果效应。

出于特定的研究目的，我们还可以对上述平均处理效应再做区分：处理者的平均处理效应（average treatment effect for the treated，ATT）和控制者的平均处理效应（average treatment effect for the control，ATC）。处理者的平均处理效应，顾名思义，是指干预对处理者产生的平均因果效应，政策评估研究常用到这一类型的处理效应。例如，要对某一贫困学生资助项目的因果成效进行评价，处理组由被资助的贫困学生组成，控制组由未被资助的非贫困学生组成。在此类研究中，我们通常对资助干预对于非贫困学生的影响作用没有兴趣，资助干预对贫困学生的学业成绩或其他结果有何因果效应才是我们关注的重点。处理者的平均处理效应可表示为

$$ATT = E(Y_{i1} - Y_{i0} \mid T_i = 1) \tag{3.3}$$

在其他一些研究场合，我们可能特别想知道如果对控制组也施加干预会产生怎样的结果，这就是控制者的平均处理效应，该效应可表示为

$$ATC = E(Y_{i1} - Y_{i0} \mid T_i = 0) \tag{3.4}$$

以上就是内曼－鲁宾因果反事实框架的核心要义。反事实框架在技术上并不复杂，只需要一点想象力，就可以完全掌握和理解。不过，也许细心的读者已经发现这一框架虽然完美，但无法付诸实践。因为无论是控制组还是处理组，其反事实结果都是在实践中无法观测到的，是一种存在于人类想象中的"虚构"。我们知道作为处理组的甲班学生接受教学改革后的成绩，但永远不可能知道甲班学生如果不接受教学改革会有怎样的成绩。这就如同至尊宝决定带紫霞仙子出逃牛魔山，永远不可能知道如果当初选择留下来"下嫁"牛香香会生几个娃一样的道理。超自然的重生与时光回转能力只存在于虚构文学与影视剧中。在现实世界中，时间不可倒流，人一旦做出了选择，就不可能回头。"路在树林中分向两旁，而

我——选择了人迹更少的路，一切的一切都从此两样。"我们永远不可能知道同一事物在同一时间进程中的两面，这正是因果研究面临的核心挑战。

如表3.1，对于处理组来说，其接受干预时的结果是现实可观测到的，但其未接受干预时的结果是不可知的；控制组的情况正好相反，其未接受干预时的结果是现实可观测到的，但其接受干预时的结果是不可知的。那么，如何解决这一问题呢？

表3.1　因果研究面临的核心挑战

	接受干预时的结果	未接受干预时的结果
处理组	Y_{i1}可知	Y_{i0}不可知
控制组	Y_{i1}不可知	Y_{i0}可知

注：来自 Murnane & Willett（2011，p. 35）。

最简单的办法是将控制组的结果当成处理组的反事实，以及将处理组的结果当成控制组的反事实。如果这能成立，我们就可以将平均处理效应公式（3.2）改写为

$$ATE = E(Y_{i1} \mid T_i = 1) - E(Y_{i0} \mid T_i = 0) \tag{3.5}$$

公式（3.5）被称为平均处理效应的标准估计量（the standard estimator for the average treatment effect），是目前用于因果效应估计的"基准"公式。该式必须满足一个重要假设，即只有当 $E(Y_{i0} \mid T_i = 1) = E(Y_{i0} \mid T_i = 0)$ 与 $E(Y_{i1} \mid T_i = 0) = E(Y_{i1} \mid T_i = 1)$ 成立时，公式（3.5）才能估计出真实的平均处理效应（Guo & Fraser，2015）。也就是说，只有当处理组未接受

干预时的未观测结果 $[E(Y_{i0} \mid T_i = 1)]$ 可以被控制组未接受干预时的可观测结果 $[E(Y_{i0} \mid T_i = 0)]$ 完美替代，并且控制组接受干预时的未观测结果 $[E(Y_{i1} \mid T_i = 0)]$ 可以被处理组接受干预时的可观测结果 $[E(Y_{i1} \mid T_i = 1)]$ 完美替代时，统计量公式（3.5）才可获得真实的平均处理效应。

平均处理效应的标准估计量的推导过程

我们可以将样本的平均处理效应视为处理者平均处理效应和控制者平均处理效应的加权和，以处理组和控制组个体数量占样本人口的比例作为权重（Winship & Morgan，1999）。设处理组个体数量占比为 π，控制组个体数量占比为 $1 - \pi$。于是，样本平均处理效应可表示为

$$ATE = \pi \times ATT + (1 - \pi) \times ATC$$

根据公式（3.3）和公式（3.4），有：

$ATE = \pi \cdot [E(Y_{i1} \mid T_i = 1) - E(Y_{i0} \mid T_i = 1)] + (1 - \pi) \cdot [E(Y_{i1} \mid T_i = 0) - E(Y_{i0} \mid T_i = 0)]$

$= [\pi \cdot E(Y_{i1} \mid T_i = 1) + (1 - \pi) \cdot E(Y_{i1} \mid T_i = 0)] - [\pi \cdot E(Y_{i0} \mid T_i = 1) + (1 - \pi) \cdot E(Y_{i0} \mid T_i = 0)]$

其中，控制组接受处理时的结果 $E(Y_{i1} \mid T_i = 0)$ 和处理组不接受处理时的结果 $E(Y_{i0} \mid T_i = 1)$ 都是现实中观测不到的反事实。于是，我们将控制组的结果当成处理组未接受处理时的反事实，以及将处理组的结果当成控制组接受处理时的反事实。

$E(Y_{i1} \mid T_i = 0) = E(Y_{i1} \mid T_i = 1)$ 与 $E(Y_{i0} \mid T_i = 1) = E(Y_{i0} \mid T_i = 0)$

于是有：

$ATE = [\pi \cdot E(Y_{i1} \mid T_i = 1) + (1 - \pi) \cdot E(Y_{i1} \mid T_i = 1)] - [\pi \cdot E(Y_{i0} \mid T_i = 0) + (1 - \pi) \cdot E(Y_{i0} \mid T_i = 0)]$

$= E(Y_{i1} \mid T_i = 1) - E(Y_{i0} \mid T_i = 0)$

这正是文中平均处理效应的标准估计量公式（3.5）。

仔细观察 $E(Y_{i0} \mid T_i = 1) = E(Y_{i0} \mid T_i = 0)$、$E(Y_{i1} \mid T_i = 0) = E(Y_{i1} \mid T_i = 1)$ 这两个等式，它们都表达了同一含义：无论 T_i 取 0 还是 1，参与者

接受干预的结果（Y_{i1}）和未接受干预的结果（Y_{i0}）都是相同的，换言之，参与者是否接受干预与其潜在结果（Y_{i0} 和 Y_{i1}）是无关的。这一假设是形成因果推断极为重要的假设，被称为"处理安排无关假设"（the ignorable treatment assignment assumption）。

三、 处理安排无关/非混淆性假设

如前所述，处理安排无关假设要表达的含义非常简单，即参与者是否接受干预不依赖于他所可能获得的潜在结果。如本例，学校对快班学生进行教学改革，而快班一般由经过学校精心选拔的学生构成，快班学生的学习能力要比慢班学生强许多，这就造成能力越强、分数越高的学生越可能接受干预的局面。学生是否接受干预与其潜在结果存在相关，不满足处理安排无关假设。那么，违反处理安排无关假设会带来怎样的后果呢？

如表 3.2，共有 8 位学生参加教学改革：前 4 位学生来自快班，他们接受教学改革；而后 4 位学生来自慢班，他们不接受教学改革。先假定我们知道所有学生的潜在结果，这 8 位学生接受和不接受教学改革时的成绩如表中第 2 和第 3 列所示。可以看出，快班学生的学习能力高于慢班学生，他们接受和不接受干预时的成绩都高于慢班学生，这说明这两组学生不满足处理安排无关假设。由表中第 4 列可知，教学改革对慢班学生的效果明显高于快班学生，教学改革对慢班学生的处理效应值为 15，而对快班学生的处理效应值为 10，对 8 位学生的个体效应求均值可得到教学改革真实的平均处理效应 = $(4 \times 10 + 4 \times 15)/8 = 12.5$。

表 3.2　不满足处理安排无关假设的后果

参与者	潜在结果		个体处理效应（=接受干预潜在结果 − 不接受干预潜在结果）	观测结果	
	接受干预	不接受干预		接受干预	不接受干预
学生 1	100	90	10	100	观测不到
学生 2	95	85	10	95	观测不到
学生 3	90	80	10	90	观测不到
学生 4	85	75	10	85	观测不到
学生 5	75	60	15	观测不到	60

（续表）

参与者	潜在结果		个体处理效应 （=接受干预潜在结果 – 不接受干预潜在结果）	观测结果	
	接受干预	不接受干预		接受干预	不接受干预
学生 6	70	55	15	观测不到	55
学生 7	65	50	15	观测不到	50
学生 8	60	45	15	观测不到	45
平均处理效应			12.5	40	

在现实中，对于单个学生来说，两种潜在结果只能观测到一个。学校决定将快班作为处理组施以教学改革，以慢班作为控制组进行对照比较。如表 3.2 的第 5 和第 6 列，快班 4 位学生接受教学改革后的成绩分别为 100、95、90 和 85，平均为 92.5；慢班学生不接受教学改革，观测到的成绩分别为 60、55、50 和 45，平均为 52.5。我们把慢班不接受改革的平均成绩 52.5 当成快班学生的反事实，如此得到的平均处理效应 = 92.5 − 52.5 = 40。然而，教学改革真实的平均处理效应只有 12.5，两组对照实验的估计结果高估了教学改革的因果效应。

干预的安排不能满足处理安排无关假设，会导致因果识别出错：要么错误建立起并不存在的变量间因果关系，要么错误否定真实存在的变量间因果关系，要么过高估计或过低估计变量间的因果关系强度。之前的快慢班对照实验就属于第三种情况，虽然它也验证了教学改革能提升学生学业成绩，但对该效应做了过高的评价。如果我们对表 3.2 中的干预分配做一些改进，就可以有效降低偏估程度。比如，我们选择学生 1、3、5、7 作为处理组，选择学生 2、4、6、8 作为控制组，处理组学生接受教学改革后的观测成绩分别为 100、90、75 和 65，平均为 82.5，控制组学生没有接受教学改革，观测成绩分别为 85、75、55 和 45，平均为 65，由此计算可得到新对照实验的平均处理效应为 17.5。

虽然在新的干预安排下的结果依然稍微高于真实的处理效应值，但与之前快慢班的对照结果相比，已十分接近真值了。新的干预安排之所以能有减少估计偏差的效果，是因为它针对学生的学习能力做了平衡化处理，处理组和控制组各包含了 2 位快班学生和 2 位慢班学生，由此使得两组学生的学习能力分布更加平均、更加可比。设想一下，如果我们能使干预的安排不再受到参与者任何个体特征的影响，与个体所可能获得的潜在结果无任何相关性，那么我们就保证了处理组和控制组是完全可比的，此时将控制组的结果当作处理组的反事实，就肯定能得到真实的因果关系结果，这正是处理安排无关假设的真谛！处理安排无关假设又被称为非混淆性假设（unconfoundedness），因为它要求干预与潜在结果无关，这在事实上排除了所有可能混淆因果关系的其他解释。[①] 用数学语言，处理安排无关假设或非混淆性假设可表达为

$$(Y_{i0}, Y_{i1}) \perp T_i \mid X_i \qquad (3.6)$$

其中，"$\perp$"表示无关或相互独立，"$\mid$"表示条件，式（3.6）表示在控制观测变量 X 的条件下，个体 i 接受还是不接受干预独立于个体的潜在结果。[②] 有时，干预安排本身不满足非混淆性假设，但我们知道干预受哪些变量的影响（即知道干预是如何进行分配的），而且这些变量还可以被观测到，此时我们就可以直接控制这些变量，使得在控制了相关变量后

---

① 处理安排无关假设还有其他名称，如基于可观测的选择假设（selection on observables）、有条件独立假设（conditional independence）、外生性假设（exogeneity）等。

② 除非混淆性假设外，要获得因果结论还需满足另一个重要假设——单位处理变量值稳定假设（the stable unit treatment value assumption，SUTVA）。该假设要求某一个体接受干预不会对其他个体的潜在结果产生影响。也就是说，要进行有效的因果推断，要求个体是否接受干预不仅与自己的潜在结果是无关的，而且与其他个体的潜在结果也是无关的。譬如，我们对一款肥料的效力进行随机对照实验，如果降雨将实验田的肥料带入毗邻的控制田中，这便违背单位处理变量值稳定假设，因为实验田施肥对控制田产量产生了影响。在社会科学研究中，研究者也常面临这一问题。一方面，社会科学的研究对象是人之行为及其结果，而人是会流动的，且人与人之间互动频繁，由此造成政策干预的外溢（spillover）；另一方面，政策干预可能会对宏观社会环境产生影响，进而对其他人的潜在结果产生影响。譬如，政府为解决失业问题实施一项大型的劳动力培训计划，如果参与这个计划的劳动力数量比较多，就会引起整体劳动力市场供给结构变化，进而对未参加这一计划的其他劳动力就业与工资水平产生影响。不满足单位处理变量值稳定假设相当于我们尚未清晰界定处理组和控制组，一个原本不应接受干预的控制组个体却因外溢效应或一般均衡效应"偷偷地"接受了干预，那他究竟应属于控制组还是处理组？如果连谁接受干预都未界定清晰，何谈干预是否满足非混淆性假设？可见，单位处理变量值稳定假设对于获得因果结论来说是一个相当重要的假设。在实际研究中，我们一般假设自己的研究满足单位处理变量值稳定假设，因果识别工作主要围绕满足非混淆性假设展开，只有当我们所研究的干预存在违背该假设的重大嫌疑时，方才做专门讨论与分析。

干预安排又满足了非混淆性假设。① 例如，在之前对快慢班的对照实验中，我们知道两个班的学生在学习能力上存在差别，而且在实验之前就对学生的成绩做了前测，可以用前测成绩来代表学生的学习能力。假设除学习能力之外，两个班的学生在其他方面再无显著差别，或者即便有差别，也不会对学生成绩（潜在结果）有影响，那么即便快慢班对照实验不满足处理无关假设，我们也可以在控制学生学习能力的条件下获得教学改革对学生成绩的因果效应，该效应可采用以下简单线性回归模型得到：

$$Achievement_i = \alpha + \beta \cdot treat_i + \gamma \cdot Achievement_{i,-1} + \varepsilon_i \qquad (3.7)$$

其中，$Achievement_i$ 为结果变量，表示学生 i 在教学改革实施一段时间后的测量成绩。$treat_i$ 为处理变量，表示学生 i 是否接受教学改革，$treat_i = 1$ 表示学生 i 接受教学改革，$treat_i = 0$ 表示学生 i 未接受教学改革。$Achievement_{i,-1}$ 为控制变量，表示学生 i 在教学改革之初所测的成绩，代表学生的学习能力。控制了前测成绩，就相当于在学生具有相同学习能力的条件下分析教学改革对学生成绩的影响。如果除学习能力外，快慢班学生再无其他差异，那么处理变量的估计系数 β 就是教学改革处理效应的无偏估计。但如果除学习能力外，快慢班学生还存在着家庭社会经济背景差异，由于父母受教育水平、收入和职业地位等家庭背景变量对学生成绩有影响，属于混淆变量，此时估计系数 β 依然是有偏的。为此，我们还需在做干预安排时考虑不同学生的家庭背景差异，尽量平衡处理组和控制组学生之间的家庭背景差异。然而，故事还未结束，除学生能力和家庭背景外，两组学生还可能在性别、种族及其他特征上存在差异，因此干预安排还需考虑这些特征差异。如此，我们对干预安排的设计又将回到前一讲线性回归"无穷

① 式（3.6）又被称为强处理安排无关假设，该假设要求个体接受和不接受干预的结果与个体是否接受干预是无关的，我们可以得到一致的平均处理效应估计结果（ATE）。在不同研究场景下，该假设允许一定程度的弱化（partial ignorability），比如我们可以要求个体接受干预的结果与是否接受干预无关，或个体不接受干预的结果与是否接受干预无关，这些都属于处理安排无关的弱假设。摩根和温希普（Morgan & Winship, 2015）指出在个体不接受干预的结果与个体是否接受干预无关的弱化假设下，我们可以获得处理者的平均处理效应的一致估计（ATT）；而在个体接受干预的结果与个体是否接受干预无关的弱化假设下，我们可以获得控制者的平均处理效应的一致估计（ATC）。

无尽控制"的窘境中。

那么，究竟应如何安排干预，才能满足处理安排无关假设呢？答案是：随机对照实验（randomized controlled trial，RCT）！

四、　随机实验与自然实验

随机对照实验是实现因果推断的黄金准则（Rubin，2008）。20世纪20年代，现代统计学最重要的奠基者罗纳德·费希尔（Ronald A. Fisher）在《农业科学杂志》（*The Journal of Agricultural Science*）和《伦敦皇家学报哲学学报》（*Philosophical Transactions of The Royal Society*）上发表了一系列具有开创性意义的文章，系列文章对农作物的收成变异进行了研究，提出了随机实验、自由度、方差分析、协方差分析等许多对后世统计学发展具有重大影响的统计学概念与方法（Fisher，1921；Fisher & Mackenzie，1923；Fisher，1924；Eden & Fisher，1927）。其中，费希尔在1923年与麦肯齐（W. A. Mackenzie）合作发表的第二篇文章《不同马铃薯品种对化肥的反应》（The Manurial Response of Different Potato Varieties）中，详细介绍了他们是如何就复合肥料对不同品种马铃薯收成的影响展开实验研究的（Fisher & Mackenzie，1923）。马铃薯收成受制于众多因素，不同土地含有不同的营养物质、杂草和其他众多观测不到的特征，这些特征与肥料对马铃薯产量共同产生影响。为了将复合肥料对马铃薯收成的因果效应从众多因素中分离出来，费希尔提出了随机安排干预的设计思想。如图3.1所示，他先将一块162英亩①的土地分为两部分，一块施用农家肥，另一块未施农家肥，这两部分再平均分为36小块，在每小块土地上分三行种植同一品种的马铃薯，并随机决定哪一行施硫肥、哪一行施氯肥，以及哪一行不施复合肥。费希尔运用方差分析工具证明采用此种随机分配的实验设计可以使不同土地包含的不同成分对马铃薯收成的影响相互抵消，从而分离出施肥对马铃薯收成的净影响。

---

① 1英亩约合4047平方米。

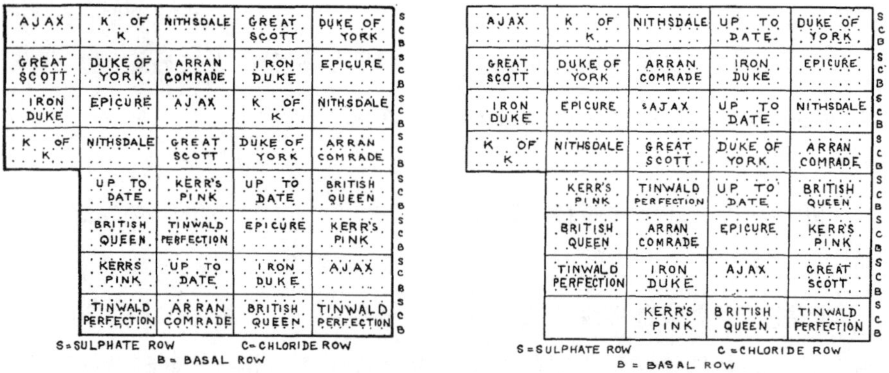

图 3.1　罗纳德·费希尔马铃薯随机对照实验

注：该图取自 Fisher & Mackenzie（1923）。左图实验田施农家肥，右图实验田未施农家肥，每块实验田平分为 36 小块，每小块分三行种植马铃薯，随机决定是否施肥及施硫肥还是氯肥。

　　根据大数定理，只要被随机分配的实验对象的数量足够多，最终形成的处理组和控制组个体特征信息就会趋近于总体信息，即处理组和控制组的个体特征会趋于无差异。例如，我们从全国人口中随机抽取两组人，比较他们的身高。刚开始两组各只抽取 1 人，很可能"碰巧"抽到了武松和武大郎，身高差距巨大，但随着抽取人数的增多，这些"碰巧"发生的事件在两组之间不断发生从而相互抵消，使得两组的平均身高值都无限收敛于全国人口的平均身高值，从而不再呈现出显著差异。在费希尔的实验中，土地被随机决定是否施肥，如此便可以使施肥和不施肥土地"暗含"的土壤特征趋于一致。除是否施肥外，不同土地之间再无其他差异，这样就控制住了各种未明和未知的土壤特征对马铃薯收成的影响，满足了处理安排无关假设。如果我们观测到施肥土地的马铃薯收成比未施肥的土地高，那么这一收成的提升必定是干预（施肥）引起的。根据费希尔和麦肯齐的研究结果，施复合肥对马铃薯收成具有显著影响，并且施复合肥对不同品种马铃薯收成的影响无显著差异。

　　由此可见，处理安排无关假设与我们在第二讲中讲授的完全控制、内生性的概念含义是相通的。正如我们在第二讲中所讨论的，在 OLS 回归分析中，为得到无偏的处理效应估计，必须对所有的混淆变量进行完全控制，而在实际的观测研究中，几乎不可能做得到完全控制，一方面，人类的知识是有限的，处理变量与结果变量之间究竟存在多少混淆变量，这是未明的；另一方面，即便我们清楚地知道处理变量与结果变量之间存在哪些混淆变量，这些变量也有可能未被观测到。如果在回归中有混淆变量未能得到控制，那么处理变量就会被模型之外的变量所决定，处理变量是内生的，与残差相关，单纯凭借 OLS 回归估计处理效应必定是有偏的。然而，与 OLS 回归"笨拙"的完全控制策略相比，随机实验巧妙地运用随机安排，使每个参与者都拥有相同的接受干预概率，个体是否接受干预与其他可能会对潜在结果产生影响的混淆变量彻底"绝缘"，是否接受干预完全独立于个体特征、背景、行为选择与动机，由此就达成了完全控制的目的，实现了对因果效应的无偏估计。

虽然随机实验是获取因果知识和证据最有效的方法，但它并非无懈可击。当把它运用于社会科学研究时，依然面临着不少有关内部有效性的威胁和挑战，主要包括以下几种。

（1）互动（interaction）

社会科学研究的对象不是任人随意摆布的物，而是活生生的人。人与人之间有大量的行为互动，研究者很难将控制组和处理组个体的活动完全隔绝开，因此在社会科学实验研究中，常常出现处理组个体接受的干预通过人际交往活动"外泄"至控制组个体，进而对控制组个体的潜在结果产生影响的现象。例如，我们使用随机对照实验对教学改革效果进行评价，随机分配的两个班同学同处于一所学校同一年级，实验班的学生可能会将新式教材或辅导资料借给隔壁常规班的好友学习。又或许，不同班的授课教师同处一个教学组，在共同教研活动中，教师们相互交流和借鉴教学经验，常规班的授课教师可能会不自觉地将部分新教学法运用到实际教学中。

互动问题亦常见于其他科学领域的实验研究中。譬如，在农业实验研究中，施肥和未施肥的土地毗邻，雨水很可能将实验田中的化学肥料冲入未施肥土地中，进而对后者的收成产生正向影响。"我吃药，你治病"，这些都属于由于参与者互动行为引发的随机对照污染（contamination of the treatment-control contrast）。

（2）流动交换（cross-over）

人不仅有行为互动，还会频繁流动。譬如，在实施教学改革随机实验之初，学生是随机分配到实验班和常规班的，但随着实验的推进，学校可能会因为教学管理的需要或迫于家长压力，在实验班和常规班之间进行学生流动交换。如果处理组和控制组之间个体流动交换较多，就会破坏之前的随机干预安排，严重影响研究结果的内部有效性。

（3）损耗（attrition）

损耗问题是指在实验过程中有参与者选择退出实验，这一问题在需长期跟踪的随机实验中极常见。譬如，进行一项有关农村学生视力矫正对学习成绩影响的随机实验（参见 Ma et al.，2014），课题组先在目标学校普查学生视力，甄别出近视达一定程度但未佩戴眼镜的学生，对他们进行随机分配，为处理组学生免费配备能达到一定矫正视力水平的眼镜，并告知学生若眼镜遗失或破损需及时主动报告，课题组将会给他们补配眼镜。然而，在随后的实验进程中，总有学生遗失眼镜或破损，有些学生主动报告，也有部分学生未主动报告而退出实验。如果学生选择报告和不报告是随机的，这样的样本耗损不会对实验内部有效性产生太大的影响。但如果学生选择报告和不报告不是随机的，例如选择不报告的孩子大都来自不太重视孩子教育的家庭，在这种情况下，控制组留存的学生与处理组留存的学生在某些特征（如家庭社会经济背景）分布上就会存在显著差异，即便处理组和控制组的损耗率相当。除对内部有效性有影响外，实验参与者的大量损耗还会使样本失去其对总体的代表性，影响研究的外部有效性。

（4）霍桑效应（Hawthorne effect）

在实验研究中，常出现参与实验这一行为本身对实验结果产生一定影响的情况。霍桑效应是指个人因接受干预而发生行为改变，如实施教学改革随机实验，实验班学生可能会因自己被挑中接受新的教学改革而感到兴奋，为不辜负老师和校长的殷切期望而加倍努力学习，由此获得较好的考试成绩。很明显，此类学生学习成绩的提升不单纯是由教学改革带来的，还包含了干预的激励效果。同样地，控制组参与者的行为也可能被干预所影响，未被随机抽中进入实验班的学生也可能为此感到不服气而加倍努力，此类行为也会破坏最初的随机设计。解决霍桑效应的办法是实行双盲实验（double-blind experiment），即有意不让处理组和控制组知道实验内容是什么，但在实际研究中要达成百分之百的双盲实验也是很难做到的。

除上述内部有效性问题外，随机实验应用于社会科学研究还存在着其他一些非技术性的困难（Treiman，2009）。

首先，实施随机实验研究成本较高，尤其是做长期跟踪的田野或现场实验（field experiment），整个实验过程充满着不确定性，成本投入巨大却不一定能自始至终保证干预安排的随机性。为控制研究成本，实验研究中有相当一部分以大学生作为实验对象，实行便利抽样再随机分组实验，并将实验对象活动控制在特定的时间和地点范围内。如此做，虽有利于保证随机干预安排不会被"污染"，确保了实验研究的内部有效性，但也损伤了研究的外部有效性。在实验环境中估计得到的政策效应与现实环境下政策的实际效果未见得是等同的。对实验环境施加的控制越多，实验环境与现实环境就越脱节，越是会削弱实验研究结论对现实政策的指导意义。

其次，社会科学随机实验的作用对象是人，当干预可能对被试者的生存能力或心理、认知成长产生重大影响时，随机实验就有可能造成一些违背道德伦理的后果。尤其是教育研究，其研究对象大都是未成年儿童，一旦实施不当干预，势必对儿童心理和生理产生不可逆的负面影响，不可不慎。

最后，社会科学研究者关注的一些特定议题常难以被随机实验运作。譬如，想验证战争状态下的社会集体凝聚力比非战时要更强，我们不可能为此去发动一场战争。又譬如，想验证农业社会的社会分化与分层比游牧社会更严重，我们也无法模拟出贴近真实农业社会和游牧社会形态的实验环境。

虽然随机实验不是"万能"方法，存在诸多不足和缺陷，但这并不能撼动随机实验在因果推断领域的"江湖一哥"地位。如图3.2所示，在科学证据等级划分中，实验研究证据接近塔顶，唯一比随机对照实验证据等级更高的是基于实验研究结果所做的元分析（meta-analysis）。

近年来，针对随机实验的批评越来越多。对此，两位著名的劳动经济学家阿明·福尔克（Armin Falk）和詹姆斯·赫克曼（James J. Heckman）在《科学》（Science）撰文，一一做了批驳。他们承认在社会科学研究领域实行随机实验面临着不少挑战，包括实验环境与现实环境相去甚远而不具有足够的现实意义、实验结论缺乏一般性而只具有有限的外部有效性等等。但这些问题并非实验研究所独有，使用非实验数据的观测研究也同样面临这些问题，并且在应对外部有效性威胁方面，后者在大多数情形下还远不如前者（Falk & Heckman，2009）。实验研究与观测研究不是非此即彼的对立关系，它们的因果推断原理都可以在内曼－鲁宾因果反事实框架下得到完美的诠释，它们的理论基础是相通的，在研究功能上亦可以实现相互补充和支撑。

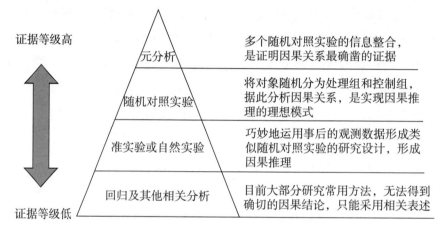

图 3.2　科学证据的等级

注：源自中室牧子和津川友介（2019）图 1－12。

　　事实上，无论是实验研究还是观测研究，要想达成对因果效应的一致估计，关键都在于制造可比较的组，寻找最贴切的值以替换反事实。其中，所谓"可比较"是指通过一定的研究设计使得处理组和控制组在干预之初就实现了数据平衡（data balance），两组参与者在个体特征、家庭背景、社区环境等一切可能影响潜在结果的变量上都无显著性差异。随机实验是采取随机干预安排达成数据平衡的，但不是所有社会科学研究都有条件实施随机干预。在信息爆炸的今天，我们只要掌握一些必要的信息技术，就可以轻易获得巨量的数据，但这些数据都是事后的观测数据，天生不具有"因果性"，我们需通过一定的研究设计对非实验的观测数据进行"改造"，使之具有与实验数据相类似的数据特征，获得与随机实验具有同等或相近的因果推断效力的结论。

　　自 20 世纪 90 年代以来，有一大批统计学家和经济学家致力于观测数据的因果推断方法的研发和推广工作，他们将基于观测数据形成的因果推断方法统称为准实验（quasi-experiment）方法。目前已得到成熟发展和广泛应用的准实验方法包括：倍差法、工具变量法、断点回归法（disconti-nuity regression，RD）和倾向得分匹配法（propensity score matching，PSM）。这些准实验方法被称为某种方法，很容易让人误解是某种新研发的统计技术，而事实上，这些方法之所以能达成一定的因果推断效力，并不是它们使用了多么复杂、多么高超的统计数学，而更多是通过某种特定的研究设计实现了对因果效应的正确识别。因此，学者们又常将这些方法归于不同的识别策略（identification strategy）或研究设计（research de-sign）。在之后各讲中，我们将会一一详细介绍这些准实验方法，本讲剩余内容先介绍倍差法。

第三节　倍差法的因果识别策略

一、倍差法原理

最早将倍差法运用于当代社会科学研究的学者是著名经济学家奥利·阿什菲尔特（Orley Ashenfelter），1978 年他在《经济学与统计学评论》（*Review of Economics and Statistics*）发表题为《培训项目对收入的影响效应估计》（Estimating the Effect of Training Programs in Earnings）的文章，就 20 世纪 60 年代美国劳工部实施的培训项目对劳动力收入的处理效应进行估计。阿什菲尔特发现所有参与政府培训的劳动力在接受培训前一年都遭遇了收入下降，如果计量分析不考虑到这一点，只对劳动力接受培训前后的收入水平进行简单的对比分析，必定会低估培训项目的处理效应。为纠正这一偏估，阿什菲尔特采用倍差法进行估计，结果表明美国劳工部培训项目对所有类型劳动力收入都具有一定程度的提升作用（Ashenfelter，1978）。

倍差法的核心思想是利用两期或多期的重复观测数据，形成处理组和控制组重复观测结果之间的变化量，再将控制组变化量作为处理组变化量的反事实，以此纠正特定混淆变量的干扰，实现对因果效应的正确识别。因此，研究者一般需要一个两期或多期重复观测的面板数据（repeated panel data）才能完成倍差法估计。[①] 众所周知，面板数据是一种同时包含时间序列和横截面两个维度的数据结构，而重复观测是指我们需要对同一个体在不同时间点做重复观测多次，这样才能获得同一个体在不同时间点之间的观测变化量。比如，在教学改革例子中，我们对同一学生成绩在干预前后两个时间点各测量一次，就能构成一个两期重复观测的面板数据。

如图 3.3 所示，学校未采取随机实验设计，而是挑选了甲、乙两个班进行教学改革实验，让甲班学生接受教学改革，乙班作为控制组。学校对两个班的学生在实施教学改革前后各做了一次学业水平测试，$t = 0$ 表示教学改革之前，$t = 1$ 表示教学改革之后。于是，有以下四个观测结果：

（1）Y_0^T 表示接受教学改革的甲班学生在未发生改革时（$t = 0$）的平均成绩，设 $Y_0^T = 70$ 分；

（2）Y_1^T 表示接受教学改革的甲班学生在发生改革后（$t = 1$）的平均成绩，设 $Y_1^T = 95$ 分；

（3）Y_0^C 表示未接受改革的乙班学生在未发生改革时（$t = 0$）的平均成绩，设 $Y_0^C = 75$ 分；

---

① 从方法原理上看，实行倍差法未见得一定要使用面板数据，运用单期横截面或非重复测量的多期混合横截面数据（pooled cross sectional data）也可实现倍差分析，例如基于双胞胎样本的教育收益率估算研究。因为（同卵）双胞胎享有相同或极相似的父母基因与家庭背景，因此借用双胞胎样本实行倍差法，可以完美控制住个人基因（天生能力）、家庭背景对教育和收入之间因果效应的混淆作用。此类双胞胎研究的开创性工作参见阿什菲尔特和克鲁格（Ashenfelter & Krueger，1994）及阿什菲尔特和劳斯（Ashenfelter & Rouse，1998）的研究，针对中国的研究参见李宏彬等（Li et al.，2012）及孙志军（2014）的文章。亦有不少学者利用非双胞胎样本实现倍差估计，经典应用文献可参见泰勒等（Tyler et al.，2000）。这些研究可以视为倍差法应用的"变种"，在多数情况下我们就政策效果做倍差分析还是使用两期或多期重复观测的面板数据。

（4）Y_1^C 表示未接受改革的乙班学生在发生改革后（$t=1$）的平均成绩，设 $Y_1^C = 90$ 分。

如果我们简单地用甲、乙两班学生在改革后的平均成绩差（即 $Y_1^T - Y_1^C = 95 - 90 = 5$ 分）来计算教学改革对学生成绩的因果效应，这明显有问题，它会低估教学改革的真实效果。因为在未发生改革时，甲、乙两班学生并未处于同一"起跑线"，改革之初甲班学生的平均成绩低于乙班学生，而改革后甲班学生成绩反超乙班学生。按照反事实框架，教学改革的真实效果应为

ATT = 甲班学生接受改革后的平均成绩 − 甲班学生未接受改革时的平均成绩

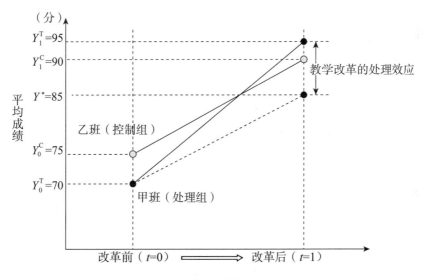

图 3.3　倍差法的基本原理

其中，甲班学生未接受改革时的平均成绩是反事实，现实中观测不到。如何解决这个问题呢？倍差法提出的解决办法是：假定甲班没有接受教学改革的话，该班学生的平均成绩也会和乙班学生平均成绩呈现相同的"自然增长"。没有接受教学改革的乙班学生的平均成绩在这段时间"自然增长"了 15 分，如果甲班学生在不接受教学改革的情况下其平均成绩具有与乙班相同的变化趋势，那么甲班的平均成绩也会"自然增长"15分，由期初的 70 分增长到 85 分（即 Y^* 点）。根据这个反事实设计，我们就可以得到甲班学生平均成绩在 $t=1$ 期的两种潜在结果：

（1）在 $t=1$ 期，甲班学生如果接受改革，平均成绩为 95 分；

（2）在 $t=1$ 期，甲班学生如果未接受改革，平均成绩为 85 分。

于是，教学改革对甲班学生成绩的平均处理效应为 10 分。当然，我们也可以用甲班的平均成绩变化量来进行反事实分析，即甲班学生平均成绩从 $t=0$ 期到 $t=1$ 期变化量的两种潜在结果是：

（1）从 $t=0$ 到 $t=1$ 期，甲班学生如果接受改革，平均成绩变化量为 25 分；

（2）从 $t=0$ 到 $t=1$ 期，甲班学生如果未接受改革，平均成绩变化量为 15 分。

如此设计反事实，估计结果同样是平均处理效应为 10 分。

上述分析都以处理组甲班学生作为分析对象，我们也可以对控制组乙班学生做相同的反事实设计。乙班不接受教学改革的平均成绩变化量是现实观测到的（15 分），观测不到的是乙班接受教学改革的平均成绩变化量，我们可以用甲班接受教学改革的平均成绩变化量（25 分）来替代，于是对于乙班来说，教学改革的平均处理效应同样是 10 分。

上述计算过程可表示为：

$$ATT_{DD} = \underbrace{\left(Y_1^{\,T} - Y_0^{\,T} \right)}_{\text{第一次差}} - \underbrace{\left(Y_1^{\,C} - Y_0^{\,C} \right)}_{\text{第一次差}} \qquad (3.8)$$

$$\underbrace{\phantom{\left(Y_1^{\,T} - Y_0^{\,T} \right) - \left(Y_1^{\,C} - Y_0^{\,C} \right)}}_{\text{第二次差}}$$

$$= \left(95 - 70 \right) - \left(90 - 75 \right)$$

$$= 10$$

从式（3.8）不难看出，处理效应的计算过程经过了两次差分：首先，分别将处理组和控制组的两期结果相减，得到干预前后这两组结果变量的变化量，这是第一次差分；其后，将控制组结果变量的变化量当作处理组如果不接受干预的结果变量的变化量，于是将两组一次差分得到的变化量再相减，即可得到改革的处理效应。这一思路与 170 年前斯诺医生对比使用不同水源的街区居民在相同时期的霍乱死亡人数变化之差异的研究思路如出一辙。倍差法就是经过两次差分形成的一种因果效应估计量，其原理非常直观且易于理解。

二、 平行趋势假设

从图形分析看，形成倍差法估计的一个关键，是参照控制组的趋势变化线，为处理组从其 $t=0$ 期起点出发绘制一条与控制组趋势变化线相平行的"辅助线"（即图 3.3 中向右上倾斜的虚直线）。由图形分析便可以清晰看出，倍差法背后隐藏着一个重要假设，即处理组和控制组的结果变量在不接受干预的条件下应具有完全相同的变化趋势。只有这一假设成立，运用倍差法才能获得处理效应的无偏估计。学界形象地将该假设称为"平行趋势假设"（parallel trend assumption）或"共同趋势假设"（common trend assumption）。

那么，什么情况下会偏离平行趋势假设呢？如本例，除教学改革外，学生的学习成绩还可能受其他很多变量的影响。我们可以将这些变量分为不随时间变化（time-invariant）和随时间变化（time-variant）两类，前者如学生的性别、种族、智商水平等，后者如学生的任课教师、学习努力水平、家庭教育投资等。① 我们知道在 $t=0$ 期甲班平均成绩比乙班低 5 分，如果假定甲、乙班学生的学习成绩只受那些不随时间变化因素的影响，那么如果没有发生教学改革，在 $t=1$ 期甲班平均成绩依然会比乙班低 5 分。然而，在 $t=1$ 期我们观测到甲、乙班的分数差距实际上变化了，变成了甲班平均成绩比乙班高 5 分，于是这 10 分的变化必定是教学改革引起的。也就是说，倍差法的最大优势在于，它可以完美消除那些不随时间变化的异质性（time-invariant heterogeneity）对因果识别可能产生的混淆作用，以此得到在平行趋势假设下对因果效应的无偏估计。比如，我们知道甲、乙两班学生在学习能力上存在着显著差异，而且我们没有学生学习能力相关的数据，但由于教学实验周期不长，我们相信在短时间内学生学习能力不

---

① 这里所说的"不随时间变化和随时间变化"都是相对的。在不同的时间长度中，可变的和不可变的都可能发生变化。比如，如果我们在 30 年甚至更长时间内观测被试者，就很难说有哪些变量是不可变的，哪怕是个人的天生禀赋（如智商）也可能发生变化。反之，如果我们在相当短的时间里观测被试者，则他们几乎所有的特质都可以视为不变的。

会发生太大变化，可以近似视为不随时间变化的变量。于是，两班学生学习能力虽有差别，但它已经反映在 $t=0$ 期两班学生的学习成绩差异（5分）上了，倍差法可以将这部分因学生能力异质引发的成绩差异差分掉，从而彻底消除处理组和控制组所有不随时间变化的异质性对处理效应的偏估影响。

成也萧何，败也萧何。倍差法基于平行趋势假设完美地解决了不随时间变化的异质性偏估问题，却对随时间变化的异质性无能为力。如果在教学改革过程中，甲、乙两班发生了一些变化，并且这些变化会使得两班学生的平均成绩变化发生"异化"，此时倍差法的估计结果依然是有偏的。譬如，有学校领导非常重视这次教学改革，专门为甲班安排了一位特级教师担任任课教师，而乙班任课教师不变，很明显甲班任课教师的变更会导致甲班的"自然"趋势与乙班不同，这就违背了平行趋势假设。我们很难说清楚甲班学生平均成绩相较于乙班提升了 10 分，究竟是教学改革引起的，还是更换教师引起的。此时，倍差法的估计结果很可能高估了教学改革的真实效果。①

平行趋势假设对于实现倍差法无偏估计来说是至关重要的。在观测数据环境下，处理组和控制组在 $t=0$ 期就处于非平衡状况，两组参与者在诸多特征上存在着显著的不同，而这些特征在 $t=0$ 期就使得处理组和控制组结果变量存在差异。发生干预后，如果这些特征不变化，那么由这些不变特征引发的结果变量差异也应该是不变的，我们通过两次差分，就可以完美解决这部分不随时间变化的异质性引发的偏估。也就是说，如果我们能证明处理组和控制组在 $t=0$ 期的特征差异都不会随时间变化，那么使用倍差法就肯定能获得真实的因果效应。很可惜，这个世界上很少有东西是一成不变的。也正是这个原因，几乎所有采用倍差法设计的计量论文都要花费大量篇幅对各种可能对平行趋势假设产生冲击的疑问进行检验和回应。为打消疑问，我们需做两方面工作。一是"事先"工作，即在研究

---

① 另一个有意思的假设场景是，如果学校为甲班安排了一位教学质量较差的教师担任任课教师，那么倍差法的估计结果很可能低估了教学改革的真实效果。但低估总比高估好，因为低估至少也可以证明教学改革对提升学生成绩是有效的，只是我们不太清楚教学改革对学生成绩的真实影响程度而已。

设计之初就应挑选合适的控制组来构造反事实。根据亨廷顿-克莱囚（Huntigon-Klein，2022，p. 443）的讨论，我们挑选的控制组应满足三个条件：（1）在干预前后没有发生特殊事件，使得控制组结果突然发生变化。譬如，作为控制组的乙班在甲班接受教学改革之时突然更换班主任，由此改变了乙班学生之后的成绩变化趋势。（2）控制组和处理组应尽可能地相似。如果两组个体在诸多方面存在特征差异，就无法保证处理组若不接受干预会表现出与控制组相同的结果变化。（3）处理组和控制组在干预发生之前应具有相似的结果变化趋势。譬如，由于某种原因，在实施教学改革之前，作为控制组的乙班学生成绩一直在下降，导致甲、乙两班学生的成绩差距不断拉大，这一分化的趋势很有可能持续至干预发生之后。二是"事后"工作，即在形成倍差法估计后需对平行趋势假设做出正式的检验。譬如，我们可以就处理组和控制组在干预期的结果变化趋势进行检验，如果二者变化趋势在干预前就存在分化，那么平行趋势假设就得不到满足，我们有理由怀疑该控制组是否适合作为处理组的反事实。相反，如果在干预发生前处理组和控制组的结果在一段时期内保持着相似或相同的变化趋势，那么平行趋势假设就很可能是成立的。有关平行趋势的正式检验，我们将在本讲最后一节再做具体说明。

三、 倍差法模型

之前我们用案例的形式讲解了倍差法的基本原理和假设，但这还不够。要形成一篇研究论文，还要学会使用数学语言建立正式的倍差法模型。以下，我们采用反事实框架，对倍差法的平行趋势假设和平均处理效应估计量进行数学语言表述。

假设有一个干预 T_{it}，我们要估计这一干预对参与者 i 的因果效应。参与者被分为接受干预的处理组和未接受干预的控制组。下标 i 表示参与者 i。下标 t 表示时间，$t = 0$ 表示第 0 期，此时所有参与者都未接受干预；$t = 1$ 表示第 1 期，此时处理组个体已经接受干预有一段时间了，而控制组依然未接受干预。于是，对于控制组和处理组个体来说，在第 0 期他们的

T_{i0} 都等于 0，而在第 1 期，处理组 $T_{i1} = 1$，控制组 $T_{i1} = 0$。

参与者 i 在不同时期接受和不接受干预时的结果记为 Y_{it}^T 和 Y_{it}^C，上标 T 和 C 分别表示参与者处于何种状态，T 表示处于干预状态，C 表示处于控制状态。

根据反事实框架与倍差法研究设计，干预的平均处理效应表示为

$$ATE_{DD} = E(Y_{i1}^T - Y_{i0}^T \mid T_{i1} = 1) - E(Y_{i1}^C - Y_{i0}^C \mid T_{i1} = 1) \quad (3.9)$$

干预的平均处理效应等于处理组接受干预时的结果变化量均值与处理组不接受干预时的结果变化量均值之差。其中，处理组在干预状态下从 $t = 0$ 期到 $t = 1$ 期的结果变化量 [即 $E(Y_{i1}^T - Y_{i0}^T \mid T_{i1} = 1)$] 是可以观测到的，但处理组在控制状态下从 $t = 0$ 期到 $t = 1$ 期的结果变化 [$E(Y_{i1}^C - Y_{i0}^C \mid T_{i1} = 1)$] 是反事实，是观测不到的。为解决这一问题，我们使用平行趋势假设，假定处理组处于控制状态下的结果变化量均值与控制组处于控制状态下的结果变化量均值完全相同，即有平行趋势假设：

$$E(Y_{i1}^C - Y_{i0}^C \mid T_{i1} = 1) = E(Y_{i1}^C - Y_{i0}^C \mid T_{i1} = 0) \quad (3.10)$$

其中，$E(Y_{i1}^C - Y_{i0}^C \mid T_{i1} = 0)$ 表示控制组在控制状态下的结果变化量均值。如前所述，在非随机实验环境下，处理组和控制组在干预之初就存在一定的特征差异，这些存在差异的特征会导致处理组和控制组呈现出不同的变化趋势。如果我们知道两组有哪些特征存在差异，并且掌握了这些特征的数据信息，就可以直接控制它们。只要在控制了这些差异特征之后等式（3.10）能成立，倍差法对平均处理效应的估计就是无偏的。上述控制后的平行趋势假设可以用下式表示：

$$E(Y_{i1}^C - Y_{i0}^C \mid X_{it}, T_{i1} = 1) = E(Y_{i1}^C - Y_{i0}^C \mid X_{it}, T_{i1} = 0) \quad (3.11)$$

在满足平行趋势假设的条件下，用现实可观测到的 $E(Y_{i1}^C - Y_{i0}^C \mid T_{i1} = 0)$ 替代公式（3.9）中观测不到的 $E(Y_{i1}^C - Y_{i0}^C \mid T_{i1} = 1)$，公式（3.9）就变换为

$$ATE_{DD} = E(Y_{i1}^T - Y_{i0}^T \mid T_{i1} = 1) - E(Y_{i1}^C - Y_{i0}^C \mid T_{i1} = 0) \quad (3.12)$$

这就是倍差法平均处理效应的标准估计量。

第四节 倍差法的计量实现过程

倍差法有两种估计模式：一是目前流行的模式，采用长面板数据（long panel data）进行线性回归估计；二是传统的模式，采用短面板数据（wide panel data）进行固定效应估计。以下，我们将分别对这两种估计模式进行讲解。

一、 线性回归估计模式

（一）计量模型

倍差法的线性估计模式主要通过检验处理组和控制组结果变量在干预期的变化趋势是否存在显著差异来侦测干预的因果效应。如图 3.3 所示，这是一个理想化的倍差法研究设计。在这个设计中，横坐标是时间进程，有四个时间节点 $t = -1$、$t = 0$、$t = 1$ 和 $t = 2$，干预发生在 $t = 0$ 到 $t = 1$ 之间，于是整个时间进程被分为三个阶段：干预未发生、干预发生和干预结束。纵坐标为结果变量，图中各直线分别代表处理组和控制组结果变量在不同时期的变化趋势。

假设除了干预，其他所有可能影响处理组和控制组变化趋势的因素都没有发生变化（即满足平行趋势假设），因此如果没有干预，处理组和控制组的变化趋势将保持不变，其趋势变化线将一直保持平行，而发生干预将会使得处理组变化趋势在干预期发生变化，不再与控制组趋势变化线保持平行。如图 3.3 所示，控制组在三个阶段都保持同一变化趋势，而处理组因受干预影响发生了趋势变化，因此它的变化趋势线被分为三个阶段：
（1）在干预未发生期，处理组的变化趋势与控制组平行，控制组和处理组
的结果变量随时间变化的斜率是相同的；（2）进入干预发生期后，受干预
影响，处理组的变化趋势明显加快，处理组和控制组变化趋势发生分化而
不再平行，处理组的结果变量随时间变化的斜率大于控制组；（3）干预结
束后，干预对处理组的影响消失了，于是处理组变化趋势又回复到与控制
组平行的状态，控制组和处理组结果变量随时间变化的斜率相同。

从图 3.4 中可以清晰地看出，倍差法估计就是要侦测处理组的变化趋
势在干预发生期是否会与控制组发生"异化"，或者说，在干预发生期，
处理组结果变量随时间变化的斜率是否与控制组斜率显著不同。如果估计
结果显示处理组和控制组的斜率在干预期确实存在显著差异（即非平行），
那么就能判定干预对处理组结果变量具有因果效应。反之，如果两组斜率
在干预期未呈现显著差异（即平行），那么就判定干预对处理组结果变量
不具有因果效应。以上就是运用线性回归进行倍差法估计的基本思路。接
下来，我们基于该思路构建计量模型。

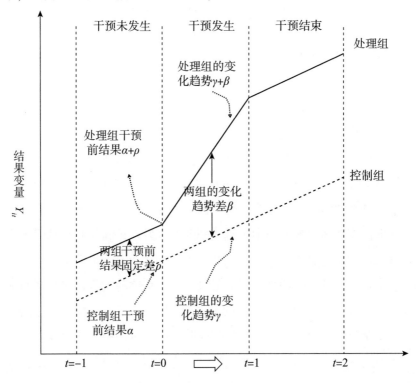

图 3.4　干预影响下处理组和控制组的变化趋势异化

设结果变量为 Y_{it}，它表示参与者 i 在 t 期的结果。为简化讨论，先假设我们只有 $t=0$ 和 $t=1$ 这两个时间节点的数据，设定一个时间变量 t，它只取两个值 0 和 1，分别表示干预前与干预后。处理变量 T_{it} 表示参与者 i 在 t 期是否接受干预。在 $t=0$ 期，处理组和控制组都没接受干预，因此 $T_{i0}=0$。在 $t=1$ 期，处理组接受干预，$T_{i1}=1$；控制组未接受干预，$T_{i1}=0$。为侦测干预是否会使处理组和控制组结果变量的斜率发生异化，可构建如下倍差法的线性回归基本模型①：

$$Y_{it} = \alpha + \rho \cdot T_{i1} + \gamma \cdot t + \beta \cdot (T_{i1} \cdot t) + \varepsilon_{it} \qquad (3.13)$$

其中，残差值 ε 符合均值为零的正态分布。如果我们还需要控制其他一些自变量 X，倍差法的基本模型（3.13）可进一步扩展为：

$$Y_{it} = \alpha + \rho \cdot T_{i1} + \gamma \cdot t + \beta \cdot (T_{i1} \cdot t) + \sum \theta \cdot X + \varepsilon_{it} \qquad (3.14)$$

在模型（3.13）中，需估计的系数包括截距系数 α，处理变量 T 的估计系数 ρ，时间变量 t 的估计系数 γ，以及处理变量与时间变量交互项 $(T \cdot t)$ 的估计系数 β。这四个估计系数各自有其含义，其中处理变量与时间变量交互项的估计系数 β 正是我们期待得到的平均处理效应。为什么估计系数 β 代表平均处理效应呢？

（二）三要素

从模型（3.13）看，在面板数据条件下采用线性回归模型实现倍差法估计有三个必备要素：处理变量 T、时间虚拟变量 t，以及处理变量 T 和时间变量 t 的交互项。

（1）处理变量 T

该变量用于区分观测对象的处理组和控制组"身份"。实现倍差法估计，对处理变量 T 赋值有一定的要求。通常情况下，我们要求所有的观测对象在干预前 $t=0$ 时都未接受干预，而在干预后 $t=1$ 时，处理组接受干

---

　　①　准确地说，模型（3.13）应属于双向固定模型，因为该模型相当于同时控制了表示时间和组别的两个变量 t 与 T，其与下一小节我们将讲授的固定效应模式无本质区别。此处将模型（3.13）表述为线性回归模型，只是为了与之后的固定效应模式相区分。

预而控制组未接受干预。在实际研究中，如果采用线性回归模式对处理效应进行倍差法估计，那么对于处理变量 T 常以观测对象是否接受干预进行赋值，即无论是在哪一期，只要观测对象接受干预，其处理变量 T 都取值为 1，只要不接受干预，其处理变量 T 都取值为 0。[①]

使用处理变量 T 可"捕获"处理组和控制组结果在干预前的固定差别（fixed difference）。$t=0$ 表示干预前，将其代入式（3.13）并对该式求数学期望，可得：

$$E(Y_{it}) = \alpha + \rho \cdot T_{i1} \tag{3.15}$$

接着，我们再将 $T=1$ 和 0 分别代入式（3.15），就可以得到干预前处理组和控制组在 $t=0$ 期的结果：$E(Y_{i0}) = \alpha + \rho$ 和 $E(Y_{i0}) = \alpha$。可见，在干预还未发生的 $t=0$ 期这条"起跑线上"，控制组和处理组之间原本就存在着一个结果固定差，并且该固定差恰好是处理变量 T 的估计系数 ρ，即

$$E(Y_{i0}^{T} \mid T_{i1} = 1) - E(Y_{i0}^{C} \mid T_{i1} = 0) = \alpha + \rho - \alpha = \rho$$

（2）时间虚拟变量 t

时间虚拟变量 t 用于表示干预发生前后的时间变化，使用该变量可"捕获"控制组结果变量随时间变化的趋势。将 $T=0$ 代入式（3.13）并对该式求数学期望，可得：

$$E(Y_{it}) = \alpha + \gamma \cdot t \tag{3.16}$$

该式反映了随着时间 t 的变化，控制组结果会发生怎样的变化。当 $t=0$ 时控制组结果 $E(Y_{i0}) = \alpha$，当 $t=1$ 时控制组结果 $E(Y_{i1}) = \alpha + \gamma$，控制组在干预发生前后的结果变化恰好就是时间虚拟变量 t 的估计系数 γ，即

$$E(Y_{i1}^{C} - Y_{i0}^{C} \mid T_{i1} = 0) = \alpha + \gamma - \alpha = \gamma$$

[①] 在实际计量分析中，我们也常遇到在干预之前已有部分观测对象接受干预的情况。例如，我们对某一改革的因果效应进行分析，这个改革分几个阶段进行，在不同阶段有不同观测对象接受改革。由于数据所限，我们只能就改革在其中某一阶段的处理效应进行分析。那么在这一阶段改革之前，已经有观测对象在前阶段中实施了改革。对于这一问题，最常用的解决办法是直接将前阶段已经接受过干预的对象删除，以保证在干预前样本中所有观测对象都未接受过干预。此外，我们也可以使这些前阶段接受过干预的对象单独形成一个组，将处理组与该组进行对照分析，如此处理常用于主模型之后的稳健性分析。

（3）处理变量 T 和时间变量 t 的交互项

该交互项用于反映处理组结果在干预影响下的趋势变化。如果在干预影响下，处理组呈现出与控制组不一样的变化趋势，这就证明干预对处理组结果具有因果效应。将 $T=1$ 代入式（3.13）并对该式求数学期望，可得：

$$E(Y_{it}) = \alpha + \rho + \gamma \cdot t + \beta \cdot t$$
$$= \alpha + \rho + (\gamma + \beta) \cdot t \qquad (3.17)$$

该式反映了随着时间 t 变化，处理组结果会发生怎样的变化。当 $t=0$ 时处理组结果 $E(Y_{i0}) = \alpha + \rho$，当 $t=1$ 时处理组结果 $E(Y_{i1}) = \alpha + \rho + \gamma + \beta$，于是处理组在干预发生前后的结果变化为

$$E(Y_{i1}{}^T - Y_{i0}{}^T \mid T_{i1} = 1) = (\alpha + \rho + \gamma + \beta) - (\alpha + \rho) = \gamma + \beta$$

根据式（3.12），倍差法的平均处理效应等于处理组结果在干预发生前后的变化量减去控制组结果在干预发生前后的变化量，这两个变量相减也就代表了处理组和控制组在干预期的变化趋势差。根据之前所分析的，处理组在干预发生前后的结果变化等于 $\gamma + \beta$，而控制组在干预发生前后的结果变化等于 γ，于是倍差法的平均处理效应估计量

$$ATE_{DD} = E(Y_{i1}{}^T - Y_{i0}{}^T \mid T_{i1} = 1) - E(Y_{i1}{}^C - Y_{i0}{}^C \mid T_{i1} = 0)$$
$$= \gamma + \beta - \gamma$$
$$= \beta \qquad (3.18)$$

可见，处理变量 T 和时间变量 t 的交互项的估计系数 β 就是我们期望估计得到的平均处理效应。需注意，虽然在三要素中，处理变量 T 和时间变量 t 的交互项看起来是最关键的，但处理变量和时间变量一次项也同样重要，如果模型未纳入这两个变量，会导致平均处理效应的估计有偏。

采用上述方法理解估计系数 β 的含义似乎有些复杂，我们还可以采取更加简单的理解方式。将线性回归模型（3.13）做移项合并处理，可得：

$$Y_{it} = \alpha + \rho \cdot T_{i1} + (\gamma + \beta \cdot T_{i1}) \cdot t + \varepsilon_{it} \qquad (3.19)$$

时间变量 t 对结果变量 Y 的估计系数，表示结果变量 Y 随时间变化的斜率，但根据模型（3.19），这一斜率并不是一个不变的常数，而是一个关于处理变量 T 的函数，即 $\partial Y_{it}/\partial t = \gamma + \beta \cdot T_{i1}$。这意味着结果变量随时间变化的斜率的大小有赖于处理变量 T 的取值，处理变量 T 在其中起到了

调节作用：当 $T=0$ 时，结果变量随时间变化的斜率为 γ，而当 $T=1$ 时，结果变量随时间变化的斜率为 $\gamma+\beta$。如果 $\beta\neq0$，那么在干预发生期，处理组和控制组结果随时间变化的斜率必定是不同的，说明干预对结果具有因果效应；如果 $\beta=0$，那么在干预发生期，处理组和控制组结果随时间变化的斜率就是相同的，说明干预对结果不具有因果效应。

掌握倍差估计还可以帮助我们理解如果不采取倍差估计会造成怎样的后果。以下，我们将列举实际研究中常犯的两种错误。

（1）第一种错误：错误地将处理组在干预发生前后的结果变化当作干预的因果效应。例如，在教学改革例子中，学校只就实验班做干预发生前后成绩测试，并以实验班的成绩变化来表示教学改革的效果。该设计相当于将 $T=1$ 代入式（3.13），并对以下计量模型进行估计：

$$Y_{it}=\alpha+\rho+(\gamma+\beta)\cdot t+\varepsilon_{it} \tag{3.20}$$

此时，估计得到的"平均处理效应"为 $\gamma+\beta$，这一估计结果与倍差法的平均处理效应估计量 β 相比，存在 γ 程度的偏估。如前所述，γ 表示的是控制组在干预发生前后的结果变化，如果处理组在未接受干预的情况下结果也会"自然"发展或受其他因素影响而发生变化，那么必定有 $\gamma\neq0$，此时模型（3.20）必定会导致处理效应偏估。

（2）第二种错误：错误地将处理组和控制组在干预发生后的结果差当作干预的因果效应。例如，在教学改革例子中，学校没有对实验班和常规班进行干预发生前的成绩测试，只是以干预发生后两班的成绩差别来表示教学改革的效果①。该设计相当于将 $t=1$ 代入式（3.13），并对以下计量模型进行估计：

$$Y_{it}=\alpha+\gamma+(\rho+\beta)\cdot T_{i1}+\varepsilon_{it} \tag{3.21}$$

此时，估计得到的"平均处理效应"为 $\rho+\beta$，这一估计结果与倍差法的平均处理效应估计量 β 相比，存在 ρ 程度的偏估。如前所述，ρ 表示的是处理组和控制组在干预发生前的结果固定差。在非随机的观测数据条件下，处理组和控制组结果在干预发生前原本就存在差异（即有 $\rho\neq0$），而这

---

① 这种研究设计被称为非随机控制组前后测设计（nonrandomized control-group pretest-posttest design）。该设计虽然使用了控制组进行对照，但未控制处理组和控制组在期初的结果差异。

一差异又在之后的处理效应估计中未得到控制，势必引起处理效应的偏估。

　　除以上三要素外，倍差法扩展模型（3.14）还添加了若干控制变量X。我们在倍差法估计中一般需要控制或不需要控制哪些变量呢？首先，并不是所有对结果变量Y有影响的变量都需要控制，如果变量在处理组和控制组之间无显著差异（即该变量数据在两组之间是平衡的），可以不控制。因为此类变量不是混淆变量，不会对处理效应估计结果造成影响。其次，那些对结果变量有影响且在处理组和控制组之间存在差异的混淆变量需考虑控制，但这又分为两种情况。一是此类变量如果会随时间变化，必须要控制，不控制会破坏平行趋势假设，使处理效应估计有偏。二是此类变量如果不随时间变化，是不是不需要控制了？根据倍差法原理，通过两次差分将模型中那些不随时间变化的异质性都消除了，似乎这些不随时间变化的变量都不应出现在倍差法模型中。但仔细观察模型（3.13），与时间变量t形成交互的变量只有处理变量T，其他控制变量X未与时间变量t形成交互。这也就是说，其他控制变量X并未经过二次差分，因此也是可以控制的。

（三）　实例讲解

　　政府和民间慈善机构每年为资助学生就读大学支付巨额资金，但鲜有研究就这些资助对学生教育获得（education attainment）的因果效应做出科学、可信的估计。2003 年美国哈佛大学肯尼迪政府管理学院教授苏珊·戴纳斯基（Susan M. Dynarski）在《美国经济评论》（*American Economic Review*）发表题为《资助有用吗？学生资助对大学入学及毕业的效应估计》（Does Aid Matter? Measuring The Effect of Student Aid on College Attendance and Completion）的文章，就政府财政资助项目对学生就读大学和完成大学学业的因果效应进行了估计（Dynarski, 2003）。要想完成这一估计，需以学生是否享有资助作为自变量，对学生的教育获得进行回归分析。很明显，学生是否享有资助并不是随机分配的，具有受资助资格的学生与不具有受资助资格的学生之间很可能存在着一些特征差异，如果其中有些特征对于学生的教育获得也具有影响，并且我们由于种种原因无法对这些特征变量实施有效控制，就会导致对资助政策因果效应的有偏估计。

为解决这一问题，戴纳斯基采用了自然实验设计。所谓"自然实验"，是指虽然研究所使用的数据不是来自随机实验的，但研究者利用特定的外部冲击或外生因素（如自然灾害、战争、政策实施等）实现了处理组和控制组的随机（或近似于随机）分配，形成了对因果效应的一致估计（Murnane & Willett，2011）。如前所述，随机实验研究之所以在内部有效性上优于观测研究，是因为前者通过随机分配确保了干预的外生性或非混淆性。然而，要达成非混淆性条件，随机实验并不是唯一出路，戴纳斯基正是利用一项长期实施的政策突然被废止这一外生冲击完成了对因果关系的识别。

20 世纪 60 年代，美国政府开始实施"社会保障学生资助计划"（social security student benefit program，SSSBP），对丧父且父亲生前加入社保的 18—22 岁学生实施财政资助，符合资助条件的学生若被大学录取并全日制就读，政府将按月支付一定资助。[①] 这一政策持续了将近 20 年，突然在 1981 年 5 月被美国国会废止。

戴纳斯基的研究数据来自"美国全国青年人追踪调查"（national longitudinal survey of youth，NLSY），其中包含处于不同年龄段的人口队列（cohort）数据。受 SSSBP 政策被废止的影响，政策实施的时间连续流（continuum）突然发生了中断，使得一批出生年份相近的学生接受了不同的政策干预，那些出生稍早、在 1979—1981 年就读高三且符合资助资格的学生还能享受原有的大学资助政策，但那些出生稍晚、在 1982—1983 年就读高三的学生，即便他们符合资助资格，也不能享受资助政策。在自然实验设计中，保证冲击的外生性极为重要，研究设计需保证参与者对于

---

① SSSBP 资助对象包括父母死亡、残疾和退休的学生。戴纳斯基只选择其中丧父的学生作为分析对象，原因包括：一是相较于父母残疾和退休，父母死亡更不容易触发自我选择机制，毕竟死亡代价过大，父母不太可能为子女获得资助而主动选择死亡，但残疾和退休的代价相对小，父母有可能主动选择残疾或退休，以换取政府对其子女的资助；二是 SSSBP 对丧父学生的资助力度最大，1980 年此类学生接受资助额平均达到 6700 美元/年，能基本覆盖学生就读公立和私立大学的直接成本。此外，SSSBP 不仅对学生就读大学进行资助，有一部分符合资助资格条件的学生从高中就开始享受资助。为简化讨论，戴纳斯基将这部分学生排除在样本之外。

连续流的特征及断点在连续流中的具体位置是一无所知的。如果参与者对这些信息有所了解的话，那么他们就有可能努力地将自己所处的位置从断点的一侧转移到另一侧，以获取更大的利益。如本例，我们可以假设有一位父亲身患绝症，如果他预先知道 SSSBP 项目将在 1981 年被废止，那么这个父亲就可能选择提早结束自己的生命以换取自己孩子享有资助的资格。当然，这只是一种极端情况，对于绝大多数人来说，SSSBP 政策被废止是始料未及的，这一事件应具备外生性。

如前所述，形成倍差法需要三要素，戴纳斯基的研究亦是如此。

（1）处理变量 T 为学生是否丧父（具有受资助资格），该变量被命名为 *Fa_Deceased*，丧父学生赋值为 1，其他为 0。按正常理解，为获得学生资助政策的因果效应，我们似乎应该以学生是否接受资助（而非是否具有受资助资格）作为处理变量进行估计，具有受资助资格（eligibility）不等于实际接受资助（receipt），例如有些学生达到受资助资格，但出于种种原因未向政府提交资助申请。因此，以学生是否丧父作为处理变量，估计得到的只是学生具有受资助资格对其未来教育获得的因果效应，而非学生接受资助对其未来教育获得的因果效应。为与实际接受干预相区分，学界将具有接受干预资格称为"接受干预的意向性"，将具有接受干预资格对结果变量的处理效应称为"意向性处理效应"（intent-to-treat effect，ITT）。

在许多情形下，干预的处理效应与意向性处理效应是两种不同的效应，需注意区分。从制定政策的角度看，我们有时只关心政策设计了怎样的条件和门槛，以及如此设计会产生怎样的后果，而不太关心满足条件的对象是否最终都接受了政策干预，以及由此产生了怎样的后果。如本例，SSSBP 政策规定哪些学生应接受资助方可体现教育纵向公平，至于符合资助条件的学生是否都会来申请资助，这并不是政策关心的问题，因此采用意向性处理效应进行估计是合适的。接受干预的意向性这一概念常用于政策或项目评估研究，我们在下一讲工具变量法讲解中还会应用到它。

（2）时间变量 t 为学生是否在 SSSBP 政策废止前从高中毕业，该变量命名为 *Before*，在 SSSBP 政策废止前毕业的学生赋值为 1，在之后毕业的学生赋值为 0。该变量反映了学生接受干预状态的变化。与通常的项目评价研究不太相同的是，在戴纳斯基研究中，$t=0$ 期初时政策干预发生，而

$t = 1$ 期末时政策干预停止了。如果按照之前的时间变量赋值，我们估计出的就是干预由发生到不发生导致的结果变化。为获得干预由不发生到发生导致的结果变化，对时间变量的赋值要反过来，即将政策废止前毕业的学生赋值为 1，之后毕业的学生赋值为 0。

（3）处理变量 *Fa_Deceased* 与时间变量 *Before* 的交互项是模型估计的重要变量，其估计系数即为我们期望得到的 SSSBP 资助项目的（意向性）平均处理效应。

基于以上三要素，可构建出如下倍差法计量模型：

$$y_i = \alpha + \beta \cdot (Fa\_Deceased_i \cdot Before_i) + \delta \cdot Fa\_Deceased_i + \theta \cdot Before_i +$$
$$\sum \lambda \cdot X_i + \sum \rho \cdot (X \cdot Before_i) + \sum \varphi \cdot (X \cdot Fa\_Deceased_i) + \varepsilon_i \quad (3.22)$$

其中，因变量 y 表示学生的教育获得，对此作者采用了三种不同的代理变量：一是学生在 23 岁或 28 岁之前是否就读大学；二是学生在 23 岁或 28 岁之前是否完成大学学业；三是学生在 23 岁或 28 岁时所受教育的年限。为简化讨论，我们只呈现因变量为学生在 23 岁之前是否就读大学的估计结果。

根据倍差法原理，模型（3.22）中 *Fa_Deceased* 与 *Before* 交互项的估计系数 β 表示具有 SSSBP 资助资格对学生是否就读大学的因果效应，该效应也可以解释为对丧父高中生实施资助对其就读大学的因果效应。因变量是否就读大学是一个二分变量（binary variable），学生若在 23 岁之前就读大学赋值为 1，未就读大学赋值为 0，于是估计系数 β 可解释为对丧父高中生实施资助对其就读大学概率的平均处理效应。[1] 在模型（3.22）中，戴纳斯基还控制了其他变量 X，包括个体特征（如年龄、性别、种族、服役资格考试成绩、居住地所在州等）、家庭背景（如家庭收入、父母教育

---

[1] 对模型（3.22）两边取数学期望，可得：$E(y_i) = \alpha + \beta \cdot (Fa\_Deceased_i \cdot Before_i) + \delta \cdot Fa\_Deceased_i + \theta \cdot Before_i$（为简化，省去控制变量及其交互项）。

因变量 y_i 为二分类别变量，只取 0 和 1 两个值，此类变量的均值 $E(y_i)$ 恰好等于 y_i 取 1 时的概率值。于是，模型（3.22）可变换为 $P(y_i = 1) = \alpha + \beta \cdot (Fa\_Deceased_i \cdot Before_i) + \delta \cdot Fa\_Deceased_i + \theta \cdot Before_i$。

该模型被称为线性概率模型（linear probability model，LPM），模型中各估计系数分别表示对应自变量对 $y_i = 1$ 概率的影响。

背景、父母婚姻状况、家庭人口规模等），以及这些控制变量与时间变量
Before、处理变量 *Fa_Deceased* 的交互项。其中，控制变量与时间变量交互
是为了反映这些控制变量随时间变化的趋势，而控制变量与处理变量交互
是为了反映这些控制变量对丧父和未丧父学生教育获得的影响有何差别。

根据表 3.3，在未控制其他变量的条件下，*Fa_Deceased* 与 *Before* 交互
项的估计系数 β 为 0.182，在 0.1 水平上显著。当纳入控制变量及其与时
间变量、处理变量交互项后，估计系数 β 增大为 0.219，并变得在 0.05 水
平上显著。这表明对丧父高中生实施资助能使得学生在 23 岁前就读大学
的概率显著增加 21.9 个百分点。戴纳斯基根据这个估计结果，并结合一
些宏观数据（如公立大学平均学费、就读大学的机会成本、SSSBP 年生均
资助额等），测算出美国政府每支付 1000 美元的财政资助，能使得高中生
升读大学的比例增加 3.6 个百分点。

表3.3 资助对学生就读大学的平均处理效应

	倍差估计	倍差估计（加入控制变量）
倍差法三要素：		
Father_Deceased × Before	0.182[*]	0.219[**]
	(0.096)	(0.102)
Father_Deceased	−0.123	Yes
	(0.083)	
Before	0.026	Yes
	(0.021)	
控制变量：		
Individual_Character		Yes
Family_Income		Yes
Individual_Character × Before		Yes
Family_Income × Fa_Deceased		Yes
R^2	0.002	0.339
样本容量	3986	3986

注：该表在 Dynarski（2003）表 2 的基础上稍做整理；＊＊为 0.05 水平上显著，
＊为 0.1 水平上显著；括弧内数据为估计系数标准误，对标准误做了家庭层面的聚类
稳健处理。

二、 固定效应估计模式

（一） 计量模型

固定效应估计模式是早期倍差估计研究惯常使用的估计模式。固定效应估计模式与线性回归估计模式原理相同，都是采用两次差分估计系数，因此即使有各自的基本模型设定，这两种模式的估计结果也是完全相同的。相较于线性回归模型，固定效应估计模式的计量实现过程稍显复杂，但它令初学者易于理解倍差法相较于其他准实验方法所具有的独特优势，有助于初学者明白为何采用两次差分可以完全消除不随时间变化的异质性所造成的偏估影响。

在样本中，不同观测对象通常可按照一定特质分为若干组，在同一组别中这些特质不发生变化，所谓固定效应模型即将各组控制住，只对具有相同特质的同组对象进行回归分析，以此来排除这些不变特质对处理效应估计的干扰。

构建以下固定效应的基本计量模型：

$$Y_{it} = \alpha_t + \beta \cdot T_{it} + \eta_i + \varepsilon_{it} \qquad (3.23)$$

模型（3.23）中，处理变量为 T_{it}，若观测对象 i 在 t 期接受干预，$T_{it}=1$；若观测对象 i 在 t 期未接受干预，$T_{it}=0$。如前所述，由于数据不是通过随机实验获得的，处理组和控制组在一些特征上存在显著差异，我们将这些差异特征称为"异质性"。如果异质特征因为未观测到而没有在模型中得到控制，就会进入残差，将原先本应为同质的残差"污染"成为异质残差。此外，处理组和控制组的异质特征又可分为不随时间变化和随时间变化两种，前者比如控制组和处理组在性别上存在差异，个体的性别一般是不随时间变化的，那么性别的异质就属于不随时间变化的异质性；后者比如市场环境，个体所身处的市场环境可能随时间发生不同的变化，那么市场环境的异质就属于随时间变化的异质性。为反映这两种类型的异质性，模型（3.23）将残差分为两部分：一部分是 η_i，该部分残差下标中没有

代表时间的标识 t，它表示未观测且不随时间变化的异质性残差，另一部分是 ε_{it}，它表示部分未观测且随时间变化的异质性残差。

同样假设有两期数据，$t=0$ 表示干预前，$t=1$ 表示干预后。可以根据模型（3.23）将两期模型分列，于是有：

$$\text{干预前：} Y_{i0} = \alpha_0 + \beta \cdot T_{i0} + \eta_i + \varepsilon_{i0} \tag{3.24}$$

$$\text{干预后：} Y_{i1} = \alpha_1 + \beta \cdot T_{i1} + \eta_i + \varepsilon_{i1} \tag{3.25}$$

用模型（3.25）减去模型（3.24），可得①：

$$Y_{i1} - Y_{i0} = (\alpha_1 - \alpha_0) + \beta \cdot (T_{i1} - T_{i0}) + (\eta_i - \eta_i) + (\varepsilon_{i1} - \varepsilon_{i0})$$

由上式可以看出，在两模型相减的过程中不随时间变化的异质残差 η_i 被彻底消去，再做整理后可得：

$$\Delta Y_i = \alpha + \beta \cdot \Delta T_i + \varepsilon_i \tag{3.26}$$

其中，估计系数 β 表示干预的平均处理效应。如果我们还需在模型中控制其他变量，可构建如下扩展模型：

$$\Delta Y_i = \alpha + \beta \cdot \Delta T_i + \sum \theta \cdot \Delta X + \varepsilon_i \tag{3.27}$$

从上述模型形成过程，我们可以看出采用固定效应估计模式形成倍差估计需经过两个步骤。

步骤 1（第一次差分）：将因变量、处理变量在 $t=1$ 和 $t=0$ 时的取值相减，得到它们的两期变化量，即模型（3.27）中的 ΔY_i 和 ΔT_i。

步骤 2（第二次差分）：在控制或不控制其他变量的条件下，使用处理变量的两期变化量 ΔT_i 对因变量的两期变化量 ΔY_i 做 OLS 回归，处理变量的两期变化量 ΔT_i 的估计系数 β 即为平均处理效应的倍差法估计量。②

那么，控制变量是否也要做两期差分呢？如果控制变量在两期间是变化的，通常需做两期差分得到 ΔX_i，放入模型进行回归，如扩展模型（3.27），以体现控制变量随时间变化的趋势及其对因变量变化趋势的影

---

① 其中暗含假设：处理变量对结果变量的影响不会随时间变化，即有模型（3.24）中的估计系数 β 与模型（3.25）中的估计系数 β 是相同的。

② 在固定效应估计模式下，处理变量常采用与之前线性回归估计不同的赋值办法：由于在 $t=0$ 期处理组和控制组都未接受干预，处理组和控制组 T_{i0} 都等于 0，于是有 $\Delta T_i = T_{i1} - T_{i0} = T_{i1}$。如果按此赋值，模型（3.26）和模型（3.27）中 ΔT_i 就可以直接用 T_{i1} 替代。如果在干预前 $t=0$ 时有观测对象已经接受过干预，那么就需做其他特别处理，参见本书第 148 页注①。

响；如果控制变量在两期间是不变化的，通常无须控制，因为 $\Delta X_i = 0$，它在第一次差分操作中被"自然"消去了，如果非要控制此类变量，可不做差分，直接放入模型。

（二）实例讲解

劳动经济学领域长期存在着一个争议——提高最低工资是否会导致失业增加？按一般常识，提高最低工资会导致失业增加，因为提高最低工资会增加企业的生产成本，进而导致企业减少雇佣。然而，有一些计量研究显示提高最低工资不见得会引发失业，相反还可能增加就业，其中最为经典的当属美国经济学家戴维·卡德（David Card）和艾伦·B. 克鲁格（Alan B. Krueger）于 1994 年在《美国经济评论》上发表的一篇题为《最低工资与就业：新泽西州和宾夕法尼亚州快餐行业案例研究》（Minimum Wages and Employment：A Case Study of The Fast-food Industry in New Jersey and Pennsylvania）的文章（Card & Krueger，1994）。

1990 年年初，美国新泽西州议会投票通过一项法案，将该州最低工资标准由 4.25 美元/小时提高至 5.05 美元/小时，新的工资标准将于 1992 年 4 月生效实施。但令人始料未及的是，就在新工资标准法案通过后不久，该州经济就进入萧条期，失业率迅速攀升。为此，1992 年 3 月新泽西州议会专门就是否暂缓或分步骤实施新的最低工资标准进行投票，但该提案未能通过，新的最低工资标准如期生效实施。一般情况下，最低工资标准的变化不具有足够的外生性，因为只有在经济运行良好时，议会和政府才会考虑提高最低工资标准，最低工资标准变化通常与地方经济运行状况相关。但在新泽西州这个案例中，一方面，提高最低工资的法案在正式生效两年前就通过了，当时该州经济运行还非常健康；另一方面，法案通过后不久，新泽西州经济下滑，该法案却依然如期实施，这表明该法案的实施与地方经济运行状况变化是无关的，可视为一种外生冲击。

卡德和克鲁格选择快餐店雇佣量变化作为观测对象，以受最低工资法案影响的新泽西州快餐店作为处理组，以位于宾夕法尼亚州（以下简称宾州）东部的快餐店作为控制组，进行对比分析。挑选快餐店作为研究对

象，主要是考虑到在不同类型劳动力就业中，受最低工资法案影响最大的
应属普通（低技能）工人和青年工人，这些工人大都在对劳动技能要求不
高的行业或岗位就业。选择宾州东部，是因为该州紧邻新泽西州，两地就
业具有相似的季节性变化，通过两组对照比较，可排除季节性就业变化的
影响。

卡德和克鲁格在新最低工资标准 1992 年 4 月生效之前，通过电话访
谈对两地主要快餐连锁商店的雇佣情况、雇员薪酬水平及其他商店特征进
行了调查，并在新最低工资标准生效后再次做了跟踪调查。由此，便形成
了一个包含将近 500 家快餐店的两期重复面板数据。卡德和克鲁格对这些
数据做了如下分析。

第一步，就两个州被调查快餐店在新泽西州实施新最低工资标准之前
的数据平衡性表现进行检验分析。通常情况下，在做正式的倍差回归估计
之前，研究者需就处理组和控制组在干预前各变量均值做平衡检验（bal-
ance test）。[1] 如果在干预前两组变量均值存在较大差别，说明二者是不可
做对照比较的。相反，如果在干预前两组各变量均值十分相近，说明二者
具有较高的可比性。

如表 3.4，在新泽西州新最低工资标准实施之前，两州快餐店的全时
雇佣量[2]和快餐套餐售价就存在着显著差异。宾州快餐店的平均全时雇佣
规模要比新泽西州大，而新泽西州快餐店的套餐售价要比宾州高。因此，
如果要估计新最低工资标准对快餐店雇佣量或商品售价的因果效应，就应
控制住两州快餐店初始的雇佣量和套餐售价的固定差，这正是倍差法最擅
长的。除此之外，两州快餐店在其他变量上再无显著差异，表现出较好的
数据平衡性。

---

① 注意，做数据平衡分析需采用干预前某一时间节点数据，不能采用干预后数
据进行分析，因为那时的数据已被干预"污染"，不能反映处理组和控制组的"天然"
差别与真实可比性。从获得无偏估计的角度看，我们希望干预前处理组和控制组就处
于同一"起跑线"上，除是否接受干预外再无其他的特征差异，如此两组便具有了可
比性。数据平衡检验是实施倾向得分匹配法的一个主要技术步骤，我们将在本书最后
一讲中再对该检验技术做更正式和详细的讲解。

② 全时雇佣量 = 全职雇员人数 + 0.5 × 兼职雇员人数。

表3.4   干预前新泽西州和宾州快餐店的数据平衡检验

变量	快餐店所在地		t 检验
	新泽西州	宾州	
全时雇佣量	20.4	23.3	-2.0^*
	(0.51)	(1.35)	
全职雇佣占比	32.8	35.0	-0.7
	(1.3)	(2.7)	
底薪	4.61	4.63	-0.4
	(0.02)	(0.04)	
低薪员工（工资 = 4.25 美元/小时）占比	30.5	32.9	-0.4
	(2.5)	(5.3)	
套餐售价	3.35	3.04	4.0^{**}
	(0.04)	(0.07)	
每周营业小时数	14.4	14.5	-0.3
	(0.2)	(0.3)	
奖金	23.6	29.1	-1.0
	(2.3)	(5.1)	

注：该表取自 Card & Krueger（1994）表2；第二列和第三列数据分别为新泽西州和宾州快餐店各变量均值及其标准差，最后一列是对新泽西州和宾州快餐店各变量均值是否存在显著差异进行检验的 t 统计量，$**$ 为 0.05 水平上显著，$*$ 为 0.1 水平上显著。

第二步，构建倍差计量模型，如下：

$$\Delta E_i = \alpha + \beta \cdot T_i + \rho \cdot company_i + \delta \cdot region_i + \varepsilon_i \qquad (3.28)$$

这是一个典型的倍差法固定效应估计模型。其中，结果变量 ΔE_i 为被调查快餐店在新泽西州实施新最低工资标准前后的全时雇佣量的变化量。

为了获得处理变量 T_i，卡德和克鲁格采用了两种方法。

（1）新泽西州执行新的最低工资标准，而宾州的最低工资标准没有变化，于是可以简单地将所有新泽西州快餐店归为处理组，将宾州快餐店归为控制组，即将模型（3.28）中的处理变量 T_i 重新命名为 NJ_i，这是代表快餐店位于新泽西州的虚拟变量，赋值为：如果快餐店位于新泽西州，$NJ_i = 1$；如果位于宾州，$NJ_i = 0$。

（2）即便同在新泽西州，各快餐店的工资水平之间也存在一定差别。

一般来说，提升最低工资标准只会对那些实行员工低薪的快餐店的雇佣量
有影响，且原先工资水平越低，雇佣量受新最低工资标准的影响就越大；
而对于那些实行员工高薪的快餐店来说，应该不会受新工资法案太大的影
响。依据这一思路，卡德和克鲁格将新泽西州原先时薪低于 5.05 美元
（新最低工资标准）的快餐店归为处理组，将宾州所有快餐店和新泽西州
原时薪高于 5.05 美元的快餐店归于控制组，即将模型（3.28）中的处理
变量 T_i 重新命名为 GAP_i，赋值为：如果快餐店位于新泽西州且原时薪低
于 5.05 美元，$GAP_i =$（5.05 – 原时薪）/原时薪；如果快餐店位于新泽西
州且原时薪高于 5.05 美元或位于宾州，$GAP_i = 0$。

　　卡德和克鲁格还在模型中控制了快餐店所属公司（$company_i$）和所在
行政区（$region_i$）固定效应。快餐店所属公司和所在行政区都是不随时间
变化的变量，因此对这些变量都不做干预前后两期差分，直接在模型中控
制即可。这两个变量可用于反映不同公司和不同地区下辖快餐店雇佣量在
干预前后的"自然"变化。

　　估计结果如表 3.5 所示，无论处理变量是采用新泽西州虚拟变量
（NJ），还是采用初始工资与最低工资的差距变量（GAP），平均处理效应
的倍差估计值都为正值。在控制快餐店归属公司和行政区变量之后①，虽
然 GAP 变量的估计系数由显著变为非显著，但估计系数依然保持正值。
这意味着新泽西州提高最低工资标准不仅不会导致快餐店雇佣量下降，反
而会使其雇佣量增加。由此，卡德和克鲁格获得了与传统理论预期相反的
经验结果。

---

　　①　表 3.5 模型（2）中，在就处理变量 NJ 做倍差法估计时，在控制快餐店所属
公司变量（$company$）的同时未控制快餐店所在行政区变量（$region$）。这是因为 NJ 变
量赋值是所有新泽西快餐店都取 1，所有宾州快餐店都取 0。于是，在某个行政区划下
所有的快餐店都取相同的值，如果再控制行政区变量，NJ 变量就没有变异了，这会导
致平均处理效应估计出错。与此不同的是，当我们使用 GAP 作为处理变量时，即便同
处于新泽西州，不同快餐店的 GAP 变量取值也可能是不同的。于是，就处理变量 GAP
做倍差法估计时，就可以同时控制快餐店所属公司变量（$company$）和快餐店所在行
政区变量（$region$），如表 3.5 模型（4）所示。

表3.5 提高最低工资对快餐店雇佣量的平均处理效应

	模型			
	(1)	(2)	(3)	(4)
NJ	2.33*	2.30*		
	(1.19)	(1.20)		
GAP			15.65**	11.91
			(6.08)	(7.39)
company	No	Yes	No	Yes
region	No	No	No	Yes

注：该表取自 Card & Krueger（1994）表4；＊＊为0.05水平上显著，＊为0.1水平上显著；括弧内数据为估计系数标准误。

然而，这一"奇异"的结果真的是提升最低工资标准带来的吗？有一种质疑认为，在新泽西州提升最低工资标准的这一时期，或许还发生了其他会对就业产生较大正效应且未观测到的市场冲击，这些市场冲击形成的正效应超过并抵消了提升最低工资对就业产生的负效应。为回应这一质疑，卡德和克鲁格从新泽西州挑选出处于同一城市的纽瓦克（Newark）和肯顿（Camden）两个城镇，单独就这两个城镇的快餐店样本做倍差估计。既然这两个城镇的快餐店处于同一都市经济圈，那么如果真的存在其他未观测的市场冲击的话，这些冲击对这两个城镇快餐店的影响应该是完全相同的，如此就控制住了其他未观测市场冲击对估计结果的偏估影响。估计结果显示，*GAP* 变量在纽瓦克和肯顿样本中的估计系数依然为正值[1]，与表3.5的估计结果一致。

最低工资标准提升必定会导致快餐店成本上升，那么多出来的成本去哪儿了？是快餐店通过提高自身管理效率而内部消化了，还是通过提高快餐售价转嫁给消费者了？为此，卡德和克鲁格专门就快餐店标准套餐售价的两期变化量做了倍差估计，所用计量模型与模型（3.28）相同，唯一不同是模型因变量由快餐店雇佣变化量变为标准套餐售价变化量的对数值。

---

[1] 纽瓦克样本的平均处理效应估计值为33.75（标准误为16.75），肯顿样本的平均处理效应估计值为10.91（标准误为14.09）。

如表 3.6 所示，处理变量 NJ 的估计系数显著为正，表明提高最低工资标准使新泽西州快餐店售卖一份标准套餐的价格增长量相较于宾州显著高出 3.3%—3.7%。使用处理变量 GAP 的估计结果也为正，但不显著，这说明提高最低工资标准并未使得那些低薪快餐店的套餐售价相较于高薪快餐店有明显的提升。可以说，这是一个含混不清（mixed）的结论，因为既有的经济理论能解释前者，但无法解释后者。卡德和克鲁格认为这可能是因为低薪和高薪快餐店所提供的餐品质量存在较大差别，之前分析只对最普通的标准套餐价格进行了分析。当然，两位作者只是提出了一种可能的解释，由于缺乏数据，他们并未对该解释做出更多的计量验证。

表 3.6　提高最低工资对套餐售价的平均处理效应

	模型			
	(1)	(2)	(3)	(4)
NJ	0.033**	0.037**		
	(0.014)	(0.014)		
GAP			0.077	0.063
			(0.075)	(0.089)
Company	No	Yes	No	Yes
Region	No	No	No	Yes

注：该表取自 Card & Krueger（1994）表 7；＊＊为 0.05 水平上显著，＊为 0.1 水平上显著；括弧内数据为估计系数标准误。

第五节　倍差法的 Stata 操作

在本节，我们将使用"农村义务教育经费保障新机制"改革（下文简称"新机制"改革）效果评价的研究实例，具体介绍如何使用 Stata 软件实现倍差法估计。

一、 "新机制" 改革背景

20 世纪 80 年代，我国义务教育财政开始实行"地方负责、分级管理"的分权体制，各级地方政府各自负担下辖学校办学经费，而广大农村地区中小学校的支出职责由财力薄弱的乡镇政府承担，由此导致农村义务教育财政投入严重不足。2001 年 5 月国务院颁布《关于基础教育改革与发展的决定》，开始实行"以县为主"体制，将农村义务教育财政支出责任主体由乡提升至县，并加大中央与省对中西部农村义务教育转移支付的力度。"以县为主"改革虽然在解决农村中小学危房与教师工资拖欠问题上起到了积极作用，但不少农村学校依然存在公用经费紧张、办学条件较差等问题，城乡间、地区间义务教育经费依然存在较大差距，尤其是公用经费差距巨大。2001 年小学生均公用经费的城乡比值接近 3，县域间基尼系数高达 0.67（黄斌，2012）。2005 年 12 月国务院颁布《关于深化农村义务教育经费保障机制改革的通知》，提出要将农村义务教育纳入公共财政保障范围，免除义务教育阶段学生学杂费，提高农村学校公用经费保障水平，并进一步将义务教育支出责任上移，建立中央政府和地方政府分项目、按比例承担的农村义务教育经费保障新机制。"新机制"改革后，中国第一次在全国范围内真正实现了免费的农村义务教育。科学评价"新机制"改革各方面成效与不足，可以为未来进一步深化义务教育经费体制改革提供重要的经验证据。

评价"新机制"改革成效可以从多个层面或维度入手，比如，我们可以从改革的财政结果、教育结果和社会经济结果的角度对改革成效进行评价。其中，财政结果评价主要分析"新机制"改革在提升义务教育财政投入水平与改善义务教育财政公平方面的实际效果，教育结果评价主要探讨"新机制"改革在增强弱势儿童受教育权利和改善教育结果公平方面的实际效果，而社会经济结果评价则主要偏向于考察改革对外部社会和经济运行产生的实际效果。本书第一作者曾利用全国县级地方数据就"新机制"改革的财政结果做出评价（黄斌，苗晶晶，金俊，2017）。接下来，我们采用该实例数据对倍差法估计的整个实操过程进行演示。

"新机制"改革采用先局部试点而后全国推广的渐进模式，此种模式为识别因果关系提供了条件，因为如果改革是一次铺开的，所有地区在同一时间点实施改革，那么我们就找不到可以与处理组做对照分析的控制组了。不过，"新机制"试点改革仅持续一年，于2006年春季在部分县区开始试点，2007年春季便在全国铺开，这极大地制约了数据样本的时序长度，我们只能采用2005—2007年两年期短面板数据就"新机制"改革对财政结果的短期效应做评价。评价所使用数据为全国县级地方2005—2006年两年期跟踪面板数据，原文数据涉及1877个县与县级市，我们从中随机抽取了1062个县级单位作为演示数据。

二、 数据描述与结构转换

打开本讲文件夹"第三讲演示数据和 do 文件"，其有一个数据文件"DD_wide. dta"和一个程序文件"DD. do"。还是先使用命令 – cd – 设定程序运行的文件夹所在位置，再分别使用 – use – 和 – des – ，调用演示数据 DD_wide. dta 并对该数据集进行情况描述。

```
. use DD_wide, clear

. des

Contains data from DD_wide.dta
  obs:         1,062
  vars:            6                          23 Aug 2021 14:40

              storage   display    value
variable name   type    format    label      variable label

id              int     %8.0g                 code of county
fisrev2         float   %8.0g                 fiscal revenue per capita in 2006 (yuan)
exp2            float   %8.0g                 gongyong spending per pupil of junior education in 2006 (yuan)
fisrev1         float   %8.0g                 fiscal revenue per capita in 2005 (yuan)
exp1            float   %8.0g                 gongyong spending per pupil of junior education in 2005 (yuan)
treat           float   %9.0g                 New mechianism reform

Sorted by: id
```

根据上面的输出结果，"DD_wide. dta"数据集共有1062个观测对象与6个变量。根据变量标签，我们可以清晰了解各变量含义：*id* 是 1062个县级单位的编码，*fisrev1* 是 2005年人均财政收入，*fisrev2* 是 2006年人均财政收入，*exp1* 是 2005年初中生均公用经费，*exp2* 是 2006年初中生均公用经费，*treat* 是"新机制"改革处理变量。从数据结构看，这是一个典

型的宽数据结构，其中没有时间变量 t，不同年份的人均财政收入与生均
支出数据都用不同的变量呈现。

接着我们可以对数据做初步的描述性统计分析。

```
. sum

    Variable │        Obs         Mean    Std. Dev.         Min         Max
─────────────┼─────────────────────────────────────────────────────────────
          id │      1,062     663.5254    438.7753           2        1529
     fisrev2 │      1,062     11615.16    9750.417     541.805    49841.91
        exp2 │      1,062     1783.289     730.792     639.613    5527.094
     fisrev1 │      1,062     9708.927      9110.9     502.696    49451.79
        exp1 │      1,062      1226.91    632.8266     345.682    8084.583
─────────────┼─────────────────────────────────────────────────────────────
       treat │      1,062    .1911488    .3933912           0           1
```

从输出结果可以看出，各县级单位初中生均公用经费和人均财政收入
差异较大。例如，2005 年生均公用经费最低的县级单位只有数百元，而
最高的县级单位达数千元，二者相差二十余倍。利用 Stata 外部命令 – lo-
gout – ①，我们可以将 Stata 在电脑屏幕上的描述统计输出结果转化为表
格，稍加美化整理即可得到表 3.7。

表 3.7 "DD_wide. dta" 数据的描述统计

变量	均值	中位数	标准差	极小值	极大值	观测数量
fisrev1	9709	6907	9111	502.7	49452	1062
fisrev2	11615	8910	9750	541.8	49842	1062
exp1	1227	1087	632.8	345.7	8085	1062
exp2	1783	1604	730.8	639.6	5527	1062
treat	0.191	0	0.393	0	1	1062

在这个演示数据中，极关键的一个变量是处理变量 *treat*，该变量为虚
拟变量，只取 0 和 1 两值，均值为 0.191，这说明数据包含的 1062 个县级
单位中有 19.1% 参加了 2006 年的 "新机制" 改革试点。我们可以使用之
前学习过的命令 – tab – 来呈现试点改革县级单位和未试点改革县级单位
的数量分布情况：

---

① 有关外部命令的下载安装介绍可参见本书第 36 页注①。如本例，外部命令 –
logout – 可使用 – ssc install – 下载安装，在 Stata 软件窗口的命令栏中输入 ssc install lo-
gout，即可获得外部命令 – logout – 。

. tab treat

New mechianism reform	Freq.	Percent	Cum.
0	859	80.89	80.89
1	203	19.11	100.00
Total	1,062	100.00	

如输出结果，试点改革县级单位有 203 个，未试点改革县级单位有 859 个。

如前所述，宽面板数据可用于倍差法的固定效应估计模式。如要采用目前流行的线性回归模式进行估计，需将宽面板转变为长面板，可以使用 – reshape – 命令实现这一转化。使用 – help – 命令，我们可以调用该命令的帮助文件。

. help reshape

Title

　　[D] **reshape** — Convert data from wide to long form and vice versa

Syntax

　　Overview

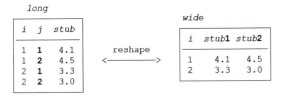

To go from long to wide:

```
                                        j existing variable
                                       /
        reshape wide stub, i(i) j(j)
```

To go from wide to long:

```
        reshape long stub, i(i) j(j)
                                    \
                                     j new variable
```

To go back to long after using **reshape wide**:

```
        reshape long
```

To go back to wide after using **reshape long**:

```
        reshape wide
```

如帮助文件所示，－reshape－命令可实现长、宽数据格式之间的相互转化。在"Overview"图中，左边是长面板数据，i 表示观测对象 id，j 表示同一观测对象的重复测量的 id。在这个数例中，共有 2 个观测对象，同一观测对象被重复观测了两次，即 $stub$ 变量在 2 个观测对象中被重复观测了 2 次，于是就有 $2 \times 2 = 4$ 个观测值。右边是宽面板数据，i 依然表示观测对象 id，但没有 j 这个 id 了。如果我们要将长面板转为宽面板，为体现同一观测对象的重复观测，就必须将变量 $stub$ 分为两个变量 $stub1$ 和 $stub2$，其中 $stub1$ 表示观测对象 i 在 $j = 1$ 次观测中的观测值，$stub2$ 表示观测对象 i 在 $j = 2$ 次观测中的观测值。如此转换，数据变短且变宽了。如果我们要由宽面板转化为长面板，将上述过程反过来就行，两个变量 $stub1$ 和 $stub2$ 被合并为一个变量 $stub$，与此同时，数据多了一个表示重复测量的变量 j。

如果要将长面板转换为宽面板，使用 －reshape wide－，如果要将宽面板转换为长面板，使用 －reshape long－。如本例，观测对象是县级单位，在 2005 年和 2006 年被重复观测了两次，现在我们要将宽面板转化为长面板，于是需执行如下程序：

```
. gen treat2 = treat
. rename treat treat1
. reshape long fisrev exp treat, i(id) j(t)
. label define year 1 " 2005" 2 " 2006"
. label values t year
. label variable t " time: 2006 = 1, 2005 = 0"
. label variable exp " gongyong spending per pupil of
junior education(yuan)"
. label variable fisrev " fiscal revenue per capita(yuan)"
. label variable treat " New mechanism reform: reform
county = 1, otherwise = 0"
. save " DD_long. dta", replace
```

原数据中有 $exp1$、$exp2$、$fisrev1$、$fisrev2$ 变量，分别表示各县级单位初

中生均公用经费和人均财政收入在 2005 年和 2006 年的观测值，但处理变量只有一个 treat，要转化为长面板，需形成 treat1 和 treat2，分别表示处理变量在 2005 年和 2006 年的观测值，而且处理变量表示是否是试点改革县级单位，该变量赋值在 2005 年和 2006 年是不变的，于是我们只要复制形成两个相同的变量 treat1 和 treat2 即可。

– gen – 命令表示产生一个新变量 treat2，该变量与已有的 treat 变量完全一样，然后再将已有的 treat 变量换名为 treat1。完成这些准备后，就可以使用 – reshape – 命令了。

现在我们想由宽数据变长数据，所以使用 – reshape long –，命令后列举要转化的变量名 fisrev、exp 和 treat，选项部分很重要，"i（）"和"j（）"括弧中应分别放入数据中代表观测对象 id 和重复观测 id 的变量名，如本例，"i（）"括弧中填入 id，"j（）"括弧中填入代表时间的变量名 t。执行后，即可得到长面板数据，对该长面板数据各变量重新进行标签定义，并将它存储为"DD_long. dta"。

三、 倍差估计的 Stata 实现过程

数据准备完毕，我们开始做回归分析。首先，我们采用长面板数据"DD_long. dta"进行倍差法估计。为体现倍差法纠正估计偏差的效果，我们先采用传统 OLS 方法进行估计。因变量是县级单位初中生均公用经费水平，构造如下线性回归计量模型：

$$EXP_{it} = \alpha + \rho \cdot treat_i + \gamma \cdot t + \varepsilon_{it} \qquad (3.29)$$

其中，$treat_i$ 是处理变量，表示是否参加"新机制"试点改革，改革县 $treat_i = 1$，非改革县 $treat_i = 0$；t 是时间变量，改革实施前 2005 年 $t = 1$，改革实施后 2006 年 $t = 2$；人均财政收入 $fisrev_{it}$ 是控制变量，我们分别跑了两次回归，一次不控制 $fisrev_{it}$，另一次控制 $fisrev_{it}$。执行如下程序，即可得到在控制和不控制 $fisrev_{it}$ 变量的两种情况下的 OLS 回归结果：

```
. use DD_long, clear
. reg exp treat t
. outreg2 using DD_table1.xls, replace
```

```
. reg exp treat t fisrev
. outreg2 using DD_table1.xls, append
```

运用外部命令 – outreg2 –，我们可以将 Stata 回归的输出结果转化为 Word 或 Excel 表格，并将不同回归的估计结果汇总成一个整表，稍加整理美化即可形成表 3.8。

如表 3.8 中 OLS 模型（1）和模型（2）的估计结果，在不控制和控制 $fisrev_{it}$ 变量情况下处理变量 $treat_i$ 的估计系数分别为 390.6 和 387.4（都在 0.01 水平上显著），表明"新机制"试点改革能使得初中生均公用经费显著增加 387.4—390.6 元，但这个结果可能是有偏的，因为试点改革县级单位的挑选并不是随机的，试点改革县级单位与未改革县级单位可能在许多未观测特征上存在显著差异，这些差异的存在会使得 OLS 估计有偏。接下来，我们分别使用倍差法的线性回归估计和固定效应估计两种模式对"新机制"改革的财政后果进行估计，并将倍差法估计结果与 OLS 估计结果进行对比。

（一）线性回归估计模式的实现过程

根据倍差法的线性回归估计模式，为获得改革的平均处理效应，计量模型应同时包含三个要素：时间变量 t、处理变量 $treat$ 以及它们的交互项 $t \times treat$。模型（3.29）少了 $t \times treat$ 交互项，加入该交互项便可构建出倍差法的线性回归计量模型：

$$EXP_{it} = \alpha + \rho \cdot treat_i + \gamma \cdot t + \beta \ (treat_i \cdot t) + \varepsilon_{it} \qquad (3.30)$$

我们先使用 – gen – 命令形成 t 和 $treat$ 交互项，然后再在三种控制策略下用 – reg – 执行模型（3.30）。这三种控制策略是：（1）不控制 $fisrev_{it}$ 变量；（2）只控制 $fisrev_{it}$ 变量；（3）除 $fisrev_{it}$ 外，还控制 $fisrev_{it}$ 和 $treat_i$、$fisrev_{it}$ 和 t 的两个交互项。试点改革县级单位和未改革县级单位原本在财力上就存在差异，不同县级单位财力随年份变化的趋势亦不相同，在模型中加入 $fisrev_{it}$ 和 $treat_i$、$fisrev_{it}$ 和 t 的两个交互项可控制这两方面差异可能产生的影响。

```
. gen t_treat = t* treat

. gen t_fisrev = t* fisrev

. gen T_fisrev = treat* fisrev

. reg exp treat t t_treat

. outreg2 using DD_table1. xls, append

. reg exp treat t t_treat fisrev

. outreg2 using DD_table1. xls, append

. reg exp treat t t_treat fisrev t_fisrev T_fisrev

. outreg2 using DD_table1. xls, append
```

根据表 3.8 中 "–reg–" 一栏中（1）—（3）估计结果，在不控制县级财力的情况下，改革对县级地方初中生均公用经费的平均处理效应为 148.4，在 0.05 水平上显著，控制了县级财力后该估计系数略微有所减小，显著性水平表现亦有所下降，但在 0.1 水平上保持显著。这表明"新机制"改革确实显著提升了县级地方初中生均公用经费水平。

以上就是使用 Stata 命令实现倍差法的线性回归模式的整个过程，看起来似乎有些复杂，有没有更简单的实现方式呢？有！使用外部命令 –diff– 可以省去烦琐的数据操作过程，直奔主题。该命令的语法如下：

```
diff outcome_ var [if] [in] [weight] , period (varname)
treated(varname) [ options]
```

在 –diff– 语法中，只要界定好结果变量（outcome_var）、时间变量 [period（varname）] 和处理变量 [treated（varname）]，剩余的事情全都交给 Stata 执行。计算机会自动产生一个时间变量和处理变量的交互项，并自动执行模型（3.30）。如果要加入控制变量，需要增加选项 "cov（varname）"①，如果要求计算机报告控制变量的估计结果，还需再加上选项 "report"。如本例，可执行以下程序：

```
. use DD_long, replace
```

----

① –diff– 只自动产生时间变量和处理变量的交互项，协变量若要与时间变量、处理变量交互，还要手动产生。

```
.diff exp, treated (treat) period (t)

.outreg2 using DD_table1.xls, append

.diff exp, treated (treat) period (t) cov (fisrev)
report

.outreg2 using DD_table1.xls, append

.gen t_fisrev = t* fisrev

.gen T_fisrev = treat* fisrev

.diff exp, treated (treat) period (t) cov (fisrev
t_fisrev T_fisrev) report

.outreg2 using DD_table1.xls, append
```

表 3.8 "– diff –" 一栏中的三列就是使用 – diff – 得到的估计结果，与之前使用命令 – reg – 的倍差法结果完全相同。这说明命令 – diff – 采用的就是线性回归估计模式。

表 3.8　"新机制"改革演示数据的回归估计结果（线性回归估计）

| | OLS | | DD（线性回归估计模式） | | | | | |
| | | | – reg – | | | – diff – | | |
	(1)	(2)	(1)	(2)	(3)	(1)	(2)	(3)
treat	390.6***	387.4***	168.0	175.8	169.4	168.0	175.8	169.4
	(36.76)	(36.62)	(116.2)	(115.7)	(119.9)	(116.2)	(115.7)	(119.9)
t	556.4***	569.0***	528.0***	541.9***	487.7***	528.0***	541.9***	487.7***
	(28.91)	(28.94)	(32.12)	(32.16)	(45.86)	(32.12)	(32.16)	(45.86)
t_ treat			148.4**	141.1*	142.8*	148.4**	141.1*	142.8*
			(73.47)	(73.19)	(73.34)	(73.47)	(73.19)	(73.34)
fisrev		–0.0066***		–0.0066***	–0.0145***		–0.0066***	–0.0145***
		(0.00153)		(0.00153)	(0.00501)		(0.00153)	(0.00501)
t_ fisrev					0.00509*			0.00509*
					(0.00306)			(0.00306)
T_ fisrev					0.000496			0.000496
					(0.00370)			(0.00370)
Constant	595.9***	648.2***	638.4***	688.1***	769.7***	638.4***	688.1***	769.7***
	(46.25)	(47.61)	(50.79)	(51.89)	(71.35)	(50.79)	(51.89)	(71.35)

（续表）

	OLS		DD（线性回归估计模式）					
	(1)	(2)	– reg –			– diff –		
			(1)	(2)	(3)	(1)	(2)	(3)
Observations	2124	2124	2124	2124	2124	2124	2124	2124
R^2	0.186	0.193	0.187	0.194	0.195	0.187	0.194	0.195

注：＊＊＊为0.01水平上显著，＊＊为0.05水平上显著，＊为0.1水平上显著；括弧内数据为估计系数标准误。

（二） 固定效应估计模式的实现过程

采用固定效应估计模式实现倍差法估计需采用宽面板数据。根据之前的讲解，进行固定效应估计需分两步走：先计算出结果变量在干预发生前后的变化量，再用处理变量对结果变量的变化量进行线性回归，即可得到平均处理效应。执行以下程序：

```
. use DD_wide, clear
. gen Dexp = exp2 - exp1
. gen Dfisrev = fisrev2 - fisrev1
. reg Dexp treat
. outreg2 using DD_table2.xls, replace
. reg Dexp treat Dfisrev
. outreg2 using DD_table2.xls, append
```

在上述程序中，我们分别在不控制和控制人均财政收入变化量的条件下进行了固定效应估计，同样使用命令 – outreg2 –，将固定效应估计的倍差法结果汇总在表3.9中。

表3.9 "新机制"改革演示数据的回归估计结果（固定效应估计）

	DD（固定效应估计模式）	
	（1）	（2）
treat	148.4***	148.7***
	(38.27)	(38.32)
Dfisrev		0.000247
		(0.00128)
Constant	528.0***	527.5***
	(16.73)	(16.96)
Observations	1062	1062
R^2	0.014	0.014

注：＊＊＊为0.01水平上显著，＊＊为0.05水平上显著，＊为0.1水平上显著；括弧内数据为估计系数标准误。

从表3.9可以看出，在不控制 *Dfisrev* 变量的情况下，"新机制"改革平均处理效应的估计值为148.4，在0.01水平上显著。点估计结果与表3.8线性回归结果完全相同。因为在固定效应估计模式下估计系数的标准误明显小多了，所以固定效应估计模式的显著性表现要明显优于线性回归模式。在控制 *Dfisrev* 变量的情况下，平均处理效应的点估计值只有微小的变化，且依然保持显著。

从方法原理与估计结果看，倍差法的线性回归和固定效应两种估计模式无本质区别，但推荐大家多采用线性回归估计模式进行倍差法估计，因为目前线性回归估计模式更加流行，各大教科书及期刊论文多采用这种模式。

第六节　倍差设计的有效性与证伪检验

一、 平行趋势检验的基本原理

所谓研究设计的有效性（validation），是指我们所形成的研究设计在多大程度上能实现对因果关系的识别。从这个意义上看，研究设计的有效性与之前讲授的内部有效性是同等概念。可以说，任何一种宣称能识别因果关系的研究设计都不是天然成立且具有完美有效性的，随机实验亦不例外。所有因果推断方法背后都隐藏着严格的假设，只有当这些假设被证实得到满足时，研究设计才是有效的。因此，做任何一项因果推断研究，依照计量模型获得平均处理效应估计及显著性检验结果只是第一步，接下来更重要的工作是对研究设计背后隐藏的假设进行检验，让审稿人、期刊编辑和读者相信你所估计到的平均处理效应确实反映了变量间真实的因果关系。

如本讲第三节所述，倍差法要实现对因果效应的正确识别和估计，必须满足平行趋势假设。倍差法允许处理组和控制组存在不随时间变化的异质性，但不能容忍二者存在随时间变化的异质性。然而，当我们对非随机的观测数据进行因果推断时，常发现处理组和控制组结果在干预之初就存在着一定差异，并且这些差异是由两组在某些特征上的异质性所引发的。如果这些异质特征都是不随时间变化的，那么两组原有的结果差异就会保持不变，在这个条件下我们运用两次差分就可以将它彻底消除，由此得到干预的真实处理效应。如果这些异质特征有部分是随时间变化的，那么倍差法的估计结果依然是值得怀疑的。

对于倍差设计的有效性来说，平行趋势假设至关重要。无论研究者在之前的参数估计中获得多么漂亮的点估计和显著性检验结果，若不能通过平行趋势假设检验，一切都是泡影。那么，我们应如何对平行趋势假设进行检验呢？如果我们的研究不满足平行趋势假设，应如何进行纠正和修补呢？

要回答这个问题，首先要明白处理组和控制组存在不平行趋势的根本原因——处理组和控制组在某些未观测变量上存在差异。变量未得到观测无非有两种情况：一是以现有的测量技术无法或很难精确观测到，二是能观测到但研究者不掌握相关数据。无论哪种情况，它对于研究者来说都是未知的，在此条件下我们不可能就一个未知变量对结果变量的时间变化趋势是否有影响直接做出检验。建立反事实框架原本就是因为反事实结果不可知，需要为它找到一个恰当的替代者，而现在又反过来要证明这个替代者能否完美表示不可知的反事实，这又是一个不可能完成的任务。故事情节的发展又回到了原点。

那么，怎么办呢？我们可以采取证伪（falsification）检验。所谓证伪，是指我们虽然不能直接对某一陈述或理论直接进行验证，但只要找出某一陈述或理论的一个反例，即可否定它，证实其不可能成立。英国著名哲学家卡尔·波普尔（Karl Popper）在其著作《猜想与反驳：科学知识的

增长》中指出，能否得到证伪是辨识和划分科学与非科学的重要原则，非科学有别于科学并不在于其正确与否，而在于非科学不可被证伪的特质，非科学总是宣称自己无须自证，亦不可被证伪（波普尔，2005）。遵循这一思路，研究者在做有关因果推断的研究时应处于防守而非进攻地位，即研究者不应试图证明自己的发现在所有条件下都是正确的，而应通过各种检验去辨识自己的结论是否会被反例所证伪。如果没有任何证据直指研究结果是无效的，那么它至少在目前是有效的结果。正如经典电影《十二怒汉》（12 Angry Men）中主角戴维斯在陪审团对一个男孩杀父案的闭门讨论中所做的陈词：

"要排除个人偏见总是很难。无论你如何努力，偏见总是会掩盖真相。我真的不知道（这个案件）真相究竟是什么，而且我想应该没有人知道真相。我们中的九个人现在认为被告是无辜的，但我们其实只是在赌一种可能。我们也许是错的，我们也许会让杀人犯逍遥法外。我不知道，没有人知道，但我们有合理的理由怀疑，这正是我们司法制度中非常宝贵的部分。除非我们十分肯定，否则就不能宣告被告是有罪的。"

证伪检验惯用的逻辑是：根据当前的研究设计所得到的因果结论，事件 A 是不可能发生的，如果 A 事件发生，即可证明该因果结论是不成立的。譬如之前所举的最低工资法案的实例，我们知道最低工资法案通常只对低收入（低技能）劳动力雇佣有影响，它不会改变高收入（高技能）劳动力雇佣。利用这一预期，我们可以设计出如下证伪检验：采用相同的倍差设计就最低工资法案对高收入劳动力雇佣的处理效应进行估计。如果检验结果显示最低工资法案对高收入劳动力雇佣也具有显著的影响，与预期不一致，则说明原先的倍差设计很可能是靠不住的；如果结果显示最低工资法案只对低收入劳动力雇佣有显著影响，对高收入劳动力雇佣不具有显著影响，我们则有理由相信原先的倍差法估计结果很可能是可信的。此类检验"强迫"干预与其完全无关的结果变量建立计量关系，与药物实验中让控制组观测对象服用不具有任何疗效和作用的安慰剂十分类似，因此又被称为安慰剂检验（placebo test）。

当我们所得到的因果结论存在多种有效性威胁时，需一个一个地去小心地验证其是否会被反例所证伪，倍差法平行趋势假设检验亦是如此。让我们再将目光放回图 3.4。根据平行趋势假设，我们现在需要检验在干预期（即 $t=0$ 到 $t=1$ 期）处理组不接受干预的结果变化趋势是否与控制组平行，这是无法直接进行检验的，因为处理组在干预期如果不接受干预会有怎样的变化，原本就是观测不到的反事实。我们不知道这个反事实，但我们知道处理组和控制组在干预未发生期（$t=-1$ 到 $t=0$ 期）都没有接受干预，如果在这一阶段，两组结果的变化趋势就已经是非平行的，即在干预前就已存在未观测变量导致这两组结果变化趋势发生了分化，那么我们就完全有理由相信两组趋势分化的状况会从干预未发生期（$t=-1$ 到 $t=0$ 期）延续到干预发生期（$t=0$ 到 $t=1$ 期），只要未观测变量不消失且持续性地在发挥影响。也就是说，只要发现两组的结果变化趋势在干预前就处于非平行状态，我们就为倍差设计中的平行趋势假设找到了一个反例，证明在此种倍差设计下估计得到的处理效应很可能无法反映真实的因果关系。

如图 3.5 所示，处理组结果的变化趋势在干预前处于下行状态，而控制组处于上行状态，两组变化趋势方向相反，是非平行的。在这种情况下，我们贸然将干预期控制组结果的上行变化当成处理组不接受干预的趋势，这明显是不妥的。如果干预发生期处理组不接受干预，其结果会沿着干预前的变化轨迹继续向前发展，那么真实的平均处理效应就应该是 β^*，而倍差法估计得到的平均处理效应是 β。很明显，倍差法低估了真实的因果效应（$\beta<\beta^*$）。根据以上逻辑，我们将对处理组和控制组在干预发生期的结果变化趋势是否平行做直接检验，转变为对处理组和控制组在干预前的结果变化趋势是否平行做证伪检验，只要干预前两组已呈现出趋势分化，就可以立刻宣布该倍差研究设计"死亡"。那么，我们如何通过计量实现这一检验呢？

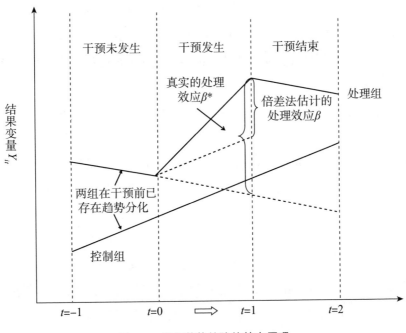

图 3.5　平行趋势检验的基本原理

二、 平行趋势检验的计量实现方法

对倍差法的平行趋势假设进行计量检验一般有两种方式。

一是非参数检验，即直接绘制处理组和控制组结果随时间变化的趋势图，通过肉眼观察在干预前两组的变化趋势是否是平行的。此种方法简单直观，易于实现，其缺点是说服力不够，仅凭肉眼观察而缺少系数估计和显著性检验，很难判定两条线段变化是否完全平行。

二是参数检验，即构建计量模型并做出假设检验。如前所述，倍差法的平均处理效应是通过估计处理变量和时间变量交互项的回归系数得到的，如果该交互项估计系数通过了显著性检验，我们就判定处理组和控制组的结果变化趋势在干预期发生了显著的分化，说明干预对结果具有因果效应，反之则说明干预对结果不具有因果效应。做平行趋势检验可借用该思路，首先构造出一个表示干预前某个时间点的时间变量（如 $t = -1$ 期），将该时间变量与处理变量相乘形成交互项，放入模型中进行估计，所得到的该交互项估计系数就表示处理组和控制组结果变化趋势在干预前

（如 $t = -1$ 期）的分化程度。根据该交互项估计系数的显著性表现，即可判定平行趋势假设能否成立：如果不显著，说明处理组和控制组在干预前具有相同的变化趋势；如果显著，说明两组在干预前就发生了变化趋势分化，是不平行的。

平行趋势检验对数据的要求比单纯做倍差法估计高得多。通常情况下，我们只要有两期重复面板数据即可实现倍差法估计，但要做平行趋势检验至少需要三期重复面板数据，因为我们需要"追溯"干预前处理组和控制组的结果变化情况。从证伪角度看，若数据条件允许，向前追溯的期数越多越好，表明处理组和控制组能在之前更长的时间内保持相同的变化趋势，这样做出来的平行趋势假设检验结果更具说服力。

以下，我们以佩特拉·莫塞尔（Petra Moser）和亚历山德拉·沃纳（Alessandra Voena）在《美国经济评论》发表的一篇有关外国专利强制许可制度效果评价的研究论文为实例，呈现平行趋势检验的整个计量实现过程（Moser & Voena，2012）。

专利强制许可制度是一国政府依照国内法律，不经专利权所有人同意，直接允许本国单位或个人使用国外专利技术的一种特殊许可方式。有关强制许可的研究长期存在争议：一部分学者认为对国外专利进行强制许可会对国外企业起到"恐吓"作用，使得国外技术向国内扩散转移的速度下降，从而不利于本国技术研发；另有学者认为国外专利强制许可使本国企业以较低成本获得国外技术，本国企业在重复、模仿和消化国外技术的过程中不断加强自身科研实力，从而推动本国技术研发向前发展。针对该争议，莫塞尔和沃纳以第一次世界大战后美国政府对德国在美注册的专利技术实施强制许可作为外生冲击形成倍差设计，就该专利强制许可制度对美国本土有机化学技术研发的因果效应进行了识别与估计。他们构建了如下计量模型：

$$US\_Patent_{it} = \alpha + \delta \cdot t + \rho \cdot Treat_i + \beta \cdot (t \cdot Treat_i) + \varepsilon_{it} \quad (3.31)$$

其中，结果变量 US_Patent_{it} 表示第 t 年美国有机化学领域子类 i 的本国专利申请数；时间变量 t 以美国开始对德国专利实施强制许可的 1918 年为界，1918 年之前 $t = 0$，1918 年之后 $t = 1$；处理变量 $Treat_i$ 表示在 1918 年后美国有机化学领域子类 i 中是否强制许可过德国专利技术，只要某子类在 1918 年之后曾强制许可过一项德国专利就归为处理组，$Treat_i = 1$，表示美国在该子类的本国技术受到了强制许可政策干预。反之，如果某子类在 1918 年之后从未强制许可过德国专利技术，就归为控制组，$Treat_i = 0$。

模型（3.31）包括处理变量、时间变量及其二者交互项，属于典型的倍差法线性回归估计，如表 3.10 所示，倍差法估计结果表明对德国专利技术进行强制许可使美国本国专利申请数量平均增加 0.241 项，在 0.01 水平上显著。[①]

表 3.10　Moser & Voena（2012）实例数据的二重差分估计结果

	DD
treat	−0.144***
	(0.00965)
t	0.382***
	(0.00357)
treat_t	0.241***
	(0.0166)
Constant	0.223***
	(0.00208)
Observations	471120
R^2	0.027

注：＊＊＊为 0.01 水平上显著，＊＊为 0.05 水平上显著，＊为 0.1 水平上显著；括弧内数据为估计系数标准误。

接着做平行趋势检验，如前所述，做该检验有两种方法。

请打开本讲文件夹中的"DDD.do"，执行如下操作。

首先，采用非参数法，绘制出处理组和控制组在干预前后的变化趋势曲线：

```
. twoway (connect usa2 year if treat = =1 & year < =1928 &
```

————————

① 莫塞尔和沃纳（Moser & Voena, 2012）采用的是面板数据结构，利用 − xtreg − 命令做固定效应估计，原文的平均处理效应估计值为 0.255，在 0.01 水平上显著。为方便读者理解，我们将原数据转换为混合面板数据结构，利用 − reg − 命令完成倍差法估计，复制出的平均处理效应估计结果比原文略低一些。

```
year > =1913) (connect usa2 year if treat = =0 & year < =1928 &
year > = 1913) if year < = 1928 & year > = 1913, xline (1918)
ytitle ("美国本国公司申请专利数") xtitle ("年份") legend
(label (1 "处理组") label ( 2 "控 制 组")) xscale (range
(1913 1928)) xlabel (1913 (1) 1928 )
```

执行以上命令即可绘制出图3.6。如该图所示，很明显在1918年美国对德国专利实施强制许可之前，美国本国企业在接受和未接受德国专利强制许可的子类（即处理组和控制组）内的申请专利数变化原本就不是平行的。在1918年之前的两年内，处理组的申请专利数量在上升，而控制组的申请专利数量在下降，这说明有潜藏的因素在"默默地"对两组结果变化趋势产生不同的影响。

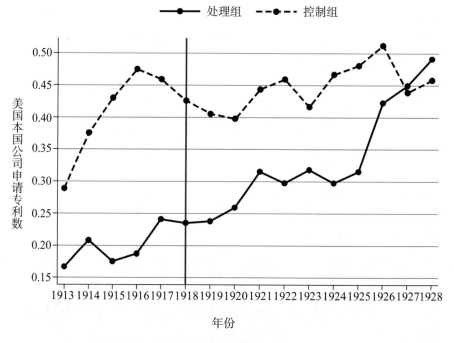

图 3.6　处理组和控制组结果的多期变化趋势（Moser & Voena，2012）

注：图中处理组为 1918 年之后曾强制许可德国专利技术的有机化学子类，控制组为 1918 年之后未曾强制许可德国专利技术的有机化学子类。

其次，采用参数法对平行趋势假设做出更正式的检验。强制许可发生在 1918 年，于是以 1918 年为界，我们向前追溯 5 年，就 1913—1918 年间处理组和控制组是否具有相同的变化趋势进行检验。如果在干预前，各年份两组变化趋势相同，说明平行趋势假设成立；同时，我们在干预发生后再向后追溯 10 年，就 1918—1928 年间处理组和控制组是否具有相同的变化趋势进行检验。如果在干预后，两组变化趋势发生分化，说明干预对结果有影响。

为实现上述分析，我们首先为纳入分析的每一个年份产生一个虚拟变量，即设定一系列虚拟变量 TD_{1913}，TD_{1914}，TD_{1915}，TD_{1927}，TD_{1928}，每个虚拟变量表示一个年份，如数据年份为 1913 年，则 $TD_{1913}=1$，其余数据年份 $TD_{1913}=0$。处理变量为 $Treat$，让每个年份虚拟变量 TD 都与处理变量 $Treat$ 相乘形成一个交互项。将以上变量都放入模型，构建出以下平行趋势检验的计量模型①：

---

① 检验模型（3.32）看起来比较复杂，其实原理很简单。我们可以将该检验模型简化为：$US\_Patent = \alpha + \rho Treat + \lambda Year + \beta\,(Year \cdot Treat) + \varepsilon$，其中 $Year$ 表示年份，我们只采用干预前数据对该简化检验模型进行回归，年份变量 $Year$ 与处理变量 $Treat$ 交互项的估计系数 β 表示干预前处理组和控制组结果变量随年份变化的趋势是否相同，若该系数未通过显著性检验，则表明干预前处理组和控制组的结果变量保持相同变化趋势，满足平行趋势假设。将该简化检验模型与正文检验模型（3.32）对比，可以发现二者没有本质区别，只是模型（3.32）将年份变量 $Year$ 拆分为不同年份虚拟变量。此外，模型（3.32）不仅能检验干预前处理组和控制组的变化趋势，还能逐一估计出干预后每一年份的处理效应值，如后文图 3.7 所示。也就是说，我们利用模型（3.32）不仅能对干预前的平行趋势进行检验，还能估计出干预发生后的动态处理效应（dynamic treatment effects）。本讲前文介绍的倍差模型都是将时间进程一分为二（即干预前和干预后）的，因此模型所估计的都是在干预发生后的一整段时期内干预具有怎样的平均处理效应；但在现实中，干预的处理效应可能随着时间发生变化，譬如干预可能在初期释放出较大效应，而后逐渐消退，此即为干预的动态处理效应。此外，估计倍差法的动态处理效应还需注意一个技术细节，即年份参照组的选择问题。在模型（3.32）中，莫塞尔和沃纳使用 1912 年及之前年份作为参照组，之后所有年份都与 1912 年及之前年份进行对比。通常情况下，我们以干预发生的前一期作为参照期，并设该期为第 0 期。譬如，我们有 $n+m$ 期数据，其中干预发生前有 n 期，干预发生后有 m 期，于是干预前的期排序是：$-n$，$-n+1$，$\cdots$，-1，0，干预后的期排序是 1，2，$\cdots$，$m-1$，m。干预发生在第 1 期，设第 0 期为参照期，并产生 $n+m-1$ 个年份虚拟变量，分别表示干预前的第 $-n$ 期、第 $-n+1$ 期、$\cdots\cdots$、第 -1 期，以及干预后的第 1 期、第 2 期、$\cdots\cdots$、第 m 期。采用如此估计相当于"强迫"设定每一期都发生了干预事件，分别估计出在每一期发生事件的处理效应，因此该方法常被学者当作事件分析法（event study）的一种"变种"。

$$US\_Patent_{it} = \alpha + \rho Treat_i + \sum_{yr=1913}^{1928} \lambda_{yr} TD_{yr} + \sum_{yr=1913}^{1928} \beta_{yr}(TD_{yr} \cdot Treat_i) + \varepsilon_{it}$$

$$(3.32)$$

对模型（3.32）进行 OLS 回归，即可得到年份虚拟变量 TD 与处理变量 $Treat$ 交互项的系数 β 估计值，1913—1928 年有 16 个年份，于是通过回归能获得 16 个 β_{yr} 估计系数，其中 β_{1913} 至 β_{1917} 分别表示干预前各年份处理组和控制组结果变化趋势的分化程度，这些估计系数若通过显著性检验，说明两组变化趋势差异明显，平行趋势假设不成立；若未通过显著性检验，则说明两组变化趋势差异不明显，平行趋势假设成立。

通过 Stata 软件实现平行趋势检验可按照如下步骤完成：首先，使用循环命令 – forvalues – 形成各年份虚拟变量（TD_{yr}），并将各年份虚拟变量与处理变量相乘形成交互项；其次，采用与倍差法估计相同的程序，使用 – reg – 对模型（3.32）进行回归，得到各年份虚拟变量与处理变量交互项估计系数（即 β_{yr}）；最后，使用外部命令 – coefplot – 将所估计到的交互项估计系数绘制成图 3.6，便于我们归纳总结[①]。

```
. forvalues x = 1913/1928 {
gen TD_`x' = 0
qui replace TD_`x' = 1 if year = = `x'
gen ttreat_`x' = treat* TD_`x'
}
. reg y treat TD_*  ttreat_*
. estimate store DD
. coefplot DD, keep (ttreat_* ) vertical recast
(connect) yline (0) xline (6, lp (dash))
```

由图 3.7 可以看出，莫塞尔和沃纳的研究数据似乎并不满足平行趋势

[①] 实现平行趋势的参数检验及绘图也可使用另一个更加方便的外部命令 – tvdiff –，具体用法参见该命令的帮助文件。根据执行该命令的检验结果，在实施强制许可政策前五年处理组和控制组的变化趋势都未通过平行趋势假设检验，以这五年两组结果变化趋势的五个差值为零做 F 联合检验，$F_{(5, 7247)} = 3.38$，$\text{Prob} > F = 0.0047$，拒绝了两组变化趋势相同的原假设。

假设。在发生干预的 1918 年之前的五年间，各年份虚拟变量与处理变量交互项的估计系数 β_{yr} 只在 1913 年未通过显著性检验[①]，在 1914—1917 年该估计系数都显著不为零，这表明在美国对德国专利技术实施强制许可之前，处理组和控制组结果的变化趋势就已长期处于非平行状态了，因此表 3.10 中运用倍差法估计得到的处理效应是存疑的，它很可能偏估了真实的因果效应。从该图还可以看出，各年份虚拟变量与处理变量交互项的估计系数 β_{yr} 在实施干预之后的很长时期内是负值，直到 1927 年才上升为正值，且不显著。这说明对他国专利技术实施强制许可对本国技术发展的推动作用可能需要较长时间才得以显现。[②]

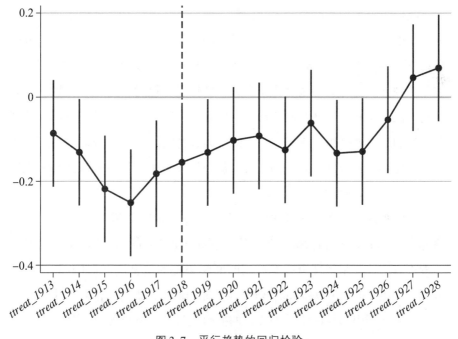

图 3.7 平行趋势的回归检验

注：图中各点表示各年份虚拟变量与处理变量交互项的点估计值，各条竖线表示点估计值的 95% 置信区间。

---

① 根据图 3.7，1913 年虚拟变量与处理变量交互项（ttreat_1913）的点估计的置信区间覆盖了 0，表明 1913 年未通过 0.05 水平的显著性检验，但在 1914—1917 年该交互项的点估计的置信区间未覆盖 0，表明通过了 0.05 水平的显著性检验，这意味着在这些年份处理组和控制组结果的变化趋势不是平行的，存在明显的分化。

② 莫塞尔和沃纳（Moser & Voena，2012）对专利强制许可的长期效应进行了估计，他们发现美国对德实施专利强制许可的效果直到 20 世纪 30 年代才充分展现出来。

三、 三重差分

如果运用倍差设计估计处理效应不通过平行趋势检验，怎么办？出现这种情况，我们通常会怀疑有"潜藏的"未观测的变量对处理组和控制组结果变化趋势产生了不同的影响。因此，解决这一问题最直接的方法是找出这一"潜藏的"变量，而要做到这一点，需要我们对所研究议题的背景做更深入的了解，在自己所掌握的数据信息之外寻找导致因果识别错误的可能原因。在模型中，我们未控制的混淆变量有多种，但在运用了倍差法后，我们无须考虑不随时间变化的混淆变量，只要将目光聚焦于那些随时间变化的混淆变量即可。社会科学研究的对象是人类个体及由个体组成的某种形态的组织。通常情况下，个体"禀赋"特征是不容易发生变化的，例如性别、天生能力、家庭背景，这些特征在较短时间内应不会发生太大变化，但个体所处的社会经济环境时常处于变动中，尤其是当外界环境变化对控制组和处理组产生不一样的影响时，两组结果变量必定会呈现非平行的变化趋势，因此未观测的社会经济环境变化是导致倍差法因果识别错误的第一大"嫌疑犯"。

为解决这一问题，布莱恩·贝尔（Brian Bell）、理查德·布兰戴尔（Richard Blundell）和约翰·范雷宁（John Van Reenen）三位学者提出了一种可以用于控制处理组和控制组时间趋势差的倍差法（differential time-trend-adjusted difference-in-differences），他们认为，如果有潜在的未知的环境变量对处理组和控制组结果变量的变化趋势产生分化影响，那么这个分化影响不应只存在于干预期，很可能早在干预发生之前就存在了（Bell et al.，1999）。例如，莫塞尔和沃纳（Moser & Voena，2012）相信第一次世界大战改变了美国化学品市场的竞争环境，德国企业在美国市场的竞争力明显下降，而且德国企业在不同化学子类市场中的竞争实力不同，这就会对美国企业在不同化学子类中的专利研发造成不同的影响。第一次世界大战发生在对德实施专利强制许可之前，于是市场竞争结构的变化应早在专利强制许可发生之前就存在了，这是造成干预前处理组和控制组变化趋势发生分化的主要原因。根据这一逻辑，我们可以在一战爆发（1914 年）

与对德实施强制许可（1918 年）之间找到一段时期，计算出处理组和控制组在这段时期的结果变化趋势的差值，用该差值表示由于一战引发的市场竞争结构变化所具有的"潜在"影响，然后用倍差法估计得到的处理效应扣减该市场竞争结构变化的"潜在"影响，即可形成更加可靠的因果效应估计值。利用该方法，就相当于在二重差分的基础上又做了一次差分，因此被称为三重差分（difference-in-difference-in-differences or triple difference，DDD）。利用反事实框架，三重差分的平均处理效应估计量可表述为

$$ATE_{DDD} = \left[E(Y_{i1}^{T} - Y_{i0}^{T} \mid W_i = 1) - E(Y_{i1}^{C} - Y_{i0}^{C} \mid W_i = 0) \right] -$$
$$\left[E(Y_{i-t}^{T} - Y_{i-t-1}^{T} \mid W_i = 1) - E(Y_{i-t}^{C} - Y_{i-t-1}^{C} \mid W_i = 0) \right] \quad (3.33)$$

其中，结果变量 Y 表示美国企业注册专利数，W_i 表示某化学子类 i 是否有德国专利技术被强制许可，如果有，$W_i = 1$；如果没有，$W_i = 0$。下标 0、1 分别表示干预前后两个时间节点，$-t$、$-t-1$ 表示在干预发生更早之前的两个连续时间节点。读者可以将三重差分的平均处理效应统计量公式（3.33）与倍差法平均处理效应统计量公式（3.12）进行对比，会发现公式（3.33）中第一个中括号中的式子 $E(Y_{i1}^{T} - Y_{i0}^{T} \mid W_i = 1) - E(Y_{i0}^{C} \mid W_i = 0)$ 正是倍差法平均处理效应的标准估计量，第二个中括号中的式子 $E(Y_{i-t}^{T} - Y_{i-t-1}^{T} \mid W_i = 1) - E(Y_{i-t}^{C} - Y_{i-t-1}^{C} \mid W_i = 0)$ 即表示在干预发生之前的某一时期内处理组和控制组的结果变化趋势差值，它包含未知的市场变化因素对处理组和控制组结果变化趋势的潜在影响。用倍差法的平均处理效应估计量扣减未知的市场变化因素带来的处理组和控制组时间趋势差（time-trend differential）后，就可以得到更加"干净"的处理效应估计结果。

此种三重调整做法看似原理清晰易懂，但在实际操作方面却面临很大的技术难题，主要是我们很难用一个计量模型实现处理组和控制组前阶段趋势差对之后阶段趋势差的调整，公式（3.33）中的 $-t-1$、$-t$、0 和 1 是发生在同一时间维度上的四个时间节点，对这四个节点构建时间虚拟变量在取值上存在共线性问题。因此，在实际研究中，更多学者不用前一阶段趋势差对倍差法估计结果进行差分调整，而是采用另一不会受干预影响的结果在干预前后的趋势变化来对处理组和控制组在干预前后的结果趋势

差进行调整（Gruber，1994）。例如，莫塞尔和沃纳（Moser & Voena，2012）采用非美国企业在美注册专利数在对德实施专利强制许可前后的变化趋势差来纠正倍差法的平均处理效应估计结果。其原理是：首先，对德实施专利强制许可应该只会对美国企业在美注册专利数有影响，对非美国企业在美注册专利数不具有影响。这就相当于在处理组和控制组之外又设定了一个安慰剂组，干预只对处理组和控制组个体的结果有潜在的影响，但不会改变安慰剂组个体的结果。其次，如果存在潜在的市场因素，会对美国企业注册专利数具有不可知的影响，那么这个影响应同样会造成非美国企业注册专利数的变化，因为两者处于相同的市场竞争环境之中，所受影响应该是相似的。也就是说，处理组和控制组结果在干预前后结果变化之差应只受干预的影响，如果除干预外，还存在其他未知因素会对这一结果变化之差有影响，那么这个影响也会体现在安慰剂组结果变化之差中。① 依据这一思路，可形成如下三重差分的平均处理效应估计量：

$$ATE_{DDD} = [E(Y_{i1}^T - Y_{i0}^T \mid W_i = 1, D_i = 1) - E(Y_{i1}^C - Y_{i0}^C \mid W_i = 0, D_i =$$

---

① 三重差分既可视为一种估计方法，也可视为一种安慰剂检验。我们可以想象这么一种情形：有一种政策进行试点改革，有些省 M 发生改革，有一些省 N 未发生改革，并且我们知道该改革只对某类人群 L 结果发生影响，对另一类人群 H 结果没有影响。依照倍差法原理，此种改革对人群 L 结果的处理效应 DD_L 可用处理组 M 省人群 L 在干预前后结果的变化值（$D_{M,L}$）减去控制组 N 省人群 L 在干预前后结果的变化值（$D_{N,L}$）得到：$DD_L = D_{M,L} - D_{N,L}$。有人质疑还有其他一些未知的改革或市场变化也可能对人群 L 结果发生影响，但此种未知的因素如果引发人群 L 结果发生变化的话，它也会使人群 H 结果发生相同或相似的变化。如此，我们就可以采用相同的倍差设计估计出改革对人群 H 的处理效应 DD_H，如此估计具有两方面作用：一是"安慰剂"检验，由于改革对人群 H 结果应不会发生影响，因此我们用干预对人群 H 结果进行"强迫"估计，它的倍差法估计结果 DD_H 应等于 0。如果 DD_H 显著不为 0，则说明原先估计得到的 DD_L 估计值中有很大概率包含某些未知因素的影响；二是三重差分估计，如果 DD_H 显著不为 0，"安慰剂"检验未通过，此时我们可以将人群 H 的 DD_H 视为人群 L 受其他未知因素影响而发生结果变化的反事实，采用三重差分估计量剔除不可知因素的影响，即 $DDD = DD_L - DD_H$，从而获得更加"干净"的改革的处理效应。诚然，三重差分的估计结果也并非无条件正确和可信，其中亦隐含着重要假设，即当不发生改革时 M 省人群 L 受未知因素影响而发生结果变动的趋势必须与 N 省人群 H 的结果变动趋势完全一致。

$$1)] - [E(Y_{i1}{}^{\mathrm{T}} - Y_{i0}{}^{\mathrm{T}} \mid W_i = 1, \ D_i = 0) - E(Y_{i1}{}^{\mathrm{C}} - Y_{i0}{}^{\mathrm{C}} \mid W_i = 0, \ D_i = 0)]$$

$$(3.34)$$

其中，D_i 表示在化学子类 i 中的某专利是否美国企业专利，若是，$D_i = 1$；若不是，$D_i = 0$。公式（3.34）中的第一个中括号中的式子表示在对德实施专利强制许可前后美国企业在处理组化学子类和控制组化学子类的申请专利数的趋势变化差值，第二个中括号中的式子表示在对德实施专利强制许可前后非美国企业在处理组化学子类和控制组化学子类的申请专利数的趋势变化差值，用干预对美国企业申请专利数量的影响减去同一干预对非美国企业申请专利数量的影响，即可消除同一市场环境变化对美国和非美国企业申请专利数量变化趋势的共同影响，这正是三重差分能纠正二重差分估计偏差的主要原理。

我们利用莫塞尔和沃纳（Moser & Voena，2012）的实例数据，采用上述思路进行了三重差分估计，三重差分的计量模型如下：

$$US\_Patent_{ijt} = \alpha + \beta_1 Post_t + \beta_2 Category_j + \beta_3 Treat_i + \beta_4 (Post_t \cdot Category_j) +$$
$$\beta_5 \cdot (Post_t \cdot Treat_i) + \beta_6 \cdot (Category_j \cdot Treat_i) +$$
$$\beta_7 (Post_t \cdot Category_j \cdot Treat_i) + \varepsilon_{ijt} \qquad (3.35)$$

其中，$Post$ 表示干预（强制许可）发生前后的时间虚拟变量，$Category$ 表示个体所归属的不同群组（美国企业和非美国企业）的虚拟变量，$Treat$ 表示个体是否接受干预（在某一化学领域子类是否有德国专利被强制许可）的虚拟变量。三重差分要在模型中放入 $Post$、$Category$ 和 $Treat$ 这三个变量的所有的二次和三次交互项，即二次交互项 $Post_t \cdot Category_j$、$Post_t \cdot Treat_i$、$Category_j \cdot Treat_i$ 与三次交互项 $Post_t \cdot Category_j \cdot Treat_i$，三次交互项的估计系数 β_7 即为三重差分的处理效应估计量。

我们还可以采用类似于平行趋势检验的模型设定法，将时间变量拆分为每个单独年份的虚拟变量，进行三重差分回归。① 如图 3.8 所示，三重差分估计结果与二重差分（即倍差法）有所不同，但大体结论未发生变化。图中各年份的估计结果显示，美国政府强制许可德国专利技术的政策对美国本国企业技术研发只具有长期的促进效应，在 20 世纪 30 年代前该

---

① 三重差分的 Stata 实现过程请参见我们提供的 do 文件 "DDD. do"。

效应不显著，甚至表现为负效应。实现图 3.8 的程序请见"DDD.do"
文件。

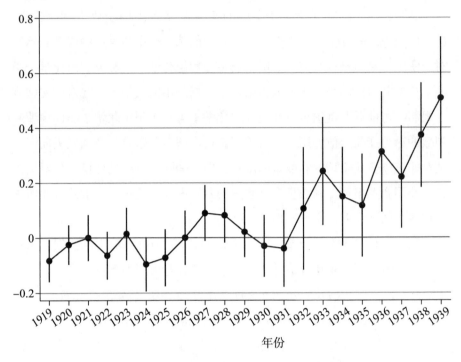

图 3.8　三重差分的平均处理效应估计值

注：图中各点表示各年份专利强制许可的平均处理效应点估计值，各条竖线表示
点估计值的 95% 置信区间。

▌结语

倍差法是一种优势和劣势同样突出的因果推断法。倍差法有三方面优
势：一是它放松了有关模型中处理变量必须是条件外生（conditional exo-
geneity）的假设，它通过两次差分将存在于残差中的不随时间变化的异质
性影响彻底消除。我们在实际研究中采用观测数据做因果推断，总是自觉
或不自觉地遗漏一些变量，只要这些变量同时会对处理变量和结果变量产
生影响，运用传统方法所估计得到的处理效应就必定是有偏的。运用倍差
法至少可以保证处理效应的估计值不会受到那些长期稳定存在的混淆变量
的影响。二是倍差法原理直观、易于实现，但这仅限于二重差分，如果我

们要形成三重差分，无论是在研究设计、模型构造方面还是在软件实操方面，都是有一定难度的，初学者不易掌握。三是倍差法有多种计量实现方式，具有较强的灵活性。除之前介绍的线性回归和固定效应这两种"标准"估计模式外，在实际研究中研究者还常采用双向固定效应模型（two-way fixed effect model）实现倍差估计：

$$Y_{it} = \alpha + \beta \cdot (T_i \cdot t) + \mu_i + \gamma_i + \varepsilon_{it} \tag{3.36}$$

其中，μ_i 表示个体固定效应，γ_i 表示时间固定效应。如果我们按处理组和控制组来定义"个体"，按干预前和干预后来定义"时间"，模型(3.36) 就与之前介绍的倍差法线性回归估计模型（3.13）完全等同；如果我们进一步细分"个体"与"时间"，譬如将个体细分为不同组别甚至不同观测对象个人，将时间细分为不同年份甚至不同月份，便可获得更加丰富的个体间与年份间变异信息与更加精细的估计结果。在软件操作方面，要实现对个体和时间的双向控制亦比较简单，我们只需将代表个体与时间的一系列虚拟变量作为控制变量放入模型即可。

成也萧何，败也萧何。倍差法的劣势也来自处理组和控制组不随时间变化的异质表现，平行趋势假设可以说是一个相当严苛的假设，尤其当我们必须处理环境变量的异质性时。平行趋势假设在许多研究中都不能得到满足，特别是针对发展中国家的研究，更难实现。因为在发展中国家，社会与经济制度尚未发展成熟，制度改革频繁，社会阶层流动性较大，个体及企业发展轨迹很不相同。在如此环境下进行项目效果评价是非常困难的。例如，我们想观测某一项制度改革对贫困人口收入的影响，但在实施改革之前，贫困人口刚遭受了一个外部冲击，收入水平在短时期内大幅下降。在改革实施后，这个外生冲击也结束了，此时贫困人口收入会有一定程度的自然恢复。即便没有改革的干预，这些贫困人口收入在干预期的增长也会比其他人口快，这就违背了倍差法的平行趋势假设，此时若运用倍差法估计改革的处理效应必定是高估的。另有一种在实际研究中遇到的情况是，在我们所要评价的改革实施后不久，政府又推出了另一个致力于改善贫困人口福利的政策，如果不在倍差法模型中控制该政策的影响作用，也会导致改革处理效应的偏高估计。

要保证倍差估计的有效性，我们必须借助三方面工作：一是对评价对象所处的社会与经济制度环境有较深入的了解，对于干预对结果变量产生因果效应的机制有较好的理论与实践准备，即通过充足的文献阅读与现实观测，摸清干预对结果发生因果效应的实现路径及可能导致处理效应偏估的原因，为形成有效的研究设计做好准备。二是充分利用外生冲击形成处理组和控制组，并使得处理组和控制组的各类特征趋近于相同，以保证处理组在未接受干预条件下的结果变化趋势与控制组尽量保持一致。如果两组存在特征差异，而且这些特征是可观测到的，就应如实观测并在模型中加以控制。如不控制，就会导致平行趋势假设不成立。为实现处理组和控制组在干预前良好的平衡性，我们要非常重视对基期数据的收集，尤其要关注那些对个体是否接受干预具有重要影响的变量数据的收集。三是如果控制组和处理组仍有一些特征无法得到观测并控制，就要针对这些特征做证伪检验，并尝试使用三重差分予以纠正，这对研究者的技术处理能力会有更高的要求。

倍差法作为一种"古老"的因果推断方法，其技术直至今日依然在不断完善与发展，本讲主要介绍的是最传统的"2×2"倍差设计，即处理变量和时间变量都只取 0 和 1 两个值，两者交互构成了 $2 \times 2 = 4$ 种结果状态。"2×2"倍差估计假定所有的干预都在同一时间节点发生，但在现实中，干预常不在同一时间节点发生。① 例如，各地实施某政策改革总是有先有后。不同时间节点发生的干预所形成的处理组和控制组是变化的，在这种情况下要形成有效的倍差设计是非常有难度的。古德曼-贝肯（Good-man-Bacon，2021）证明当同一干预对不同观测对象在不同时间节点发生影响时，利用双向固定效应法估计得到的估计量恰好等于各时间节点上依照传统"2×2"倍差估计量的加权平均。该方法被称为多时点的双向固定效应估计（two-way fixed effects with differential timing）。依照此定理，我们可以将干预在整个干预期产生的处理效应按干预发生的不同时间节点进行

---

① 学界称为"干预时间变异"（variation in treatment timing）。

分解。① 除此之外，还有其他有别于传统倍差估计的"类倍差"设计，譬如基于干预密度的倍差设计与模糊倍差设计等（黄炜等，2021）。诸如此类的新方法和新技术还有很多，需要读者在掌握本讲知识内容的基础上自行学习和实践。方法总是常学常新、常用常新，不学不用则"怠"矣！

---

① 在实际研究中，我们常遇到这样一种情况，即样本中处理组观测对象不是同时接受干预，而是有些观测对象接受干预在前，有些观测对象接受干预在后。对于此种干预时间变异条件下的处理效应估计，以往研究常用双向固定效应法，即在控制个体固定效应与时间固定效应的条件下，就表示是否发生干预的单个处理变量 T 对结果变量 Y 进行估计。根据一项新的研究，如此估计存在一定问题，未考虑干预发生的不同时间节点上干预作用的观测对象组群存在差别。德柴斯马丁和道尔特弗耶（de Chaisemartin & D'Haultfoeuille，2020）证明双向固定效应法的平均处理效应估计量相当于每一组在每一时期平均处理效应的加权和，由于加权和使用的权重可能是负数，双向固定效应模型估计得到的平均处理效应估计值也可能是负值。古德曼－贝肯（Goodman-Bacon，2021）进一步指出，双向固定效应模型的估计量等于样本中所有可能的传统"2×2"倍差估计量的加权平均。譬如，有 5 个时间节点 $t=1，2，\cdots，5$，观测对象分为三组，组 K 先在 $t=2$ 时接受干预，组 I 在 $t=4$ 时接受干预，组 U 未接受干预。于是，整个时期就可分为三个阶段：第一阶段是所有观测对象都未接受干预，称之为"前期"；第二阶段是组 K 接受干预，组 I 和组 U 未接受干预，称之为"中期"；第三阶段是组 I 也接受干预，称之为"后期"。根据这一时期划分，我们可得到 4 个"2×2"倍差估计量：（1）$\delta_{KU}^{2\times2}$，即组 K 为处理组，组 U 为控制组，用组 K 后期和初期的结果差减去组 U 后期和初期的结果差；（2）$\delta_{IU}^{2\times2}$，即组 I 为处理组，组 U 为控制组，用组 I 后期和初期的结果差减去组 I 后期和初期的结果差；（3）$\delta_{KI}^{2\times2}$，即在中期时，组 K 发生了干预，此时组 I 还未发生干预，如此中期时就存在一个组 K 对组 I 的"2×2"倍差估计量，它等于组 K 中期和初期的结果差减去组 I 中期和初期的结果差；（4）$\delta_{IK}^{2\times2}$，即在后期，组 I 接受干预，组 K 在此前已经接受干预且保持该状态不变，如此在后期就存在一个组 I 对组 K 的"2×2"倍差估计量，它等于组 I 后期和中期的结果差减去组 K 后期和中期的结果差。古德曼－贝肯证明，如果发生在不同时间节点的干预的处理效应是变化的，那么双向固定效应法对平均处理效应的估计就是有偏的，为纠正这一估计偏差，需对以上各组在不同时期的"2×2"倍差估计量进行加权平均。有关多时点的双向固定效应估计法更多的技术细节讲解，可参见古德曼－贝肯（Goodman-Bacon，2021）原文或斯科特·坎宁安（Scott Cunningham）2021 年出版的方法书《因果推断：混音带》（*Causal Inference: The Mixtape*）第 461—510 页。古德曼－贝肯推出 Stata 外部命令－bacondecomp－，可用于在干预时间变异条件下的倍差估计与分解。多时点倍差估计法方兴未艾，新的解决方案不断被提出。除古德曼－贝肯外，亦有学者提出可采用动态效应模型或其他办法来解决多时点干预问题（Sun & Abraham，2021；Callaway & Sant'Anna，2021），实现这些新方法的 Stata 命令亦层出不穷，包括－eventstudyinteract－、－csdid－等。有兴趣的读者可通过期刊论文追踪这一方向的方法发展。

▊延伸阅读推荐

　　罗森鲍姆（Rosenbaum，2017）著作的第1—9章可作为随机实验、观测研究与反事实分析框架的入门读物，更具体的讨论和讲解请参阅安格里斯特和皮施克（Angrist & Pischke，2015）著作第1章、因本斯和鲁宾（Imbens & Rubin，2015）著作第1—3章。有关反事实分析框架与有向无环图的优劣势比较与互补等方面的讨论，可参见因本斯（Imbens，2020）的研究。有关因果关系的判定条件、因果推断与教育科学研究的关系、自然实验或准实验方法在国内外教育领域研究中的应用与发展等方面的概述，可参见黄斌、李波（2022）的论文。有关随机实验和准实验（自然实验）内部和外部有效性及研究设计的综述性文献，可参阅迈耶（Meyer，1995）论文；倍差法参阅安格里斯特和皮施克（Angrist & Pischke，2009）著作第5章、安格里斯特和皮施克（Angrist & Pischke，2015）著作第5章、坎德克尔等（Khandker et al.，2010）著作第5章、格特勒等（Gertler et al.，2016）著作第6章或李（Lee，2016）著作第5章，三重差分推荐阅读李（Lee，2016）著作第6章；多时点的双向固定效应估计法可参阅坎宁安（Cunningham，2021）著作第9章中相关论述；有关倍差法的综述性文章可参阅莱希纳（Lechner，2010）或因本斯和伍德里奇（Imbens & Wooldridge，2009）文中相关论述与黄炜等（2022）的论文。

第四讲　工具变量

"'啊!'波洛惊叹道,'那也是我的座右铭。讲方法,讲顺序,还有小小的灰色细胞。'"

——阿加莎·克里斯蒂(Agatha Christie, 2020, p. 99)

"在我们看来,好的工具变量常来自对决定自变量取值的经济机制和制度的细致了解。"

——乔舒亚·安格里斯特和艾伦·克鲁格
(Joshua D. Angrist & Alan B. Krueger, 2001)

"然而,历史有时候就是选了一些完全出人意表的道路。"

"……历史学家虽然可以推测,但无法提供任何明确的答案。他们可以描述基督教'如何'拿下了古罗马帝国,但他们无法解释'为何'能达成这项创举。"

"而'如何'和'为何'之间有何不同?描述'如何'的时候,是要重建一连串从一点导致另一点的事件顺序。至于要解释'为何'的时候,则是要找出因果关系,看看究竟为什么发生的是这一连串的事件,而不是另一连串的事件。"

——尤瓦尔·赫拉利(Yuval N. Harari, 2017, p. 224)

"要了解一个时代或一个民族，我们必须了解它的哲学；要了解它的哲学，我们必须在某种程度上自己就是哲学家。这里就有一种互为因果的关系，人们生活的环境在决定他们的哲学上起着很大的作用，然而反过来他们的哲学又在决定他们的环境上起着很大的作用。"

——伯特兰·罗素（1963，p. 9）

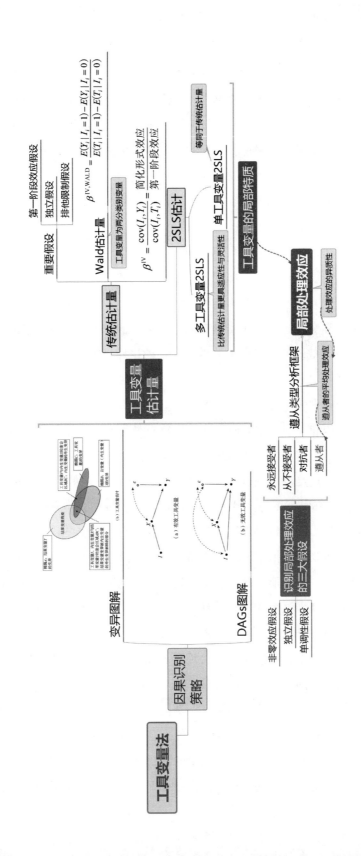

　　变量是形成计量分析的最基本元素，其对立概念是常量或常数。变量之"量"表示我们所观测的对象是可以被测量而表现为一定数量的存在，而"变"即无常，表示不同观测对象的测量数量是不固定的，会呈现出某种变化。对于计量分析来说，变量的数量变化极为重要，只有变量取值发生变异，我们才有机会观测到不同变量之间是否存在同变特征。然而，现实中变量取值变化的成因过于复杂，这使得我们难以确切地判定变量之间真实的数量变动关系。

　　假设一个结果变量 Y 的取值会随着一个前定的处理变量 T 的取值发生变化，但 T 取值变异中有一部分变异内生于模型，该部分变异是由同时对结果变量 Y 和处理变量 T 有影响的混淆变量 C 造成的，此时我们就无法确切地判定处理变量 T 是否对 Y 具有因果效应。假如处理变量 T 取值变异不受变量 C 及其他任何混淆变量的影响，它的变异是完全外生的，我们就可以确切地判定 T 是 Y 取值发生变化的原因。可见，能否达成确切因果结论的关键在于处理变量变异所具有的外生抑或内生特质。从实现因果推断角度看，我们构建计量模型时应尽量采用具有外生变异特质的自变量对因变量变异进行解释，但如此估计得到的计量结果对于改进现实政策通常不具有指导价值。这是因为完全外生变量的取值不取决于模型内其他任何变量，不能人为操纵，在政策上不具有可操作性。譬如，性别是完全外生变量，我们通过回归分析发现性别对学生成绩具有显著影响，这个发现重不重要？肯定重要，它揭示了学生成绩存在一定的性别差异；但它的重要性仅限于此，它不能为形成教育政策工具或制定制度改革方案提供更多的指导意见，因为性别这个变量不具有政策可操作性，我们不可能通过改变人的性别来达成提升教育质量或改善教育获得公平性的目的。

　　在政策研究中，我们通常最关注的是那些具有可操作性的政策变量，但此类变量往往同时具有内生变异和外生变异两种特质。如后文我们将展示的一项有关小班教学效果的研究，学生是否接受小班教学就是一个典型的政策变量，它除受家庭背景与个人能力这些混淆变量的影响而具有内生变异特质外，还受学区学龄人口数量的随机变化影响而呈现出部分外生变异特质。处理变量变异的内生部分会导致因果关系的错误识别，但它的外生部分是"无害的"。如果我们能借助一定的工具，将这部分"无害的"变异从处理变量的总变异中剥离出来，并将其用于对因变量变异的回归分析，便可以获得对因果效应的一致估计。这正是运用工具变量法（instrumental variables method）识别因果关系的基本思路。

工具变量法最早应用于对商品供给和需求弹性曲线的估计，从 1928年菲利普·赖特（Philip G. Wright）《动植物油定价》（*The Tariff on Animal and Vegetable Oils*）一书出版算起，至今已有近百年的历史（Angrist & Krueger，2001）。众所周知，商品价格是市场需求和供给均衡的结果，我们在现实中观测到的市场价格都是在特定的市场条件下内生形成的，因此仅凭借现实观测的交易价格和交易量数据无法估计出真实的商品需求和供给方程。赖特提出可以在回归模型中引入需求或供给搬移变量（demand shifter or supply shifter）来解决这一问题。譬如，在对亚麻籽油价格的研究中，赖特引入亚麻籽亩产量作为供给的搬移变量。因为短期内亚麻籽产量主要由气候条件决定，而气候变化是外生的，它对人们消费亚麻籽油不具有直接影响，于是外生的气候变化（亩产量变化）引发了亚麻籽油价格的外生变化，而亚麻籽油价格的外生变化所引发的人们对亚麻籽油需求的变化就代表了商品价格对商品需求真实的因果效应。

赖特笔下的"搬移变量"就是我们现在所说的工具变量。工具变量法采用了与之前介绍的回归控制、倍差设计截然不同的因果识别策略，它借助模型之外的特定变量巧妙地实现了对处理变量外生变异的分解。诚然，并不是在模型之外随便找到一个变量就可以作为工具变量，有效的工具变量需满足诸多严苛的条件，错误使用工具变量有可能使因果效应估计面临更大的偏估风险。为特定研究寻找合适的工具变量，这本身就是一种极具创造性的工作。回溯过往工具变量经典文献，你会不禁感慨工具变量估计法的发展史就是学者们运用其智力与想象力进行"奇思妙想"比拼的过程。在本讲学习中，让我们一起发动大脑所有的"灰色小细胞"，时刻保持脑洞大开的状态吧！

第一节　工具变量法的因果识别策略

工具变量法的工作原理是在模型处理变量为内生变量的条件下，利用一个满足特定条件的变量作为工具，将处理变量外生于模型的部分变异分离出来，并将该部分变异用于对结果变量变异的回归解释，从而达成揭示变量间真实因果关系的目的。在本节，我们分别采用变量变异图和有向无环图两种图形分析法，对工具变量法的因果识别策略进行讲解。

一、 工具变量的变异图解

在人力资本研究领域，工具变量法是最受欢迎、应用最广泛的计量方法之一（Hartog & van den Brink，2007）。经典的人力资本理论将个人接受教育视为一种人力资本投资行为，认为个人通过接受教育提升自身的劳动生产率，进而在未来获得更多的劳动收入（Schultz，1963；Becker，1993），但以迈克尔·斯宾瑟（A. Michael Spence）和肯尼斯·约瑟夫·阿罗（Kenneth Joseph Arrow）为代表人物的信号理论或筛选理论（signal theory or screening theory）则认为教育对个人劳动生产率不具有直接影响，个人获得某一水平的教育文凭只是为了向劳动力市场释放信号以彰显自己的劳动能力，雇主对于个人真实的劳动能力并不了解，所可能获得的相关信息极为有限，因此也倾向于使用教育文凭来筛选优质劳动力（Arrow，1973；Spence，1973）。教育对于个人收入的作用机制在理论解释上存在争议，需要通过严谨的计量分析做出检验和评判。最直接的检验方法是在控制个人能力变量的条件下观察个人受教育年限对收入的影响，但在实际研究中，个人能力变量不易获得而无法得到控制，于是被遗漏的能力变量就进入模型残差中，导致受教育年限变量与残差相关，受教育年限变量是内生变量，其斜率估计系数（教育收益率）必定是有偏的。

如图4.1中的图（a），椭圆 A 表示个人收入（对数值） Y 的取值变异，椭圆 B 表示个人受教育年限 X 的取值变异。如第二讲所述，对教育收益率进行 OLS 回归就相当于用自变量受教育年限的变异对结果变量收入（对数值）的变异进行解释。根据 OLS 估计量，斜率系数 β^{OLS} = cov（x，y）／var（x），其中分子 cov（x，y）表示自变量 X 变异中用于解释结果变量 Y 变异的部分，而分母 var（x）表示自变量自身的变异，于是教育收益率的 OLS 估计量就等于受教育年限变量变异中用于解释个人收入变量变异的部分在受教育年限变量总变异中的占比。[①] 自变量 X 和结果变量 Y 的协方差 cov（x，y）可以用椭圆 A 和椭圆 B 的重合区域 AB 表示，这个重合区域越大，结果变量 Y 变异中被自变量 X 变异解释的就越多。[②] 自变量 X 的方差可以用椭圆 B 表示，因此教育收益率的 OLS 估计量就可以表示为重合区域 AB 与椭圆 B 面积之比。

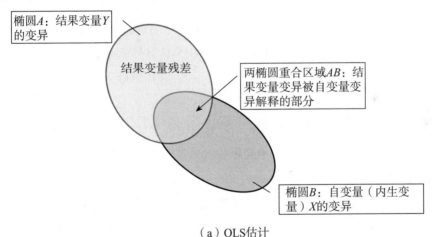

（a）OLS估计

图 4.1 工具变量的变异分解

---

① 参见第二讲中对斜率系数估计量的讲解。

② 该重合部分 AB 面积占表示结果变量 Y 变异的椭圆 B 面积的比例越大，模型拟合优度 R^2 就越高。

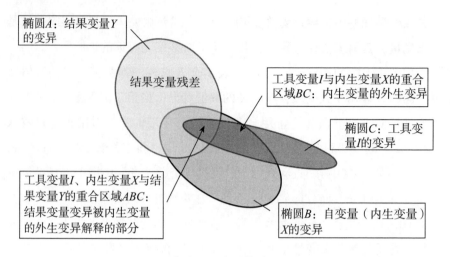

（b）工具变量估计

图 4.1　工具变量的变异分解（续）

注：该图取自 Murnane & Willett（2011，p. 231）。

结果变量 Y 变异中未被自变量解释的部分即为残差，模型遗漏了能力变量，该变量进入残差。当然，残差还可能包含其他遗漏变量（如家庭背景）、测量误差等"可疑"成分。当自变量 X 与这些残差成分相关时，自变量 X 为内生变量，此时教育收益率的 OLS 估计量就是有偏的。

为纠正这一估计偏差，我们增添了一个工具变量 I。如图 4.1 中的图（b），该工具变量有以下两个特征。

（1）工具变量 I 是外生变量，即它与结果变量残差（含被遗漏的能力变量）是无关的，用图形表示就是代表工具变量 I 变异的椭圆 C 与结果变量的残差区域没有相交。

（2）工具变量 I 与内生变量 X 相关，用图形表示就是这两个变量的变异椭圆 C 和 B 有交叉重合区域 BC。工具变量 I 的取值变异是外生的，而工具变量 I 变异与内生变量 X 变异的重合区域 BC 又属于工具变量 I 变异的一部分，因此该重合区域 BC 也是外生的。此外，重合区域 BC 又属于内生变量 X 变异的一部分。于是，利用工具变量 I 变异外生并与内生变量 X 相关这两个特征，我们就可以从内生变量 X 变异（椭圆 B）中成功分离出一部分具有外生特质的变异（即重合区域 BC）。

被分离出的内生变量 X 的外生变异（重合区域 BC）还与表示结果变量 Y 变异的椭圆 A 有交叉重合，由此形成工具变量、内生变量、结果变量三变量变异的重合区域 ABC，该区域为结果变量 Y 变异（椭圆 A）被内生变量 X 外生变异（重合区域 BC）所解释的部分，代表了自变量 X 对结果变量 Y 真实的因果效应。

比较图 4.1 中（a）和（b）两种估计法，前一种 OLS 估计是采用自变量 X 所有变异对结果变量 Y 变异进行解释，而后一种工具变量估计只采用了自变量 X 与工具变量 I 相关的部分外生变异对结果变量 Y 变异进行解释，于是有：

$$工具变量估计量 = \frac{X、I 和 Y 的重合区域}{I 和 X 的重合区域}$$

由于工具变量 I 和结果变量 Y 的变异重合区域必然包含在内生变量 X 变异之中，即 $X、I$ 和 Y 的重合区域 $= I$ 和 Y 的重合区域，因此以上工具变量估计量又可表示为：

$$工具变量估计量 = \frac{I 和 Y 的重合区域}{I 和 X 的重合区域} \tag{4.1}$$

通过以上图解可以清晰地看出，要利用工具变量纠正估计偏差，工具变量需满足外生并与内生变量相关这两个条件：如果工具变量与内生变量不相关，我们就无法通过工具变量对内生变量变异进行分解；如果工具变量不是外生的，通过它所分离出的内生变量部分变异也不一定是外生的，此时工具变量估计量依然存在偏估的可能。同时满足这两个条件的工具变量称为有效的工具变量（valid instrumental variable），如果我们选择的工具变量不能满足这两个条件中任一条件，它就是无效的工具变量。

如图 4.2，工具变量 I 与内生变量 X 相关，表示内生变量和工具变量变异的两个椭圆 B 和 C 有广大的重合区域，但表示工具变量 I 变异的椭圆 C 的覆盖范围超出了内生变量 X 和结果变量 Y 的重合区域，与结果变量的残差区域发生了重合，这意味着工具变量 I 不是外生的，它可能会与被遗漏的能力变量（或残差包含的其他可疑成分）相关，此时使用工具变量估计量公式（4.1）估计得到的结果就可能是有偏的。

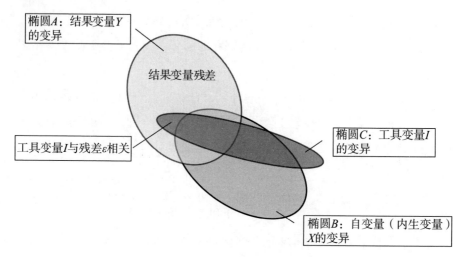

图 4.2　工具变量与残差相关的情况

二、 有向无环图解

有关工具变量因果识别策略的有向无环图解，我们在第一讲中已经粗略谈过。在此，我们将展开更加细致的讨论。

图 4.3 呈现有效和无效工具变量两种情况。图（a）中，模型自变量 X 为内生变量，自变量 X 与模型残差 ε 由带有双向箭头的弧形曲线连接，表示它们之间有相关关系。

在第一讲中，我们曾介绍 DAGs 中变量对变量的指向箭头都只能是单向的，不能使用双向箭头，即不允许变量间存在同时因果关系。图 4.3 中出现了带有双向箭头的弧形线，只是对变量间关系的一种简化表达，它表示这两个变量因受同一未观测变量的影响而呈现相关关系，并不代表变量间存在同时因果关系。如图 4.4，（a）是（b）的一种简化表达，它们表达的是同一种变量间关系。

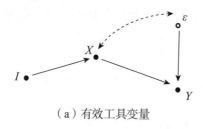

（a）有效工具变量

图 4.3　工具变量法的有向无环图

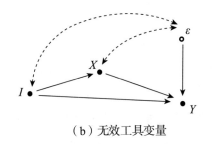

（b）无效工具变量

图4.3 工具变量法的有向无环图（续）

于是，图4.3中自变量和残差由带有双向箭头的弧形曲线连接，不是表示这两个变量之间具有同时互为因果关系，而是表示模型存在特定的未观测原因变量 U（如遗漏的重要变量或测量误差）同时对自变量 X 和残差 ε 有影响。当自变量 X 与残差 ε 相关时，就存在一条由自变量 X 通往结果变量 Y 的后门路径，其中残差 ε 不可观测，因此这条后门路径无法通过变量控制进行阻断，要想通过控制策略识别 X 对 Y 的因果效应，已无可能。

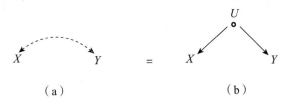

图4.4 由同一未观测原因导致变量相关的两种 DAGs 表达

为解决这一问题，我们引入一个工具变量 I，该变量满足以下三个假设条件。

（1）第一阶段效应假设（first-stage effect assumption）：工具变量 I 对内生变量 X 有影响。

（2）独立假设（independence assumption）：工具变量 I 与残差 ε 无关。

（3）排他限制假设（exclusive restriction assumption）：除通过内生变量 X 对结果变量 Y 产生间接影响外，工具变量 I 对结果变量 Y 再也没有其他影响路径①，即工具变量 I 对结果变量 Y 的影响只能通过内生变量 X 这

---

① 图4.3（a）中，似乎还有一条由 I 经过 X 和 ε 通往 Y 的路径，这条路径其实是被阻断的。因为在这条路径上，X 属于碰撞变量，它同时受工具变量 I 和模型残差 ε 的影响。根据第一讲讲授的后门规则，当路径存在碰撞变量且未对该碰撞变量实施控制时，该路径是被阻断的。

一条路径实现。①

只要工具变量满足以上三个假设条件，就形成了唯一一条由工具变量 I 到结果变量 Y 的因果关系链条 "$I \rightarrow X \rightarrow Y$"。该因果链条由两个环节构成。

第一环节 "$I \rightarrow X$"，它反映工具变量 I 对内生变量 X 的影响，被称为第一阶段效应。工具变量法要求工具变量 I 对内生变量 X 不仅要有影响，而且该影响要足够强，否则会导致因果效应的非一致估计。关于这一点，我们之后再做详细讨论。

第二环节 "$X \rightarrow Y$"，它反映内生变量 X 对结果变量 Y 的影响，这正是我们要估计的因果效应或处理效应。

既然工具变量 I 对结果变量 Y 的影响被分为 "$I \rightarrow X$" 和 "$X \rightarrow Y$" 两个环节，根据路径分析原理，就有如下等式成立：

工具变量 I 对结果变量 Y 的影响 = 工具变量 I 对内生变量 X 的影响 × 内生变量 X 对结果变量 Y 的因果效应

简单移项后可得：

$$X \text{ 对 } Y \text{ 的因果效应} = \frac{\text{工具变量 } I \text{ 对结果变量 } Y \text{ 的影响}}{\text{工具变量 } I \text{ 对内生变量 } X \text{ 的影响}} \quad (4.2)$$

其中，工具变量 I 对结果变量 Y 的影响是在不控制内生变量 X 的条件下估计得到的，被称为简化形式效应（reduced-form effect）。由于工具变量与残差无关，因此采用 OLS 回归估计得到的简化形式效应是无偏的。同

---

① 亦有学者（如 Huntington-Klein，2022）将上述工具变量三假设表述为两假设：相关性（relevance）假设与有效性（validity）假设。相关性假设就是正文所说的第一阶段假设，要求工具变量对内生变量具有足够强的相关性；有效性假设是将独立假设和排他限制假设合并为一种假设。如此表述将工具变量的有效性与相关性区分开来：一个与残差无关且无其他通道影响结果变量的有效工具变量也可能不满足相关性；相反，一个与内生变量具有强相关的工具变量也不一定是有效的。本书作者认为，这样表述是将工具变量所必须同时满足的三种假设人为地割裂开来，而工具变量的这三种假设特质原本应是一体的，不可割裂。如果一个工具变量对内生变量只具有微弱的影响力，甚至不具有任何影响力，就没必要再探讨它是否满足独立和排他限制假设。同理，如果我们挑选的工具变量本身也是一个内生变量，即便它对内生变量具有极强的影响力，它依然是一个无效的工具变量。只有当工具变量同时满足三个条件时，它才能阻断指向工具变量的任何后门路径，才能使得工具变量只通过内生变量对结果变量发生影响。

理，我们直接用工具变量 I 对内生变量 X 进行 OLS 回归，就可以得到第一阶段效应。因为工具变量 I 是外生的，从 I 出发不存在后门路径连接 X，所以第一阶段效应也是无偏的。于是，公式（4.2）又可表述为

$$X 对 Y 的因果效应 = \frac{简化形式效应}{第一阶段效应} \tag{4.3}$$

由 DAGs 推导出的工具变量估计量公式（4.3）与之前由变量变异图推导出的公式（4.1）是等价的。公式（4.1）中，I 和 Y 的重合区域表示工具变量 I 变异对结果变量 Y 变异的解释，也就是工具变量 I 对结果变量 Y 的影响，即简化形式效应；而 I 与 X 的重合区域，表示工具变量 I 变异对内生变量 X 变异的解释，也就是工具变量 I 对内生变量 X 的影响，即第一阶段效应。

综上所述，工具变量对因果关系做出识别的关键在于其基于工具变量三假设构造出了一条工具变量经由内生变量抵达结果变量的唯一因果链条。"自古华山一条道"，工具变量要想达到结果变量的"顶峰"，必须途经内生变量，除此之外再无其他路径。因此，只要我们发现工具变量对结果变量具有显著的影响（即存在显著的简化形式效应），那么内生变量对结果变量必定具有因果效应。诚然，工具变量对因果关系的有效识别有赖于工具变量的有效性，如果工具变量不满足上述三个假设中的一个，那么上述识别逻辑就不成立了。

如图 4.3 中图（b），工具变量 I 就是无效的工具变量。首先，它与模型残差 ε 相关，不是外生的；其次，工具变量 I 除通过内生变量 X 对结果变量 Y 产生间接效应外，还对结果变量有直接效应。在此种情况下，工具变量 I 对结果变量 Y 就存在三条可能的影响路径。我们不能确定所估计到的工具变量 I 对结果变量 Y 的影响究竟是通过哪条路径实现的，此时利用工具变量法无法正确识别出 X 对 Y 真实的因果效应。

第二节　工具变量估计量

公式 (4.1) — (4.3) 告诉我们, 工具变量法的处理效应估计量等于工具变量 I 对结果变量 Y 的简化形式效应与工具变量 I 对内生变量 X 的第一阶段效应之比, 但这些公式都只是对工具变量估计量的质性表达。此种表达方式虽使初学者容易理解工具变量法的因果识别原理及过程, 但不能直接运用于计量实战之中。要想读懂工具变量专业文献、撰写工具变量科学论文, 读者们还需学会利用数学符号对工具变量估计量及其背后蕴含的基本假设做出更正式的表达。

一、传统估计量

(一) 未观测的异质性与处理效应偏估

假定我们要就干预 T 对结果变量 Y 的处理效应进行估计, 回归模型如下:

$$Y_i = \alpha + \beta \cdot T_i + \varepsilon_i \tag{4.4}$$

其中, 处理变量 T_i 取值 0 和 1, 分别表示未接受和接受干预, β 是我们所要估计的处理变量 T 对结果变量 Y 的处理效应。如果直接对模型 (4.4) 执行 OLS 回归, 处理效应 β 的 OLS 估计量为:

$$\beta^{\text{OLS}} = \frac{\text{cov}\ (T,\ Y)}{\text{var}\ (T)}$$

将方程 (4.4) 代入以上 OLS 估计量, 可得:

$$\beta^{\mathrm{OLS}} = \frac{\mathrm{cov}\ (T,\ \alpha + \beta \cdot T + \varepsilon)}{\mathrm{var}\ (T)}$$

$$= \frac{\beta \cdot \mathrm{var}\ (T) + \mathrm{cov}\ (T,\ \varepsilon)}{\mathrm{var}\ (T)}$$

$$= \beta + \frac{\mathrm{cov}\ (T,\ \varepsilon)}{\mathrm{var}\ (T)} \tag{4.5}$$

根据式（4.5），OLS 估计量等于真实的处理效应 β 加上一个偏估项 $\mathrm{cov}\ (T,\ \varepsilon)\ /\mathrm{var}\ (T)$。当处理变量 T 为外生变量，其与残差 ε 不相关，即 $\mathrm{cov}\ (T,\ \varepsilon) = 0$ 成立时，$\beta^{\mathrm{OLS}} = \beta$，此时 OLS 估计量是无偏的；然而，当处理变量 T 为内生变量，其与残差 ε 相关，即 $\mathrm{cov}\ (T,\ \varepsilon) \neq 0$ 时，OLS 估计量是有偏的。

由于处理变量方差 $\mathrm{var}\ (T)$ 肯定大于零，因此当 OLS 估计量有偏时，它的偏估方向取决于处理变量 T 与残差 ε 的协方差 $\mathrm{cov}\ (T,\ \varepsilon)$ 的符号：如果处理变量 T 与残差 ε 正相关，$\mathrm{cov}\ (T,\ \varepsilon) > 0$，OLS 估计量会高估处理效应；反之，如果处理变量 T 与残差 ε 负相关，$\mathrm{cov}\ (T,\ \varepsilon) < 0$，OLS 估计量会低估处理效应。协方差 $\mathrm{cov}\ (T,\ \varepsilon)$ 的符号又取决于模型遗漏变量、测量误差及模型残差包含的其他非随机成分与处理变量之间的相关方向。譬如，个人能力、家庭背景与受教育年限为正相关，因此模型遗漏个人能力、家庭背景变量会导致教育收益率被高估。与之相反，如果模型不控制测量误差，通常会导致教育收益率被低估，这是因为在实际调研中，我们发现高教育水平者一般会如实报告自己的受教育状况，而低教育水平者常常会错报自己的受教育状况，受教育年限变量的测量误差与其观测值之间呈负相关关系。

（二）工具变量估计量的一致性

如前一讲倍差法中讲解的，在观测数据环境中，处理组和控制组在许多特征变量上存在差异，如果这些特征未被观测到，便可能导致有偏估计，我们将这些会导致模型估计有偏的未观测特征称为未观测的异质性。对于异质性的处理，倍差法是将它分为随时间变化的异质性和不随时间变化的异质性两类，倍差法只能用于消除模型中所有不随时间变化的异质性，但对于随时间变化的异质性无能为力。相比之下，工具变量法不区分模型中的异质性类型，它是对模型所有异质性做整体上的纠偏处理（黄斌，方超，汪栋，2017）。

为纠正未观测的异质性引发的偏估，引入工具变量 I，假定 I 与处理变量 T 线性相关。如前所述，工具变量估计量等于简化形式效应与第一阶段效应之比。其中，简化形式效应的 OLS 估计量等于工具变量 I 与结果变量 Y 的协方差和工具变量 I 方差之比：

$$简化形式效应 = \frac{\text{cov}\ (I,\ Y)}{\text{var}\ (I)}$$

第一阶段效应的 OLS 估计量可表示为工具变量 I 与处理变量 T 协方差与工具变量 I 方差之比：

$$第一阶段效应 = \frac{\text{cov}\ (I,\ T)}{\text{var}\ (I)}$$

将以上两个 OLS 估计量相除即可得到工具变量估计量，即有：

$$\beta^{\text{IV}} = \frac{\text{cov}\ (I,\ Y)\ /\text{var}\ (I)}{\text{cov}\ (I,\ T)\ /\text{var}\ (I)}$$

$$= \frac{\text{cov}\ (I,\ Y)}{\text{cov}\ (I,\ T)} \tag{4.6}$$

如公式（4.6），工具变量估计量的数学形式简洁易记，它等于工具变量 I 和结果变量 Y 协方差与工具变量 I 和处理变量 T 协方差之比。该估计量方差为：

$$\text{var}\ (\beta^{\text{IV}}) = \frac{\sigma^2}{r_{IT}^2 \sum (T_i - \bar{T})^2} \tag{4.7}$$

其中，σ^2 为模型残差方差，r_{IT}^2 表示工具变量 I 和处理变量 T 的皮尔逊相关系数，$\bar{T}$ 表示处理变量均值。

接下来，我们分析处理效应的工具变量估计量 β^{IV} 与其真值 β 之间的关系。以工具变量 I 和因变量 Y 的协方差作为突破口进行推演[①]，如下：

$$\text{cov}\ (I,\ Y) = \text{cov}\ (I,\ \alpha + \beta \cdot T + \varepsilon)$$

$$= E\ [(\alpha + \beta \cdot T + \varepsilon) \cdot I] - E(\alpha + \beta \cdot T + \varepsilon) \cdot E(I)$$

---

① 推演过程运用了协方差计算公式：$\text{cov}\ (X,\ Y) = E(X \cdot Y) - E(X) \cdot E(Y)$。

$$=\beta \cdot [E(I \cdot T) - E(I) \cdot E(T)] + [E(I \cdot \varepsilon) - E(I) \cdot E(\varepsilon)]$$

$$=\beta \cdot \mathrm{cov}(I, T) + \mathrm{cov}(I, \varepsilon) \tag{4.8}$$

假设 cov (I, T) $\neq 0$，即工具变量 I 符合第一阶段效应假设。基于该假设，等式（4.8）左右两边可以同除以 cov（I, T），并经过移项整理可得：

$$\frac{\mathrm{cov}\ (I, Y)}{\mathrm{cov}\ (I, T)} = \beta + \frac{\mathrm{cov}\ (I, \varepsilon)}{\mathrm{cov}\ (I, T)}$$

将公式（4.6）代入上式，即可得：

$$\beta^{\mathrm{IV}} = \beta + \frac{\mathrm{cov}\ (I, \varepsilon)}{\mathrm{cov}\ (I, T)} \tag{4.9}$$

如果工具变量满足与模型残差不相关的假设，即有 cov（I, ε）$= 0$，将其代入等式（4.9），便可得到 $\beta^{\mathrm{IV}} = \beta$。可见，在满足 cov（$I$, T）$\neq 0$、cov（I, ε）$= 0$ 的条件下，工具变量估计量就是对处理效应的一致估计（consistent estimate）。[①]

（三）工具变量的重要假设

工具变量满足必要条件对于实现因果效应一致估计是极为重要的。如等式（4.9），工具变量估计量中存在着一个偏估项 $\frac{\mathrm{cov}\ (I, \varepsilon)}{\mathrm{cov}\ (I, T)}$。如果工具变量不符合独立假设和排他限制假设，那么 cov（I, ε）$\neq 0$，此时使用工具变量估计量不仅不能纠正估计偏差，反而有可能引发比 OLS 更大的估计偏差（Angrist & Krueger, 2001）。

此外，第一阶段效应假设 cov（I, T）$\neq 0$ 对于实现一致估计也很重要。一个有效的工具变量不仅要求工具变量要与处理变量相关，而且要求两者强相关。萨瓦（Sawa, 1969）指出如果工具变量是弱工具变量（weak instrument），工具变量与处理变量只具有有限的相关性，工具变量

---

① 需注意，工具变量估计量是对处理效应的一致估计，但它不是无偏估计。因为该估计量的样本均值与总体参数不相同，但随着样本容量增大，工具变量估计量的样本均值将无限向总体参数逼近。也就是说，工具变量估计量虽然是有偏的，但它在大样本下是一致的。

估计会向 OLS 估计靠拢。那么，工具变量与处理变量相关性要多强才足够呢？这是一个未有确切答案的问题，因为对于何为"足够强"，学者们目前尚未形成统一的认识。一般的经验法则告诉我们，使用工具变量对内生的处理变量进行 OLS 回归，其模型 F 检验的统计量值应至少大于 10，方可证明这些工具变量对处理变量具有足够强的影响。然而，这只是经验法则[①]，我们可将它们理解为工具变量达成第一阶段假设的"最低"标准。那么，强工具变量的"最高"标准是多少呢？伍德里奇（Wooldridge，2018，p. 512）提出应以 F 统计量是否大于 20 来判定工具变量强弱，但似乎还不够。最新的研究（Lee et al.，2021）显示，在使用单个工具变量的情况下，若要使得工具变量估计具有极小的出错概率，工具变量对内生的处理变量回归的 F 统计量应达到 104.7，在这个 F 值上经调整后的显著性 t 值恰好为其关键值 1.96（5% 显著性水平）。我们可以将 104.7 这个值当作第一阶段假设 F 统计量的"最高"标准。

在工具变量三假设中，最容易达成和验证的是第一阶段效应假设。举一个例子，我们想分析逃课行为对学生成绩的因果效应，但遗漏了学生能力变量，此时处理变量学生逃课行为是一个内生变量。根据第一阶段效应假设，我们可以考虑使用父母的受教育水平作为学生逃课行为的工具变量，两变量之间存在极强的相关关系。然而，父母受教育水平并不是外生变量，它会受到父母自身能力的影响，而父母能力对子女能力又具有遗传效应。如图 4.5 所示，未观测变量父母能力是父母受教育水平和模型残差（学生能力）共同的因，由此导致在工具变量父母受教育水平与结果变量学生成绩之间存在一条后门路径，即"父母受教育水平←父母能力→学生能力→学生成绩"。此外，父母受教育水平除通过减少学生逃课行为对学生成绩产生影响外，可能还存在其他对学生成绩产生影响的路径。譬如，

---

① 这一经验法则也并非出自"臆造"。根据斯托克和与语基裕（Stock & Yogo，2005）的模拟测算，当模型中只有一个内生变量并采用三个工具变量时，若要使 OLS 偏估下降到 10% 以内，工具变量对内生变量回归的 F 统计量至少要达到 9.08，若要使 OLS 偏估下降到 5% 以内，F 统计量至少要达到 13.91。但当模型有两个内生变量并采用四个工具变量时，若要使 OLS 偏估下降到 5% 以内，F 统计量至少要达到 11.04。从他们文中所提供的测算表格来看，在不同的内生变量与工具变量的数量设定下，使 OLS 偏估下降到 5% 或 10% 以内的 F 统计量的关键值水平大致是在 10 上下波动的。

受教育水平高的父母具有更强的对子女学习进行辅导的能力，也愿意为子女支付更多的私人教育费用，帮助子女提高考试成绩。可见，父母受教育水平并不适合作为学生逃课行为的工具变量，它虽然满足了第一阶段效应假设，但满足不了更加严苛的独立假设和排他限制假设。

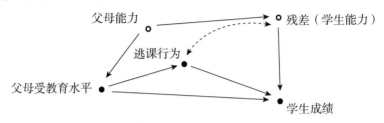

图 4.5 父母受教育水平作为工具变量

独立假设和排他限制假设不仅难以得到满足，而且难以被检验。检验第一阶段效应假设，我们只要用工具变量对处理变量进行 OLS 回归，观察工具变量斜率系数的显著性表现或利用模型 F 统计量值，即可快速判定工具变量对于内生变量是否具备足够强的影响。但在对独立假设和排他限制假设进行检验时，我们遇到了极难克服的技术难题。

首先，独立假设要求工具变量 I 与模型残差 ε 无关，这一假设很难被直接检验。或许有读者提出，我们可以对模型（4.4）进行 OLS 回归，估计得到模型残差的预测值 $\hat{\varepsilon}$，再根据 $\hat{\varepsilon}$ 与工具变量 I 的协方差值来判定工具变量与残差的相关性。然而，"想象很丰满，现实很骨感"，此种方法的检验逻辑有问题，这是因为模型（4.4）中处理变量 T 是内生变量，OLS 的系数估计值是有偏的，通过有偏估计获得的残差预测值 $\hat{\varepsilon}$ 并不能代表真实的模型残差 ε。

其次，排他限制假设要求工具变量 I 只能通过处理变量 T 对结果变量 Y 产生影响，这又是一个难关。或许有读者提出，我们可以在控制处理变量 T 的条件下观测工具变量 I 对结果变量 Y 是否还有影响，以此来对工具变量是否满足排他限制假设做出检验。该检验方法的逻辑是：如果工具变量 I 通向结果变量 Y 只通过处理变量这一条路径，那么在控制了处理变量 T 后，工具变量 I 就不会对结果变量 Y 产生任何影响；反之，如果除处理变量外工具变量 I 还有其他路径通向结果变量 Y，那么控制处理变量 T 之后，工具变量还可以通过其他路径对结果变量 Y 产生显著影响。此种检验看似合理，但依然存在问题。如图4.6，处理变量 T 加了黑框，表示模型对该变量进行了控制，路径"$I \rightarrow \boxed{T} \rightarrow Y$"看似被阻断了，工具变量 I 似乎只能通过"$I \rightarrow Y$"这条直接路径对结果变量 Y 产生影响。但事实上，处理变量 T 除了在路径"$I \rightarrow \boxed{T} \rightarrow Y$"中充当中介变量的角色，还在路径"$I \rightarrow \boxed{T} \leftarrow \varepsilon$"中充当碰撞变量的角色。控制处理变量 T 虽然切断了路径"$I \rightarrow \boxed{T} \rightarrow Y$"，但把 I 和 Y 之间通过 ε 的后门路径打开了，形成了另一条由工具变量 I 通往结果变量 Y 的后门路径。上帝在为你关闭一条路径的同时，又猝不及防地为你打开了另一条路径。这个例子告诉我们，一个模型内含的变量间关系是复杂的，我们不能仅凭借模型某一局部提供的变量间关系信息就对研究整体的因果识别策略做出设计。

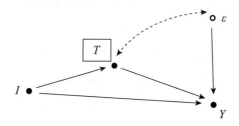

图 4.6 错误的排他限制假设检验

简而言之，工具变量的独立假设和排他限制假设很难被直接地验证。当模型采用多个工具变量时，独立假设还可以通过一定方法得到间接的检验①，而排他限制假设几乎是不可被检验的。也正是出于这一原因，在为特定研究选择工具变量时，我们应优先考虑候选的工具变量能否满足独立假设和排他限制假设，再考虑它与内生变量（处理变量）的相关性问题。

那么，什么样的变量容易满足独立假设和排他限制假设呢？随机变量！随机变量是外生的，其取值变异不受其他任何变量的影响，一出场就自带"独立假设"的光环。我们只要确认结果变量不是我们所挑选的随机工具变量的直接"伴生产物"，就基本可以确定它满足独立假设和排他限制假设。正如紫霞仙子择偶，无关乎候选妖魔者法力有多强（个人能力），练功练到第几级（教育水平），名下有几个山洞、有多少跟班小弟（家庭

___

① 我们将在本讲第四节具体介绍过度识别模型的独立假设检验法。

背景），只要能从剑鞘中拔出紫青宝剑就是佳婿，"老天（随机）决定的姻缘最大"！

　　如前例，在对学生逃课行为的研究中，我们可以考虑在控制家庭背景的条件下，以家庭与学校的地理距离作为工具变量进行估计。一般来说，自然地理分布具有随机性，但家庭居住的地理分布常带有一定社会属性，是不完全随机的，我们有理由怀疑越重视儿童教育的家庭，越倾向于在离孩子就读学校较近的区域居住。尽管如此，但是如果我们能在模型中控制家庭背景相关变量，切断家庭与学校地理距离经由家庭背景通往结果变量学生成绩的所有路径，此时家庭与学校的地理距离变量就可以视为随机变量，它与残差无关，满足独立假设（见图 4.7）。此外，家庭与学校的地理距离越远，学生上学的通勤成本越高，学生是否到课越容易受天气变化的影响，满足第一阶段效应假设，并且家庭与学校的地理距离除通过影响学生逃课行为外，似乎再无影响学生成绩的其他可能路径，又满足了排他限制假设。可见，在控制家庭背景变量的条件下，家庭与学校的地理距离满足了作为有效工具变量的所有假设。

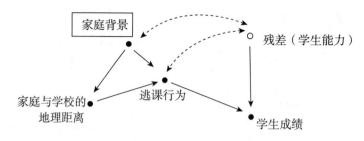

图 4.7　地理距离作为工具变量

地理分布和地理距离的随机性特质常被学者用于对特定处理效应的工具变量估计。譬如，迪伊（Dee，2004）就曾以个人就读高中与其距离最近的两年制社区大学之间的地理距离作为工具变量，就个人接受高等教育对其政治行为（包括投票和公开演讲）的因果效应进行过估计。除地理变量外，出生日期、抽签分派（lottery）、气候变化、人口规模自然变化等也常被研究者用作工具变量，是研究者形成有效工具变量设计的首选素材。不同研究所选取的工具变量各有不同，但它们都具备一个共同的特质，即它们的取值变异都具备（部分或完全）随机性。

（四）　Wald 估计量及其应用

在工具变量估计量公式（4.6）中，工具变量既可以是连续变量，也可以是只取 0 和 1 两个值的二分变量。如果工具变量取值是二分的，那么工具变量估计量就会转化为著名的 Wald 估计量（Wald，1940）。

设工具变量 I 为二分变量，取值 0 和 1。我们先对模型（4.4）求数学期望：$E(Y_i) = \alpha + \beta \cdot E(T_i) + E(\varepsilon_i)$，再分别计算出工具变量估计量的分子（简化形式效应）和分母（第一阶段效应）。

当工具变量为二分变量时，简化形式效应可以表示为工具变量 I 取 0 和 1 时结果变量 Y 的均值差：

$$简化形式效应 = E(Y_i \mid I_i = 1) - E(Y_i \mid I_i = 0)$$

同理，当工具变量为二分变量时，第一阶段效应可以表示为工具变量 I 取 0 和 1 时处理变量 T 的均值差：

$$第一阶段效应 = E(T_i \mid I_i = 1) - E(T_i \mid I_i = 0)$$

在工具变量满足第一阶段效应假设 $[E(T_i \mid I_i = 1) - E(T_i \mid I_i = 0) \neq 0]$

的条件下，用简化形式效应除以第一阶段效应，就可以得到二分工具变量的 Wald 估计量（Wald，1940）：

$$\beta^{\text{IV,WALD}} = \frac{E(Y_i \mid I_i = 1) - E(Y_i \mid I_i = 0)}{E(T_i \mid I_i = 1) - E(T_i \mid I_i = 0)} \tag{4.10}$$

Wald 统计量还可做进一步的推导：

$$\beta^{\text{IV,WALD}} = \frac{E(Y_i \mid I_i = 1) - E(Y_i \mid I_i = 0)}{E(T_i \mid I_i = 1) - E(T_i \mid I_i = 0)}$$

$$= \frac{\alpha + \beta \cdot E(T_i \mid I_i = 1) + E(\varepsilon_i \mid I_i = 1) - \alpha - \beta \cdot E(T_i \mid I_i = 0) - E(\varepsilon_i \mid I_i = 0)}{E(T_i \mid I_i = 1) - E(T_i \mid I_i = 0)}$$

$$= \frac{\beta \cdot \left[E(T_i \mid I_i = 1) - E(T_i \mid I_i = 0) \right] + \left[E(\varepsilon_i \mid I_i = 1) - E(\varepsilon_i \mid I_i = 0) \right]}{E(T_i \mid I_i = 1) - E(T_i \mid I_i = 0)}$$

$$= \beta + \frac{E(\varepsilon_i \mid I_i = 1) - E(\varepsilon_i \mid I_i = 0)}{E(T_i \mid I_i = 1) - E(T_i \mid I_i = 0)} \tag{4.11}$$

假设工具变量与残差无关，即有 $E(\varepsilon_i \mid I_i = 1) - E(\varepsilon_i \mid I_i = 0) = 0$，将它代入式（4.11）中，可得：

$$\beta^{\text{IV,WALD}} = \beta + \frac{E(\varepsilon_i \mid I_i = 1) - E(\varepsilon_i \mid I_i = 0)}{E(T_i \mid I_i = 1) - E(T_i \mid I_i = 0)} = \beta$$

可见，在满足特定假设条件下，二分工具变量的 Wald 统计量也达成了对处理效应的一致估计，该估计量可视为工具变量估计量（4.6）的一个特例。

二分工具变量在实际研究中非常常见。以下，我们以乔舒亚·D. 安格里斯特等人（Angrist et al.，2012）关于美国特许学校（charter school）对学生学业成绩的因果效应的研究为例，向大家展示 Wald 统计量的实际应用过程。

美国特许学校是一种特殊的公立学校类型，此类学校同样接受政府财政的资助，但采用比传统公立学校更加灵活、更加自主的学校运营模式。长期以来，美国传统公立学校在学校运营与教学管理上受到政府官僚主义和教师工会合约保护的严重掣肘，学校与学校之间缺乏充分竞争，导致传统公立学校教学质量偏低，备受家长、政府与社会各方的强烈批评。相比之下，特许学校跳出了原有的制度框架，参照私立学校模式，在教师聘用、教学管理、学校运营方面进行了许多有益的创新尝试。虽然大部分的特许学校主要面向弱势家庭和少数族群儿童招生，招收学生的入学平均成绩一般低于地区整体平均水平，但根据相关研究，特许学校学生入校后的平均成绩高于传统公立学校的同类学生，这表明特许学校的教学质量要较传统公立学校高出许多，有助于缩小不同阶层和不同族群学生的固有成绩差距。对此，有学者提出反对意见，他们认为特许学校学生入校后的平均成绩之所以高，是因为一方面选择就读特许学校的学生的学习能力原本就比就读传统公立学校的同类学生强，另一方面特许学校的学生家长要比传统公立学校的同类学生家长更重视孩子的教育。也就是说，这些学者质疑学生是否就读特许学校这个处理变量不是外生的，它可能受到学生个人能力、学习动机与家庭背景因素的影响。那么，就读特许学校是否真的有助于提高学生学业成绩？特许学校学生良好的学业成绩究竟是得益于特许学校高质量的教学服务，还是学生及其家庭自我选择的结果呢？

为解答这一疑问，安格里斯特等人利用马萨诸塞州林恩市 KIPP 学校①通过抽签决定学生入学资格这一随机事件形成工具变量，完成了对特许学校教学效果的因果推断。按照马萨诸塞州政府规定，若学校每年入学申请人数超过既定的学额数，就要采用随机抽签的方式来分派学额。随着特许学校社会声誉的不断提升，林恩市 KIPP 学校入学申请人数逐年增多，2005 年入学申请人数首次超过学额数，开始通过随机抽签决定申请学生的入学资格。

很明显，学生是否抽中入学资格完全由"老天"决定，这是一个完全外生的随机变量。如果我们以学生是否抽中入学资格对学生的学业成绩进行 OLS 回归，其结果必定是无偏的。但可惜的是，是否获得入学资格对学业成绩的影响不等于是否就读 KIPP 学校对学业成绩的影响。获得入学资格的学生未必就一定就读 KIPP 学校，有一部分学生会放弃 KIPP 学校入学资格而选择就读传统公立学校或私立学校。同样地，未获得入学资格的学生也可能通过其他途径最终就读了 KIPP 学校。因此，是否获得入学资格对学业成绩的影响只是一种"意向性处理效应"，它不同于学生是否就读

---

① KIPP 是 "Knowledge is Power Program"（知识就是力量计划）的缩写。KIPP 是美国最大的特许学校管理组织，该组织致力于为贫困家庭儿童和少数族群儿童提供免费、优质的 K—12 教学服务。KIPP 学校接受政府财政拨款，同时也接受社会捐款，实行的是不同于传统公立学校的运营模式。

KIPP 学校对学业成绩产生的处理效应。我们在上一讲已经初步介绍过这个概念。当然，如果所有抽中入学资格的学生最终都就读了 KIPP 学校，并且所有未抽中入学资格的学生最终都未就读 KIPP 学校，即所有观测对象都完全听从抽签的随机安排的话，意向性处理效应就与干预的处理效应等同。

根据安格里斯特等人提供的信息，2005—2008 年向林恩市 KIPP 学校提交入学申请的学生共有 629 名，经过筛选后有 446 名学生具有抽签资格，通过抽签获得入学资格的有 303 名，其中有 27.1%（82 名）最终未就读 KIPP 学校。在未获得入学资格的 143 名学生中，有 3.5%（5 人）通过其他渠道就读了 KIPP 学校。这意味着样本中存在着一定比例的非遵从者，是否获得入学资格（提供接受与不接受干预的机会）与是否就读 KIPP 学校（真正接受和不接受干预）不等同，因此不能简单采用获得 KIPP 入学资格对学生成绩的处理效应（意向性处理效应）来代替实际就读 KIPP 学校对学业成绩的处理效应（干预的处理效应）。怎么办呢？

安格里斯特等人提出，获得入学资格虽然不能直接作为处理变量，但它可以作为工具变量发挥作用。首先，入学资格是随机抽取的，是外生变量，它与学生个人能力、学习动机、家庭背景均无关，并与学生学业成绩无直接关联，它满足独立假设和排他限制假设；其次，获得 KIPP 学校入学资助对于学生决定是否就读 KIPP 学校具有很强的影响，满足第一阶段效应假设。根据之前的描述统计，在抽签获得入学资格的学生中有 72.9% 就读 KIPP 学校，而未获得入学资格的学生中有 3.5% 就读 KIPP 学校，这两个比例相差 69.4 个百分点。由此可见，我们可以将学生获得入学资格作为学生就读 KIPP 学校的工具变量，并使用二分工具变量的 Wald 统计量（4.10）估计出就读 KIPP 学校对学生学业成绩的处理效应。

安格里斯特等人跟踪了所有向 KIPP 学校提交入学申请的学生的英语语言艺术（English language arts，ELA）和数学考试成绩，并对这些成绩做了标准化处理。以学生数学成绩为例，根据公式（4.10），就读 KIPP 学校对学生数学成绩的处理效应

$$\beta^{\text{IV, WALD}} = \frac{\text{获得入学资格学生的数学平均成绩} - \text{未获得入学资格学生的数学平均成绩}}{\text{获得入学资格学生就读 KIPP 学校的概率} - \text{未获得入学资格学生就读 KIPP 学校的概率}}$$

根据安格里斯特等人提供的信息①，获得入学资格学生的数学平均成绩比全州平均成绩低 0.003 个标准差，而未获得入学资格学生的数学平均成绩比全州平均成绩低 0.358 个标准差，两者相差 0.355 个标准差，这正是简化形式效应值。第一阶段效应之前已经计算过，为 69.4 个百分点。将这两个值相除，就可以算出就读 KIPP 学校对学生数学成绩的处理效应为：0.355/0.694 = 0.512，表明就读 KIPP 学校能使学生数学平均成绩提高大约 0.5 个标准差。这一结果是在隔绝了学生个人能力、学习动机和家庭背景的条件下取得的，表明林恩市 KIPP 学校学生成绩优于其他学校同类学生并不是学生和家庭自我选择的结果，KIPP 学校在提升学生学业成绩方面确实取得了显著的成效。

二、 两阶段最小二乘估计

传统的工具变量估计量只包含一个内生变量和一个工具变量，只使用单个工具变量对单个内生变量变异进行分离。在本小节，我们介绍如何使用多个工具变量实现对处理效应的一致估计。

对于特定的内生变量，如果我们能为其找到多个有效的工具变量，这些工具变量都是外生的，它们的线性组合必定也是外生的，也可以用于分离内生变量的外生变异。与单工具变量相比，运用多工具变量形成估计有如下优势。

一是增加估计精度。如前所述，工具变量法的参数估计与统计推断只使用内生变量变异中的部分外生变异，内生变量变异中与工具变量无关的部分都被舍弃了。自变量数据信息的大量损失会使模型统计功效下降，估计系数方差增大，估计精度下降。在绝大多数情况下，工具变量估计系数

---

① 文中计算参考了安格里斯特和皮施克（Angrist & Pischke，2015，pp. 101 – 115）书中提供的部分信息，尤其是他们书中第 108 页的图 3.2。安格里斯特和皮施克在书中计算第一阶段效应采用的是样本整理后的结果。为简化讨论，我们直接采用其原始样本数据对处理效应进行计算，计算结果与他们书中结果略有不同。

方差要比OLS大，其结果更不容易通过显著性检验。[1] 如果我们采用多个
工具变量，工具变量与内生变量的相关度得到加强，这有助于保留更多的
内生变量变异信息，从而达到增强模型的统计功效、提高估计精度的目
的。如图4.8，如果我们只采用单个外生工具变量 I_1，内生变量 X 取值变
异中用作处理效应估计的只有内生变量 X 变异椭圆 B 和工具变量 I_1 变异椭
圆 C 的重合区域 BC。在内生变量 X 变异椭圆 B 中，除 BC 重合区域外，
其余都被舍弃了。如果我们同时使用外生工具变量 I_1 和 I_2，内生变量 X 变
异椭圆 B 和工具变量 I_2 变异椭圆 D 的重合区域 BD，以及内生变量 X 变异
椭圆 B 和工具变量 I_1 变异椭圆 C 的重合区域 BC，一起用于对处理效应的
估计，内生变量 X 变异中用于估计的留存部分明显增多了，估计精度自然
会得到提高，模型的统计功效得到增强。[2]

---

① 如正文公式（4.7），工具变量估计量方差 $\mathrm{var}(\beta^{IV}) = \sigma^2/$
$[r_{IT}^2 \cdot \sum (T_i - \bar{T})^2]$，其中，分子 σ^2 表示模型残差方差，分母中 $\sum (T_i - \bar{T})^2$ 表示处
理变量的取值变异程度，r_{IT}^2 表示工具变量与处理变量的皮尔逊相关系数。分母为
$\sum (T_i - \bar{T})^2$ 与 r_{IT}^2 相乘，这意味着工具变量法只使用了内生的处理变量的一部分变异
用于统计推断。工具变量与处理变量的相关度越高，$r_{IT}^2 \cdot \sum (T_i - \bar{T})^2$ 越大，处理变
量变异中用于统计推断的变异部分就越多，此时工具变量估计量的方差就越小，估计
就越精确，越容易通过显著性检验。然而，皮尔逊相关系数 r_{IT}^2 最大值为1，这意味
着工具变量估计量方差必定要比 OLS 估计方差大。回顾第二讲公式（2.18），OLS 斜
率系数方差为：$\mathrm{var}(\beta^{OLS}) = \sigma^2/\sum (T_i - \bar{T})^2$，于是工具变量估计量方差可改写为
$\mathrm{var}(\beta^{IV}) = \mathrm{var}(\beta^{OLS})/r_{IT}^2$，其中，$r_{IT}^2$ 值域为 $[0, 1]$，于是有 $\mathrm{var}(\beta^{IV}) \geq \mathrm{var}(\beta^{OLS})$。
② 这个例子还揭示了一个挑选工具变量的经验法则，即如果我们选择多个工具
变量用作估计，所挑选工具变量之间最好只呈现较弱的相关性。因为工具变量相关性
越弱，图4.8中重合区域 BD 和 BC 相互重叠的区域就越小，而 BD 和 BC 加起来覆盖
的区域就越大，此时利用多个工具变量就可以从工具变量变异中分离出更多的外生
变异。

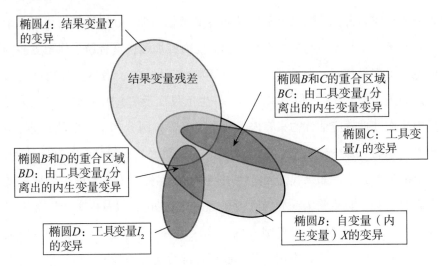

图4.8　多工具变量的变异分解

　　二是有助于对含有多个内生变量的模型形成因果识别。如果模型中有多个与残差相关的内生变量，我们只使用单个工具变量无法完成对模型内含的联立关系的识别。对于模型识别来说，有效的工具变量多多益善。当模型工具变量个数少于内生变量个数时，为识别不足（under-identified）；当工具变量个数等于内生变量个数时，为恰好识别（just identified）；当工具变量个数多于内生变量个数时，为过度识别（over-identified）。根据阶条件（order condition），模型要得到识别，外生的工具变量个数至少要与内生变量个数同样多，即模型应为恰好识别或过度识别才有解。

　　当模型采用多个工具变量时，我们习惯采用两阶段最小二乘法（two stage least squares，2SLS）完成估计。与上一小节介绍的工具变量传统估计量相比，2SLS的优势在于它允许模型同时使用多个工具变量，因而能更充分、更有效率地利用处理变量变异，以实现对处理效应更加精确的估计。此外，2SLS估计允许模型纳入其他控制变量，这既有利于进一步减小估计量方差，提高估计精度，又有助于减小当工具变量不满足独立假设或排他限制假设时可能引发的偏估风险。正如之前所举的逃课行为对学生学业成绩因果效应的例子，家庭与学校地理距离变量的变异并非完全外生，该工具变量在控制家庭背景变量的条件下才是有效的。

　　两阶段最小二乘估计，顾名思义，就是要对模型做两次OLS回归。

　　第一步，用工具变量 I 和模型中其他外生的控制变量 X 对内生的处理

变量 T 进行 OLS 回归，并基于估计结果计算出处理变量的预测值 $\widehat{T}$。

第二步，用处理变量的预测值 $\widehat{T}$ 替换原有的处理变量 T，对结果变量 Y 进行 OLS 回归，估计得到平均处理效应。

以下，我们将分模型含单工具变量和多工具变量两种情况，对 2SLS 估计的实现过程进行介绍。

（一）单工具变量的 2SLS 估计

如模型（4.4），只含有单个处理变量 T，我们尝试采用单个工具变量 I，就内生变量 T 对结果变量 Y 的处理效应进行两阶段回归。

第一阶段回归以处理变量 T 作为因变量，以工具变量 I 作为自变量，进行 OLS 回归，模型如下：

$$T_i = \pi_1 + \gamma \cdot I_i + \nu_{1i} \tag{4.12}$$

其中，估计系数 γ 表示工具变量 I 对处理变量 T 的效应，即第一阶段效应。根据 OLS 估计量，第一阶段效应：$\gamma = \dfrac{\mathrm{cov}\ (I,\ T)}{\mathrm{var}\ (I)}$。根据模型（4.12）的估计结果，我们可以计算得到处理变量的预测值 $\widehat{T}$，即

$$\widehat{T}_i = \pi_1 + \gamma \cdot I_i$$

第二阶段回归以处理变量的预测值 $\widehat{T}$ 作为自变量，对结果变量 Y 进行 OLS 回归，模型如下：

$$Y_i = \pi_2 + \beta^{\mathrm{IV,2SLS}} \cdot \widehat{T}_i + \nu_{2i} \tag{4.13}$$

其中，$\beta^{\mathrm{IV,2SLS}}$ 即为处理效应的 2SLS 估计量。根据 OLS 估计量，有：

$$\beta^{\mathrm{IV,2SLS}} = \frac{\mathrm{cov}\ (\widehat{T},\ Y)}{\mathrm{var}\ (\widehat{T})}$$

$$= \frac{\mathrm{cov}\ (\pi + \gamma \cdot I,\ Y)}{\mathrm{var}\ (\pi + \gamma \cdot I)}$$

$$= \frac{1}{\gamma} \cdot \frac{\mathrm{cov}\ (I,\ Y)}{\mathrm{var}\ (I)} \tag{4.14}$$

将第一阶段效应估计量 $\gamma = \dfrac{\mathrm{cov}\ (I,\ T)}{\mathrm{var}\ (I)}$ 代入等式（4.14），可得：

$$\beta^{\mathrm{IV,2SLS}} = \frac{\mathrm{var}\ (I)}{\mathrm{cov}\ (I,\ T)} \cdot \frac{\mathrm{cov}\ (I,\ Y)}{\mathrm{var}\ (I)}$$

$$= \frac{\text{cov}\ (I,\ Y)}{\text{cov}\ (I,\ T)}$$

回顾公式（4.6），工具变量的传统估计量 β^{IV} 恰好也等于 $\text{cov}\ (I_i,\ Y_i)$ ／ $\text{cov}\ (I_i,\ T_i)$，于是便证明了在模型含有单个工具变量的情况下，两阶段最小二乘的估计量等同于传统估计量。可见，工具变量的 2SLS 估计法与传统估计本质相同，虽然实现估计的方式和方法不同，但殊途同归，最终都反映为简化形式效应与第一阶段效应之比。

（二）多工具变量的 2SLS 估计

设回归模型如下：

$$Y_i = \alpha + \beta \cdot T_i + \varphi_1 \cdot X_{1i} + \varphi_2 \cdot X_{2i} + \cdots + \varphi_G \cdot X_{Gi} + \varepsilon_i \qquad (4.15)$$

（单个处理变量）　（G 个外生控制变量 X）

其中，处理变量 T 为内生变量。模型另含有 G 个控制变量 X，它们都与模型残差 ε 无关，为外生变量。我们尝试采用 K 个工具变量 I_1，I_2，$\cdots$，I_K 进行两阶段回归。

第一阶段回归以处理变量 T 作为因变量，以 K 个工具变量 I 和 G 个控制变量 X 作为自变量进行 OLS 回归。第一阶段回归模型如下：

$$T_i = \pi_1 + \gamma_1 \cdot I_{1i} + \gamma_2 \cdot I_{2i} + \cdots + \gamma_K \cdot I_{Ki} + \delta_1 \cdot X_{1i} + \delta_2 \cdot X_{2i} + \cdots + \delta_G \cdot X_{Gi} + \nu_{1i}$$

（K 个工具变量 I）　　　（G 个外生的控制变量 X）

$$(4.16)$$

基于第一阶段回归的估计结果，得到处理变量 T 的预测值 $\widehat{T}_i$，即有：

$$\widehat{T}_i = \pi_1 + \gamma_1 \cdot I_{1i} + \gamma_2 \cdot I_{2i} + \cdots + \gamma_K \cdot I_{Ki} + \delta_1 \cdot X_{1i} + \delta_2 \cdot X_{2i} + \cdots + \delta_G \cdot X_{Gi}$$

在第二阶段回归中，用处理变量的预测值 $\widehat{T}$ 替代原有的处理变量 T，并联合 G 个控制变量 X 对结果变量 Y 进行 OLS 回归。第二阶段回归模型如下：

$$Y_i = \pi_2 + \beta^{\text{IV,2SLS}} \cdot \widehat{T}_i + \theta_1 \cdot X_{1i} + \theta_2 \cdot X_{2i} + \cdots + \theta_G \cdot X_{Gi} + \nu_{2i} \qquad (4.17)$$

对等式（4.17）进行 OLS 回归，便可估计得到 $\beta^{\text{IV,2SLS}}$。在工具变量 I_1，I_2，$\cdots$，I_K 满足第一阶段效应假设、独立假设和排他限制假设的条件下，

$\beta^{\text{IV,2SLS}}$ 是平均处理效应的一致估计。

以估计教育收益率为例，构建如下经典明瑟收入方程（Mincer，1974）：

$$lnincome_i = \alpha + \beta \cdot edu_i + \varphi_1 \cdot exp_i + \varphi_2 \cdot exp_i^2 + \varepsilon_i \qquad (4.18)$$

因变量为个人月平均收入的对数值 $lnincome$。在模型遗漏个人能力变量的情况下，个人受教育年限 edu 与模型残差 ε 相关，为内生变量。模型含有两个外生的控制变量：工作经验 exp 与工作经验的平方 exp^2，个人工作经验按"个人年龄－入学年龄－受教育年限"计算。模型之所以同时纳入个人工作经验的一次项、二次项，是为了体现个人收入非线性的生命周期变化特征①。如果我们直接对明瑟收入方程（4.18）进行 OLS 回归，其结果如下：

$$lnincome_i = -0.522 + 0.108 \cdot edu_i + 0.015 \cdot exp_i - 0.001 \cdot exp_i^2$$
$$(se) \quad (0.425) \quad (0.011) \qquad (0.004) \qquad (0.0003)②$$

根据估计结果，教育收益率为 10.8%，标准误为 0.011，两者相除得到的 t 值接近 10，在 0.01 水平上肯定是显著的。我们知道在遗漏个人能力情况下教育收益率是被高估的。为纠正这一估计偏差，我们选取父亲受教育年限 fa_edu、母亲受教育年限 mo_edu 作为工具变量进行 2SLS 回归。通常情况下，父母受教育年限对子女受教育年限具有显著的正影响，满足第一阶段效应假设。③ 为方便演示，我们假定这两个变量是有效的工具变量，它们都与模型残差无关，并且除通过影响孩子受教育年限外，它们对子女收入水平再无其他影响路径。

采用 2SLS 估计教育收益率，先以工具变量 fa_edu、mo_edu 及外生的控制变量 exp、exp^2 作为自变量对个人受教育年限 edu 进行第一阶段回归，计算出个人受教育年限变量的预测值，结果如下：

---

① 个人收入通常会随着工作经验（或年龄）呈现先上升而后下降的倒 U 状变化，一般会在中年时期达顶峰。

② 括号内数据为估计系数标准误。

③ 正如我们在图 4.7 前所讨论的，这两个变量并不一定完全满足独立假设和排他限制假设。

$$\widehat{edu} = 6.215 + 0.240 \cdot fa\_edu_i + 0.315 \cdot mo\_edu_i + 0.049 \cdot exp_i - 0.001 \cdot exp_i^2$$

$$(se)\,(0.312)\,(0.110) \qquad (0.122) \qquad\quad (0.035) \qquad\quad (0.001)$$

根据估计结果,父母受教育年限对子女受教育年限的影响至少在 0.05 水平上是显著的,且为正影响,满足第一阶段效应假设。

第二阶段回归再以个人受教育年限预测值 $\widehat{edu}$ 与外生的控制变量 exp、 exp^2 作为自变量,对个人收入水平进行第二阶段回归,结果如下:

$$\widehat{lnincome}_i = 0.174 + 0.051 \cdot \widehat{edu}_i + 0.045 \cdot exp_i - 0.001 \cdot exp_i^2$$

$$(se) \quad (0.520)\,(0.023) \qquad (0.020) \qquad\quad (0.002)$$

教育收益率的 2SLS 估计值为 5.1%,与 OLS 估计值 10.8% 相比,有大幅下降。由于工具变量法只利用了内生变量的部分变异,因此估计系数标准误有所增加,教育收益率估计值的标准误为 0.023,与 OLS 估计的标准误(0.011)相比增大了一倍多,但依然在 0.05 水平上显著。

之前介绍的多工具变量模型都只含有单个内生变量。采用相似的步骤和方法,我们还可以实现对含有多个内生变量和多个工具变量模型的 2SLS 估计。以模型含有 2 个内生变量为例,其回归模型如下:

$$Y_i = \alpha + \underbrace{\beta_1 \cdot T_{1i} + \beta_2 \cdot T_{2i}}_{(\text{两个处理变量})} + \underbrace{\varphi_1 \cdot X_{1i} + \varphi_2 \cdot X_{2i} + \cdots + \varphi_G \cdot X_{Gi}}_{(G\text{个外生控制变量}X)} + \varepsilon_i$$

$$(4.19)$$

其中,模型含有两个内生的处理变量 T_1 和 T_2,另有 G 个外生的控制变量 X。如前所述,根据阶条件,模型含有 2 个内生变量,至少需要引入 2 个外生工具变量。假定工具变量 I_1 和 I_2 满足三个假设,都是有效的工具变量。

第一阶段回归采用两个工具变量 I_1 和 I_2 和 G 个外生的控制变量 X 作为自变量,分别对处理变量 T_1 和 T_2 进行 OLS 回归,并分别计算出这两个处理变量的预测值 $\widehat{T}_1$ 和 $\widehat{T}_2$,即有:

$$\widehat{T}_{1i} = \pi_{11} + \gamma_{11} \cdot I_{1i} + \gamma_{21} \cdot I_{2i} + \delta_{11} \cdot X_{1i} + \delta_{21} \cdot X_{2i} + \cdots + \delta_{G1} \cdot X_{Gi}$$

$$(4.20)$$

$$\widehat{T}_{2i} = \pi_{12} + \gamma_{12} \cdot I_{1i} + \gamma_{22} \cdot I_{2i} + \delta_{12} \cdot X_{1i} + \delta_{22} \cdot X_{2i} + \cdots + \delta_{G2} \cdot X_{Gi}$$

$$(4.21)$$

再以两个处理变量的预测值 $\widehat{T}_1$ 和 $\widehat{T}_2$ 和 G 个外生的控制变量 X 作为自变量，对结果变量 Y 进行第二阶段回归。第二阶段回归模型如下：

$$Y_i = \pi_2 + \beta_1^{\text{ IV,2SLS}} \cdot \widehat{T}_{1i} + \beta_2^{\text{ IV,2SLS}} \cdot \widehat{T}_{2i} + \theta_1 \cdot X_{1i} + \theta_2 \cdot X_{2i} + \cdots + \theta_G \cdot X_{Gi} + \nu_{2i}$$

$$(4.22)$$

其中，$\beta_1^{\text{ IV,2SLS}}$ 和 $\beta_2^{\text{ IV,2SLS}}$ 即为处理变量 T_1 和 T_2 平均处理效应的 2SLS 估计值。

2SLS 估计比传统的工具变量估计法具有更强的适用性，可适用于更加多样的模型设定，目前绝大部分工具变量的应用性研究都采用该估计法。虽然 2SLS 估计步骤比较烦琐，但 Stata 及其他许多统计软件都提供实现 2SLS 估计的现成命令，无须研究者手工操作。此外，我们也不推荐读者手工执行两阶段回归，因为手工操作第二阶段回归估计得到的估计系数标准误是错误的，它只考虑第二阶段模型残差，未将第一阶段模型残差纳入计算。有关如何通过 Stata 软件实现 2SLS 估计，我们在本讲第四节再做详细说明。

三、 工具变量的局部处理效应

如前所述，工具变量法只利用处理变量部分外生变异实现了对处理效应的一致估计。这意味着并不是样本中所有观测对象都"参与"了对处理效应的估计，有部分观测对象由于不受工具变量影响而被舍弃了，这使得通过工具变量法估计得到的平均处理效应与我们惯常理解的平均处理效应有很大的不同。

如第三讲公式（3.2），平均处理效应是对样本中所有观测对象的个体处理效应求数学期望得到的，这意味着干预对样本中所有观测对象都是有效的，或者说，处理效应对于样本中所有观测对象都是同质的，没有任何差别。相比之下，工具变量法估计得到的平均处理效应只代表那些个体行为受到工具变量影响的观测对象的处理效应，它对于那些不受工具变量影响的观测对象是无效的。也就是说，工具变量估计量具有只适用于特定人群的局限性，它估计得到的处理效应具有强烈的局部特质，因而属于局部平均处理效应（local average treatment effect，LATE）（Imbens & Angrist，

1994）。安格里斯特等人提出一种可用于分析处理效应异质性的"遵从类型"（compliance style）框架（Angrist et al.，1996）。为更好地理解这一极为有用的分析框架，让我们再回到之前特许学校的例子。

KIPP 学校入学资格由随机抽签决定，这就相当于做了一个随机实验。工具变量 I 的取值决定了观测对象所在组别：$I=1$ 表示个体被抽中，获得了 KIPP 学校的入学资格；$I=0$ 表示个体未被抽中，未获得 KIPP 学校的入学资格。处理变量 T 的取值决定了观测对象事实上是否接受干预：$T=1$ 表示个体最终就读 KIPP 学校，即接受了干预；$T=0$ 表示个体最终未就读 KIPP 学校，即未接受干预。回顾前文，获得干预资格不等于实际接受干预，这就造成随机分组 I 取值与处理变量 T 取值不一致的情况。根据工具变量 I 和处理变量 T 之间的取值变化关系，我们可以将样本中的观测对象分为四类。

一是遵从者（compliers），此类人的行为完全听从随机分组的安排。随机分组安排他在处理组，他就接受干预；随机分组安排他在控制组，他就不接受干预。即如果 $I=1$，$T=1$；如果 $I=0$，$T=0$。对于遵从者来说，工具变量 I 和处理变量 T 取值完全一致，工具变量 I 对处理变量 T 具有正向的因果效应。

二是对抗者（defiers），此类人的行为也"听从"随机分组的安排，但是反着听。随机分组安排他在处理组，他就不接受干预；随机分组安排他在控制组，他就接受干预。即如果 $I=1$，$T=0$；如果 $I=0$，$T=1$。对于对抗者来说，工具变量 I 和处理变量 T 也具有紧密的因果关系，但这个关系是负向的。

三是永远接受者（always takers），此类人的行为完全不受随机分组安排的影响。无论是被分在处理组，还是在控制组，永远接受者总是选择接受干预。即如果 $I=1$，$T=1$；如果 $I=0$，$T=1$。对于永远接受者来说，处理变量 T 取值与工具变量 I 取值完全无关。

四是从不接受者（never takers），此类人的行为也完全不受随机分组安排的影响。无论是被分在处理组，还是在控制组，从不接受者总是选择不接受干预。即如果 $I=1$，$T=0$；如果 $I=0$，$T=0$。从不接受者处理变量 T 取值与工具变量 I 取值也是完全无关的。

　　通常情况下，一个总体或调查样本的构成总是异质的，同质的情况比较少见。所谓构成异质，是指一个总体或调查样本由不同类型的观测对象构成；而构成同质是指总体或样本由单一类型的观测对象构成。总体或调查样本的异质构成一般有三种情况：一是同时包含遵从者、永远接受者和从不接受者，此时我们估计得到的就是遵从者相对于永远接受者和从不接受者的平均处理效应，即遵从者的平均处理效应；二是同时包含对抗者、永远接受者和从不接受者，此时我们估计得到的就是对抗者相对于永远接受者和从不接受者的平均处理效应，即对抗者的平均处理效应；三是同时包含遵从者、对抗者、永远接受者和从不接受者，由于遵从者和对抗者对随机分配的服从方向正好相反，我们无法确认估计得到的处理效应究竟是遵从者还是对抗者的平均处理效应。为避免这一情况，我们不得不做出总体或调查样本不同时包含遵从者和对抗者的假设，该假设被称为单调性假设（monotonicity assumption）。

　　在单调性假设下，工具变量对个体行为的影响方向保持一致，要么总体或调查样本同时包括遵从者、永远接受者和从不接受者，此时为正单调，工具变量对个体是否接受干预的影响大于等于零；要么同时包括对抗者、永远接受者和从不接受者，此时为负单调，工具变量对个体是否接受干预的影响小于等于零。在实际分析中，负单调的情况比较少见，我们在之后的讨论中也只考虑正单调情况。

　　如图4.9，观测对象被分为三类人群：A 和 B 属于遵从者，他们实际的行为选择完全听从抽签结果的安排；C 和 D 属于永远接受者，他们无论被分配到处理组还是控制组，总是会选择接受干预；E 和 F 属于从不接受者，他们无论被分配到处理组还是控制组，总是会选择不接受干预。很明显，后两类人群存在自我选择问题，他们的行为选择不是外生的（如果是外生的，他们就会听从随机抽签的安排），会受到个体特征、家庭背景、地区环境等因素的影响。如果总体或调查样本中有相当比例的永远接受者和从不接受者，采用 OLS 估计得到的处理效应必定是有偏的。

随机抽签分配

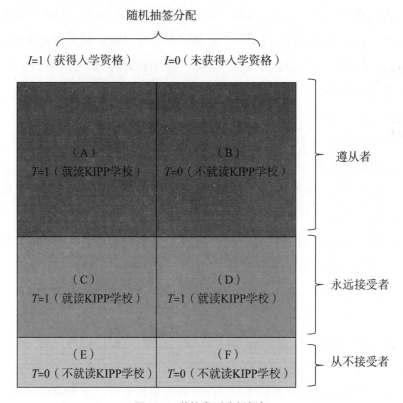

图 4.9　遵从类型分析框架

注：该图借鉴了 Murnane & Willett（2011，p. 276）图 11.1。

应如何解决这一问题呢？工具变量法提供了一种思路，即挑选具有一定特质的变量作为工具变量，对观测对象进行遵从类型分解。由于遵从者最终是否会接受干预取决于工具变量取值，而永远接受者和从不接受者的行为完全不受工具变量影响，因此利用该工具变量就可以将 A 和 B（遵从者）从所有观测对象中分离出来，数据分析只留存了遵从者，永远接受者和从不接受者全被抛弃，最终估计得到的就是遵从者的局部平均处理效应。那么，怎样的工具变量适合用于识别局部效应呢？

首先，挑选的工具变量应对观测对象部分个体（遵从者）行为具有一定影响，这被称为"工具变量非零效应假设"（nonzero effect of instrument assumption）。该假设内涵与前文提及的第一阶段效应假设相同。可以想象，如果工具变量对于所有观测对象行为都没有影响，我们就无法区分遵从者与永远接受者、从不接受者。

其次，工具变量应与个体是否接受干预，以及个体接受干预或不接受干预时的潜在结果无关，这被称为独立假设（independence assumption）。该假设内涵与之前所说的独立假设和排他限制假设相同。可以想象，如果特许学校的入学资格的随机分配被"污染"：学校为保证录取更多所谓"优质生源"，未严格执行入学资格随机抽签，给学习能力较强、家庭背景较好的学生留足了"后门"；而这些学生及家庭十分看中 KIPP 学校的教学质量，即便未获得 KIPP 入学资格，也会通过其他途径就读 KIPP 学校，具有非常强烈的自我选择倾向，属于永远接受者。在学校的操作下，对入读 KIPP 持有较高倾向的学生（永远接受者）拥有更大的概率获得入学资格，此时工具变量取值就与个体是否接受干预有关。① 此外，学习能力强的学生的成绩自然要比其他学生高，富裕家庭对孩子教育有更多的私人投入，导致工具变量取值又与孩子未来的学习成绩（即潜在结果）相关。此时，除处理变量外，工具变量还可能通过其他路径对结果变量产生影响。

工具变量非零效应假设、独立假设和之前提及的单调性假设被称为识别局部处理效应的三大假设。对于估计局部处理效应来说，遵从者总是有益的，且多多益善。如图 4.10，遵从者的行为选择完全由外生的工具变量决定，与模型残差不存在相关性，因此我们可以通过"工具变量→处理变量→结果变量"这唯一一条因果路径将 X 对 Y 的真实因果效应识别出来。相比之下，永远接受者和从不接受者的行为选择非常"任性"，完全不受工具变量的影响。对于这些"任性"的个体，工具变量法无能为力，只能一"删"了事，于是工具变量法最终估计的只是遵从者的平均处理效应。

---

① 此处需注意，工具变量非零效应假设要求工具变量对处理变量有影响，独立假设要求工具变量与个体是否接受干预无关，这两个假设并不矛盾。第一阶段效应假设（即工具变量非零效应假设）要求有效的工具变量对个体后续的行为选择（是否接受干预）具有影响作用。个体原本既可能选择接受干预，也可能选择不接受干预，但只要工具变量的取值分配指定个体接受或不接受干预，个体实际的行为选择会受到很大的影响。独立假设要求有效的工具变量与个体潜在的干预状态无关。在本段落描述的情形下，个体原本就具有很强烈的接受干预或不接受干预的倾向，工具变量的取值分配受到该倾向的影响，由此导致工具变量内生化，不再是外生变量。

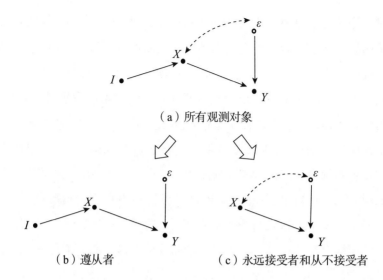

（a）所有观测对象

（b）遵从者　　　　　　　　（c）永远接受者和从不接受者

图 4.10　工具变量法的局部处理效应分解

注：该图借鉴了 Morgan & Winship（2015，p. 320）图 9.5。

在大多数情况下，总体或调查样本中的遵从者是观测不到的，因为我们只能观测到个体是否接受了干预，观测不到他潜在的干预状态。譬如，我们在样本数据中观测到小明同学通过抽签获得了 KIPP 学校的入学资格，并且他最终选择就读 KIPP 学校，但我们不知道如果小明同学未抽中入学资格，他是否会选择不就读 KIPP 学校。小明同学未抽中入学资格时的干预状态是一种潜在状态，是观测不到的。① 因此，如果实际接受干预的个

---

① 虽然我们无法侦知样本中具体个体的遵从类型，但可以通过第一阶段效应计算出遵从者在总体中所占比例，该比例等于工具变量取 1 时接受干预的观测对象比例减去工具变量取 0 时接受干预的观测对象比例，它表示会完全遵照工具变量取值变化而进行选择的观测对象比例是多少。回顾特许学校的例子，获得入学资格学生（$I =$ 1）中最终就读 KIPP 学校的学生比例为 72.9%，未获得入学资格学生（$I = 0$）中最终就读 KIPP 学校的学生比例为 3.5%，两者相差 69.4 个百分点，因此 69.4% 就是总样本中遵从者所占比例。如果用该遵从者比例 69.4% 乘以抽中入学资格的学生占比 67.9%（=303/446），可以得到抽中入学资格学生中的遵从者占总样本的比例为 47.1%（=69.4%×67.9%），再用该比例除以抽中入学资格且最终就读 KIPP 学校的学生占总样本的比例 49.6% ［=（303 - 82）/446］，就可以得到处理组中遵从者占比为 95.0%（=47.1%/49.6%）。同理，可以用总样本中遵从者比例 69.4% 乘以未抽中入学资格的学生比例 32.1%（=1 - 67.9%），可以得到未抽中入学资格学生中遵从者占总样本的比例为 22.3%（69.5%×32.1% = 22.3%），再用该比例除以未抽中入学资格且最终未就读 KIPP 学校的学生占总样本的比例 30.9% ［=（143 - 5）/446］，就可以得到控制组中遵从者占比为 72.2%（=22.3%/30.9%）。

体（处理组个体）同时包含遵从者和永远接受者，工具变量法只能识别其中遵从者的平均处理效应，而处理者的平均处理效应就等于遵从者平均处理效应与永远接受者平均处理效应的加权平均。[1] 只有在处理组中存在极少数永远接受者的情况下，工具变量法才能近似估计出处理者的平均处理效应。同理，实际未接受干预的个体（控制组个体）同时包含着遵从者和从不接受者。如果控制组中遵从者和从不接受者都占有一定比例，控制者的平均处理效应就等于遵从者平均处理效应与从不接受者平均处理效应的加权平均。[2] 只有在控制组中存在极少数从不接受者的情况下，工具变量法才能近似估计出控制者的平均处理效应。

理解工具变量估计量的局部特质是极为重要的。在实际研究中，我们不仅要通过有限的观测数据信息正确识别变量间因果关系，还要确定我们估计得到的结果代表的是哪一类人群的处理效应。微观计量分析不仅要保证研究结论的内部有效性——这是从事因果推断研究的第一要务和核心任务，也要清晰地界定研究结论的外部有效性边界，充分讨论自己所估计得到的因果结论所适用的人群范围。

第三节　工具变量法的实例讲解

独立假设要求工具变量具有外生特质。纵观过往经典文献，学者们所使用的工具变量大致可以分为两种类型：一是"先天"具有外生特质；二是通过一定方法处理，"后天"具备了外生特质。在本节中，我们分别介绍两篇工具变量法经典文献，以展现学者们是如何利用这两类工具变量实

---

[1]　以处理组中遵从者和永远接受者各自的人数占比为权重。
[2]　以控制组中遵从者和从不接受者各自的人数占比为权重。

现对处理效应的一致估计的。

一、 义务教育法、 出生季度与教育收益率

1991 年乔舒亚·安格里斯特和艾伦·克鲁格在《经济学季刊》（*Quarterly Journal of Economics*）发表了一篇题为《义务教育入学制度是否影响个人教育与收入？》（Does Compulsory School Attendance Affect Schooling and Earnings?）的文章。该文利用义务教育法形成自然实验设计，以出生季度作为个人受教育年限的工具变量，就美国成年男子教育收益率进行了估计（Angrist & Krueger，1991）。

世界上不少国家都制定并实施了义务教育法，严格规定儿童接受义务教育的入学年龄及结束义务教育的退学年龄。譬如，美国各州政府规定，儿童在当年 12 月 31 日前满 6 周岁方可在 9 月入学接受义务教育，这造成出生于不同季度的儿童在实际入学年龄上存在一定差别。儿童出生季度越早，入学时实际年龄越大。譬如，一个儿童出生于 1975 年 12 月，1981 年 12 月 31 日之前他满 6 周岁，因此可以在 1981 年 9 月入读小学，入学时他的实际年龄只有 5 岁半；而另一个儿童出生于 1976 年 1 月，1981 年 12 月 31 日他还不满 6 周岁，只能在 1982 年 9 月入学，入学时他的实际年龄已经有 6 岁半了。这两个儿童出生仅差一个月，实际入学年龄却相差将近 1 岁。

除入学年龄外，美国各州还规定了儿童结束义务教育的最小年龄，大部分州要求儿童结束义务教育不得早于 16 周岁。[①] 因此，对于那些出生季度较早的人（如 1976 年 1 月出生的儿童）来说，他们入学时年龄偏大，达到 16 周岁时如果选择马上退学，受教育年限将不足十年；而对于那些出生季度较晚的人（如 1975 年 12 月出生的儿童）来说，他们入学时年龄偏小，达到 16 周岁时如果马上选择退学，受教育年限将超过十年。由此可以推测，个人受教育年限会受到出生季度的影响，出生季度较晚人口的受教育年限应比出生季度较早的人口长。

安格里斯特和克鲁格利用美国 1980 年全国人口普查数据，绘制出人

---

① 也有少数州规定儿童结束义务教育的退学年龄为 17 或 18 周岁。

口平均受教育年限随出生年份与季度的变化折线（见图 4.11）。折线上标识的数字 1、2、3、4 分别表示同一年份的第一、第二、第三、第四季度。从该图中可以清晰地看出，美国人口平均受教育年限总体呈上升趋势，但在同一年度内不同季度出生人口的平均受教育年限呈现出一种有规律的起伏变化。在同一年度中第三、第四季度出生人口的平均受教育年限总是要比第一、第二季度出生人口的平均受教育年限长。如果把前一年第四季度出生人口和后一年第一季度出生人口进行对比，同样可以发现前者的平均受教育年限比后者长。

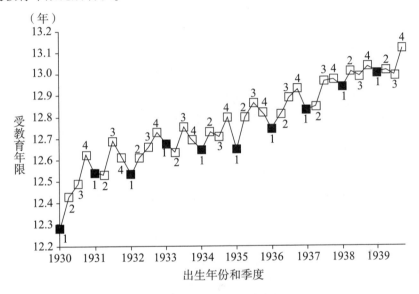

图 4.11 出生季度与受教育年限

注：该图取自 Angrist & Krueger（1991）图 1。

图 4.11 验证了个人出生季度作为工具变量对内生变量受教育年限确实具有一定影响，它满足第一阶段效应假设。根据安格里斯特和克鲁格的数值估计，在去除人口受教育年限的整体增长趋势后①，美国 20 世纪

---

① 如图 4.11，伴随着美国教育发展，美国人口的平均受教育年限随出生年份呈不断增长趋势，出生年份晚人口所受教育的年限总长于出生年份早人口。因此，若要对出生于不同年份人口的受教育年限进行对比，就必须先去除受教育年限的整体增长趋势。对此，安格里斯特和克鲁格采用的办法是：先计算出每一个季度出生人口的平均受教育年限 E，再计算出每个季度的前后两个季度内出生人口的受教育年限的均值 MA，用 E 减去 MA，即可消除人口受教育年限的整体增长趋势对各季度出生人口受教育年限变化的影响。

30—40 年代出生的人口中第一季度出生男子的平均受教育年限比第四季度出生的男子少 0.1 年。

人在哪一个季度出生具有"先天"的外生特质，没有证据表明出生于不同季度的人口在个人能力、家庭背景、地域环境上存在系统性差异。因此，出生季度作为工具变量，与容易遗漏的混淆变量之间没有明显的相关性，它满足独立假设。

此外，出生季度也应与个人收入水平无关，过往相关理论和经验研究从未将个人出生季度当成是影响个人收入水平的重要因素。然而，从图 4.12 中可以清晰地看出，人口的出生季度与收入水平居然呈现出一定的相关关系。在同一年度中出生在第三、第四季度人口的平均周薪（对数值）往往要比出生在第一、第二季度人口的平均周薪（对数值）高，而出生在前一年第四季度人口的平均周薪（对数值）也往往比出生在后一年第一季度人口的平均周薪（对数值）高。出生季度与收入水平呈现出和出生季度与受教育年限相似的数量变化规律，对这一"奇特"现象唯一可能的合理解释是：出生季度通过影响个人受教育年限，进而对个人收入水平产生了影响。除此之外，我们再也找不到其他可能的解释，说明出生季度作为工具变量满足排他限制假设。

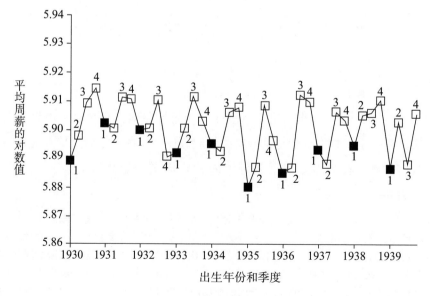

图 4.12　出生季度与收入水平

注：该图取自 Angrist & Krueger（1991）图 5。

　　既然出生季度满足第一阶段效应、独立和排他限制三个假设，那么它就是一个有效的工具变量。安格里斯特和克鲁格以出生季度作为工具变量，分别采用 Wald 估计和 2SLS 估计对教育收益率进行了估计。他们分别运用了两个样本：1970 年美国全国人口普查数据中出生于 1920—1929 年的成年男子样本和 1980 年美国全国人口普查数据中出生于 1930—1939 年的成年男子样本。这两个样本观测对象的年龄在各自的调查年份都处于40—50 岁之间。

　　在 Wald 估计中，安格里斯特和克鲁格将人口出生季度分为第一季度和第二、第三、第四季度两类，即设工具变量 I 为两分变量，出生在第一季度 $I=0$，出生在第二、第三、第四季度 $I=1$。估计结果如表 4.1 所示。

表 4.1　教育收益率的 Wald 估计结果

1970 年美国全国人口普查数据中出生于 1920—1929 年的成年男子样本			
	(1)	(2)	(3)
	出生于第一季度	出生于第二、第三、第四季度	差值 = (2) - (1)
平均周薪的对数值	5.1484	5.1574	0.00898**
			(0.00301)
受教育年限	11.3996	11.5252	0.1256**
			(0.0155)
教育收益率的 Wald 估计值			7.15%**
			(0.0219)
教育收益率的 OLS 估计值			8.01%**
			(0.0004)
1980 年美国全国人口普查数据中出生于 1930—1939 年的成年男子样本			
	(1)	(2)	(3)
	出生于第一季度	出生于第二、第三、第四季度	差值 = (2) - (1)
平均周薪的对数值	5.8916	5.9027	0.01110**
			(0.00274)

（续表）

1980 年美国全国人口普查数据中出生于 1930—1939 年的成年男子样本		
(1)	(2)	(3)
出生于第一季度	出生于第二、第三、第四季度	差值＝(2)－(1)
受教育年限	12.6881	12.7969	0.1088**
			(0.0132)
教育收益率的 Wald 估计值			10.20%**
			(0.0239)
教育收益率的 OLS 估计值			7.09%**
			(0.0003)

注：该表取自 Angrist & Krueger（1991）表3。为读者阅读方便，我们对原表稍做了修改；1970 年普查样本容量为 247199 人，1980 年普查样本容量为 327509 人；括弧内数据为标准误；＊＊为 0.01 水平上显著。

根据表 4.1，分析 1970 年普查数据有如下发现。

首先，出生于第一季度男子的平均受教育年限为 11.3996 年，出生于第二、第三、第四季度男子的平均受教育年限为 11.5252 年，二者相差 0.1256 年，通过了 0.01 水平的显著性检验。该差值表示出生季度不同对男子受教育年限的影响，即为第一阶段效应。

其次，出生于第一季度男子的平均周薪（对数值）为 5.1484，出生于第二、第三、第四季度男子的平均周薪（对数值）为 5.1574，二者相差 0.00898，在 0.01 水平上显著。该差值表示出生季度对男子收入水平的影响，即为简化形式效应。

最后，采用 Wald 估计量公式（4.10），用简化形式效应除以第一阶段效应，就可以得到教育收益率的 Wald 估计值为。

$$\beta_{1970}^{\text{IV, Wald}} = 0.00898/0.1256 \times 100\% = 7.15\%$$

这一结果与 OLS 估计值（8.01%）相差无几，不存在显著差异。

运用相同的思路和计算步骤，可以估计出 1980 年普查样本的教育收益率 Wald 估计值为：

$$\beta_{1980}^{\mathrm{IV, Wald}} = 0.01110/0.1088 \times 100\% = 10.20\%$$

这一结果与 OLS 估计值（7.09%）相比偏高，但通过检验发现，二者差异并不显著。

如前所述，采用 Wald 估计无法纳入控制变量，不能控制个人收入随年龄的变化趋势。为此，安格里斯特和克鲁格还采用了 2SLS 回归对教育收益率进行了估计。工具变量依然采用出生季度，但取值不再为二分，恢复到原有赋值状态，即一年四个季度，以第四季度作为参照组形成三个取值 0 和 1 的虚拟变量：$birth\_qr_1$，$birth\_qr_2$，$birth\_qr_3$，分别表示第一、第二、第三季度。

2SLS 的第一阶段回归是预测内生变量受教育年限。如图 4.11 所示，美国人口的受教育年限变化呈现出两种特点：一是人口受教育年限随出生年份整体呈上升趋势；二是同一年出生的人口受教育年限会受到出生季度的影响。为表现人口受教育年限以上两种变化特点，安格里斯特和克鲁格构造出如下第一阶段回归模型：

$$E_i = \alpha + \sum_{c=1}^{9} \delta_c \cdot birth\_yr_{ci} + \sum_{c=1}^{9}\sum_{j=1}^{3} birth\_yr_{ci} \cdot birth\_qr_{ji} + \theta_1 \cdot age_i + \theta_2 \cdot age_i^2 +$$

$$\theta_3 \cdot race_i + \theta_4 \cdot SMSA_i + \theta_5 \cdot married_i + \sum_{n=6}^{13} \theta_n \cdot region_{ni} + \varepsilon_i \quad (4.23)$$

其中，$birth\_yr_c$ 表示出生年份虚拟变量。安格里斯特和克鲁格分别采用 1970 年和 1980 年美国全国人口普查数据对出生于 1920—1929 年和 1930—1939 年的男子进行分析，因此样本中出生年份有 10 个，需形成 9 个出生年份虚拟变量 $birth\_yr_1$，$birth\_yr_2$，$\cdots$，$birth\_yr_9$。年份虚拟变量的斜率系数表示人口受教育年限随人口出生年份的整体变化趋势；除随出生年份发生变化外，人口受教育年限还会在同一出生年份内随出生季度发生一定变化。为体现这一变化，第一阶段回归模型（4.23）纳入了出生年份和出生季度的交互项。出生年份有 9 个虚拟变量，出生季度有 3 个虚拟变量，因此模型（4.23）就有 27 个出生年份和出生季度的交互项。此外，第一阶段回归模型（4.23）还纳入了其他一些外生的控制变量，包括年龄（age）、年龄平方（age^2）、是否是黑人（$race$）、是否居住在中心城市（$SMSA$）、是否已婚（$married$），以及 8 个居住地域的虚拟变量（$region$）。

对第一阶段模型（4.23）进行 OLS 回归，得出内生变量受教育年限

的预测值 $\widehat{E}$，该预测值联合第一阶段回归中年份虚拟变量及其他所有控制变量对结果变量人口平均周薪（对数值）进行第二阶段回归，如下：

$$\ln W_i = \pi + \beta^{\text{IV},2\text{SLS}} \cdot \widehat{E}_i + \sum_{c=1}^{9} \lambda_c \cdot birth\_yr_{ci} + \kappa_1 \cdot age_i + \kappa_2 \cdot age_i^2 + \kappa_3 \cdot race_i +$$

$$\kappa_4 \cdot SMSA_i + \kappa_5 \cdot married_i + \sum_{n=6}^{13} \kappa_n \cdot region_{ni} + e_i \tag{4.24}$$

安格里斯特和克鲁格采用以上 2SLS 模型（4.23）和模型（4.24），分别对 1970 年和 1980 年美国全国人口普查数据进行了分析。估计结果如表 4.2 所示，在控制了出生年份、年龄、种族、婚姻状况、居住地域的条件下，安格里斯特和克鲁格采用 1970 年普查数据估计出 1920—1929 年出生男子的教育收益率的 OLS 估计值为 7.01%，2SLS 估计值为 10.07%。2SLS 估计值虽高于 OLS，但二者差异不显著；采用 1980 年普查数据估计出 1930—1939 年出生男子教育收益率的 OLS 估计值为 6.32%，2SLS 估计值为 6.00%，两种估计值相差极小。安格里斯特和克鲁格还采用 1980 年普查数据对 1940—1949 年出生男子的教育收益率进行估计，结果依然显示 2SLS 和 OLS 估计结果没有显著的差别。

这一结果出乎意料，因为当模型遗漏重要变量与测量误差时，教育收益率的 OLS 估计值应该是偏估的，采用工具变量法纠偏后的估计结果应当显著不同于 OLS 的估计结果。然而，安格里斯特和克鲁格的估计结果却显示二者相差无几。工具变量法估计量的局部特质能解释这一"异常"现象。安格里斯特和克鲁格利用义务教育法自然实验形成出生季度工具变量，他们所估计得到的教育收益率只代表那些教育决策会受到义务教育法影响的人群，或者说是那些如果政府不实施义务教育法就很可能会选择退学而放弃学业的人群。

想象一下，如果样本中存在一部分永远接受者，他们的志向是完成高等教育，无论政府是否实施有关义务教育入学和退学年龄方面的规定，他们都会完成义务教育并选择继续深造，那么这些人的教育决策（受教育年限）就不会受到自己出生季度的影响。很明显，安格里斯特和克鲁格估计的教育收益率对于这部分人群是无效的。对于这部分人群来说，连第一阶段效应假设都得不到满足。为验证这一点，安格里斯特和克鲁格在文中专门就大学毕业生子样本进行分析，同样以出生季度作为工具变量对大学毕业生的教育收益率进行 2SLS 估计，其结果是不显著的。

表 4.2　教育收益率的 2SLS 估计结果

	美国 1970 年普查 1920—1929 年出生男子		美国 1980 年普查 1930—1939 年出生男子	
	OLS	2SLS	OLS	2SLS
受教育年限	0.0701**	0.1007**	0.0632**	0.0600**
	(0.0004)	(0.0334)	(0.0003)	(0.0299)
种族	-0.2980**	-0.2271**	-0.2575**	-0.2626**
	(0.0043)	(0.0776)	(0.0040)	(0.0458)
中心城市	0.1343**	0.1163**	0.1763**	0.1797**
	(0.0026)	(0.0198)	(0.0029)	(0.0305)
婚姻状况	0.2928**	0.2804**	0.2479**	0.2486**
	(0.0037)	(0.0141)	(0.0032)	(0.0073)
年龄	0.1162	0.1170	-0.0760	-0.0741
	(0.0652)	(0.0662)	(0.0604)	(0.0626)
年龄平方	-0.0013	-0.0012	0.0008	0.0007
	(0.0007)	(0.0007)	(0.0007)	(0.0007)
出生年份虚拟变量	Yes	Yes	Yes	Yes
居住地域虚拟变量	Yes	Yes	Yes	Yes

注：该表取自 Angrist & Krueger（1991）表 4 和表 5；括弧内数据为估计系数标准误；＊＊为 0.01 水平上显著。

由此可见，安格里斯特和克鲁格的估计结果只代表那些受教育水平偏低人群的教育收益率水平，这部分人群学习能力较差且大都来自弱势家庭，属于易受义务教育法影响的"边缘易感"群体。根据边际收益递减原理，低教育水平人群的教育收益率一般要高于整体劳动力的平均水平，采用出生季度工具变量估计得到的教育收益率高于 OLS，就不足为奇了。此外，低教育水平人群有更大概率会误报自己的受教育水平，因此在对低教育水平人群分析时，可能还面临着因测量误差而导致的教育收益率低估问题。利用出生季度工具变量进行 2SLS 回归在解决遗漏重要变量问题的同时，还"顺带"解决了因测量误差导致的教育收益率低估问题，这可能是安格里斯特和克鲁格使用工具变量法纠偏后教育收益率估计值不降反升的另一个原因。

二、 人口规模变化与小班教学效果

　　小班教学是近 30 年来发达国家推进学校教学改革最重要的政策之一。小班教学改革关系到公共教育经费与资源的筹集和分配，它既是一个"该如何教学生"的教育问题，也是一个"该不该投入及应如何投入"的财政问题。从教育生产与投入的角度看，小班教学意味着学校需负担更多的教学和非教学成本。为此，政府应提高对学校的生均拨款水平，并改变原有的教育资源分配格局，以鼓励和支持学校开展小班教学改革。从教育财政的角度研究小班教学，首先要确定小班教学的实际效力（effectiveness），即小班教学究竟能不能提升学生的学业成绩，以及能在多大程度上提升学生的学业成绩。对于政策制定者和研究者来说，这是一个根本性问题。只有回答了这个问题，研究者方可对小班教学做出成本 – 效果分析（cost-effectiveness analysis），并将其用于实际的教育资源分配和使用决策之中。

　　按照一般常识理解，减小班级规模意味着教师授课与日常指导时面对的学生人数变少了，每位学生可以得到教师更多的关注和指导，这必定有利于学生成绩的提升。然而，常识不是科学事实，我们需要采用严谨的科学方法就小班教学是否真的能提升学生成绩这一问题进行验证。要完成这一研究着实不易，因为现实中班级规模的变化不是随机产生的，学生就读班级规模的大小是学生及其家庭自我选择的结果，它受到学生个人、家庭、学校、地方政府等多种因素的影响。譬如，美国城市中心人口密度大，学校班额大，就读学生大都来自贫困家庭或中低收入家庭，并且当地地价和房价相对便宜，地方学区房产税收入不高，对公共教育的生均投入偏低，学校教学和管理创新的动力不足，学校教学质量整体偏差。相比之下，美国城市近郊人口密度小，学校班额小，就读学生大都来自中产或富裕家庭，并且地方学区房产税收入相对较多，地方学区财力相对充沛，对公共教育的生均投入较高，学校有较强的动力尝试各种教学和管理创新改革，学校教学质量普遍高于城市中心学校。① 可见，学生就读的班级规模与其学习成绩之间存在着大量的混淆变量，如果这些变量在观测数据条件下无法得到有效的控制，极易引发小班教学效果的偏估。

遗漏不同变量可能产生的偏估方向是不同的。家长择校是引发小班教学效果偏估的一个重要原因。通常来说，受过更多教育、拥有更高收入的家长更重视孩子教育，他们倾向于让孩子在小班化的学校就读，并有意愿、有能力对孩子追加更多的私人教育投资。家庭背景同时对学生是否就读小班和学业成绩具有正影响，若不妥善控制家庭背景变量，会引起小班教学效果的高估。

家长还可能基于学生个人能力与之前的学业表现做出择校决策，有些家庭择校可能是出于"提优"考虑，有些家庭可能是为了"补差"。"提优"择校是孩子能力越强，家长越倾向于让孩子接受小班教学，能力与学生是否就读小班之间为正相关。而"补差"择校是孩子能力越弱，家长越倾向于让孩子接受小班教学，能力与学生是否就读小班之间为负相关。可见，遗漏学生个人能力变量也会导致小班教学效果的偏估，但它形成偏估的方向是不明确的，既可能高估，也可能低估，取决于样本中"提优"型和"补差"型家庭的构成状况（黄斌 等，2022）。

除家长择校外，小班教学效果还可能因遗漏其他变量而偏估。譬如，不同学校秉持着不同的办学宗旨，有些学校致力于改善教育非公平，注重对弱势家庭儿童和学习能力偏低儿童的教学指导，学校投入与家庭投入呈负相关；而有些学校注重精英培养，在学校教学资源的分配上倾向于富裕家庭儿童和学习能力偏高儿童，学校投入与家庭投入呈正相关。此外，不同地方政府和决策者推行小班教学的动机亦有较大差别，有些决策者希望通过小班化教学改革提高教育投入的效率，而有些决策者注重小班化教学改革对教育公平和效率的平衡作用。教育现实是极为复杂的，这极大地增加了研究者利用观测数据就小班教学对学生学业成绩因果效应进行识别的难度，传统的 OLS 回归方法已不适用，研究者需另辟蹊径。

---

① 中国的情况与美国正好相反，城市学校班额大，学生的家庭背景相对较好，政府对城市学校的生均拨款相对较多；而城郊和农村学校班额小，学生的家庭背景相对较差，政府对城郊和农村学生的生均拨款不如城市学校多。

2000 年美国教育经济学家卡罗琳·M. 霍克斯比（Caroline M. Hoxby）在《经济学季刊》发表了一篇题为《班级规模对学生学业成绩的影响：来自人口变动的新证据》（The Effects of Class Size on Student Achievement：New Evidence from Population Variation）的文章，她巧妙地从学区人口变动趋势中分离出一部分具有随机特质的特异性变异（idiosyncratic variation），并将该变异作为学生就读班级规模的工具变量，用于对小班教学处理效应的估计（Hoxby，2000）。为形成有效的工具变量，霍克斯比做了以下工作。

首先，假设所有学校每个年级的班级数量都是固定的。之所以要做出这个假设，是因为学校班级规模等于学校入学人数除以班级数，如果允许班级数变化，学校入学人数与班级规模之间的数量变化就会丧失单调性。譬如，某一学校在某一年的入学人数增多，但与此同时，班级数量也在增加，而且班级数增幅超过入学人数增幅，这将使得班级规模不增反减。为保证入学人数和班级规模保持单调的数量变化关系，需做出班级数量固定的假设。在此假设下，方可形成"入学人数变化→班级规模变化→学生成绩变化"的因果链条。

其次，对学校入学人数的变异结构进行分解。某一学校某一年级的入学人数受制于学生个人、家庭、学校和社区特征，这些观测和未观测的特征变量共同决定了学校入学人数的系统变异部分。此外，入学人数还取决于当年学区学龄儿童人口数，而不同年份之间学区学龄儿童人口数量的变化具有一定的随机性，由此导致某一学校某一年级的入学人数除系统变异部分外，还含有一部分随机变异。该随机变异主要受学区人口生育率在不同年份间随机变化的影响。如果我们能从某一学校某一年级入学人数总变异中将这部分随机变异分离出来，便有了构造工具变量的"本钱"。问题的关键是如何分离这一随机变异。

最后，分离学校入学人数的随机变异部分。设 k 学区 j 学校 i 年级在第 t 年的入学人数为 E_{ijkt}，该入学人数由两部分构成：一部分是系统变异部分 $\hat{E}_{ijkt}$，它是有关一系列观测变量 X 和未观测变量 ε 的一个函数，即 $\hat{E}_{ijkt}(X_{ijkt}，\varepsilon_{ijkt})$；另一部分是随机变异部分 μ_{ijkt}，它受学区人口（生育率）特异性变化的影响而具有随机特质。假设 k 学区 j 学校 i 年级的入学人数与其系统变异部分、随机变异部分有如下关系：

$$E_{ijkt} = \hat{E}_{ijkt}\,(X_{ijkt}\,,\;\varepsilon_{ijkt})\cdot\mu_{ijkt}$$

对上式等式两边取对数，可得：

$$\log(E_{ijkt}) = \log\left[\hat{E}_{ijkt}\,(X_{ijkt}\,,\;\varepsilon_{ijkt})\right] + \log(\mu_{ijkt}) \qquad (4.25)$$

其中，$\log\left[\hat{E}_{ijkt}\,(X_{ijkt}\,,\;\varepsilon_{ijkt})\right]$ 表示学校入学人数的系统变异部分，霍克斯比认为该系统变异部分应随时间呈平滑变化，它可以用一个有关年份变量 t 的多项式函数来表示。譬如，可以设 k 学区 j 学校 i 年级的入学人数是有关年份变量 t 的三次函数，如下：

$$\log(\hat{E}_{ijkt}) = \alpha 0_{ijk} + \alpha 1_{ijk}\cdot t + \alpha 2_{ijk}\cdot t^2 + \alpha 3_{ijk}\cdot t^3 \qquad (4.26)$$

将模型（4.26）代入模型（4.25），可得：

$$\log(E_{ijkt}) = \alpha 0_{ijk} + \alpha 1_{ijk}\cdot t + \alpha 2_{ijk}\cdot t^2 + \alpha 3_{ijk}\cdot t^3 + \log(\mu_{ijkt}) \qquad (4.27)$$

通过对模型（4.27）的回归，我们可以计算出 k 学区 j 学校 i 年级入学人数的预测值，即它的系统变异部分 $\log(\hat{E}_{ijkt})$，再用 $\log(E_{ijkt})$ 减去系统变异部分 $\log(\hat{E}_{ijkt})$，就可得到入学人数的随机变异部分的预测值 $\log(\hat{\mu}_{ijkt})$：$\log(\hat{\mu}_{ijkt}) = \log(E_{ijkt}) - \log(\hat{E}_{ijkt})$。①

霍克斯比认为，入学人数的随机变异部分 $\log(\hat{\mu}_{ijkt})$ 可作为内生变量班级规模的有效工具变量。首先，入学人数的随机变化属于学校入学人数总体变化的一部分，在班级数量固定的假设下，它必定对学校班级规模有影响，满足第一阶段效应假设；其次，入学人数的随机变化来自学区人口的特异性变化，它是外生的，满足独立假设；最后，学区人口的特异性变化除通过影响学校班级规模外，似乎再也没有影响学生成绩的其他路径，满足排他限制假设。

霍克斯比采用的数据来自美国康涅狄格州下辖各小学。② 其中，对学

① 有关学校入学人数系统变异部分的多项式函数，我们只列示了三次函数。原文中，霍克斯比分别采用 t 的一次、二次、三次、四次函数就入学人数的系统变异部分进行了估计，结果显示增加多项式次数并不能使模型解释力得到明显的提高，计算得到的随机部分 $\log(u)$ 的预测值差别也不大。因此，霍克斯比最终选择三次函数估计得到的随机部分 $\log(u)$ 作为工具变量进行两阶段回归。

② 之所以限定于小学，是因为初中和高中学生修读科目较多，不少科目不是按自然班授课的，学生经常打乱班级编制或合班上课。

校入学人数随机变异部分的估计使用该州时间跨度长达 24 年的校级面板数据，对小班教学处理效应的两阶段回归估计则采用该州 1992—1998 年校级面板数据。各校学生平均成绩采用全州小学四、六年级统一测试的标准化成绩。为固定学校的年级班级数，霍克斯比挑选在数据时间跨度中始终保持一个年级只有一个班的学校组成样本进行两阶段回归。

第一阶段回归以各校某年级的班级人数的对数值作为因变量，以入学人数随机变异部分的预测值（工具变量）、学生人口队列（cohort）虚拟变量①、学校虚拟变量和其他外生的学区人口统计学特征作为自变量进行 OLS 回归，获得各校各年级班级人数对数值的预测值。

第二阶段回归以各校四、六年级学生的数学、阅读和写作平均成绩作为因变量，以第一阶段回归预测得到的班级人数对数值、学生人口队列虚拟变量、学校虚拟变量和其他外生的学区人口统计学特征作为自变量进行 OLS 回归。其中，在回归模型中加入学校虚拟变量，主要用以控制各个学校及其所在学区不随时间变化的特征对学生成绩的影响；在回归模型中加入学生人口队列虚拟变量，主要用于控制不同年份考试的难易程度差别，以及各个学校应对考试难度变化而做出的教学行为改变。

如表 4.3 所示，如果采用 OLS 回归，在控制了学校固定效应、学生人口队列固定效应后，班级规模对四年级、六年级学生的数学、阅读和写作考试成绩都具有显著的负影响。从点估计结果看，班级人数每减少 10%，学生数学、阅读和写作成绩将分别平均增加 0.1468、0.1153 和 0.0587 个标准差。当然，由于班级人数变量是内生变量，以上 OLS 估计结果都是有偏的。

表 4.3　小班教学效果的 2SLS 估计结果

因变量	OLS	2SLS
四年级数学成绩	− 1.4675**	− 0.0845
	(0.2067)	(0.1227)
四年级阅读成绩	− 1.1532**	− 0.1027
	(0.1450)	(0.0870)

———————————

① 学生人口队列用儿童入读幼儿园的年份表示，将同一年份入读幼儿园的人口定义为一代人。

（续表）

因变量	OLS	2SLS
四年级写作成绩	− 0.5872**	0.1871
	(0.0919)	(0.1214)
六年级数学成绩	− 1.3141**	0.0394
	(0.2788)	(0.1578)
六年级阅读成绩	− 1.4043**	0.1288
	(0.2771)	(0.1462)
六年级写作成绩	− 0.5571**	0.0494
	(0.1409)	(0.2077)
学校固定效应	Yes	Yes
学生人口队列固定效应	Yes	Yes

注：该表取自 Hoxby（2000）表 2 和表 4；样本中各校各年级始终只有一个班。四年级样本时间跨度为 6 年，包含 3404 个校级观测点，每年大约有 567 所小学。六年级样本时间跨度也为 6 年，包含 1150 个校级观测点，每年大约有 192 所学校；因变量分别为各学校四、六年级学生参加州数学、阅读、写作统一测试的标准化成绩；OLS 回归的解释变量为各校四、六年级学生在四、六年级之前所在班级人数平均值的对数值。2SLS 回归以各校四、六年级入学人数的随机变异部分作为内生变量班级人数的工具变量；每个表格单元中的估计值表示班级规模对学生成绩的处理效应，括弧内数据为其标准误；＊＊为 0.01 水平上显著。

相比之下，如果采用工具变量法，以学区入学人数随机变异部分作为班级人数的工具变量进行两阶段回归，结果显示班级人数对四年级、六年级各科成绩都不再具有显著影响。如前所述，工具变量法只使用了内生变量的部分变异，因此 2SLS 估计系数的标准误通常要比 OLS 大，并且工具变量对内生变量的第一阶段效应越弱，估计系数标准误就越大，越不容易通过显著性检验。然而根据表 4.3，2SLS 估计系数不显著并不是因为标准误偏大，而是点估计值偏小。根据 OLS 回归结果，班级人数变量的点估计值都为负值且数值较大，点估计绝对值是其标准误的数倍，都轻易通过了 0.01 水平的显著性检验。相比之下，2SLS 估计系数值明显偏小。以四年级数学成绩的估计结果为例，班级规模变量估计系数的标准误为 0.1227，这意味着只要班级人数每减少 10% 能使得学生平均数学成绩提升 0.02454

个标准差，就可以保证该估计结果通过 0.05 水平的显著性检验①，而表
4.3 中，班级人数变量的实际估计值只有 -0.0845，这意味着班级人数每
减少 10% 仅能提高学生平均数学成绩 0.00845 个标准差。由此可见，OLS
回归确实高估了小班教学的效果，运用工具变量法侦测到班级规模对学生
成绩只有极其微小的影响。

霍克斯比的估计结果与以往同类研究非常不一致。例如，美国经济学
家艾伦·克鲁格利用美国著名的大型教育随机对照实验"星计划"（Pro-
ject STAR）提供的数据就小班教学效果进行过估计，他发现小班教学对学
生学业成绩具有显著的正效应。根据克鲁格的估计结果，接受小班教学学
生的学业成绩在"星计划"实施一年内增加了 0.1 个标准差，五年内增加
了 0.175 个标准差（Krueger，1999）。对此，霍克斯比给出的解释是，自
己的研究采用的是自然实验，教师和学生都是小班教学被动的接受者，他
们原有的教学和学习行为都未受到实验的激励暗示而发生改变。相比之
下，在诸如"星计划"之类的社会实验中，教师和学生都是实验的参与
者，他们很可能受到实验的刺激或暗示而产生要充分利用小班教学获得成
绩红利的行为动机。在霍克斯比看来，通过随机对照实验估计得到的小班
教学处理效应包含了干预对实验参与者行为产生的政策激励作用，即霍桑
效应。事实上，如果我们阅读克鲁格原文，会发现其中有专门篇幅讨论
"星计划"实验的霍桑效应，他认为自己所估计得到的小班教学效果并未
受到霍桑效应的污染，而霍克斯比在文中对克鲁格这部分讨论只字未提。②

---

① 运用了显著性快速判定法：点估计值与其标准误之比达到 2，即可判定估计
结果通过 0.05 水平的显著性检验。

② "星计划"是美国田纳西州实施的"生师比与学生学业成绩"（Student-Teacher
Achievement Ratio）项目的简称。1985 年，美国田纳西州开始实施一项由学前跨越至
三年级的四年期小班化教学随机实验。该项目覆盖州内 80 所小学 11000 名学生。该项
目将学生和教师随机分配到不同规模的班级中，以此来检视小班化教学对学生学业成
绩的影响。社会实验面临许多内部有效性威胁，包括实验对象非遵从行为导致的非随
机分配问题、非随机的样本流失与损耗、霍桑效应等。克鲁格在文中专门就"星计
划"实验面临的主要内部有效性威胁进行了讨论和分析。对于霍桑效应检验，他采用
未受干预影响的控制组数据（不接受干预自然不存在霍桑效应），就因学校规模变化
而引发的班级规模变化对学生成绩的影响进行估计，发现如此估计得到的结果与实验
估计结果十分相似，这为"星计划"实验估计结果未受霍桑效应污染提供了间接的
证据。

对霍克斯比的估计结果做出解释可能还是要从工具变量估计量的局部特质入手。回顾前文，霍克斯比为建立入学人数与班级规模之间的单调变化关系，不得不假设学校各年级的班级数量固定不变，分析所采用的数据样本更是限定在各年级只有一个班的学校范围内。这意味着她所估计得到的处理效应只代表那些学区覆盖人口数量、学龄儿童人口数较少的学校的小班教学效果。此类学校规模原本就比较小，大班额问题不严重。对于此类小规模学校来说，班级人数的变化对学生成绩可能原本就只有极小的边际效应。①

此外，霍克斯比以某一学校某一年级入学人数的年份变量多项式函数估计的残差作为工具变量，她使用的工具变量并不是"先天"就具有外生特质，它是人造的产物，只具有"仿外生"的特质。回归模型的残差究竟包含哪些成分，原本就说不清、道不明，我们完全有理由怀疑年份变量多项式估计的残差除随机运气外还含有其他异质性成分。② 安格里斯特和克鲁格以"先天"具有外生特质的出生季度作为工具变量，具有不证自明的优势。与之相比，霍克斯比的研究设计说服力还不够强。即便如此，霍克斯比的研究也为我们提供了一种充分利用已有数据条件"后天"形成有效工具变量的思路，她发表的许多文章都值得我们深入研读和学习。

第四节　工具变量法的 Stata 操作

20 世纪 80 年代末，为增加国民接受高等教育的机会、延长国民接受

---

① 霍克斯比文中同时采用了工具变量法和断点回归两种因果识别策略。在断点回归中，霍克斯比放松了学校年级班级数量固定不变的假设，但班级人数对学生成绩的处理效应依然不显著。

② 霍克斯比在文中对多项式回归及其残差随机性讨论也不多，所提供的统计信息亦极为有限。

全日制高等教育年限，英国在全国范围内实施高等教育扩张改革，此次改革对英国教育、经济和社会发展具有深远影响。本书第二作者范雯博士与自己的导师，英国经济学家保罗·德弗鲁（Paul J. Devereux）教授，曾利用 1988—1994 年英国高等教育扩张改革形成自然实验，采用工具变量法对英国劳动力教育收益率进行估计（Devereux & Fan，2011）。在本节，我们采用该研究原始数据的 20% 随机抽样数据，对工具变量法的整个实操过程进行演示。

一、 研究背景与研究设计

1988 年，英国政府开始放松对大学的招生管制，赋予大学更多的招生自主权，同时降低对大学财政资助的水平，迫使高校通过增加招生规模以收取更多的学费，弥补财政撤资后形成的学校财务缺口。如图 4.13 所示，20 世纪 70 年代至 80 年代末，英国国民的高等教育参与率[①]长期保持在 15% 左右，但自 1988 年实行高等教育扩张政策后，英国国民的高等教育参与率节节攀升，1994 年超过了 30%，与 1988 年相比翻了一番。据经济合作与发展组织（OECD，2007）统计，1988—1996 年英国大学的入学人数猛增 93%。

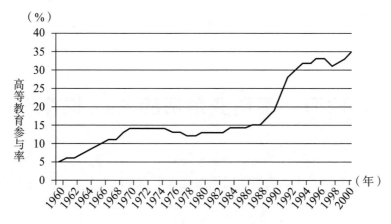

图 4.13　英国高等教育参与率趋势

注：该图取自 Chowdry et al.（2010）图 2。

---

① 此处的"高等教育参与率"定义为 17—30 岁人口中就读大学的比例。

　　高教扩张改革势必影响劳动力的教育获得，进而对生于不同年代的劳动力的工资收入水平及分配状况产生一定的影响。德弗鲁和范雯采用 1997—2009 年英国劳动力调查季度数据（quarterly labour force survey），运用工具变量法对英国劳动力的教育收益率进行了估计。

　　德弗鲁和范雯按照入学时间定义人口队列。英国法律规定儿童需在当年 8 月 31 日前满 5 周岁方可入学接受学校教育，于是他们将前一年 9 月 1 日至当年 8 月 31 日满 5 周岁的人口视为一个入学队列，该入学队列变量用劳动力的入学年份来赋值。譬如，一个劳动力甲出生于 1966 年 9 月 1 日，他于 1971 年 9 月 1 日才满 5 周岁，此时已经过了 8 月 31 日，他只能在次年（即 1972 年）9 月 1 日入学，他的入学队列变量按入学年份赋值，即 $COHORT = 1972$。另一个劳动力乙也出生于 1966 年，但出生月份为 1 月，1971 年 1 月满 5 周岁，他可以在 1971 年 9 月 1 日入学，他的入学队列变量也按入学年份赋值，即 $COHORT = 1971$。甲、乙两个劳动力在同一年出生，但入学队列赋值相差 1 年。

　　德弗鲁和范雯采用劳动力结束全日制教育的年龄来反映劳动力所受教育水平的高低。在有关英国的研究文献中，结束全日制教育的年龄这个指标非常常用，它反映劳动力在进入劳动力市场之前所取得的最高教育文凭。虽然该指标内涵不同于传统的受教育年限指标[1]，但为简化讨论，我们将结束全日制教育的年龄当成受教育年限来解读。如图 4.14 所示，横坐标为劳动力的入学队列，每一个年份代表一个入学队列，纵坐标为劳动力结束全日制教育的年龄。从该图中可以明显看出，受英国高教扩张改革影响最大的是 1970—1976 年间出生的人口，这部分劳动力的受教育水平较之前人口队列增加了将近 1 年。

---

　　[1]　结束全日制教育的年龄这个指标只统计劳动力接受全日制教育的年限，偏重考察个人在进入劳动力市场之前所取得的最高教育文凭，而传统的受教育年限指标对个人接受教育是全日制或非全日制没有要求，它囊括了个人进入劳动力市场前后所有的教育经历。

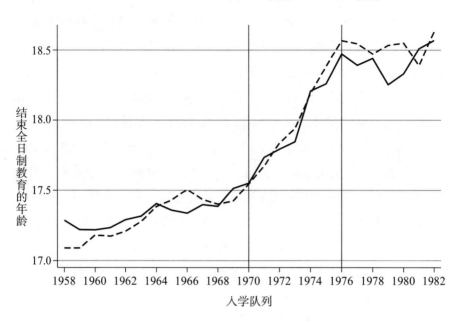

图 4.14 不同入学队列结束全日制教育年龄的变化趋势

注：按 Devereux & Fan（2011）原始数据的 20% 随机抽样数据绘制。

劳动力的出生日期可视为一种随机分布，在不同年份出生的劳动力（即不同入学队列）在个人能力、家庭背景分布上应并无显著差别，而高教扩张作为一种外生的政策冲击，使得在不同年份出生的劳动力受到了不同强度的教育政策干预。1970 年之后出生的劳动力是高教扩张改革的主要"受益者"，虽然 1970 年之前出生的劳动力亦有可能受改革的影响[1]，但后者所受改革影响毕竟远不如前者。于是，"入学队列（出生年月）→受教育年限→工资收入"这一因果链条就形成了，可以将劳动力入学队列作为受教育年限的工具变量，利用入学队列所具有的随机变异特质分离出内生变量受教育年限的随机变异部分，并将该随机变异用于对劳动力教育收益率的一致估计。德弗鲁和范雯采用两阶段回归，第一阶段回归模型为

$$EDU_{ic} = \alpha + \sum_{c=70}^{75} \gamma_c \cdot COHORT_c + \delta \cdot AFTER_c + g\left(COHORT_c\right) + f\left(AGE_{ic}\right) +$$
$$\kappa \cdot BIRTH\_ONS_c + \varphi \cdot WHITE_{ic} + \omega \cdot UNEMP_{ic} + \varepsilon_{ic} \qquad (4.28)$$

---

① 譬如受高教扩张改革的影响，重返学校接受全日制教育。不过，英国劳动力在结束自己的全日制教育并参加工作后，极少人会选择脱产接受全日制教育。

第一阶段回归模型的因变量为劳动力结束全日制教育的年龄（记为 *EDU*），该变量反映个人所受教育水平的高低，是内生变量。根据图 4.14，不同入学队列劳动力的受教育水平变化可以分为三个阶段：1970 年之前入学队列的受教育水平呈相对平稳的徘徊变化，1970—1975 年入学队列的受教育水平呈剧烈上升变化，1975 年之后入学队列的受教育水平再度回归徘徊变化。第一阶段回归模型的主要任务是将上述不同入学队列劳动力的受教育水平的三阶段变化"模拟"出来。为实现这一目标，研究者通常先描绘出劳动力受教育水平随入学队列的整体变化趋势，再使用若干人口队列虚拟变量呈现第二、第三阶段偏离整体趋势的相对变化。德弗鲁和范雯的具体做法如下。

首先，用有关劳动力入学队列的一个四次函数 g（*COHORT*）来呈现劳动力受教育水平随入学队列的整体变化趋势，即

$$g（COHORT_c）= \pi_1 \cdot COHORT_c + \pi_2 \cdot COHORT_c{}^2 + \pi_3 \cdot COHORT_c{}^3 + \pi_4 \cdot COHORT_c{}^4$$

其次，如图 4.14 所示，劳动力受教育水平随入学队列的变化在 1988 年实施高教扩张政策前后发生了剧烈变化，尤其是以 1970—1975 年入学队列这部分劳动力的受教育水平增长变化最为明显。为体现这一变化，第一阶段回归模型纳入 6 个虚拟变量 $COHORT_{70}$、$COHORT_{71}$、……、$COHORT_{75}$，分别用于表示于 1970—1975 年入学的人口队列的受教育水平偏离整体趋势的相对变化。这 6 个入学队列取值都为 0 和 1，如 $COHORT_{70}$ 赋值为：如果劳动力于 1970 年入学，$COHORT_{70} = 1$；如果在其他年份入学，$COHORT_{70} = 0$。

最后，与 1970—1975 年入学队列相比，1975 年之后入学队列的受教育水平变化又恢复平缓。为体现这一变化，模型纳入虚拟变量 *AFTER*，以体现 1975 年之后入学队列的受教育水平偏离整体趋势的相对变化。变量 *AFTER* 赋值为：若 $COHORT > 1975$，$AFTER = 1$，否则 $AFTER = 0$。

由此，德弗鲁和范雯构造出 7 个工具变量，即 $COHORT_{70}$、$COHORT_{71}$、……、$COHORT_{75}$ 和 *AFTER*，这些工具变量都是通过具有随机特质的入学队列变量产生的，因而都具有外生特质。除工具变量外，第一阶段模型（4.28）还纳入了若干外生变量作为控制变量，包括劳动力年龄的

四次函数［记为 $f(AGE)$］、历年失业率（记为 $UNEMP$）、种族（记为 $WHITE$）、各入学队列的人口规模（记为 $BIRTH\_ONS$）。德弗鲁和范雯的模型未控制个人婚姻、生育及居住地等其他研究惯常控制的人口统计学特征变量，他们认为个人婚姻、生育及其他行为都可能受高教扩张改革的影响，这些变量处于高校扩招和个人收入之间，是二者的中介变量，若控制这些变量，会导致教育收益率被低估。

值得注意的是，为保证对目标政策效应的精准估计，在模型中需同时考虑入学队列效应（school cohort effect）和年龄效应（age effect）。如本例，在模型中纳入入学队列变量 $COHORT$ 可以用于反映在同一时期入学的劳动力共同经历的教育政策改革所造成的影响，如英国的高教扩张对于 1970 年之后入学队列劳动力福利有共同影响。诚然，除教育政策外，政府还可能同时在其他领域实施了一些政策改革，而控制年龄变量 AGE 正是为了在控制入学队列效应的基础上进一步模拟出同期实施的其他政策对 1970 年之后入学队列劳动力所可能产生的不同影响。譬如，英国政府在推行高教扩张政策的同时，还出台了扩大失业金年龄覆盖范围的政策，后者只对 1970—1974 年入学队列劳动力的教育获得和收入水平有影响，对 1975 年之后入学队列劳动力没有影响。[1] 同时考虑并控制入学队列效应和年龄效应，有助于获得更"纯净"的处理效应估计。[2]

德弗鲁和范雯是按劳动力入学年而非自然年定义入学队列的，这使得在同一时期入学的劳动力在（周岁）年龄上存在着差别，从而避免队列变量和（周岁）年龄变量之间的完全共线性问题。当然，要做到这一点还需数据支持。为同时控制队列效应和年龄效应，研究者手中至少要有观测对象的出生月份数据，毕竟队列和（周岁）年龄都是依据个人出生日期计算的。如果我们只有观测对象的出生年份数据，没有出生月份数据，就不能获知同一年份入学劳动力的（周岁）年龄差异，也就无法同时对入学队列

---

① 还有一些改革可能对同一年入学的劳动力产生不同的影响。譬如有的政策对同为 1970 年入学但政策执行时周岁年龄不同的劳动力产生不同的福利影响。

② 早期部分研究未细分人口队列效应和年龄效应，可能存在一定程度的估计偏误，例如哈蒙和沃克（Harmon & Walker, 1995）的研究。

效应和年龄效应进行控制。此外，德弗鲁和范雯采用的是 1997—2009 年英国劳动力调查季度数据，数据收集时间跨度较大，样本中同一时期入学的不同观测对象存在较大年龄差别，这也有利于区分控制入学队列效应和年龄效应。

在第一阶段回归模型中，控制年龄变量 AGE 同样采用四次函数形式，即

$$g\ (AGE_{ic}) = \chi_1 \cdot AGE_{ic} + \chi_2 \cdot AGE_{ic}^2 + \chi_3 \cdot AGE_{ic}^3 + \chi_4 \cdot AGE_{ic}^4$$

德弗鲁和范雯构建的第二阶段回归模型如下：

$$\log\ (y_{ic}) = \gamma + \beta \cdot \widehat{EDU_{ic}} + k\ (COHORT_c) + h\ (AGE_{ic}) + \lambda \cdot BIRTH\_ONS_c +$$
$$\rho \cdot WHITE_{ic} + \theta \cdot UMEMP_{ic} + e_{ic} \qquad (4.29)$$

第二阶段回归中，因变量为个人收入的对数值，个人收入用劳动力平均时薪测量。处理变量 EDU 用第一阶段回归的预测值 $\widehat{EDU}$ 代替，其他控制变量与第一阶段回归相同，包括入学队列的四次函数 $[k\ (COHORT)]$、年龄变量的四次函数 $[h\ (AGE)]$、历年失业率、种族和各入学队列的人口规模。在工具变量 $COHORT_{70}$、$COHORT_{71}$、……、$COHORT_{75}$ 和 $AFTER$ 满足第一阶段效应假设、独立假设和排他限制假设的条件下，模型（4.29）中的 β 是教育收益率的一致估计。

二、2SLS 回归的 Stata 实现过程

请读者打开本讲的文件夹"第四讲演示数据和 do 文件"，用 Stata 打开其中的"iv_program.do"，就可以看到本讲实例操作的所有步骤及相应程序。

先打开数据"iv_data.dta"，使用 –des– 命令描述数据的总体情况。根据输出结果，"iv_data.dta"数据集共有 124383 个观测对象，包含执行上述两阶段回归模型（4.28）和（4.29）所需的若干因变量、自变量。我们根据变量标签可快速了解各变量含义。

```
Contains data from iv_data.dta
  obs:         124,383
  vars:             13                          23 Jun 2018 13:02
  size:      5,348,469

              storage   display    value
variable name   type    format     label      variable label

age            byte     %8.0g      age        age
edu            byte     %8.0g      edage      age when compltd cont. ft education
govtor         byte     %8.0g      govtor     government office regions
surveyear      float    %9.0g                 year of survey
yob_q          float    %9.0g                 school Cohort
birth_ons      float    %9.0g                 cohort size
unemp          float    %9.0g                 unemployment rates
lnw_w          float    %9.0g                 log weekly earnings
lnw_h          float    %9.0g                 log hourly wages
freq_wk        float    %9.0g                  weekly wage weights
freq_hr        float    %9.0g                  hourly wage weights
white          float    %9.0g                 white
female         float    %9.0g                 female

Sorted by:
```

其中，变量 *lnw_h* 和 *lnw_w* 分别表示劳动力平均时薪的对数值和平均周薪的对数值；*edu* 表示劳动力结束全日制教育的年龄；*yob_q* 表示劳动力的入学队列；*birth_ons* 表示各入学队列的劳动力数量；*age* 表示劳动力年龄；*female* 表示性别，*female* = 1 为女性，*female* = 0 为男性；*white* 表示种族，*white* = 1 为白人，*white* = 0 为其他；*govtor* 表示行政区划；*unemp* 表示历年失业率。

如前所述，德弗鲁和范雯的 2SLS 回归使用了 7 个工具变量，这些工具变量都要通过入学队列变量 *yob_q* 产生，具体操作如下。

```
. gen cq70 = 0        //构造 1970 年入学队列虚拟变量 cq70
. replace cq70 = 1 if yob_q = =1970
. gen cq71 = 0        //构造 1971 年入学队列虚拟变量 cq71
. replace cq71 = 1 if yob_q = =1971
. gen cq72 = 0        //构造 1972 年入学队列虚拟变量 cq72
. replace cq72 = 1 if yob_q = =1972
. gen cq73 = 0        //构造 1973 年入学队列虚拟变量 cq73
. replace cq73 = 1 if yob_q = =1973
. gen cq74 = 0        //构造 1974 年入学队列虚拟变量 cq74
. replace cq74 = 1 if yob_q = =1974
. gen cq75 = 0        //构造 1975 年入学队列虚拟变量 cq75
```

.replace cq75 = 1 if yob_q = = 1975

.gen after = 0　　　*//构造 1975 年之后入学队列虚拟变量 after*

.replace after = 1 if yob_q > 1975

控制变量包含入学队列变量的一次、二次、三次和四次项，年龄变量的一次、二次、三次和四次项。入学队列的各次项变量都按照入学年份计算，入学年份是四位数，计算其高次项会产生超大数。为方便估计，将入学队列变量减去基年 1957 年[①]，并将其二次、三次和四次项数值缩小至其千分之一。变量转换程序如下。

.replace yob_q = yob_q - 1957　　　*//用人学队列原始数据减去基年 1957*

.gen yob_q_2 = yob_q^2/1000　　　*//计算入学队列二次项，缩小至其千分之一*

.gen yob_q_3 = yob_q^3/1000　　　*//计算入学队列三次项，缩小至其千分之一*

.gen yob_q_4 = yob_q^4/1000　　　*//计算入学队列四次项，缩小至其千分之一*

.label var yob_q_2 " school cohort squared"

.label var yob_q_3 " school cohort cubic"

.label var yob_q_4 " school cohort quartic"

.gen age_2 = age^2　　　*//计算年龄二次项*

.gen age_3 = age^3　　　*//计算年龄三次项*

.gen age_4 = age^4　　　*//计算年龄四次项*

.label var age_2 " age squared"

.label var age_3 " age cubic"

.label var age_4 " age quartic"

构造所有工具变量后，就可以着手进行两阶段回归。德弗鲁和范雯分性别对教育收益率进行估计，以下操作步骤都分男性、女性样本进行。

---

① 样本中最早的入学队列为 1958 年。

（一）第一阶段效应与简化形式效应估计

. reg edu cq70 - cq75 after yob_q yob_q_2 yob_q_3 yob_q_4 age age_2 age_3 age_4 birth_ons white if female = =0, cluster (yob_q)　　*//男性的第一阶段回归*

. reg edu cq70 - cq75 after yob_q yob_q_2 yob_q_3 yob_q_4 age age_2 age_3 age_4 birth_ons white if female = =1, cluster (yob_q)　　*//女性的第一阶段回归*

条件语句"if female = = "用于区分男性、女性样本。第一阶段回归使用命令 - reg - ，因变量为 *edu*，之后跟一系列工具变量和外生控制变量，其中"cq70 - cq75"是对"cq70 cq71 cq72 cq73 cq74 cq75"的简写。由于模型纳入的自变量个数较多，每次回归输入这些变量名需要耗费不少时间，而且容易输错，因此我们可以使用全局宏命令 - global - 对上述回归程序做更进一步的简化。

在 Stata 实操中，我们经常将常用的一系列变量名定义为宏，为其设定一定名称，在之后程序编写中如果要使用这些变量名，只需采用符号"$"调用之前定义好的宏。如本例，在之后的回归操作中将频繁使用工具变量 *cq70*、*cq71*、*cq72*、*cq73*、*cq74*、*cq75* 和 *after*，以及控制变量 *yob_q*、*yob_q_2*、*yob_q_3*、*yob_q_4*、*age*、*age_2*、*age_3*、*age_4*、*birth_ons* 和 *white*，可以将这些变量名定义为一个宏 xlist：

. global xlist " cq70 cq71 cq72 cq73 cq74 cq75 after yob_q yob_q_2 yob_q_3 yob_q_4 age age_2 age_3 age_4 birth_ons white"

之后编写程序如果要使用这些变量名，只需输入$xlist，即可调用它们。譬如，定义宏 xlist 后，男性和女性样本的第一阶段回归程序可简写为：

. reg edu $xlist if female = =0, cluster (yob_q)

. reg edu $xlist if female = =1, cluster (yob_q)

在同一时期入学的劳动力在同一社会经济制度环境下接受教育并获得

收入，因此同一时期入学劳动力的受教育水平和收入水平要比不同时期入学的劳动力具有更大的相似性，导致受教育水平和收入水平在不同入学队列之间呈现不同的分布，即异方差问题。在异方差下，估计系数标准误计算是有误的，可采用选项"cluster（yob_q）"予以纠正。使用该选项后，Stata 会以入学队列变量 *yob_q* 分组计算估计系数的标准误，该标准误被称为聚类稳健标准误（cluster-robust standard error）。

简化形式效应估计是在不控制内生变量 *edu* 的条件下，以工具变量和外生控制变量为自变量对因变量 *lnw_h* 进行回归，程序如下。

```
. reg lnw_h $xlist unemp if female = = 0 [pw = freq_hr],
cluster (yob_q)
. reg lnw_h $xlist unemp if female = = 1 [pw = freq_hr],
cluster (yob_q)
```

劳动力工资收入也存在入学队列间异方差问题，因此也采用选项"cluster（yob_q）"。此外，简化形式效应估计还使用了以 *freq_hr* 变量为权重的加权回归。[①]

联合使用命令 – estimates store – 和 – outreg2 –，可以将第一阶段效应和简化形式效应估计结果汇总于同一表格之中。如表 4.4 所示，第二、第三列分别呈现了男性和女性第一阶段效应的回归结果，第四、第五列分别呈现了男性和女性简化形式效应的回归结果。从估计系数可以看出，绝大部分工具变量对男性和女性劳动力的受教育水平和收入水平都具有显著影响，并且从 *cq70* 到 *cq75* 和 *after*，入学队列变量的点估计系数值在增大。这意味着随着高教扩张改革的不断推进，高教扩张改革对劳动力受教育水平和收入水平的影响在不断释放。如前所述，工具变量估计量等于简化形式效应与第一阶段效应之比。根据表 4.4，可以看出大部分工具变量在第一阶段效应与简化形式效应估计中都有着较好的显著性表现，于是可以充

---

① 德弗鲁和范雯采用的数据是季度调查数据，在不同季度调查中有部分调查对象的 *ID* 是重复的。为此，德弗鲁和范雯设定了一个权重变量 *freq_hr*，该变量赋值为：如果观测对象 *ID* 不和其他观测对象 *ID* 重复，*freq_hr* = 1；如果不同季度的观测对象 *ID* 重复但收入水平不同，也视为不同观测对象，*freq_hr* = 1；如果不同观测对象 *ID* 重复且收入水平相同，则视为同一观测对象，*freq_hr* = 0.5。

满自信地利用两阶段回归对教育回报率进行估计。

表4.4　英国教育收益率的第一阶段效应和简化形式效应估计结果

	第一阶段效应		简化形式效应	
	男性	女性	男性	女性
cq70	0.120	0.170***	0.0332*	−0.0039
	(0.0768)	(0.0265)	(0.0174)	(0.00754)
cq71	0.338***	0.325***	0.0454**	0.0138
	(0.0968)	(0.0343)	(0.0219)	(0.00861)
cq72	0.417***	0.584***	0.0679**	0.0317**
	(0.131)	(0.0539)	(0.0325)	(0.0133)
cq73	0.492***	0.772***	0.0591	0.0464**
	(0.170)	(0.0795)	(0.0447)	(0.0195)
cq74	0.891***	1.113***	0.104*	0.0610**
	(0.208)	(0.105)	(0.0569)	(0.0253)
cq75	0.975***	1.401***	0.105	0.0622*
	(0.244)	(0.130)	(0.0684)	(0.0307)
after	1.208***	1.714***	0.138	0.0818**
	(0.295)	(0.172)	(0.0852)	(0.0391)
截距	23.08	22.74*	−4.166	−6.380*
	(13.63)	(12.95)	(2.976)	(3.640)
入学队列固定效应	Yes	Yes	Yes	Yes
年龄固定效应	Yes	Yes	Yes	Yes
Observations	57362	64427	31833	35030
R^2	0.028	0.037	0.057	0.026

　　注：采用原文数据20%随机抽样样本估计；括弧内数据为聚类稳健性标准误；
＊＊＊为0.01水平上显著，＊＊为0.05水平上显著，＊为0.1水平上显著。

（二）2SLS 估计

首先，采用传统的 OLS 对男性、女性教育收益率做出估计，OLS 的估计结果主要用于与之后 2SLS 的估计结果进行对比，回归程序如下。

. reg lnw_h edu yob_q yob_q_2 yob_q_3 yob_q_4 age age_2 age_3 age_4 unemp birth_ons white [pw = freq_hr] if female = = 0, cluster (yob_q)

. reg lnw_h edu yob_q yob_q_2 yob_q_3 yob_q_4 age age_2 age_3 age_4 unemp birth_ons white [pw = freq_hr] if female = = 1, cluster (yob_q)

男性和女性教育收益率 OLS 回归的 Stata 输出结果如下。

```
Linear regression                          Number of obs   =     31,683
                                           F(12, 24)       =     301.26
                                           Prob > F        =     0.0000
                                           R-squared       =     0.2149
                                           Root MSE        =     .46563

                        (Std. Err. adjusted for 25 clusters in yob_q)
```

		Robust				
lnw_h	Coef.	Std. Err.	t	P>|t|	[95% Conf. Interval]	
edu	0.081	0.003	25.80	0.000	0.074	0.087
yob_q	-0.001	0.008	-0.08	0.939	-0.016	0.015
yob_q_2	2.460	1.007	2.44	0.022	0.382	4.537
yob_q_3	-0.184	0.070	-2.63	0.015	-0.328	-0.039
yob_q_4	0.004	0.002	2.30	0.030	0.000	0.007
age	0.662	0.359	1.85	0.077	-0.078	1.402
age_2	-0.023	0.015	-1.54	0.136	-0.053	0.008
age_3	0.000	0.000	1.36	0.186	-0.000	0.001
age_4	-0.000	0.000	-1.25	0.224	-0.000	0.000
unemp	-1.089	0.530	-2.05	0.051	-2.183	0.006
birth_ons	-0.000	0.000	-1.13	0.268	-0.000	0.000
white	0.103	0.015	6.64	0.000	0.071	0.135
_cons	-6.866	3.236	-2.12	0.044	-13.546	-0.187

```
Linear regression                      Number of obs   =     34,889
                                       F(12, 24)       =     129.03
                                       Prob > F        =     0.0000
                                       R-squared       =     0.2162
                                       Root MSE        =     .45468

                              (Std. Err. adjusted for 25 clusters in yob_q)
```

lnw_h	Coef.	Robust Std. Err.	t	P>|t|	[95% Conf.	Interval]
edu	0.094	0.003	27.41	0.000	0.087	0.101
yob_q	-0.006	0.005	-1.17	0.254	-0.017	0.005
yob_q_2	2.743	1.075	2.55	0.017	0.525	4.961
yob_q_3	-0.130	0.076	-1.72	0.099	-0.287	0.026
yob_q_4	0.002	0.002	1.11	0.278	-0.002	0.005
age	0.731	0.329	2.22	0.036	0.052	1.411
age_2	-0.026	0.014	-1.90	0.069	-0.055	0.002
age_3	0.000	0.000	1.68	0.105	-0.000	0.001
age_4	-0.000	0.000	-1.51	0.144	-0.000	0.000
unemp	-1.253	0.440	-2.85	0.009	-2.162	-0.345
birth_ons	0.000	0.000	2.06	0.050	0.000	0.000
white	-0.057	0.015	-3.70	0.001	-0.089	-0.025
_cons	-7.724	2.946	-2.62	0.015	-13.805	-1.642

根据输出结果，男性和女性教育收益率的 OLS 估计值分别为 8.1% 和 9.4%，都在 0.01 显著性水平上显著。从点估计结果看，女性教育收益率略高于男性，但二者相差并不大。

接着，使用命令 – ivregress – 执行 2SLS，该命令的语法如下：

```
ivregress estimator depvar [varlist1]     (varlist2 =
varlist_iv) [if] [in] [weight] [, options]
```

– ivregress – 命令可简写为 – ivreg – 。其中，"estimator" 表示选择哪种估计法，有三种估计法可供选择，包括两阶段最小二乘法（2SLS）、有限信息最大似然估计法（limited-information maximum likelihood，LIML）和广义矩估计法（generalized method of moments，GMM）。命令 – ivreg – 默认选择 2SLS，也就是说，如果不对估计法做出选择，程序默认执行两阶段回归。选择估计法之后，输入因变量名（depvar）和控制变量名（[varlist1]），内生变量和工具变量名输入在 "（varlist2 = varlist_iv）" 中，varlist2 为内生变量名，varlist_iv 为工具变量名。如本例，Stata 程序如下。

```
.global xlist1 " yob_q yob_q_2 yob_q_3 yob_q_4 age age_2
```

age_3 age_4 unemp birth_ons white"　　*//先设定一个宏 xlist1,*
包含模型所有控制变量

　　. ivreg lnw_h (edu = after cq70 - cq75) $xlist1 [pw = freq_
hr] if female = =0, cluster (yob_q)

　　. ivreg lnw_h (edu = after cq70 - cq75) $xlist1 [pw = freq_
hr] if female = =1, cluster (yob_q)

　　注意内生变量与工具变量的书写格式。如本例,定义内生变量和工具变量采用 " (edu = after cq70 - cq75)",模型只有一个内生变量 *edu*,该内生变量名要写在括号内等号的左边。如果模型有多个内生变量,可在等号左边一一列示。模型有 7 个工具变量 *after* 和 *cq70—cq75*,把它们都写在括号内等号的右边。程序同样分男性、女性样本分别进行估计,并且也都采用了聚类稳健标准误以克服异方差问题。Stata 输出结果如下。

```
Instrumental variables (2SLS) regression      Number of obs   =    31,683
                                              F(12, 24)       =    236.08
                                              Prob > F        =    0.0000
                                              R-squared       =    0.2101
                                              Root MSE        =    .46706

                              (Std. Err. adjusted for 25 clusters in yob_q)
```

lnw_h	Coef.	Robust Std. Err.	t	P>|t|	[95% Conf. Interval]	
edu	0.067	0.033	2.05	0.052	-0.001	0.134
yob_q	0.002	0.009	0.17	0.865	-0.016	0.019
yob_q_2	2.204	1.166	1.89	0.071	-0.203	4.610
yob_q_3	-0.164	0.085	-1.94	0.064	-0.340	0.011
yob_q_4	0.003	0.002	1.67	0.107	-0.001	0.007
age	0.632	0.372	1.70	0.102	-0.135	1.400
age_2	-0.021	0.015	-1.39	0.177	-0.053	0.010
age_3	0.000	0.000	1.21	0.237	-0.000	0.001
age_4	-0.000	0.000	-1.10	0.284	-0.000	0.000
unemp	-1.020	0.541	-1.88	0.072	-2.137	0.097
birth_ons	-0.000	0.000	-1.16	0.256	-0.000	0.000
white	0.083	0.045	1.84	0.078	-0.010	0.175
_cons	-6.348	3.648	-1.74	0.095	-13.877	1.181

```
Instrumented:  edu
Instruments:   yob_q yob_q_2 yob_q_3 yob_q_4 age age_2 age_3 age_4 unemp
               birth_ons white after cq70 cq71 cq72 cq73 cq74 cq75
```

```
Instrumental variables (2SLS) regression        Number of obs    =    34,889
                                                 F(11, 24)        >   99999.00
                                                 Prob > F         =     0.0000
                                                 R-squared        =     0.1591
                                                 Root MSE         =    .47094

                                 (Std. Err. adjusted for 25 clusters in yob_q)

                         Robust
      lnw_h      Coef.   Std. Err.     t      P>|t|    [95% Conf. Interval]

        edu      0.042    0.022      1.97     0.061    -0.002      0.087
      yob_q      0.008    0.007      1.15     0.260    -0.006      0.023
    yob_q_2      1.060    1.096      0.97     0.343    -1.202      3.322
    yob_q_3     -0.034    0.074     -0.46     0.649    -0.186      0.118
    yob_q_4     -0.000    0.002     -0.01     0.994    -0.003      0.003
        age      0.740    0.366      2.02     0.054    -0.015      1.495
      age_2     -0.027    0.015     -1.73     0.097    -0.058      0.005
      age_3      0.000    0.000      1.52     0.141    -0.000      0.001
      age_4     -0.000    0.000     -1.36     0.187    -0.000      0.000
      unemp     -1.102    0.474     -2.32     0.029    -2.080     -0.123
  birth_ons      0.000    0.000      0.41     0.683    -0.000      0.000
      white     -0.107    0.022     -4.82     0.000    -0.153     -0.061
      _cons     -6.803    3.393     -2.01     0.056   -13.805      0.200

Instrumented:  edu
Instruments:   yob_q yob_q_2 yob_q_3 yob_q_4 age age_2 age_3 age_4 unemp
               birth_ons white after cq70 cq71 cq72 cq73 cq74 cq75
```

最后，联合使用命令 – estimates store – 和 – outreg2 – ，可以将 OLS 和
2SLS 估计结果汇总于同一表格之中。如表 4.5 所示，根据 2SLS 估计结果，
男性和女性教育收益率的 2SLS 估计值分别为 6.7% 和 4.2% ，都通过了
0.1 水平的显著性检验。这两个 2SLS 估计结果都明显低于 OLS 的估计结
果。2SLS 估计结果表明英国国民每多接受一年教育，将给他们带来 4% —
7% 的时薪增长。这一收益水平与其他发达国家的估计结果相当。在发展
中国家，由于政府和私人对人力资本投入相对较少，教育投资的收益水平
会相对高一些（Fan et al. , 2015）。

表 4.5　英国教育收益率的 OLS 和 2SLS 估计结果

	男性		女性	
	OLS	2SLS	OLS	2SLS
edu	0.0809***	0.0667*	0.0937***	0.0424*
	(0.00313)	(0.0326)	(0.00342)	(0.0216)
unemp	−1.089*	−1.020*	−1.253***	−1.102**
	(0.530)	(0.541)	(0.440)	(0.474)

（续表）

	男性		女性	
	OLS	2SLS	OLS	2SLS
birth_ons	− 0.000141	− 0.000159	0.000176**	4.75e − 05
	(0.000124)	(0.000137)	(8.51e − 05)	(0.000115)
white	0.103***	0.0825*	− 0.0568***	− 0.107***
	(0.0155)	(0.0448)	(0.0154)	(0.0222)
截距	− 6.866**	− 6.348*	− 7.724**	− 6.803*
	(3.236)	(3.648)	(2.946)	(3.393)
f (age)	Yes	Yes	Yes	Yes
g (cohort)	Yes	Yes	Yes	Yes
Observations	31683	31683	34889	34889
R^2	0.215	0.210	0.216	0.159

注：采用原文数据 20% 随机抽样样本估计；括弧内数据为聚类稳健性标准误；＊＊＊为 0.01 水平上显著，＊＊为 0.05 水平上显著，＊为 0.1 水平上显著。

如前所述，模型遗漏重要变量（譬如个人能力变量）通常会使得 OLS 高估个人教育收益率，因此在使用工具变量法纠偏后，个人教育收益率的估计结果理应有所下降。德弗鲁和范雯的估计结果非常符合这一预期。回顾前文，安格里斯特和克鲁格利用义务教育法自然实验估计得到的教育收益率代表的是低教育水平人群的局部处理效应。相比之下，德弗鲁和范雯采用高教扩张改革自然实验估计得到的教育收益率所适用的人群范围似乎要比安格里斯特和克鲁格的研究更加广泛。

在英国，学生向大学提交入学申请需提供自己的 A‑Level 考试成绩（general certificate of education advanced level），A‑Level 课程证书是英国大学招收新生的一个重要依据。英国的高教扩张改革为国民提供了更多就读高等教育的机会：一方面，它使得拥有 A‑Level 成绩的学生向大学提交入学申请的比例增加；另一方面，它吸引更多学生完成 A‑Level 课程，以获得向大学提交入学申请的资格。诚然，在德弗鲁和范雯的分析样本中也存在一部分永远接受者和从不接受者。那些来自富裕家庭和学习能力强的学生总是处于教育分流"金字塔"的顶端，高教扩张与否对于这些学生的教育决策几乎没有影响；而那些来自贫困家庭和学习能力极差的学生总是处于教育分流"金字塔"的底端，即便改革使大学参与率增加了一倍，他们依然没有机会从中获益。因此，如果说安格里斯特和克鲁格利用义务教育法自然实验估计得到的是教育对社会低层人群收入的局部处理效应，那么德弗鲁和范雯采用高教扩张自然实验估计得到的就是教育对社会中间阶层人群收入的局部处理效应。前者获得了一个低于劳动力平均水平的局部效应，而后者所获得局部效应接近于劳动力的平均水平。

三、 假设检验与稳健性检验

（一） 工具变量的假设检验

如前所述，有效的工具变量需满足第一阶段效应、独立和排他限制三大假设。以下，我们对这些假设的检验方法进行介绍。

在这三个假设中，检验第一阶段效应假设最为简单。如本例，有 7 个工具变量，于是我们以这 7 个工具变量作为自变量对内生变量 *edu* 进行 OLS 回归。

```
. reg edu after cq70 - cq75
```

Source	SS	df	MS		
				Number of obs	= 121,789
				F(7, 121781)	= 488.57
Model	20079.5877	7	2868.51252	Prob > F	= 0.0000
Residual	715005.348	121,781	5.87123893	R-squared	= 0.0273
				Adj R-squared	= 0.0273
Total	735084.936	121,788	6.03577476	Root MSE	= 2.4231

edu	Coef.	Std. Err.	t	P>|t|	[95% Conf. Interval]	
after	1.155	0.023	50.40	0.000	1.110	1.200
cq70	0.230	0.032	7.14	0.000	0.167	0.293
cq71	0.383	0.032	11.87	0.000	0.320	0.446
cq72	0.498	0.034	14.81	0.000	0.432	0.564
cq73	0.578	0.036	15.94	0.000	0.507	0.649
cq74	0.880	0.039	22.37	0.000	0.803	0.957
cq75	1.006	0.042	23.68	0.000	0.923	1.089
_cons	17.317	0.009	2007.84	0.000	17.300	17.334

根据输出结果，以上回归模型的 *F* 统计量为 488.57，比李等（Lee et al.，2020）提出的"最高"标准值 104.7 还要大许多，表明这些工具变

量是强工具变量，满足第一阶段效应假设。

独立假设要求工具变量与模型残差无关。德弗鲁和范雯采用的工具变量都是一些表示劳动力入学队列（出生年月）的变量，这些变量具有随机的外生特质。教育收益率估计中最常遗漏的变量是个人能力和家庭背景，这两个变量都与个人出生年月是无关的。此外，受教育年限虽然存在测量误差，但受教育年限测量误差通常与自身取值相关（劳动力的受教育水平越低，就越有可能误报自己的受教育水平），与出生年月没有明显的直接关联。

诚然，以上都只是定性讨论，我们能否在技术上对独立假设做出正式的检验呢？当模型只有一个工具变量时，对工具变量的独立假设是无法进行技术检验的，但如果模型含有多个工具变量，并且工具变量个数超过内生变量个数（过度识别），我们就可以采用目前较为流行的过度识别检验法（test of overidentifying restrictions）对工具变量的独立假设做出检验。

过度识别检验法的基本原理是：既然研究者宣称自己所使用的工具变量与模型残差无关，那么我们可以先通过 2SLS 回归计算出模型残差值，再用工具变量对该残差值进行回归。在工具变量与模型残差无关的零假设下，这个回归的拟合系数 R^2 与样本容量 n 的乘积 nR^2 就符合一个自由度为工具变量个数减去内生变量个数的卡方分布，由此我们就可以对工具变量与模型残差无关的零假设进行卡方检验。如果通过检验，就拒绝零假设，表明模型中至少有一个工具变量与残差相关，工具变量不满足独立假设；如果未通过检验，就不能拒绝零假设，表明模型中所有工具变量都与残差无关，工具变量满足独立假设。以上过度识别检验法又被称为萨尔甘检验（Sargan test）。[①]

我们可以在执行 – ivreg – 命令后，使用 – estat overid – 进行萨尔甘检验，也可以使用 – ivreg – 的升级命令 – ivreg2 – 进行两阶段回归，执行命令 – ivreg2 – 后，计算机会自动报告过度识别检验的结果。

_____

①　从本质上看，萨尔甘检验只是一种证伪检验。我们进行萨尔甘检验，如果拒绝零假设，工具变量肯定不满足独立假设，但如果不能拒绝零假设，也未见得工具变量就一定与残差无关，毕竟萨尔甘检验是采用 2SLS 的样本残差值，将其用作与工具变量的回归分析和卡方检验，而 2SLS 的样本残差又是依靠这些还未被证实是有效的工具变量估计得到的。

为简化讨论，我们不再区分男性、女性样本，只就整体样本进行过度识别检验，程序如下。

```
.ivreg2 lnw_h (edu = cq70 - cq75 after) $ xlist1 female [pw
= freq_hr], cluster (yob_q)
```

执行以上程序后，计算机会呈现一系列估计结果和检验结果，过度识别的检验结果位于"Hansen J Statistic"一栏中。当工具变量法采用 2SLS 估计法且假设为同方差（即未采用选项"robust"或"cluster"）时，计算机会采用萨尔甘检验。如本例，我们使用了选项"cluster"以纠正异方差，因此计算机报告的就是"Hansen J Statistic"。根据结果，萨尔甘检验的卡方值为 3. 707，p 值高达 0. 7163，表明未通过检验，我们不能拒绝工具变量与模型残差无关的零假设，模型中所有工具变量都与残差无关，工具变量满足独立假设。[1]

```
NB: Critical values are for Cragg-Donald F statistic and i.i.d. errors.
─────────────────────────────────────────────────────────────────────
Hansen J statistic (overidentification test of all instruments):      3.707
                                       Chi-sq(6) P-val =       0.7163
─────────────────────────────────────────────────────────────────────
```

从方法原理看，工具变量法的独立假设和排他限制假设本质上都是不可被检验的，过度识别检验法只是基于所涉样本的一种辅助性工具，它可在一定程度上帮助研究者甄别工具变量在实证意义上的"好"与"坏"，但终归不能替代我们在之前章节反复强调的那些选用工具变量的基本原则。一个好的工具变量首先应满足事实逻辑，要在理论上讲得通、在道理上站得住脚，其次才是通过技术检验，不能本末倒置。[2] 对于此类检验，

---

① 除过度识别检验外，- ivreg2 - 命令还提供其他统计检验信息，例如第一阶段效应假设的检验结果。有关使用该命令更加具体的介绍，请参见它的帮助文件。

② 譬如，以往国内不少计量研究喜欢使用内生变量的一期滞后项或多期滞后项作为工具变量进行两阶段回归。由于时间序列相关的缘故，前一期或前多期内生变量势必对当期内生变量具有一定影响，满足第一阶段效应假设在情理之中。然而，模型遗漏变量也可能在时间序列上存在相关，形成后门路径，内生变量滞后项与当期残差相关，不满足独立假设。虽然这些研究都提供了过度识别的检验结果，表明工具变量滞后项满足独立假设，但只要存在先天逻辑缺陷，事实逻辑讲不通，技术检验结果就都只是一些毫无意义的数字而已。另有一些国内宏观计量研究喜欢采用结果变量滞后项作为工具变量进行 2SLS 回归。遵循以上相似的思路，也可基本判定这些工具变量是无效的。

我们不可不信，但切勿全信！

（二）稳健性检验

首先，通过缩放样本范围进行稳健性检验。之前的 2SLS 回归都是区分性别样本分别进行的，我们可以尝试将男性、女性样本合并，采用整体样本对教育收益率进行 2SLS 估计。根据表 4.6 列（1）的估计结果，样本合并后教育收益率的 2SLS 估计值为 6.13%，与之前男性样本估计值相近，并在 0.01 水平上保持显著。此外，苏格兰实行的教育体制与英格兰、威尔士有较大差别，可尝试将来自苏格兰的样本剔除后再进行 2SLS 回归。根据表 4.6 列（2）的估计结果，如此操作后教育收益率的 2SLS 估计值为 4.43%，与之前样本整体估计值（6.13%）相比有所下降，并且在 0.05 水平上是非显著的。①

表 4.6　英国教育收益率 2SLS 估计的稳健性检验

	（1）	（2）	（3）	（4）	（5）
	log（hourly）	log（hourly）	log（weekly）	log（hourly）	log（hourly）
edu	0.0613**	0.0443	0.0795*	0.0614**	0.0665**
	(0.0200)	(0.0216)	(0.0315)	(0.0197)	(0.0214)
工具变量：					
cq 70–75	√	√	√	√	√
after	√	√	√		√
控制变量：					
f（age）	√	√	√	√	
age dummies					√
样本：					
no Scottish		√			
Observations	66572	58213	66755	66572	66572
R^2	0.181	0.153	0.100	0.181	0.186

注：采用原文数据 20% 随机抽样样本估计；括弧内数据为聚类稳健性标准误；** 为 0.01 水平上显著，* 为 0.05 水平上显著。

① 此处不显著主要是由于对原文数据进行 20% 随机抽样后样本容量变小的缘故。德弗鲁和范雯原文剔除苏格兰样本后男性、女性教育收益率估计值分别为 6% 和 5.6%，都通过了 0.01 水平的显著性检验。

其次，通过变更因变量进行稳健性检验。高教扩张不仅会对劳动力收入产生影响，亦有可能对劳动力的劳动时间（劳动供给）产生影响。因此，我们可以尝试将因变量由平均时薪改为平均周薪进行回归估计。因为平均周薪＝平均时薪×平均一周的劳动小时数，将因变量改为平均周薪，可将高教扩张对劳动力供给的影响考虑在教育收益率估计之中。根据表4.6列（3）的估计结果，以劳动力平均周薪（对数值）作为因变量，教育收益率的2SLS估计值有所上升，达7.95%，在0.05水平上显著。

再次，通过变化工具变量进行稳健性检验。之前的2SLS回归采用了7个工具变量，其中工具变量 *cq70—cq75* 表示1970—1975年入学队列，这部分劳动力受1988—1994年教育扩张政策影响最大，理应作为工具变量，而工具变量 *after* 表示的是1975年之后的入学队列，这部分劳动力申请大学时已过了高教扩张改革的高峰期，此前之所以将 *after* 变量作为工具变量，主要是考虑到高教扩张改革对于1975年之后入学队列劳动力具有一定的滞后效应。我们可尝试忽略这部分滞后效应，只使用1970—1975年入学队列变量 *cq70—cq75* 作为工具变量进行2SLS回归，检验教育收益率估计值是否会因此发生较大的变化。如表4.6列（4）的估计结果，把 *after* 变量从工具变量中剔除后（*after* 作为外生变量控制），教育收益率的2SLS估计结果几乎不变，点估计值为6.14%，在0.01水平上显著。

最后，通过改变控制变量进行稳健性检验。之前的2SLS回归将年龄变量与内生变量、结果变量的关系设定为四次函数关系，而事实上，它们之间的函数关系是未知的，四次函数未见得能完美"模拟"出不同年龄人口的教育和收入所遭受到其他政策的冲击效应。为此，我们可以尝试放松此种函数设定，采用更加严格的年龄固定效应法进行控制。样本中，年龄变量值域在［25，50］之间，共有26个年龄取值，我们以25岁作为参照组便可形成25个虚拟变量，每个虚拟变量表示一个年龄，将这25个虚拟变量作为控制变量同时纳入模型，即可控制年龄的固定效应。根据表4.6列（5）的估计结果，在更加严格的控制条件下教育收益率的2SLS估计结果依然在0.01水平上保持显著，其点估计值为6.65%，与之前估计结果相比亦未发生太大变化。

实现以上五种稳健性检验的 Stata 程序如下。

```
. ivreg lnw_h (edu = cq70 - cq75 after) $xlist1 [pw = freq_hr],
cluster (yob_q)
. estimates store col1
. ivreg lnw_h (edu = cq70 - cq75 after) $xlist1 [pw = freq_hr]
if govtor < 18, cluster (yob_q)
. estimates store col2
. ivreg lnw_w (edu = cq70 - cq75 after) $xlist1 [pw = freq_wk],
cluster (yob_q)
. estimates store col3
. ivreg lnw_h (edu = cq70 - cq75) $xlist1 after [pw = freq_hr],
cluster (yob_q)
. estimates store col4
. xi: ivreg lnw_h (edu = cq70 - cq75 after) i.age yob_q
yob_q_2 yob_q_3 yob_q_4 unemp birth_ons white [pw = freq_hr],
cluster(yob_q)①
. estimates store col5
. outreg2 [ col* ] using IV_table4_6, word replace
```

▍结语

工具变量法为实现因果推断提供了一种新的思路。当研究者无法利用观测数据对混淆变量实施必要的控制而身陷研究绝境时，工具变量法为我们开启了另一条通往因果识别彼岸的捷径。研究者只需从模型外部借用满足一定条件的变量，就可以关闭内生变量通往结果变量的所有后门，实现

---

① 此处使用了 – xi – 命令，该命令放在 – ivreg – 之前一起使用是为了配合之后的 "i. age"。如第二讲所述，"i." 的功能是定义和拆分类别变量。如本例，使用 "i. age" 即要求计算机将年龄变量 age 视为类别变量，并将该变量拆分为若干虚拟变量，将其纳入两阶段回归模型中予以控制。

对因果效应的一致估计。真可谓"一招解千愁"，似乎掌握了工具变量这个"超级武器"，便可以横行于"计量江湖"，无往而不利。然而，从已有相关文献看，虽然其中不乏值得我们仔细研读和揣摩的经典之作，但对工具变量法的误解、错用和滥用更是无处不在。并不是所有冠之以"工具变量"的研究结论都具有内部有效性，选择错误的工具变量很可能带来比 OLS 更大的估计偏差。在本讲中，我们反复强调有效的工具变量应满足哪些假设条件，违背这些假设条件会带来怎样的不利后果，以及对于这些假设条件应如何做出必要的事实逻辑描述和计量检验。

工具变量设计的有效性根植于研究情景之中，产生于研究者对潜藏于研究问题背后的特定社会经济制度背景的了解。正如安格里斯特和克鲁格在《工具变量与识别探寻》（Instrumental Variables and the Search for Identification）一文中所说，"好的工具变量常来自对决定自变量取值的经济机制和制度的细致了解"（Angrist & Krueger，2001）。也正因为这一点，任何为学界所称赞的工具变量都只是对某种类型研究有效，不存在对所有研究皆有效的工具变量。"吾之蜜糖，汝之砒霜"，同一工具变量对于不同研究的作用很可能是不一样的。

工具变量研究常借用一些看似与理论和模型不相干，甚至"匪夷所思"的变量作为工具变量，这很容易给人造成一种刻板印象——工具变量研究完全脱离理论和现实，它只是一种纯粹的技术操作，与现实描述和理论讨论无关。[1] 而事实上，工具变量的找寻和选取是有迹可循的，它们同样来自对理论的深入探讨和对现实的抵近观察。譬如，教育经济学研究大都遵循教育供需均衡理论框架展开分析，因此我们只需从影响教育供需的外生因素入手，便可"顺藤摸瓜"找到合宜的工具变量，对因果效应进行估计。在教育需求既定的条件下，个人的教育投资收益主要取决于教育供给水平，而政府推动的教育制度改革又是引发教育供给变化的重要因素。

---

① 当然，也有不少研究将工具变量单纯作为技术工具。例如在特许学校的例子中，学生随机抽签获得特许学校的入学资格就相当于一种干预随机分配机制，抽签本身不具有任何理论和现实含义。安格里斯特在更早前发表的一篇关于入伍经验对劳动力终生收入影响的计量文章中，也采用了类似的随机抽签的识别策略（Angrist，1990）。

对于微观个体来说，他们往往是教育制度变革的被动接受者，是否受到改革干预的选择权不在个体手中，而是取决于个体自身所具有的某种外生特质（例如出生年月），于是个体这一外生特质就理所当然地在某一特定制度变革的自然实验条件下充当起工具变量的角色。

此外，对于工具变量法局部处理效应的理解和讨论，也需理论和现实的支持。如前所述，采用多个工具变量可以更加充分和更有效率地利用处理变量的外生变异，以实现更加精确的因果效应估计，但不同工具变量对于个体行为的影响在方向和程度上很可能是不同的，因此模型采用的工具变量越多，就意味着我们越难说清楚工具变量估计得到的处理效应究竟代表的是样本中哪部分人群的处理效应。在微观计量分析中，清晰阐释因果效应的局部含义与获得因果效应无偏、一致的估计具有同等重要的地位。正如医药专家对某种药物成分对治疗某种疾病的效果进行研究，其中就应包含针对该药物成分的适用人群范围及毒副作用的科学实验。凡宣扬能包治百病、适用于一切人群的药品必定都是假药。从这一角度看，处理效应的局部特质并非工具变量法的缺点，而是它的优点，因为我们原本就不期盼人类的社会行为具有极高的相似性，社会科学研究的实验对象也永远不可能像自然物那样任我们摆布。事实上，正是我们勇敢地承认人类行为充满着异质性色彩，才使得社会科学研究要比自然科学研究更富有人文性，更有趣、迷人！

▌延伸阅读推荐

有关工具变量法及其局部处理效应特征的讨论，推荐阅读莫内恩和威利特（Murnane & Willett，2011）著作第10—11章、安格里斯特等（Angrist et al.，1996）的论文、因本斯和安格里斯特（Imbens & Angrist，1994）的论文、安格里斯特和皮施克（Angrist & Pischke，2009）著作第4章、安格里斯特和皮施克（Angrist & Pischke，2015）著作第3章、摩根和温希普（Morgan & Winship，2015）著作第9章。工具变量法综述的中文文献可参阅陈云松（2012），与黄斌、方超和汪栋（2017）文中相关内容。

第五讲　断点回归

"未经审视的生活是不值得过的。"

——苏格拉底(Socrates)

"虽然我们常将断点回归称为一种计量方法,但或许把它看成是一种特定的数据产生过程更加合适。"

——戴维·李和托马斯·勒米厄
(David S. Lee & Thomas Lemieux,2010)

"证据始终是医学、农业、技术和其他领域在全世界范围内取得长足进步的关键。为什么它不能成为推动教育进步的关键呢?"

——罗伯特·斯莱文(Robert E. Slavin)、
张志强、庄腾腾(2021)

　　"所谓'科学研究'（scientifically based research）——（A）是指那些经过严格、系统和客观的过程获取与教育有关的可靠、有效知识的研究；（B）它包括……（iv）实验或准实验设计研究，此类研究将观测对象、实体、项目或活动分配至不同条件之下，采用适当的控制方法对感兴趣的效应进行评价。优先考虑随机实验研究或其他在一定程度上实现了组内和组间控制的研究设计。"

——《不让一个孩子掉队法》

（No Child Left Behind Act）

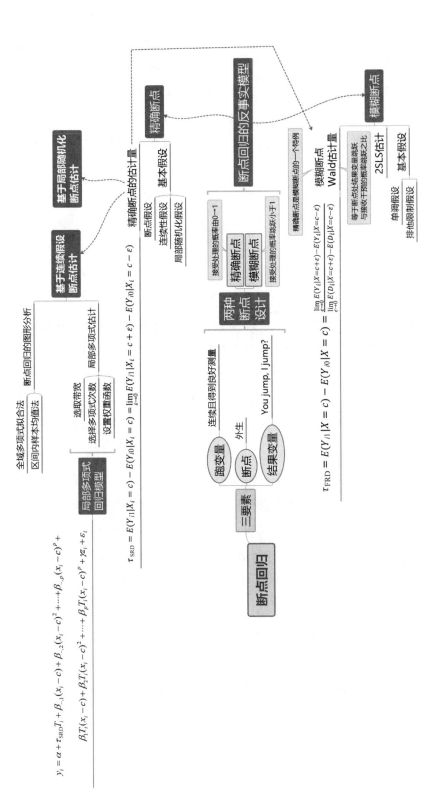

　　"因果"一词由原因和结果复合而成，但在量化分析中，我们对原因的关注通常多于对结果的关注，毕竟观测结果要比探求结果发生的原因容易得多。正如我们仅凭一般经验和日常观察就可以判定来自不同家庭的学生在学业成绩上存在着一定程度的分化，却很难说清形成这一分化的确切原因。英文的"原因"（causal）与"有罪"（guilty）都源自古希腊语"aitia"，而"aitia"又另有"理由"（reason）和"解释"（explanation）的含义。可见，在欧洲先民的语言中，探求原因与认定罪责同义，皆含有为物体的存在或事件的发生提供确切理由与合理解释之义。古希腊哲学家亚里士多德是最早定义"原因"的学者之一，他认为探究原因就是为了回答"为什么"的问题，人类对世界的探索就是追寻一切事物存在和生成的全部原因，回答自然物体为什么会存在这一重大命题。为此，亚里士多德在其著作《物理学》中提出了著名的四因说：质料因、形式因、动力因和目的因，并将其应用于对自然世界和国家形态的研究之中。[①] 继亚里士多德之后，阿奎纳（Thomas Aquinas）、牛顿（Issac Newton）等中世纪和近代哲学家对因果论亦做出了许多重要的论述，但为当代因果推断方法奠定哲学和方法论基础的是 18 世纪英国哲学家大卫·休谟（David Hume）。[②]

　　在休谟看来，科学最直接的功效是提供因果知识，以帮助人类掌控事件发展的未来方向。相较于直接定义何为因果，休谟似乎更关心寻找产生结果之原因的方法，他在因果推断方法论上提出了多个重要的原则性指引。[③] 休谟认为对原因的探求，除要求原因需发生在结果之前，还应考量原因和结果的时空紧邻性。瓶子掉落于地破碎，是因为我此前刚刚经过

---

　　① 依据亚里士多德的理论，国家的质料是它的公民，国家的形式是它的政体，推动国家形成的动因是对自足的追求，而国家的目的就是使整体国民一起过最好的生活（瑞安，2016，p. 118）。

　　② 有关因果论的历史论述，请参见毕比等（Beebee et al.，2009）编撰的《牛津因果关系手册》（The Oxford of Causation）的第一部分"因果关系的历史"（The History of Causation）。

　　③ 大卫·休谟有关原因与结果的哲学讨论，可参见休谟的《人性论》与《人类理解研究》等论著。艾耶尔（A. J. Ayer，2018）曾著有《休谟》，简要介绍了休谟生平及其主要哲学观点，该书第四章对休谟的因果理论做了回顾和点评，值得一读。

它，并不小心触碰到了它，因此我在时间和空间上曾与瓶子有"亲密接触"就构成它破碎的直接原因。又譬如，警察侦查罪犯，总是要先对嫌疑人在案发时是否曾在案发地点附近出没进行调查，如果嫌疑人能出示令人信服的不在场证明，警察便会基本排除其作案嫌疑，另寻他人进行侦查。

休谟所提出的因果时空紧邻性特质极符合我们对现实生活的直觉感受和体验。可以想象，如果"因"和"果"的发生时隔已久或发生地点相距极远，那么在原因和结果之间就会掺杂着其他许多可知和不可知的因素，使得我们很难对真假因果关系做出准确的判断（克莱因伯格，2018，pp. 5 - 10）。时空紧邻性对于判定因果关系确实非常重要，但如果将其视为判定因果关系的先决条件，明显是有问题的。时空紧邻性对于判定因果来说既不充分，也非必要。不同事件完全可以通过中间媒介在较长距离的时间和空间范围内产生因果联系，或根本不经过任何媒介就发生超距的因果关系，更何况有一些事件并不通过有形物质发生因果联系。譬如，家长期望对学生学业成绩的因果效应，前者就是一种无形的心理活动，我们很难就它与学生成绩之间的时间和空间距离远近做出定义和测量。正是由于这个原因，休谟以降的哲学和科学文献很少再提及因果的时空紧邻性要求，直至 200 年后断点回归（regression discontinuity）问世，因果关系的时空紧邻性特质才重获研究者的重视。

20 世纪 60 年代初，美国学者唐纳德·西斯尔思韦特（Donald L. Thistlethwaite）和唐纳德·坎贝尔（Donald T. Campbell）在有关政府奖学金对于大学生学业结果的因果效应研究中提出了一种构思巧妙且极具有说服力的因果识别方法——断点回归（Thistlethwaite & Campbell，1960）。正如我们在第三讲中对政府资助效果的实例讲解，学生是否获得政府奖学金，与未来学业结果之间存在着其他混淆变量，如学生的个人能力与家庭社会经济背景变量。奖学金不是随机分配的，这使得获得奖学金的和未获得奖学金的学生之间存在种种特征差异而不具有可比性。若强行将个人能力与家庭社会经济背景存在系统性差异的两组学生的学业结果进行对比分析，势必会偏估奖学金对学生学业结果的处理效应。如何解决这一难题呢？西斯尔思韦特和坎贝尔提出，奖学金按照学生过往成绩排名进行分配，学生成绩存在着一条界线（即断点），它将学生分为获得和未获得奖学金两组。虽然在整体样本下，获得和未获得奖学金这两组学生在诸多特征上存在着系统性差异，但如果我们只选取那些成绩只差一点未过线（未获得奖学金）的学生与成绩刚过线一点（获得奖学金）的学生进行对比的话，就会发现这两类学生特征具有极高的相似性。这是因为只差一点未过线的学生与刚过线一点的学生的成绩十分接近，二者成绩差与个人能力、家庭社会经济背景无关，纯属运气使然。运气由老天决定，它是随机的。因此成绩紧邻的学生就如同随机实验一般，被随机分配至成绩界线两侧而接受了不同的干预安排，于是这两组学生成绩是完全可比的，对他们的成绩进行对比分析可完全排除混淆变量的偏估影响，实现对因果效应的无偏估计。

西斯尔思韦特和坎贝尔提出的断点设计是如此简明而有效！其简明性在于该方法的设计原理直观易懂，只需不多的假设便可保证因果效应的无偏估计。如上例，我们只需确定成绩界线这个断点是外生的，学生对于自己的成绩落于成绩界线的左侧还是右侧不具有精确的操控力，即可保证断点两侧学生的可比性。其有效性表现为它巧妙地利用学生成绩的连续性与成绩界线断点，将事后观测数据"转换"为随机实验数据，从而最大限度地保证了因果推断的内部有效性。

断点回归与随机实验有着极近的"血缘关系"，是最接近随机干预实验的一种准实验方法（Lee，2008）。良好的断点回归设计能产生具有较高内部有效性的因果结论。此外，断点回归的参数估计及相关证伪检验都可以用图形分析的形式呈现，非常直观，这也是其他准实验方法远不能及的。在整个科学证据等级排序中，断点回归设计的因果推断效力仅次于随机实验与基于随机实验结果的元分析（见图3.2）。在计量技术发展日益昌盛的今天，不乏能产生令人信服因果结论的方法，但能像断点回归一样在研究设计上做到如此简明的并不多见。

自1960年西斯尔思韦特和坎贝尔首次提出断点设计后，该方法又沉寂了将近40年，直至20世纪90年代末，在一批经济学家的倡导下，才开始被大规模地应用。早期的断点研究主要集中在教育经济学领域，包括对奖学金资助效果、小班教学效果、学区房溢价等因果效应的估计（Angrist & Lavy，1999；Black，1999；van der Klaauw，2002）。2001年，金勇·

哈恩（Jinyong Hahn）、佩特拉·托德（Petra Todd）和威尔伯特·范德柯劳尔（Wilbert van der Klaauw）三位学者为断点回归的假设条件、参数估计和统计推断构建了严谨的数学模型基础（Hahn et al.，2001）。随后，经济学家和统计学家不断完善该方法体系（Ludwig & Miller，2007；Lee，2008；Cattaneo et al.，2015；Cattaneo et al.，2017）。时至今日，断点回归业已形成两种成熟的分析框架：基于连续假设的分析框架（continuity-based framework）和局部随机化的分析框架（local randomization framework）。在本讲，我们先从断点设计的三要素入手，对断点回归的因果识别策略进行介绍，再讲授目前主流的基于连续假设的断点分析框架，重点展示断点回归非参数局部多项式估计法的各种技术细节，最后进行断点回归实例讲解，并运用实例数据呈现断点回归的 Stata 操作过程。

第一节　断点回归的因果识别策略

断点回归的因果识别策略与之前介绍的倍差法、工具变量法有着极大的不同。倍差法识别因果是将模型异质性分为随时间变化和不随时间变化两类，利用两次差分将不随时间变化的异质性彻底消除。工具变量识别因果是利用满足特定条件的工具变量将处理变量的外生变异从总变异中分离出来，将其用于实现对因果效应的一致估计。倍差法和工具变量法的技术性更强，方法假设都暗含于数学化的计量模型之中。而相比之下，断点回归则更强调研究的"设计感"，其因果推断效力在很大程度上取决于研究设计的有效性，因此断点回归又常被称为断点设计（RD design）。以下，我们从形成断点有效设计的三大要素入手，循序渐进地向大家介绍断点回归的基本原理与因果识别策略。

一、 断点设计的三大要素

一个有效的断点设计必须含有三个基本要素：跑变量（running varia-ble）、断点（cutoff）和结果变量，三者缺一不可。安格里斯特和拉维（Angrist & Lavy，1999）曾使用断点设计对以色列公立小学的小班教学效果进行过估计。以下，我们就以该研究为例，来向大家解读断点设计的三大要素。

有关班级规模与教学效果的讨论已有上千年的历史。早在 6 世纪，犹太律法经典《塔木德经》（Talmud）就对集体学习圣经的人数规则有过讨论。12 世纪犹太哲学家迈蒙尼提斯（Maimonides）对《塔木德经》中相关内容重新进行了解释，他认为研习宗教经典的师生配比应满足一定要求：每一名教师分派 25 名学生，如果学生人数达到 50 人，就配备两名教师，如果达到 40 名，就为教师配备一名助手，支出由城镇负担。1969 年，以色列政府在制定最大班额政策时直接采用了迈蒙尼提斯设立的规则，规定所有中小学校班额上限为 40 人。如果同一年级在校生人数超过 40 人，就要拆分为两个班级授课。在该规则下，学校在校生人数就是跑变量，它决定了不同学校学生接受的是大班教学还是小班教学。假定有两所学校 A 和 B，A 校在校生为 40 人，B 校在校生为 41 人，仅多出 1 人。根据迈蒙尼提斯规则，A 校只开一个班授课，平均班额为 40 人，为大班教学；而 B 校要拆分为两个班授课，平均班额为 20.5 人，为小班教学。那么，班级规模的变化是否会使得学生成绩发生变化呢？这需要我们把学生学业成绩这个结果变量与学校在校生人数这个跑变量联系起来进行分析。

如图 5.1，横坐标表示在校生人数，纵坐标表示学生的平均成绩，断点为在校生人数达 41 人。图中各黑色圆点为散点，表示拥有不同在校生人数的各个学校。譬如，图中与断点左侧紧邻的散点 A 表示在校生人数为 40 人的学校（即 A 校），而位于断点之上的散点 B 就表示在校生人数为 41 人的学校（即 B 校）。样本中，在校生人数为 40 人的学校可能有多所，我们计算出这些学校学生的平均成绩为 73 分。同样地，在校生人数为 41 人的学校也可能有多所，我们计算出这些学校学生的平均成绩为 83 分。

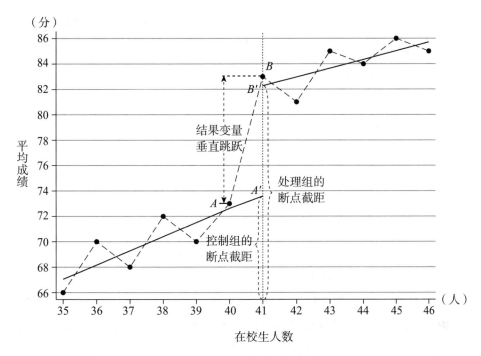

图 5.1　断点回归的基本原理

注：为简化讨论，我们对 Angrist & Lavy（1999）文中数据做了一定的修改。

　　如我们在第四讲有关小班教学效果的实例讲解中所讨论的，现实中学生就读班级规模的大小是学生及其家庭自我选择的结果，班级规模与学生学业成绩之间的因果效应会受到学生个人、家庭、学校、地方政府等多种混淆因素的影响。但在本例中，A 校和 B 校在校生人数仅差 1 人，无论是学生及其家庭，还是学校和地方政府，都很难对如此细微的学生人数变化具有精确的预知力和操控力，这些行为主体存在自我选择行为的可能性极小。因此，我们可以将不同学生在这两类学校接受不同班额的教学视为一种随机分配。

　　既然学生接受小班教学的干预可近似视为随机分配，我们就可以直接将 A 校学生（接受大班教学）的平均成绩当成 B 校学生（接受小班教学）如果没有接受小班教学，而是接受大班教学的反事实。当然，我们也可以把 B 校学生的平均成绩当成 A 校学生如果接受小班教学的反事实。无论从何种角度分析，我们都可以得到小班教学能使学生平均成绩提高 10 分的结果。该处理效应在图 5.1 中表现为散点 A 校和散点 B 校学生平均成绩在断点处的垂直跳跃（vertical jump）。

以上断点分析只使用了与断点最靠近的 A 和 B 两个散点，其中包含的学校数量过少，这会降低研究的统计功效与代表性。对此，我们可尝试适当放宽断点附近的取样范围。譬如，将取样放宽至 35—46 人这个取值范围内，断点依然是 41 人，在校生规模在 35—40 人之间的学校落于断点左侧，这些学校都只开一个班，实施大班教学；在校生规模在 41—46 人之间的学校落于断点右侧，这些学校开设两个班，实施小班教学。

让更多的数据进入计量分析可以帮助我们发现更丰富的变量间关系信息。观察图 5.1 断点左右两边的散点变化，可以发现学生平均成绩（结果变量）与在校生人数（跑变量）之间存在着明显的正相关关系，断点左右两侧学生平均成绩都随着学校在校生人数呈上升趋势。于是，我们可以采用线性回归分别绘制出在校生人数与平均成绩这两个变量在断点左右两侧的拟合线。这两条拟合线在断点处各有一个截距点，断点左侧实施大班教学学校（控制组）的断点截距点为 A'，该截距表示在校生人数达到 41 人且依然实施大班教学的学校学生平均成绩的预测值；断点右侧实施小班教学学校（处理组）的断点截距点为 B'，该截距表示在校生人数达到 41 人且实施小班教学的学校学生平均成绩的预测值。A' 和 B' 两点互为反事实，在图中这两个截距点也存在着一个明显的垂直跳跃，这同样意味着小班教学对学生成绩的确具有正向的因果效应。

由上述讲解可以看出，形成断点设计需包含以下三个基本要素。

（1）跑变量。适用于断点设计的跑变量需满足两方面要求：一是跑变量原则上应是连续变量，毕竟断点设计是利用断点附近观测点向断点的无限逼近而形成因果识别的，如果跑变量是非连续的离散变量（discrete variable），那么就无法保证处理组和控制组在跑变量取值上拥有足够强的相邻性。二是跑变量应是得到良好定义且能够被直接测量，无须采用复杂构建，也不存在测量争议的变量。在已发表的断点设计文献中，常用的跑变量包括出生日期、地理位置或距离、学习成绩、收入、气温、污染指数、得票率、交通拥挤程度等等。[①] 这些都是概念界定明晰且测量精确的变量。寻找跑变量是形成断点设计的第一步，若跑变量选择错误，势必动摇断点设计的根基。

（2）断点。断点应是外生的，断点的取值不应受到模型其他变量的影响，观测对象对于断点在跑变量上落于何处不具有任何影响力。断点将样本中观测对象一分为二，位于断点左侧的观测对象处于控制条件之下，右侧的观测对象处于干预条件之下。[②] 需注意，如前文所述，处于干预或控制条件之下并不意味着观测对象就一定接受干预或控制，观测对象对于干预安排存在一个遵从度的问题。在工具变量一讲中，我们曾举过一个KIPP 学校的例子，在通过随机抽签抽中 KIPP 入学资格的学生中，有部分学生最终未选择就读 KIPP 学校，而在那些未抽中 KIPP 入学资格的学生中，也有一部分学生通过其他途径最终就读了 KIPP 学校。在此例中，通过抽签获得或未获得入学资格即为处于或不处于干预条件之下，而接受和不接受干预是指学生最终是否真的就读了 KIPP 学校。

在断点设计中，观测对象的跑变量取值位于断点左侧意味着观测对象处于控制条件之下，但未见得所有断点左侧的观测对象都遵从断点的"指示"，有部分观测对象可能选择不接受干预。同样地，观测对象的跑变量取值位于断点右侧意味着观测对象处于干预条件之下，但未见得所有断点右侧的观测对象最终都遵从断点的"指示"而接受干预。诚然，无论观测对象的选择是否遵从断点的"指示"，在一个有效的断点设计中，我们应能观测到，当跑变量取值从断点左侧向右侧移动时，观测对象接受干预的概率发生一定程度的跳跃变化。根据观测对象跨越断点时接受干预概率的

---

① 根据定义，连续变量在一定值域范围内取值个数应是无限的，文中列举的地理位置和距离、收入、气温、污染指数和得票率都属于连续变量，而出生日期和学习成绩取值有限，严格意义上应属于离散变量，但考虑到在实际数据分析中，这些变量不同取值的质点（mass points）数量较多，变量临近取值之间的差别已十分细微，因此可将它们近似视为连续变量。有关变量取值质点，我们将在本讲第四节再做详细讨论。

② 当然也可以是相反的，位于断点左侧的观测对象处于干预条件之下，位于右侧的观测对象处于控制条件之下。为简化讨论，我们习惯性地将断点左侧视为处于控制条件之下，断点右侧视为处于干预条件之下。

变化幅度，我们将断点回归分为精确断点回归（sharp regression discontinuity，SRD）和模糊断点回归（fuzzy regression discontinuity，FRD）两类。

精确断点是指样本中所有观测对象都完全遵从干预安排，不存在不遵从者。在断点左侧处于控制条件之下的所有观测对象都选择不接受干预，他们接受干预的概率都为 0。而在断点右侧处于干预条件之下的所有观测对象都选择接受干预，他们接受干预的概率都为 1。在精确断点中，当跑变量取值由断点左侧移至右侧时，观测对象接受干预的概率由 0 跳跃为 1。如图 5.2 所示，学生所就读的学校年级在校生人数为 40 人时，学生接受小班教学的概率为 $p_-=0$，而一旦在校生人数达到断点 41 人，学生接受小班教学的概率就变为 $p_+=1$，在断点处观测对象接受干预的概率由 0 直接跳跃为 1。

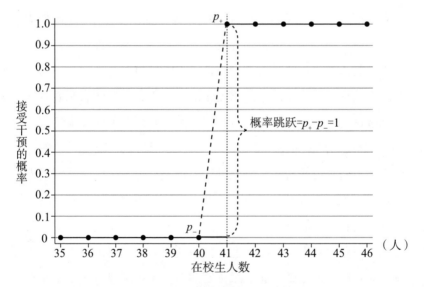

图 5.2　接受干预的概率变化（精确断点）

模糊断点是指样本中有部分观测对象有不遵从行为。在断点左侧处于控制条件之下的观测对象中，有部分最终接受了干预，他们接受干预的概率大于 0。而在断点右侧处于干预条件之下的观测对象中，也有部分观测对象最终没有接受干预，他们接受干预的概率小于 1。安格里斯特和拉维（Angrist & Lavy，1999）对小班教学效果的分析就属于模糊断点设计，因为学校样本中有相当一部分学校在触发迈蒙尼提斯规则之前就主动增设班级数量，即有一部分处于断点左侧，原本应实行大班教学的学校，实际上采取的是小班教学。

如图 5.3，断点左侧学校接受干预的概率随在校生人数增加而不断增加，在校生人数达 40 人时，学校实施小班教学（接受干预）的概率为 0.2；当学校在校生人数达断点 41 人时，学校实施小班教学的概率由 0.2 跳跃至 0.85。

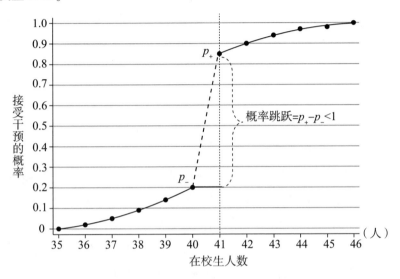

图 5.3　接受干预的概率变化（模糊断点）

可见，精确断点与模糊断点的一个重大区别，在于它们对于观测对象接受干预的概率在断点处的跳跃幅度有着不同的要求，前者要求概率跳跃为 1，后者只要求该概率在断点处有明显跳跃。虽然模糊断点放松了样本中所有观测对象需遵从干预安排的假设，但它依然要求观测对象接受干预的概率在断点处有明显的跳跃，这一点与精确断点无异。从研究设计原理上将精确断点和模糊断点区分开来，是断点回归方法发展的一个重要突破。在实际研究中，我们所使用的数据样本总存在一定比例的非遵从者，当非遵从者超过一定比例（5%）时，如果还坚持使用精确断点回归进行估计，就很可能产生偏估的结果（Trochim，1984）。如果样本中有很多观测对象采取不遵从行为，会导致断点处接受干预的概率不发生明显的跳跃，此时断点设计就完全丧失形成有效因果推断的功效。精确断点设计和模糊断点设计对于回归结果的解读也有差别。精确断点所估计的是断点附近观测对象的平均处理效应；而模糊断点所估计的是断点附近遵从者的平均处理效应，这与工具变量的局部估计量非常相似（Athey & Imbens，2017）。有关这一点，我们在之后的讲解中还会做具体说明。

（3）结果变量。断点回归的一个中心任务就是观测结果变量在断点处是否存在明显的跳跃，并以此来判定干预与结果之间是否存在因果关系。如图 5.1 所示，当在校生人数由 40 人变为 41 人时，学生从接受大班教学变为接受小班教学，与此同时，学生的平均成绩也发生了明显的跳跃。如果我们可以证明除观测对象接受干预的概率在断点发生 0—1 跳跃外，其他可能影响结果的变量都在断点处没有发生明显跳跃（即保持连续变化），那么我们就建立起了观测对象接受干预的概率发生 0—1 跳跃与其结果变量发生跳跃这二者之间一一对应的因果关系，这就是断点回归识别因果的基本逻辑。

经典电影《泰坦尼克号》中，英俊帅气的草根画家杰克和青春美丽的贵族女孩露丝在泰坦尼克号邂逅并相恋，但巨轮与冰山相撞最终使这一对恋人永世分离。一句朴素的表白"你跳，我就跳"（You jump，I jump），见证了他们超越生死的伟大爱情。在"你跳"与"我跳"之间暗含着严密的因果逻辑关系。海水冰冷，旁人肯定不愿意跳，即便有人跳，杰克也不一定跳，但只要露丝跳，杰克肯定跳，如此就构成了杰克和露丝之间一一对应的恋爱关系，成为他们互诉衷肠的一句密语。爱情追求完全排他的感情归属，爱情的产生与他人无关，与财富和权势无关，只归于爱恋双方，方为真爱，而因果推断追寻的也是完全排他的变量间关系。两变量之间的关系在排除了其他可能的混淆影响之后依然成立，方可证明二者之间确有因果联系。在这一点上，爱情与科学是相通的。

二、 断点回归的反事实模型

样本中有 n 个观测对象，记为 i（$i=1,2,3,\cdots,n$）。跑变量 X 为连续变量，观测对象 i 的跑变量取值为 X_i。存在一个断点 c，如果 $X_i \geq c$，观测对象 i 就处于干预条件之下；反之，如果 $X_i < c$，i 就处于控制条件之下。设指示变量 T_i 表示观测对象跑变量取值在断点左右两侧的落点，指示变量 $T_i = l\,(X_i \geq c)$，其中 $l\,(\,\cdot\,)$ 为指示函数（indicator function），若括号中 $X_i \geq c$ 为真，即观测对象位于断点右侧，$T_i = 1$；若 $X_i \geq c$ 为假（即 $X_i < c$ 为真），观测对象位于断点左侧，$T_i = 0$。设处理变量为 D_i，$D_i = 1$ 表示观测对象接受干预，$D_i = 0$ 表示观测对象不接受干预。

如前所述，观测对象处于干预或控制条件之下，未见得观测对象就一定接受或不接受干预。在精确断点下，所有观测对象都服从干预安排，所有处于干预或控制条件之下的观测对象最终都接受了干预或控制，此时指示变量 T_i 完全取决于处理变量 D_i，即有 $T_i = D_i$；在模糊断点下，有部分观测对象选择不服从干预安排，或是有部分处于干预条件下的观测对象最终未接受干预，或是有部分处于控制条件下的观测对象最终接受了干预，或是这两种情况同时存在，此时指示变量 T_i 只部分取决于处理变量 D_i。

形成有效的精确断点和模糊断点都要求：（1）观测对象是否接受干预必须与其跑变量取值有密切关系，观测对象接受干预的概率是一个关于跑变量 X 的条件概率，该条件概率可表示为 $P\,(D_i = 1 \mid X_i = x)$；（2）观测对象接受干预的概率必须在断点处发生一定幅度的跳跃，这是形成断点设计的先决条件，若无此跳跃，断点设计不成立。

精确断点和模糊断点不同在于：在精确断点下，观测对象接受干预的概率完全由跑变量取值决定，随着指示变量 T_i 由 0 变为 1，观测对象接受干预的概率 $P\,(D_i = 1 \mid X_i = x)$ 也由 0 跳跃为 1；在模糊断点下，除受跑变量影响外，观测对象接受干预的概率还受其他观测和未观测变量的影响，观测对象接受干预的概率 $P\,(D_i = 1 \mid X_i = x)$ 在断点处的跳跃幅度小于 1。

（一） 精确断点的因果识别

我们先介绍精确断点的反事实模型。在反事实分析框架下，每个观测对象 i 都有两个潜在结果：一个是他接受干预时的潜在结果 Y_{i1}，另一个是他不接受干预时的潜在结果 Y_{i0}，下标 1 和 0 分别表示观测对象接受和不接受干预。观测对象 i 的个体处理效应就定义为这两种潜在结果之差：

$$\tau_i = Y_{i1} - Y_{i0} \tag{5.1}$$

在个体层面上，处理效应 τ_i 是不可知的，因为公式（5.1）中 Y_{i1} 和 Y_{i0} 只有一个能被我们实际观测到，即如果观测对象接受干预，那么我们只能观测到 Y_{i1}，观测不到 Y_{i0}；如果观测对象不接受干预，那么我们只能观测到 Y_{i0}，观测不到 Y_{i1}。在个体层面，可观测到的结果可表示为

$$Y_i = (1 - D_i) \cdot Y_{i0} + D_i \cdot Y_{i1} = \begin{cases} Y_{i0} & \text{if } X_i < c \\ Y_{i1} & \text{if } X_i \geqslant c \end{cases} \tag{5.2}$$

只有在群体层面上，处理效应才可能被观测和估计，因此我们使用群组的平均处理效应来反映变量间的因果关系。

设 $E(Y_{i1} \mid X_i = x)$ 和 $E(Y_{i0} \mid X_i = x)$ 为跑变量 X 取一定值时处理组和控制组的潜在结果均值，它们表示处理组和控制组跑变量 X 和结果变量 Y 之间的数量变动关系。如果跑变量 X 对结果变量 Y 不具有影响，$E(Y_{i1} \mid X_i = x)$ 和 $E(Y_{i0} \mid X_i = x)$ 就会在图中表现为一条平行于横坐标的直线。如图 5.4 所示，横坐标为跑变量 X，纵坐标为结果变量 Y，图中 $E(Y_{i1} \mid X_i = x)$ 和 $E(Y_{i0} \mid X_i = x)$ 都表现为斜率为 0 的直线，它们都与横坐标平行，表示跑变量对结果变量无影响；如果结果变量 Y 会随着跑变量 X 变动，$E(Y_{i1} \mid X_i = x)$ 和 $E(Y_{i0} \mid X_i = x)$ 就会在图中表现为有斜率的直线或曲线，如图 5.5 所示。

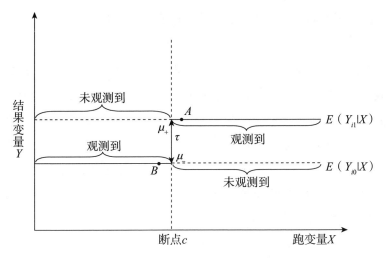

图 5.4　跑变量与结果变量无关

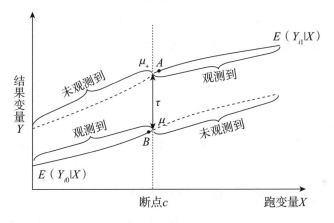

图 5.5　跑变量与结果变量有关

对于处理组个体来说，他们接受干预时的潜在结果是可以观测到的，如 $E(Y_{i1}\mid X_i=x)$ 曲线在断点右侧的实线，但我们观测不到他们不接受干预时的潜在结果，如 $E(Y_{i1}\mid X_i=x)$ 在断点左侧的虚线。同理，对于控制组个体来说，他们没有接受干预时的潜在结果是可以观测到的，如 $E(Y_{i0}\mid X_i=x)$ 曲线在断点左侧的实线，但我们观测不到他们接受干预时的潜在结果，如 $E(Y_{i0}\mid X_i=x)$ 曲线在断点右侧的虚线。虽然我们能观测到观测对象接受或不接受干预时的潜在结果，但这两种结果归属于不同的观测对象，它们是跑变量取不同值时的潜在结果①，而真实的平均处理效

① 计量经济学家把这种情况称为极度缺乏共同支持（common support）。

应等于跑变量取同一值时两种潜在结果均值之差，即

$$ATE = E(Y_{i1} \mid X_i = x) - E(Y_{i0} \mid X_i = x) \tag{5.3}$$

怎么办？天无绝人之路，唯一的希望就在断点上。在该点，我们几乎能同时观测到同一观测对象接受干预和不接受干预的潜在结果。如图 5.4 和图 5.5，$E(Y_{i1} \mid X_i = x)$ 和 $E(Y_{i0} \mid X_i = x)$ 两条函数曲线在断点处的截距分别为 μ_+ 和 μ_-，它们分别表示当跑变量取值为 c 时处理组接受干预时的潜在结果和控制组未接受干预时的潜在结果，于是我们用前者减去后者就可得到处理组和控制组结果在断点处的跳跃量，它表示断点处干预对结果变量的平均处理效应，即

$$\tau_{\text{SRD}} = E(Y_{i1} \mid X = c) - E(Y_{i0} \mid X = c) = \mu_+ - \mu_- \tag{5.4}$$

τ_{SRD} 就是精确断点的平均处理效应估计量。难题似乎解决了，但可惜的是，在断点上我们依然只能观测到接受干预的潜在结果 Y_{i1}，观测不到不接受干预的潜在结果 Y_{i0}。如图 5.1，在校生人数 41 人为断点，我们知道在校生人数达 41 人的学校实行小班教学的学生平均成绩，但不知道在校生人数达 41 人的学校实行大班教学的学生平均成绩。对此，计量经济学家提出的解决办法是在断点左右两侧各找到两个极靠近断点的观测点，用这些观测点结果变量的跳跃来"替代"断点处结果变量的跳跃。

如图 5.4 和图 5.5 中 A 和 B 两点，它们分别位于断点的两侧且非常靠近断点：A 在断点右侧，其跑变量取值可设为 $X_i = c + \varepsilon$；B 在断点左侧，其跑变量取值可设为 $X_i = c - \varepsilon$，其中 ε 是一个趋近于 0 的极小数。如果处理组和控制组 $E(Y_{i1} \mid X_i = x)$ 和 $E(Y_{i0} \mid X_i = x)$ 曲线在断点处变化是连续的，即当 A 和 B 两个观测点无限靠近断点时，它们的潜在结果只会发生平滑变化，不会发生剧烈的跳跃，那么 A 点的结果就与 μ_+ 十分相近，而 B 点的结果也与 μ_- 十分相近。于是，我们就可以用非常接近断点的处理组和控制组结果变量的跳跃来"替代"断点处处理组和控制组结果变量的跳跃，即精确断点回归的平均处理效应估计量公式（5.4）可改写为

$$\begin{aligned}
\tau_{\text{SRD}} &= E(Y_{i1} \mid X = c) - E(Y_{i0} \mid X = c) \\
&= \lim_{\varepsilon \to 0} E(Y_i \mid X = c + \varepsilon) - \lim_{\varepsilon \to 0} E(Y_i \mid X = c - \varepsilon)
\end{aligned} \tag{5.5}$$

其中，$\lim\limits_{\varepsilon \to 0} E(Y_i \mid X = c + \varepsilon)$ 表示跑变量取值由断点右侧向断点无限逼近时处理组的结果变量均值，$\lim\limits_{\varepsilon \to 0} E(Y_i \mid X = c - \varepsilon)$ 表示跑变量取值由断点

左侧向断点无限逼近时控制组的结果变量均值。由公式（5.5）可知，断点设计识别和估计因果关系的基本原理是将断点附近跑变量取值非常相近但又处于不同状态（干预或控制）之下观测对象的结果进行比较。这一思想最早由金勇·哈恩、佩特拉·托德和威尔伯特·范德柯劳尔三位学者总结并给予严密的数学证明（Hahn et al., 2001）。

请注意，公式（5.5）成立不是无条件的，它需满足以下三个假设。

（1）断点假设

该假设要求观测对象接受干预的条件概率 P（$D_i = 1 \mid X_i = x$）在断点处有明显跳跃。如前所述，在精确断点下，该条件概率由 0 跳跃为 1，而在模糊断点下，该条件概率的跳跃幅度虽小于 1，但也必须有明显的跳跃。接受干预的概率在断点处有明显跳跃是形成断点设计的首要先决条件。请注意，这里所说的是接受干预的概率在断点处必须有明显跳跃，结果变量在断点处是否发生跳跃与形成断点设计无关。结果变量在断点处没有明显跳跃，只能说明干预对结果变量不具有因果效应，并不妨碍我们形成有效的断点设计。

（2）连续性假设

该假设要求处理组和控制组的潜在结果函数 $E(Y_{i1} \mid X_i = x)$ 和 $E(Y_{i0} \mid X_i = x)$ 在断点处是连续的。[①] 可以想象，如果潜在结果变量在断点附近的变化是不连续的，即当跑变量取值向断点无限逼近时结果变量受其他变量影响会发生剧烈跳跃，那么我们就无法保证断点处结果变量的跳跃一定是由干预造成的，此时断点附近结果之差就不能"替代"断点处潜在结果之差，估计量公式（5.5）就不能成立。

（3）局部随机化假设

该假设要求断点是外生给定的，观测对象对于其跑变量取值在断点附近的落点不具有精确的操纵力。该假设对于形成有效的断点设计非常重要，它保证观测对象在断点左右两侧的分配是随机的。如前所述，在精确

---

① 其实，运用断点设计识别因果也不一定要求处理组和控制组潜在结果都是连续的。譬如，如果我们只估计处理组的处理效应，就只需假设控制组潜在结果 $E(Y_{i0} \mid X_i = x)$ 在断点附近是连续的，因为在断点右侧我们原本就能观测到处理组接受干预时的结果。

断点下，观测对象完全服从干预安排，即有 $T_i = D_i$，观测对象在断点左右两侧的落点是随机的意味着干预在断点左右两侧的分配也是随机的，于是干预安排在断点附近就成功实现了局部随机化。可以想象，如果观测对象能够操纵自己在断点两侧的具体落点，就会产生自我选择问题，此时指示变量 T_i 不再是外生随机的，而表示观测对象是否接受干预的处理变量 D_i 必定也不是外生的。如前例，学校和家长都偏爱小班教学①，如果样本中有部分学校和家长能提前预知学校的入学人数偏少，开学后很可能要实行大班教学，那么这些学校便会想办法让入学学生人数达到 41 人的分班条件，而家长们也会想办法让自己的孩子转读其他实行小班教学的学校。如果这些具有操纵力的学校和家长与其他不具有操纵力的学校和家长在诸多特征上存在差异，那么小班教学这个干预在断点左右两侧的分配就不是随机的，此时使用断点回归估计得到的小班教学处理效应必定是有偏的。断点设计强调在断点附近观测对象的跑变量取值应具有一定的随机性，观测对象没有足够能力决定自己跑变量的精确落点，或者是观测对象压根不知道断点取何值，或者是观测对象知道断点取值，但无法精确操纵自己在断点两侧的落点。

以上假设是保证断点回归实现对处理效应无偏和一致估计的重要先决条件。对于形成有效断点设计来说，上述三个假设条件缺一不可，读者需时刻牢记！有关这三个假设的正式检验方法，我们将在下文再做具体介绍。

（二）模糊断点的因果识别

模糊断点设计最早由威廉·特罗庆姆（William Trochim，1984）提出。在模糊断点下，有部分观测对象不服从干预安排，观测对象是否接受干预只部分取决于他的跑变量取值。在此情形下，断点的局部随机化假设虽然保证了观测对象在断点左右两侧的落点是随机的，但干预在断点左右

---

① 学校通过小班教学可以获得更多政府财力和人力投入，而家长普遍相信小班教学能提高自己孩子的学业成绩，学校和家长都有采用自我选择行为的动机。

两侧的分配并不是随机的，即指示变量是 T_i 满足局部随机性，但处理变量 D_i 不满足。此时，若依然采用精确断点估计量公式（5.5）进行估计，所得到的就不是是否接受干预（D_i）对结果变量的平均处理效应，而是是否处于干预条件之下（T_i）对结果变量的平均处理效应，即意向性处理效应。

再回到安格里斯特等人关于美国特许学校的研究实例（Angrist et al.，2012）。如前所述，在该案例中，学生通过随机抽签获得 KIPP 学校的入学资格，但获得入学资格的学生有部分最终未选择就读 KIPP 学校，而未获得入学资格的学生有部分最终就读了 KIPP 学校。是否获得 KIPP 入学资格是随机分配的，如果以该变量作为处理变量对学生学业成绩进行回归，就能得到一个无偏的处理效应，但该效应表示的是学生通过抽签获得入学资格对学生学业成绩的处理效应，它属于意向性处理效应，并不是我们想要的结果。我们希望得到的是就读 KIPP 学校对学生学业成绩的处理效应，但由于样本中有不遵从者，是否就读 KIPP 学校的随机性被"污染"了，它不再是外生变量，而是内生变量，因此我们不能直接以是否就读 KIPP 学校作为处理变量对学生学业成绩进行回归。

怎么办呢？我们可以借用工具变量法的设计思路，以学生是否通过抽签获得 KIPP 入学资格这个随机变量作为学生是否就读 KIPP 学校的工具变量，解决内生性偏估问题。

如图 5.6 中的图（a），在精确断点下处理变量 D 完全由指示变量 T 决定，在局部随机化假设下，跑变量在断点两侧的取值完全是随机分配的，因而处理变量 D 取值也是随机的，于是 D 与可能影响结果变量的其他未观测变量 ε 无关，D 到结果变量 Y 就不存在任何的后门路径，由此我们便可以直接观测处理变量 D 取值由 0 变为 1 时结果变量 Y 的取值变化，并以此获得平均处理效应的无偏估计。

如图 5.6 中的图（b），在模糊断点下，处理变量 D 只是部分地由指示变量 T 决定，它可能还受其他未观测变量的影响，这在图中表现为处理变量 D 与残差 ε 之间有双向箭头的弧形线连接。在此情形下，处理变量 D 到结果变量 Y 之间就存在后门路径，会导致有偏估计。为解决这一问题，我们以指示变量 T 作为工具变量，该变量满足有关工具变量的三个假设：

首先，处理变量 D 部分取决于指示变量 T，即观测对象跑变量在断点左右两侧的取值变化会影响观测对象接受干预的概率，这意味着 T 满足第一阶段效应假设；其次，在局部随机化假设下，在断点附近指示变量 T 取值是随机分配的，它必定与可能影响结果变量的其他未观测变量 ε 无关，因而 T 满足独立假设；最后，断点是外生给定的，只要没有其他干预按照同一断点进行分配，T 就不会通过除处理变量 D 外的其他变量对结果变量 Y 产生影响，即 T 只通过"$T \to D \to Y$"这唯一一条路径对结果变量 Y 产生影响，因此 T 满足排他限制假设。既然指示变量 T 满足工具变量的三大假设，我们就可以把指示变量 T 作为处理变量 D 的有效工具变量，运用两阶段回归法实现对处理效应的一致估计。

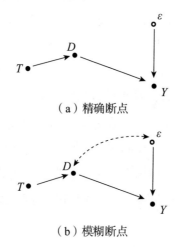

（a）精确断点

（b）模糊断点

图 5.6　精确断点和模糊断点的 DAGs 分析

根据工具变量 Wald 估计量公式（4.10），处理效应的一致估计量等于简化形式效应除以第一阶段效应。在断点设计下，简化形式效应就是指示变量 T 对结果变量 Y 的影响，它等于处理组和控制组结果变量在断点处的跳跃，即图 5.4 和图 5.5 中 μ_+ 与 μ_- 之差，而第一阶段效应就是指示变量 T 对处理变量 D 的影响，它等于观测对象接受干预的概率在断点处的跳跃，即图 5.3 中的 p_+ 与 p_- 之差。因此，模糊断点的平均处理效应就等于断点处两个跳跃量之比，即断点处结果变量跳跃（$\mu_+ - \mu_-$）与接受干预概率跳跃（$p_+ - p_-$）之比。

$$\tau_{\mathrm{FRD}} = E(Y_{i1} \mid X = c) - E(Y_{i0} \mid X = c) = \frac{\mu_+ - \mu_-}{p_+ - p_-} \tag{5.6}$$

在满足断点假设、连续性假设和局部随机化假设的条件下，我们同样可以采用断点附近处理组和控制组结果变量的跳跃来"替代"断点处处理组和控制组结果变量的跳跃；用断点附近处理组和控制组接受干预概率的跳跃来"替代"断点处处理组和控制组接受干预概率的跳跃（Hahn et al.，2001），即模糊断点的平均处理效应估计量公式（5.6）可转化为

$$\tau_{FRD} = E(Y_{i1} \mid X = c) - E(Y_{i0} \mid X = c)$$
$$= \frac{\lim_{\varepsilon \to 0} E(Y_i \mid X = c + \varepsilon) - \lim_{\varepsilon \to 0} E(Y_i \mid X = c - \varepsilon)}{\lim_{\varepsilon \to 0} E(D_i \mid X = c + \varepsilon) - \lim_{\varepsilon \to 0} E(D_i \mid X = c - \varepsilon)} \tag{5.7}$$

既然模糊断点估计采用的是工具变量的统计量，它还需满足以下两个工具变量假设：一是单调假设，即样本要么同时存在遵从者、永远接受者和从不接受者，为正单调，要么同时存在对抗者、永远接受者和从不接受者，为负单调；二是排他限制假设，即指示变量 T 只能通过影响处理变量 D 对 Y 产生影响，除此之外再无其他影响路径。[①]

对比精确和模糊断点的处理效应估计量公式（5.5）与公式（5.7），我们可以发现模糊断点处理效应估计量公式的分子 $\lim_{\varepsilon \to 0} E(Y_i \mid X = c + \varepsilon) - \lim_{\varepsilon \to 0} E(Y_i \mid X = c - \varepsilon)$ 恰好就是精确断点处理效应统计量公式，而模糊断点处理效应估计量就等于精确断点处理效应估计量除以样本中观测对象接受干预的概率跳跃。如果模糊断点中观测对象接受干预的概率跳跃不再小于 1，而是与精确断点一样由 0 变为 1，那么模糊断点处理效应估计量的分母 $\lim_{\varepsilon \to 0} E(D_i \mid X = c + \varepsilon) - \lim_{\varepsilon \to 0} E(D_i \mid X = c - \varepsilon) = 1$，此时模糊断点的处理效应估计量就与精确断点估计量完全相同。也就是说，我们可以将精确断点视为模糊断点的一个特例。

（三）　断点回归估计量的局部特质

无论是精确断点还是模糊断点，其平均处理效应估计量都带有强烈的局部特质。

---

① 有效工具变量还有其他两个假设，即第一阶段效应假设和独立假设，它们已暗含在断点假设和局部随机化假设之中，无须再重复做出假定。

首先，断点回归的估计量采用的是极限方法，以断点附近结果变量的跳跃"替代"断点处结果变量的跳跃，这一估计法极大地限制了断点回归的估计结果外推（extrapolate）至远离断点的观测对象的能力。断点回归只采用断点附近观测点对处理效应进行估计，这一取样区间通常比较窄，因为取样区间过大可能会导致因果识别的失败。如前例，我们对小班教学处理效应的估计只使用了在校生 35—46 人这段区域，断点左侧在校生 35—40 人的学校实行大班教学，断点右侧在校生 41—46 人的学校实行小班教学。如此估计得到的处理效应必定是局部的，它只对在校生规模达 35—46 人这部分学校有因果解释力。如果我们进一步放宽取样区间至 23—58 人，就会出现问题：在校生 23 人的学校位于断点左侧，只开一个班，平均每班 23 人；而在校生 58 人的学校位于断点右侧，拆分为两个班授课，平均每班 29 人。也就是说，位于断点右侧、被定义为小班教学的学校的班额居然比位于断点左侧、被定义为大班教学的学校的班额大。断点回归的取样区间被称为"带宽"（bandwidth），带宽宽度的选择对于因果识别的有效性及处理效应的参数估计与统计推断均有重要的影响，我们将在下一节再对断点带宽的设定问题做详细讲解。

其次，模糊断点估计要比精确断点估计更具有局部特质。模糊断点以指示变量作为工具变量，这意味着样本中有部分观测对象由于不受工具变量的影响而被抛弃了。依照第四讲工具变量法中有关遵从者的分类讨论，当指示变量取值 T 由 0 变为 1 时，观测对象有四种行为选择：（1）永远接受者，即无论 T 取 0 还是 1，处理变量 D 永远等于 1；（2）从不接受者，即无论 T 取 0 还是 1，处理变量 D 永远等于 0；（3）遵从者，即当 $T_i = 0$ 时，$D_i = 0$，当 $T_i = 1$ 时，$D_i = 1$；（4）对抗者，即当 $T_i = 0$ 时，$D_i = 1$，当 $T_i = 1$ 时，$D_i = 0$。在正单调性假设下，模糊断点估计所使用的样本只包括遵从者、永远接受者和从不接受者，而其所估计得到的只是样本中遵从者的局部平均处理效应，它的适用范围和外推能力比精确断点更小。

第二节 基于连续假设的断点回归分析

根据马蒂亚斯·卡塔内奥等（Matias D. Cattaneo et al.，2017）的总结，断点回归分析有两种范式：第一种范式是金勇·哈恩等建立的基于连续假设的分析范式，该范式假设潜在结果在断点附近的变化是连续的，由此保证断点附近的处理组和控制组观测对象在特征上不存在任何系统性差异，通过对结果变量与跑变量函数关系的多项式近似估计可获得对处理效应的一致估计（Hahn et al.，2001）。我们在上一节介绍的断点回归因果识别策略基本上就是遵循着这一范式展开的。第二种范式是戴维·李建立的局部随机化的分析范式，该范式假设在断点附近一个极小的区间范围内干预近似于随机分配，因此可以使用实验分析的方法对干预的处理效应进行估计（Lee，2008）。相比之下，局部随机化的分析范式的假设明显要强于基于连续假设的分析范式，为保证干预分配的随机性，局部随机化的分析范式通常只使用断点附近极窄带宽内的小样本数据，导致研究的统计功效较弱。从目前国际期刊发表的断点回归文献看，研究者更习惯于采用第一种范式完成断点回归的参数估计和统计推断，亦有一些学者同时采用两种范式，以局部随机化的分析范式估计结果作为基于连续假设的分析范式估计结果的稳健依据。

基于连续假设的分析范式有参数和非参数两种估计法（parametric and nonparametric estimation methods）。目前最常见是这两种方法的结合使用，即所谓的非参数局部多项式或线性估计法（nonparametric local polynomial estimation or local linear estimation）。在本节，我们参考近年来金勇·哈恩、戴维·李、圭多·因本斯、托马斯·勒米厄、马蒂亚斯·卡塔内奥、塞巴斯蒂安·卡里尼克（Sebastian Calonico）等学者发表的一系列重要文献，就断点回归的图形分析、局部多项式估计及断点设计的若干重要设定等内容进行详细的讲解（Hahn et al.，2001；Imbens & Lemieux，2008；Lee & Lemieux，2010；Calonico et al.，2014；Cattaneo et al.，2017；Cattaneo et al.，2019）。

一、 断点回归的图形分析

在正式介绍估计法之前，我们先学习如何对断点回归进行图形分析。在断点设计中，几乎所有的参数估计与假设检验都可以被图形化呈现。如果我们运用断点回归发现干预对结果变量具有显著的处理效应，那么我们就应同时在图形上观测到结果变量在断点处有明显的跳跃。断点的图形分析与参数估计、假设检验之间可相互印证。"所见即所得"，这是断点回归有别于其他方法的一大特色。

我们利用杰森·林多（Jason M. Lindo）等人运用断点回归估计留校察看对大学生学业成绩因果效应的实例数据（Lindo et al.，2010），绘制出散点图5.7。

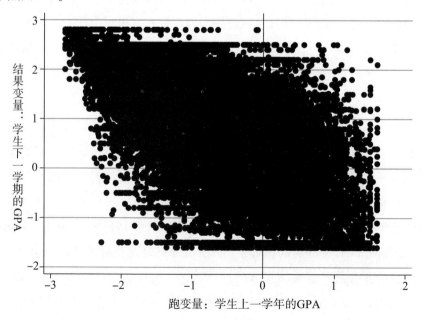

图5.7　结果变量与跑变量散点图

如图 5.7 所示，横坐标为跑变量，由于大学根据学生以往考试成绩决定是否给予学生留校察看的处罚，因此跑变量为学生上一学年的各科成绩绩点（GPA）。纵坐标为学生下一学期的 GPA，它是结果变量。断点为高校对学生做出留校察看处罚的 GPA 最低线，凡 GPA 达到或低于该最低线的学生都被处以留校察看的处罚。我们用学生原始 GPA 减去留校察看的 GPA 最低线，如此中心化操作后断点 $c=0$。位于断点左侧的学生为处理组，这些学生都被学校处以留校察看处罚；位于断点右侧的学生为控制组，这些学生上一学年的 GPA 高于留校察看最低线，都没有被学校处以留校察看处罚。图中每个散点代表一个观测对象，而样本包含超过 4 万个观测对象，其散点分布呈云团状，我们从中看不出结果变量在断点处是否有跳跃，甚至看不出跑变量与结果变量之间有何数量变化关系。为从样本数据中挖掘有用的信息，我们需对这些散点做进一步处理，通过一定方法剔除不必要的数据信息，以便于我们做出判断。目前，断点图形分析常用的方法有全域多项式拟合（global polynomial fit）和区间内样本均值（sample mean within bins）两种方法。以下我们分别对这两种方法进行介绍。

（一）全域多项式拟合法

全域多项式拟合法是在跑变量整个取值区域范围内通过多项式函数估计对散点进行平滑拟合来揭示数据散点分布和变化规律的一种方法。变量与变量之间的函数关系潜藏于观测数据背后。在没有任何理论假说支持的条件下，跑变量和结果变量之间的函数关系是未知的，它们的函数关系可能是线性的，也可能是非线性的。如果我们只简单采用线性函数对跑变量与结果变量的函数关系进行拟合，很可能会造成模型错设偏误（misspecification error）。在此情形下，我们可考虑采用二次、三次、四次甚至更高次多项式函数进行拟合，增加函数设定形式的宽容度和灵活性（flexibility），以有效降低因模型错设导致偏误的风险。

如图 5.8 所示，图中拟合曲线就是我们采用四次函数拟合而成的。断点左侧为处理组，其跑变量与结果变量四次函数为：

$$y_i = \alpha_+ + \beta_{+,1}(x_i - c) + \beta_{+,2}(x_i - c)^2 + \beta_{+,3}(x_i - c)^3 + \beta_{+,4}(x_i - c)^4 + \varepsilon_{+,i}$$

$$(5.8)$$

断点右侧为控制组，其跑变量与结果变量四次函数为：

$$y_i = \alpha_- + \beta_{-,1}(x_i - c) + \beta_{-,2}(x_i - c)^2 + \beta_{-,3}(x_i - c)^3 + \beta_{-,4}(x_i - c)^4 + \varepsilon_{-,i}$$

$$(5.9)$$

其中，下标 $-$ 和 $+$ 表示是位于断点左侧的处理组还是位于断点右侧的控制组，x_i 表示跑变量，y_i 表示结果变量。对于断点估计来说，我们最关心的是左侧拟合曲线和右侧拟合曲线在断点处的截距点 α_+ 和 α_- 是否有明显跳跃。从图 5.8 看，结果变量的这一跳跃确实是存在的（$\alpha_+ < \alpha_-$），断点的截距发生向上跳跃，表明留校察看对学生学业成绩具有负向的因果效应。[①]

采用多项式拟合作图的最大缺陷在于，它隐含地假设了跑变量与结果变量的函数关系，而事实上，我们并不知道跑变量与结果变量之间确切的函数关系，即便采用了具有更高宽容度和灵活性的高次多项式进行拟合，依然存在函数错设偏估的可能。[②] 因模型错设产生的预测偏误是多项式拟合永远绕不过去的"槛"。

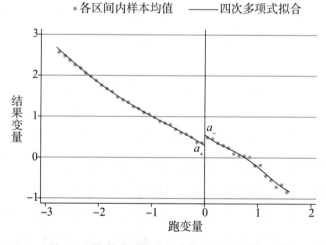

图 5.8　跑变量与结果变量的断点图形分析（均匀宽度）

---

①　请注意，在本例中断点左侧为处理组，右侧为控制组，因此断点处结果变量向上跳跃表明留校察看的处理效应为负效应。

②　在全域范围内采用较高次数函数对数据进行拟合虽然能产生较好的函数近似效果，但函数值域两个端点的预测值会发生剧烈波动，由此使得对断点这一界线值的预测效果变差。这一现象被称为"龙格现象"（Runge's phenomenon）。

（二）　区间内样本均值法

区间内样本均值法是通过对图中散点进行区间概要处理来揭示数据散点分布和变化规律的一种方法。对散点实施区间内样本均值法，我们应先按照一定规则将断点两侧的跑变量值域划分为若干区间，再计算出各个区间所包含散点的结果变量均值，并以该均值为高度值绘制出该区间的直方图，最后找到该直方图上端的中心点，以该点作为该区间内所有散点的"代表点"。研究者通过观察图中各区间代表点的变化趋势及其在断点处的非连续变化表现，来判定干预对结果变量是否具有因果效应。

与全域多项式拟合法相比，区间内样本均值法的优势在于它无须对跑变量和结果变量的函数关系做任何假设，因此不存在模型错设偏误问题。区间内样本均值法的缺点在于它易受样本分布离散程度的影响，不同区间的代表点可能因为区间内包含观测对象数量的剧烈变化而呈现不规律变化，不利于研究者对代表点变化趋势及其在断点处的跳跃做出判断。全域多项式拟合法和区间内样本均值法各具优劣势，研究者在做断点图形分析时常同时使用这两种方法。

观察图 5.7 可知，断点左右散点的跑变量取值分别在 [-2.8, 0] 和 [0, 1.6] 之间。我们以 0.1 作为一个区间宽度，将断点左右两侧分别隔出 28 个和 16 个区间。按照之前介绍的操作过程，我们在断点左右两侧分别绘制出 28 个和 16 个"代表点"，每个点的高度都代表了它所在区间内所有观测对象结果变量的均值水平。如图 5.8 所示，各区间"代表点"呈现明显的向右下方倾斜的变化规律，表明在断点两侧结果变量与跑变量呈现负相关关系，结果变量取值随跑变量取值增大而不断减小。区间"代表点"在断点两侧的变化总体是平滑的，唯独在断点处有一个向上的跳跃，这表明受到留校察看处罚的学生的学业成绩低于未受到留校察看处罚的学生，留校察看处罚会使得受处罚学生未来的学业成绩下滑。

区间内样本均值法对于区间的设定有许多讲究。如本例，我们选取 0.1 作为区间宽度，也可以选取 0.05 或 0.2 作为区间宽度，我们还可以在断点两侧设定不同的区间宽度，甚至可以为不同区间设定不同的宽度。如何选取区间，对于断点图形分析非常重要，不同的区间设定会极大地改变结果变量在断点处的跳跃图景。完成区间设定，需回答两个问题：如何选取区间宽度，和如何选取区间数量。

（1）区间宽度的选取

选取区间宽度通常有两种方法：一是采用均匀宽度（evenly-spaced bins，ES），即所有区间都保持相同的宽度，但每个区间含有的观测对象数量可能是不同的；二是采用分位数宽度（quantile-spaced bins，QS），即所有区间都含有相同数量的观测对象，但每个区间的宽度可能是不同的。这两种区间宽度选取法适用于不同情形。当样本中观测对象的跑变量取值分布比较均匀时，采用均匀宽度比较合适。当样本中观测对象的跑变量取值分布比较分散时，如果还采取均匀宽度，就会出现部分区间内只含有极少量观测对象的情况。区间内观测对象数量少，其内部结果变量的变异自然就比较大，这会导致不同区间结果变量均值不具有可比性。在这种情况下，选择分位数宽度比较合适。

观察散点图5.7，观测点在跑变量大部分取值区域内的分布还是比较均匀的，可采用均匀宽度划分区间，图5.8就是采用均匀宽度绘制而成的，图中各区间"代表点"间隔相同，呈均匀分布。考虑到在跑变量取值最左侧和最右侧两端区域内，散点的分布相对分散，我们也可采用分位数宽度划分区间。如图5.9所示，采用分位数宽度绘制的区间"代表点"分布疏密有间，离断点越近分布越密集，离断点越远分布越分散。比较图5.8和图5.9可以发现，采用均匀或分位数区间宽度对于图形分析结果未产生影响，各区间"代表点"依然呈现向右下方倾斜的变化规律，结果变量在断点处跳跃表现亦保持一致。

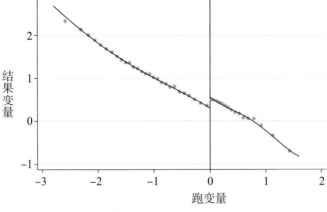

图 5.9 跑变量与结果变量的断点图形分析（分位数宽度）

（2）区间数量的选取

选取区间数量的常用方法也有两种：第一种是以整体均方偏误（integrated mean squared error，IMSE）最小化作为依据进行选择。整体均方偏误是一种用于衡量估计量与真值偏离程度的指标。设总体参数为 θ，它是真值，其估计量为 t。于是，整体均方偏误就等于真值与其估计量之间差值的平方。可以证明，整体均方偏误可分解为估计量方差（σ^2）、估计量与真值的偏误（b^2）这两部分之和。

$$IMSE = (\theta - t)^2 = \sigma^2 + b^2 \tag{5.10}$$

我们为估计真值构造估计量，一方面期望估计量均值应与真值一致，另一方面期望估计量方差实现最小化。这正如同我们期盼神箭手不仅能远距离射中靶心，而且最好箭无虚发，次次都命中靶心。然而，在实际分析中，这二者常无法兼得。譬如，在对断点两侧区间数量的选择中，增加区间数量能使得区间宽度变窄，区间内所包含的观测对象数量变少，这有助于减少估计偏误，但同时会导致估计方差增大。区间数量的选择事关估计偏误与估计方差之间的取舍与权衡。整体均方偏误等于估计偏误和方差之和，选择一个最优的区间数量使得整体均方偏误最小化即意味着实现了估计偏误和估计方差之间的平衡。

第二种区间数量选取方法是变异模拟法（mimicking variance method，MV）。该方法认为区间数量的选择应使得各区间结果变量均值之间的变异与原样本数据变异保持一致。整体均方偏误法和变异模拟法都可能使断点两侧产生不同数量的区间，但为最大限度地模拟出原样本数据的变异情况，采用变异模拟法通常会比整体均方偏误法产生更多数量的区间。

（3）区间宽度和数量的设定组合

两种区间宽度选取方法配合以两种区间数量选取方法，就形成四种区间设定组合（见表5.1）。区间宽度选取主要视数据散点分布状况而定，而区间数量选取最常使用的是整体均方偏误法，只有当研究者特别重视保留原样本数据的变异特质时，方才使用变异模拟法。

表 5.1   断点设计图形分析的区间设定组合

区间数量的选取	区间宽度的选取	
	均匀宽度（ES）	分位数宽度（QS）
整体均方偏误法（IMSE）	ES + IMSE "binselect（es）"	QS + IMSE "binselect（qs）"
变异模拟法（MV）	ES + MV "binselect（esmv）"	QS + MV "binselect（qsmv）"

注：表中引号内为各区间设定组合相对应的 – rdplot – 命令选项。

在以往文献中，使用"ES + IMSE"和"QS + IMSE"组合的比较多见，亦有学者同时采用表5.1中四种组合或其他多种方法绘制断点图形，用于表现断点图形分析结果的稳健性。

二、 精确断点回归的局部多项式估计

如公式（5.5），精确断点的处理效应估计量 τ_{SRD} 等于 $E(Y_{i1} \mid X = c)$ 与 $E(Y_{i0} \mid X = c)$ 这两个函数拟合曲线在断点处的截距之差，但跑变量与结果变量之间的函数关系隐含于数据变化的背后，我们并不知道跑变量与结果变量之间确切的函数关系。断点估计的一个核心技术性问题，就是运用一定方法准确地近似估计出函数 $E(Y_{i1} \mid X = c)$ 与 $E(Y_{i0} \mid X = c)$。

$E(Y_{i1} \mid X = c)$ 与 $E(Y_{i0} \mid X = c)$ 是未知的，我们对于未知函数一般采用高阶多项式函数形式进行近似估计。早期断点回归常采用全域多项式拟合法，即在整个样本数据值域范围内使用四次或更高次多项式对

$E(Y_{i1} \mid X = c)$ 与 $E(Y_{i0} \mid X = c)$ 进行近似估计。采用全域多项式拟合法有利于提升整体函数的近似效果，但对于断点这一界限值的结果预测未见得准确，这是因为全域多项式拟合法使用了整个值域内所有数据对函数进行近似估计，其中包含众多远离断点的观测数据，如果这些数据对函数在断点处截距的结果预测具有较高的影响权重，那么全域多项式拟合法就会导致断点回归产生较大的估计偏差，并且这种偏差会随着所采用多项式的次数的增加而增大。因此，目前断点回归的主流方法是采用局部多项式或线性估计法。该方法抛弃了远离断点的观测数据，只在断点附近一个有限的值域范围内对函数 $E(Y_{i1} \mid X = c)$ 与 $E(Y_{i0} \mid X = c)$ 进行多项式估计。由于取样的值域范围比较小，在这个有限范围内的函数变化可近似视为一次函数或低次函数，从而避免了采用高次多项式估计可能引发的估计偏差问题，如此估计得到的结果要比传统的全域多项式拟合法更加精确和稳健。

（一）估计步骤

断点回归的局部多项式估计过程通常由以下五个步骤组成。

第一个步骤是选择带宽 h。局部多项式估计通常只利用断点附近一个较窄值域范围内的观测数据进行回归。设断点为 c，那么局部估计的跑变量值域范围为 $[c - h, c + h]$。带宽的选择非常重要，它与多项式函数形式的选择有着直接的关联，并对断点回归的参数估计和显著性检验有重要影响。

第二个步骤是选择多项式函数的次数 p。断点回归函数可采用线性函数形式，也可采用多次函数形式。一般情况下，带宽与多项式次数成正比：如果我们选择的带宽比较窄，可简单采用低次或一次（线性）函数对 $E(Y_{i1} \mid X = c)$ 与 $E(Y_{i0} \mid X = c)$ 进行近似估计；如果我们选择的带宽比较宽，就应采用二次或更高次多项式函数对 $E(Y_{i1} \mid X = c)$ 与 $E(Y_{i0} \mid X = c)$ 进行近似估计。

第三个步骤是设置一个权重函数 $K(*)$。在对 $E(Y_{i1} \mid X = c)$ 与 $E(Y_{i0} \mid X = c)$ 函数在断点处截距的估计中，处于不同位置的观测数据所产生的影响是不同的，观测数据对于断点处截距值估计所产生的影响与其和断点的距离成反比，离断点越近的观测数据对估计断点处截距值越重要，反之就越不重要。如之前对留校察看处理效应的估计，断点为留校察看的 GPA 最低线，因此那些 GPA 略高于或略低于处罚线的学生观测数据就显得尤为重要，而那些 GPA 远高于或远低于处罚线的学生数据对于估计断点处截距值的参考价值就比较低。为精确估计断点处结果变量的跳跃量，我们应该多使用断点附近观测数据所提供的信息，少使用远离断点的观测数据所提供的信息。为达到这一目的，我们需要设定一个核函数 $K(*)$，对处于不同位置的观测数据赋予不同的权重。

第四个步骤是分别对断点两侧带宽范围内的观测数据按照之前确定的多项式函数形式，在既定的带宽范围内，以核函数所确定的权重，进行加权回归，从而获得控制组和处理组结果变量在断点处的截距估计值。首先，对处于断点右侧带宽范围内的处理组观测数据采取局部多项式回归，获得处理组结果变量在断点处的截距估计值 α_+：

$$y_i = \alpha_+ + \beta_{+,1}(x_i - c) + \beta_{+,2}(x_i - c)^2 + \cdots + \beta_{+,p}(x_i - c)^p + \varepsilon_{+,i} \quad (5.11)$$

接着，对处于断点左侧带宽范围内的控制组观测数据采取局部多项式回归，获得控制组结果变量在断点处的截距估计值 α_-：

$$y_i = \alpha_- + \beta_{-,1}(x_i - c) + \beta_{-,2}(x_i - c)^2 + \cdots + \beta_{-,p}(x_i - c)^p + \varepsilon_{-,i}$$

$$(5.12)$$

跑变量 x_i 减去断点 c 进行中心化处理后，以上两个回归函数的截距值 α_+ 和 α_- 就分别代表处理组和控制组在断点处的截距值。

第五个步骤，依照公式（5.5），用处理组在断点处的截距估计值减去控制组在断点处的截距估计值，获得精确断点回归的处理效应估计值，即 $\tau_{\mathrm{SRD}} = \alpha_+ - \alpha_-$。

为简化估计过程，我们在实际分析中可以巧妙地运用处理变量 T_i[①] 与跑变量 $(x_i - c)$ 的交互项，将上述两个回归函数（5.11）和（5.12）合并为一个回归函数进行估计，如下。

$$y_i = \alpha + \tau_{\mathrm{SRD}} T_i + \beta_{-,1}(x_i - c) + \beta_{-,2}(x_i - c)^2 + \cdots + \beta_{-,p}(x_i - c)^p +$$

---

① 如前所述，在精确断点下，处理变量 D_i 完全取决于指示变量 T_i，$T_i = D_i$。为与前几讲称谓保持一致，此处我们改用 T_i 表示处理变量。

$$\beta_1 T_i (x_i - c) + \beta_2 T_i (x_i - c)^2 + \cdots + \beta_p T_i (x_i - c)^p + \varepsilon_i \qquad (5.13)$$

断点回归函数（5.13）由三个重要部分组成：

（1）处理变量 T_i。当 $T_i = 1$ 时，表示接受干预的处理组；当 $T_i = 0$ 时，表示未接受干预的控制组。处理变量的系数 τ_{SRD} 就是我们期望得到的干预的平均处理效应。将 $T_i = 1$ 和 $T_i = 0$ 分别代入回归函数（5.13），便可还原为处理组和控制组回归函数（5.11）和（5.12），即

$$T_i = 1: y_i = (\alpha + \tau_{\text{SRD}}) + (\beta_{-,1} + \beta_1)(x_i - c) + (\beta_{-,2} + \beta_2)(x_i - c)^2 + \cdots +$$

$$(\beta_{-,p} + \beta_p)(x_i - c)^p + \varepsilon_i \qquad (5.14)$$

$$T_i = 0: y_i = \alpha + \beta_{-,1}(x_i - c) + \beta_{-,2}(x_i - c)^2 + \cdots + \beta_{-,p}(x_i - c)^p + \varepsilon_i$$

$$(5.15)$$

其中，处理组回归函数的截距值为 $\alpha + \tau_{\text{SRD}}$，控制组回归函数的截距值为 α，二者之差 τ_{SRD} 即结果变量在断点处的跳跃，也就是断点回归的平均处理效应。如果 τ_{SRD} 通过显著性检验，就说明结果变量在断点处有明显的跳跃，干预对结果变量具有显著的因果效应。

（2）跑变量 $(x_i - c)$ 多项式。为模拟跑变量与结果变量之间的函数关系，我们采用了跑变量 p 次多项式，即 $\beta_{-,1}(x_i - c) + \beta_{-,2}(x_i - c)^2 + \cdots + \beta_{-,p}(x_i - c)^p$。如前所述，由于跑变量与结果变量之间函数关系是潜在未知的，因此在全域范围内执行多项式回归应尽量采用高次，如 $p = 4$。但当所选带宽比较小时，执行局部多项式回归，可采用一次（线性）函数进行回归。有关这一点之后再做详细讨论。

（3）处理变量 T_i 与跑变量 $(x_i - c)$ 的交互项。在回归函数中加入处理变量 T_i 与跑变量 $(x_i - c)$ 交互项是为了增加回归函数的宽容度和灵活性，允许断点两侧处理组和控制组回归函数有不同的曲率或斜率变化。如函数（5.14）和（5.15）所示，当回归函数加入 T_i 与 $(x_i - c)$ 的交互项时，处理组跑变量一次项 $(x_i - c)$、二次项 $(x_i - c)^2$、……、p 次项 $(x_i - c)^p$ 的斜率系数分别为 $(\beta_{-,1} + \beta_1)$、$(\beta_{-,2} + \beta_2)$、……、$(\beta_{-,p} + \beta_p)$，而控制组跑变量一次项 $(x_i - c)$、二次项 $(x_i - c)^2$、……、p 次项 $(x_i - c)^p$ 的斜率系数分别为 $\beta_{-,1}$、$\beta_{-,2}$、……、$\beta_{-,p}$，只要估计系数 β_1、β_2、……、β_p 不为零，就说明断点两侧处理组和控制组结果变量函数的曲率或斜率变化是不同的，反之则说明它们的曲率或斜率变化是相同的。

如果我们在回归函数中不加入 T_i 与 $(x_i - c)$ 的交互项，那么处理组和控制组回归函数（5.14）和（5.15）就变为

$$T_i = 1：y_i = (\alpha + \tau_{\mathrm{SRD}}) + \beta_{-,1}(x_i - c) + \beta_{-,2}(x_i - c)^2 + \cdots +$$
$$\beta_{-,p}(x_i - c)^p + \varepsilon_i \tag{5.16}$$

$$T_i = 0：y_i = \alpha + \beta_{-,1}(x_i - c) + \beta_{-,2}(x_i - c)^2 + \cdots + \beta_{-,p}(x_i - c)^p + \varepsilon_i$$
$$\tag{5.17}$$

比较函数（5.16）和函数（5.17）可知，当不加入 T_i 与 $(x_i - c)$ 交互项时，处理组和控制组回归函数只在截距系数上有差别，它们的跑变量的斜率系数完全相同。虽然在不控制 T_i 与 $(x_i - c)$ 交互项的条件下，我们也可以实现对平均处理效应 τ_{SRD} 的估计，但一般情况下，我们在执行断点回归时都要加入 T_i 与 $(x_i - c)$ 交互项，以增强回归函数的宽容度和灵活性，毕竟我们对于跑变量与结果变量真实的函数形式所知甚少。在"盲估"的情况下，使用更加宽容和灵活的函数形式有助于降低处理效应偏估的风险。

此外，我们还可以在断点回归函数中加入其他控制变量，如下。

$$y_i = \alpha + \tau_{\mathrm{SRD}}T_i + \beta_{-,1}(x_i - c) + \beta_{-,2}(x_i - c)^2 + \cdots + \beta_{-,p}(x_i - c)^p +$$
$$\beta_1 T_i(x_i - c) + \beta_2 T_i(x_i - c)^2 + \cdots + \beta_p T_i(x_i - c)^p + \gamma z_i + \varepsilon_i \tag{5.18}$$

其中，z_i 表示控制变量。我们所选择的控制变量应为发生在干预之前的前定变量[1]，并且它们应在处理组和控制组之间实现平衡。如果控制组和处理组在这些控制变量上存在系统性差异，那么断点回归的连续性假设就得不到满足，此时运用断点回归估计得到的平均处理效应 τ_{SRD} 就是有偏的。因此，在断点设计中控制相关前定变量的主要目的不是纠正估计偏差，而是提高估计精度，在带宽不发生变化的情况下，增加控制变量应不会使断点回归的平均处理效应点估计值发生变化[2]，但处理效应估计值的标准误可能会发生变化。一般情况下，在模型中增加控制变量能使得处理效应估计值的标准误变小，使其更容易通过显著性检验。

---

[1] 控制变量为前定变量可以保证控制变量不受干预的影响。

[2] 在实际分析中，增加控制变量通常会使带宽选择发生改变。带宽变化了，平均处理效应的点估计值自然会发生一定变化。有关这一点，我们在后文还会具体介绍。

（二） 重要设定

断点回归涉及三方面的重要设定：带宽、多项式次数和权重函数。以下，我们将分别对这三种重要设定进行介绍。

（1）带宽的设定

带宽的选择对于断点回归函数形式设定、局部多项式估计及统计推断有重要影响，断点回归的估计结果对选用带宽的变化比较敏感，需小心应对。

对断点带宽做出选择需同时考虑其对估计精度与估计偏差所可能造成的影响。一般来说，带宽越宽，纳入断点回归分析中的观测对象数量就越多，这有利于提高估计精度。与此同时，带宽越宽，回归函数设定发生错误的可能性就越大，这又会使得发生偏估的风险增大。可见，带宽的最优选择即是在估计精度与估计偏差之间做出权衡。传统的带宽设定法包括经验法（rule-of-thumb，ROT）、交叉验证法（cross-validation，CV）及其他扩展方法[①]。卡里尼克等（Calonico et al.，2014）认为这些传统方法通常会产生过大的断点带宽，造成估计偏估并形成错误的置信区间。据此，他们提出了一种更加稳健的非参数带宽设定法。以下我们着重介绍卡里尼克等提出的这种方法。

断点带宽的设定与多项式函数形式的选择有着密切的关联。如图 5.10 所示，处理组和控制组潜在结果函数分别为 $E(Y_{i1} \mid X)$ 和 $E(Y_{i0} \mid X)$，它们都是非线性函数，其潜在结果随跑变量变化呈图中所绘的曲线状，处理组和控制组潜在结果在断点处的截距有一个明显的跳跃，处理效应等于两个潜在结果函数在断点处截距的差值，即 τ_{SRD}。

我们采用线性回归对断点两侧潜在结果函数进行近似拟合，由于潜在结果函数是未知的，采用线性拟合面临函数错设的风险。我们有两种带宽选择：一种是较宽的带宽 h_1，一种是较窄的带宽 h_2。如果在较宽的带宽

[①] 有关这些传统的带宽设定法的详细介绍，请参见范剑青和吉贝尔斯（Fan & Gijbels，1996）、因本斯和勒米厄（Imbens & Lemieux，2008）、李和勒米厄（Lee & Lemieux，2010）及因本斯和卡利亚纳拉曼（Imbens & Kalyanaraman，2012）的著述。

h_1 范围内进行拟合，所估计得到的处理组和控制组在断点处的截距值分别
为 $\mu_+(h_1)$ 和 $\mu_-(h_1)$，这两个预测截距点之差明显要比潜在结果在断点
处的真实跳跃值 τ_{SRD} 高出许多。对原本非线性的潜在结果函数采用线性函
数进行近似拟合，会导致较大的估计偏误，计量学家将此种偏误称为函数
错设偏误或平滑偏误（smoothing bias）。如果在较窄的带宽 h_2 内进行拟合，
情况就会变得很不同。只要带宽设定得足够窄，潜在结果非线性的曲线变
化便趋近于线性变化，此时采用线性拟合导致的错设偏误就会被限制在一
个合理范围之内。如图 5.10，在带宽 h_2 内进行线性拟合，处理组和控制
组潜在结果在断点处的截距点分别为 $\mu_+(h_2)$ 和 $\mu_-(h_2)$，这两个预测截
距点之差就与潜在结果在断点处的真实跳跃值 τ_{SRD} 十分接近。可以想象，
如果我们继续将带宽变窄，线性拟合产生的平滑偏误还会进一步缩小，平
均处理效应的估计值会不断向其真值 τ_{SRD} 逼近。由此可见，在多项式次数
保持不变的情况下，函数近似估计偏误总是会随着带宽的缩小而降低，缩
小带宽可有效减少平滑偏误。

　　凡事有利即有弊。缩小带宽可有效减少平滑偏误，但它也会让更多的
观测数据被抛弃，使可供断点回归分析使用的样本容量缩小，导致处理效
应估计值的方差增大，估计精度下降。因此，断点带宽的选择需处理好估
计偏误和估计方差之间此消彼长的关系，最优带宽的选择就是要在估计偏
误与估计方差之间寻求一种平衡（Imbens & Kalyanaraman，2012）。

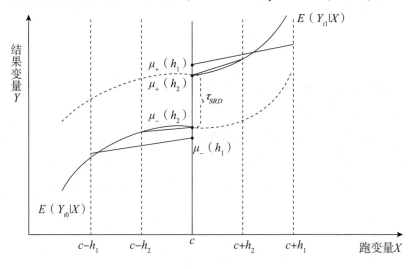

图 5.10　带宽设定与估计偏差

如公式（5.10），均方偏误（MSE）等于估计量偏误与其方差之和，如果我们选择一种带宽能使得 MSE 实现最小化，也就实现了估计量偏误与方差之间的平衡，这正是断点带宽 MSE 最优化法的基本原理。MSE 最优带宽计算公式为：

$$h_{\text{MSE}} = \left[\frac{\sigma^2}{2(p+1)b^2} \right]^{1/(2p+3)} \cdot n^{-1/(2p+3)} \tag{5.19}$$

其中，b 表示断点回归的估计偏误，σ^2 表示断点回归的估计方差，p 表示回归多项式所采用的次数，n 表示样本容量。根据 MSE 最优带宽公式（5.19），在保持估计偏误 b 和方差 σ^2 不变的情况下，样本容量 n 越大，MSE 最优带宽就越窄。也就是说，对于断点回归来说，拥有一个大样本是极为重要的。在大样本下，我们可以选取较窄的带宽，在使估计方差减少或保持不变的条件下大幅降低估计偏误。

公式（5.19）假定断点两侧带宽相同，对其稍加改造便可以适用于断点两侧取不同带宽的情况。设断点两侧有着不同的估计偏误和方差，断点左右两侧控制组和处理组估计偏误分别为 b_- 和 b_+，估计方差分别为 σ^2_- 和 σ^2_+。于是，断点左右两侧的 MSE 最优带宽的计算公式为：

$$h_{\text{MSE},-} = \left[\frac{\sigma^2_-}{2(p+1)b^2_-} \right]^{1/(2p+3)} \cdot n^{-1/(2p+3)} \tag{5.20}$$

$$h_{\text{MSE},+} = \left[\frac{\sigma^2_+}{2(p+1)b^2_+} \right]^{1/(2p+3)} \cdot n^{-1/(2p+3)} \tag{5.21}$$

最优带宽的选择还对局部多项式估计的统计推断有影响。通常情况下，对多项式进行线性回归，自然会按照 OLS 传统推断法对估计系数进行显著性检验，但 OLS 统计推断是以多项式函数形式被正确设定为前提条件的，它要求函数拟合估计不存在任何的偏误，这一假设明显过于严苛，在现实研究中难以得到满足。如果我们选择 MSE 最优带宽进行统计推断，虽然此时允许模型存在估计偏误，但 OLS 传统推断法就不再适用了。因为在存在估计偏误的情况下，OLS 传统推断法设定的检验统计量为正态分布的假设得不到满足。

解决这一问题有两种方案：第一种方案将 MSE 最优带宽同时运用于参数估计和统计推断之中，但对 OLS 传统推断法进行修正，采用稳健偏差纠正标准误（robust bias-correction standard error）对估计系数进行显著性检验；第二种方案是对参数估计采用 MSE 最优带宽，统计推断则采用另一种 CER 最优带宽。CER 是覆盖偏误（coverage error）的英文缩写，它是指我们所设定的置信区间覆盖参数真值的概率偏误。譬如，我们常设定 95% 置信区间，表示我们相信这个区间覆盖参数真值的概率为 95%，但可能真实情况是这个区间覆盖真值的概率只有 80%，由此就产生了 15% 的覆盖偏误。CER 最优带宽就是以实现覆盖偏误最小化为标准进行带宽的最优选择。

根据卡塔内奥等（Cattaneo et al.，2019）的建议，MSE 和 CER 这两种最优带宽的最佳使用策略是：首先，处理效应点估计采用 MSE 最优带宽，以保证估计结果是一致的，处理效应估计系数的显著性检验还使用 MSE 最优带宽，但标准误计算采用稳健偏差纠正标准误，以保证统计推断是有效的；接着，尝试使用不同的最优带宽进行估计和显著性检验，观察估计结果是否会发生变化。处理效应点估计采用 MSE 最优带宽，显著性检验采用 CER 最优带宽，此时不仅处理效应估计是一致的，统计推断是有效的，还实现了覆盖偏误的最小化。[1]

（2）多项式次数的设定

对于多项式次数的选择，目前学界有不同观点。有学者提出可采用赤池信息量准则（Akaike information criterion，AIC）[2] 或其他相似方法来确定多项式最优次数（Lee & Lemieux，2010）。也有学者认为由于潜在结果函数是未知的，因此研究者应尽可能多地尝试不同次数的多项式函数执行断点回归，如此方可保证断点回归结果的稳健性。另有一些学者认为采用高次多项式会形成错误的统计推断及其他问题，因此多项式次数不宜设定得过高，采用一次函数进行简单线性回归即可，最多不超过二次（Gelman & Imbens，2019；Athey & Imbens，2017）。

---

① 带宽选择涉及许多复杂的技术讨论，有兴趣的读者可参见因本斯和卡利亚纳拉曼（Imbens & Kalyanaraman，2012）、卡塔内奥等（Cattaneo et al.，2017，2019）的研究。

② 赤池信息量准则是用于衡量计量模型拟合优劣的一种标准。该统计量基于熵的概念发展而得，模型的 AIC 值越低，表明模型拟合得越好。研究者通过对比 AIC 数值大小，便可以对不同模型的拟合优劣性进行评判。

那么，究竟应如何选择多项式次数呢？首先，多项式函数是用于反映跑变量和结果变量之间数量变动规律的。在观测数据环境下，跑变量与结果变量之间或多或少存在着一定线性或非线性变动关系，因此断点回归多项式不宜取零次，否则很可能导致估计结果偏估。其次，在既定带宽范围内以高次多项式进行回归估计，虽然能改善函数近似拟合效果，但也会导致估计系数方差增大。最后，单纯增加多项式次数很可能导致对数据的过度拟合，这也可能造成潜在结果函数在断点处截距点的不可靠估计。

鉴于以上三方面考虑，不少学者建议断点回归最好采用局部线性估计法，即在一定较窄的带宽范围内采用一次（线性）函数进行断点回归。如图 5.10 所示，带宽越窄，带宽范围内观测数据的函数关系越接近线性，因此采用局部线性估计既可以简化数据分析过程，又可以最大限度地保证估计的精确性和稳定性，从而实现简约、精确和稳定三者的平衡（Imbens & Lemieux，2008；Cattaneo et al.，2019；Gelman & Imbens，2019）。局部线性估计是目前最流行的断点估计法，新近发表的断点回归文献也大都采用这种方法。

（3）权重函数的设定

如前所述，断点回归的中心任务是对潜在结果函数在断点处的截距值形成估计，而在这一估计中，不同位置的观测数据起到了不同的作用。与离断点较远的观测数据相比，离断点较近的观测数据为断点处截距值估计提供了更多有效的信息，因此在执行断点局部线性回归时，研究者应考虑采用一定的核函数给予那些离断点较近的观测数据以更高的权重。

核函数是一个关于观测数据与断点距离远近的函数，我们通过核函数赋予每个观测对象一个非负数的权重。在断点回归分析中，常用的权重函数有均匀核函数（uniform kernel function）和三角核函数（triangular kernel function）。

所谓"均匀核函数"，就是对带宽范围内所有观测对象采用相同的权重 1，带宽范围外所有观测对象都赋予权重 0。简单地说，采用均匀核函数就是无视带宽范围内观测数据与断点距离的远近对处理效应估计的影响，只要观测数据位于带宽范围内，就给予相同的权重。

三角核函数赋予与断点距离近的观测数据以更大权重，赋予与断点距离远的观测数据以更小权重，赋予权重的大小和观测数据与断点距离成单调线性反比变化。三角核函数形式如下：

$$K(x_i) = \begin{cases} 1 - |(x_i - c)/h| & \text{if } |(x_i - c)/h| \leq 1 \\ 0 & \text{if } |(x_i - c)/h| > 1 \end{cases} \quad (5.22)$$

其中，x_i 表示跑变量，c 表示断点，h 表示带宽。$(x_i - c)/h$ 的绝对值越大，表示观测数据离断点越远，反之则越近。根据三角核函数，如果观测数据处于带宽范围之内，即 $|(x_i - c)/h| \leq 1$，那么就按照 $1 - |(x_i - c)/h|$ 赋予权重；如果观测数据处于带宽范围之外，即 $|(x_i - c)/h| > 1$，那么就赋予 0 权重。

除均匀核函数和三角核函数外，还有其他核函数常用于断点回归估计之中，譬如伊帕涅奇尼科夫核函数（Epanechnikov kernel function）[①]。在实际分析中，学者们发现断点回归的参数估计和统计推断对于加权核函数的选择并不敏感，选择不同的核函数通常不会对处理效应估计系数及其显著性检验结果产生太大的影响（Cattaneo et al.，2019）。过往文献对于权重函数设定的关注度远不如对带宽、多项式次数的关注度，加之目前学界提倡断点回归实行局部而非全域估计，大部分断点研究选择的带宽都比较窄，分析所用的观测数据大都分布在断点周边，此时再对观测数据实行加权回归就显得很没有必要了。

三、 模糊断点的 2SLS 估计

在模糊断点中，观测对象接受干预的概率由跑变量和其他未观测变量共同决定，观测对象接受干预的概率在断点处有跳跃，并且该概率跳跃又会引发结果变量的跳跃，从指示变量 T 到结果变量 Y 历经了 "$T{\rightarrow}D{\rightarrow}Y$" 这一因果逻辑链条。对此，我们可以用两阶段回归模型来表示。

第一阶段回归用于 "模拟" 指示变量 T 对处理变量 D 的影响，即

---

① 伊帕涅奇尼科夫核函数也是按照观测数据与断点距离远近来进行赋权的，但它采用的是一种非线性方式，其函数通常设定为

$$K(x_i) = \begin{cases} 1 - [(x_i - c)/h]^2 & \text{if } |(x_i - c)/h| \leq 1 \\ 0 & \text{if } |(x_i - c)/h| > 1 \end{cases}$$

$$D_i = \gamma + \delta T_i + g(X_i - c) + \nu_i \tag{5.23}$$

其中，$g(X_i - c)$ 表示跑变量在第一阶段回归所采用的多项式函数，它通常是一次函数。我们通过第一阶段回归可以得到处理变量 D 的预测值 $\hat{D}$，它表示观测对象接受干预的预测概率，而指示变量 T 的估计系数就表示观测对象接受干预的预测概率在断点处的跳跃。我们将处理变量 D 的预测值 $\hat{D}$ 用于第二阶段对结果变量的回归之中，即

$$Y_i = a + \tau_{\text{FRD}}\hat{D}_i + f(X_i - c) + \varepsilon_i \tag{5.24}$$

其中，$f(X_i - c)$ 表示跑变量在第二阶段回归所采用的多项式函数。第一阶段回归和第二阶段回归的跑变量多项式 $g(X_i - c)$ 和 $f(X_i - c)$ 应采用相同的次数，如果第一阶段回归采用局部线性估计，那么第二阶段回归也应采用局部线性估计。估计系数 τ_{FRD} 就是模糊断点的两阶段最小二乘估计量。如果观测对象接受干预的概率在断点处有明显的跳跃（断点假设），潜在结果函数在断点处变化是连续的（连续性假设），并且观测对象对于跑变量在断点附近的取值不具有精确的操纵力（局部随机化假设），指示变量 T 自然就满足工具变量的第一阶段假设、独立假设和排他限制假设，而模糊断点的两阶段最小二乘估计量 τ_{FRD} 就是对平均处理效应的一致估计。

在两阶段回归模型（5.23）和（5.24）中，我们还可以考虑加入指示变量 T 与跑变量 X 的交互项，用以呈现断点两侧结果变量与观测对象接受干预概率随跑变量变化的不同趋势。

将第一阶段回归模型（5.23）代入第二阶段回归模型（5.24），就可以得到简化形式效应模型：

$$Y_i = a + \tau_{\text{FRD}}\left[\gamma + \delta T_i + g(X_i - c) + \nu_i\right] + f(X_i - c) + \varepsilon_i$$
$$= (a + \tau_{\text{FRD}}\gamma) + \tau_{\text{FRD}}\delta T_i + \left[\tau_{\text{FRD}}g(X_i - c) + f(X_i - c)\right] + (\tau_{\text{FRD}}\nu_i + \varepsilon_i)$$
$$= a_r + \tau_r T + f_r(X - c) + \varepsilon_r \tag{5.25}$$

其中，$\tau_r = \tau_{\text{FRD}}\delta$ 为简化形式效应估计量，它表示指示变量 T 对结果变量 Y 的效应，也就是前文所说的意向性处理效应。指示变量 T 满足局部随机性，因此简化形式效应 τ_r 是无偏和一致的。

如前所述，模糊断点的处理效应估计量等于简化形式效应与第一阶段效应之比，因此我们进行模糊断点分析时也需像精确断点那样绘制出结果

变量和观测对象接受干预的概率在断点处的跳跃图示。模糊断点也面临带宽选择问题，但与精确断点不同的是，模糊断点需为第一阶段效应估计和简化形式效应估计同时设定带宽。那么，这两个效应估计是采用同一带宽，还是分别采用不同的带宽呢？因本斯和勒米厄（Imbens & Lemieux，2008）认为，模糊断点回归的带宽选择应优先考虑简化形式效应估计，因为通常情况下接受干预的概率在断点两侧的变化形态更趋近于直线，因此第一阶段效应估计的带宽可以放得相对宽松一些。相比之下，结果变量在断点两侧的变化形态就复杂得多，需小心应对。因此，他们建议对模糊断点带宽设定的最佳策略是先对简化形式效应估计的带宽做出最优选择，再将该最优带宽应用于第一阶段效应分析中。李和勒米厄（Lee & Lemieux，2010）也提出，模糊断点的第一阶段效应估计和简化形式效应估计应尽量使用相同的带宽，因为如果使用不同带宽，2SLS 估计系数的标准误计算会变得异常复杂，容易发生错误。

模糊断点在研究设计上采用精确断点的思路，在回归估计上则采用工具变量的策略。它披着断点设计的"皮肤"，却怀抱着一颗工具变量的"心"。诚然，模糊断点的"表"和"里"并非完全割裂，实现模糊断点估计同样需满足断点假设、连续性假设与局部随机化假设，同样需要借助一定方法就带宽做出选择，并且不同的带宽设定对两阶段回归的估计结果同样有着重要的影响。我们可以将模糊断点看成介乎断点回归与工具变量法之间的一种特殊方法。

第三节　断点回归的实例讲解

在本节，我们向大家介绍三篇断点回归文献，它们各具一定的代表性。第一篇文章采用精确断点设计，其整个估计过程可作为我们实施经典精确断点回归的"模本";第二篇文章采用空间断点设计,其所采用的研究设计原理与精确断点相同,但所采用的估计方法有较大不同;第三篇文章采用的是模糊断点设计,借助两阶段回归完成对平均处理效应的一致估计。

一、 延长在校时间与学生学业成绩

近年来,世界各国都非常重视对薄弱学校与弱势儿童的帮扶,不少国家都颁布并实施了一系列旨在改善教育结果公平的教育政策,其中就包括延长学生在校时间。在美国,目前已有佛罗里达、科罗拉多、康涅狄格、马萨诸塞等多个州政府面向义务教育阶段学校实施专门的财政转移支付,以支持这些学校延长弱势学生的在校学习时间,并期望通过该政策提升弱势学生的学业成绩。根据教育生产函数理论,教学时间投入直接作用于学生的教育结果,应对学生的学业成绩具有促进作用。与此同时,延长学生在校学习时间意味着学校需投入更多的师资、教室及其他必要教辅资源,这必定会带来教育成本的激增。巨大的教育成本投入能否带来足够多的教育结果的增益,这是教育政策制定者必须考量的重大现实问题。

延长学生在校学习时间能否显著提升学生的学业成绩?对于这一问题,学界目前还缺少足够的因果证据。在观测数据条件下,研究者很难形成对学生在校时间与其学业成绩之间因果关系的可靠估计,这主要有两方面原因。

一是实行延长在校时间的学校并不是随机挑选的,实施该政策的学校与未实施该政策的学校之间在许多特征上存在着差异,其中有些特征是现实数据未观测到的。如果这些未观测变量对学生的学业成绩也有影响,那么便会引发延长在校时间对学生学业成绩处理效应的偏估。譬如,政府在薄弱学校推行延长在校时间政策,而这些学校的学生大多来自弱势家庭,学生的学习能力比较差,学业成绩普遍低于其他学校学生。学生个人能力的高低与学校是否实施延长在校时间政策呈负相关,又与学生的学业成绩呈正相关,学生个人能力是学校实行延长在校时间政策和学生学业成绩共同的"因"。如果不控制学生的个人能力变量,就会严重低估延长在校时间政策对学生学业成绩的处理效应。

二是政府在同一时间段内有多种改革措施并举，我们很难将并行实施的不同政策的处理效应区分开。譬如，除延长学生在校时间政策外，美国联邦和州政府还面向义务教育学校实施了促进教师职业发展、改进学校领导力等方面的政策措施，并且这些政策之间具有相当高的关联度。仅凭借回归控制，我们很难完全剔除其他政策对估计延长在校时间政策处理效应所产生的"噪声"。

2018 年，美国经济学家戴维·菲戈里奥（David Figlio）、克里斯蒂安·霍尔顿（Kristian L. Holden）和乌穆特·奥泽克（Umut Ozek）在《教育经济评论》发表了一篇题为《学生能否从延长在校时间政策中受益?》（Do Students Benefit from Longer School Day?）的文章。该研究采用美国佛罗里达州 2005—2006 学年至 2012—2013 学年学生层级的行政数据，以各校阅读科目的绩效得分（accountability score）① 作为跑变量形成精确断点设计，就延长在校时间政策对学生学业成绩的因果效应进行了估计（Figlio et al.，2018）。

2012 年，美国佛罗里达州议会通过了面向薄弱学校实施延长学生在校学习时间（the extended school day，ESD）项目的法案。在 ESD 项目实施的第一年（即 2012—2013 学年），佛罗里达州根据各校当年的阅读科目绩效得分排名，从 1800 所小学中挑选出排在倒数 100 名范围内的学校实施 ESD 项目。学校是否实施 ESD 项目完全取决于上一学年该校阅读科目绩效得分在州内的排名。

如图 5.11 所示，跑变量在横坐标，表示佛罗里达州 2012—2013 学年各校学生阅读科目绩效得分，以州内排在倒数第 100 名学校的阅读科目绩效得分作为断点，将各学校分为两组。为便于分析，菲戈里奥等人将各校阅读科目绩效得分减去州内排在倒数第 100 名学校的绩效得分。如此中心化操作后，各学校阅读科目绩效得分就转化为相对得分，此时断点 $c = 0$。

---

① 各校的阅读科目绩效得分是由上一学年各校的学生阅读考试成绩与该成绩的增值两部分加总得到的。其中，学校的学生阅读考试成绩按照各校学生在州评估测试中取得"满意水平"的学生比例计算，而学生阅读考试成绩的增值按照当年阅读成绩取得显著进步的学生比例计算。

纵坐标表示各校实施 ESD 项目的概率。由图可以看出，菲戈里奥等人的研究属于典型的精确断点。凡位于断点右侧（排名不在倒数 100 名之内）的学校都未实施 ESD 项目，而位于断点左侧（排名在倒数 100 名之内）的学校几乎全都实施了 ESD 项目。①

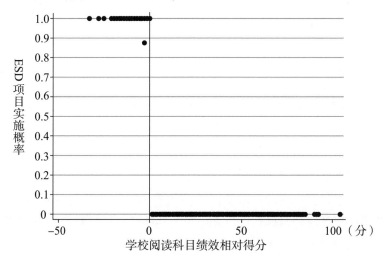

图 5.11　学校阅读科目绩效得分与 ESD 项目实施概率

注：该图取自于 Figlio 等（2018）图 1。

　　为呈现结果变量在断点处的跳跃情况，菲戈里奥等人对结果变量随跑变量的变化趋势进行了图形分析。ESD 项目实施于 2012—2013 学年之初，结果变量为 2012—2013 学年末各校学生阅读科目统一考试的标准化成绩。② 他们选取绩效 25 分作为带宽，同时采用区间内样本均值法和多项式拟合法③绘制结果变量跳跃图。如图 5.12 所示，结果变量在断点处有一个较为明显的向下跳跃。请注意，断点左侧为实施 ESD 项目的处理组学校，右侧为未实施 ESD 项目的控制组学校，结果变量向下跳跃意味着延长在校时间对学生的阅读成绩具有正向的因果效应。

---

　　①　如图 5.11，在断点左侧的某一区间内有极少数学校因特殊原因未实施 ESD。样本中不遵从的观测对象数量十分有限，其存在不影响以精确断点设计形成对处理效应的一致估计，可忽略不计。

　　②　所有学生的成绩都做了同一年级内的标准化，标准化后阅读科目成绩的均值为 0，标准差为 1。

　　③　多项式拟合采用三角核函数做了加权回归。文中，作者并未交代他们如何选取区间宽度和数量，也未交代多项式拟合采用了几次函数。

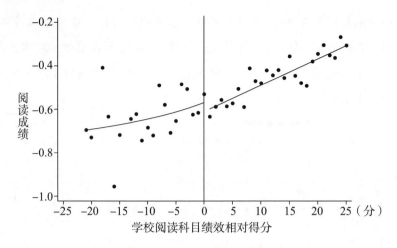

图 5.12　实施 ESD 项目与阅读成绩

注：该图取自 Figlio 等（2018）图 2。

通过图形分析，我们只能大致目测结果变量是否在断点处发生跳跃，要想获得因果效应的具体估计值并做显著性检验，还需执行局部多项式估计。菲戈里奥等人构建了如下的断点回归模型。

$$Y_{is} = \alpha + \tau_{SRD} \cdot T_s + \lambda \cdot r_s + \delta \cdot (r_s \cdot T_s) + \varepsilon_{is} \quad (5.26)$$

其中，下标 i 表示第 i 个学生，s 表示第 s 个学校。结果变量 Y_{is} 表示 s 学校 i 学生在 2012—2013 学年末阅读科目的标准化考试成绩。r_s 是跑变量，表示 s 学校的阅读科目绩效相对得分。T 为处理变量，$T_s = 1$ 表示 s 学校的阅读科目绩效相对得分低于 0，该学校排名在倒数 100 名之内，实施 ESD 项目；$T_s = 0$ 表示 s 学校的阅读科目绩效相对得分高于 0，该学校排名在倒数 100 名之外，未实施 ESD 项目。处理变量 T 的估计系数 τ_{SRD} 表示 ESD 项目对学生成绩的处理效应。对于多项式函数设定，菲戈里奥等人做了简化处理，只采用线性（一次）函数形式。

菲戈里奥等人以绩效 25 分作为带宽，并采用三角核函数对回归模型（5.26）进行加权回归，估计结果如表 5.2 所示。根据表中列（1）的估计结果，在使用带宽内全部样本且未控制学生及其母亲特征变量的条件下，ESD 项目处理效应的估计值为 0.049，在 0.1 水平上显著。这一结果意味着延长在校时间能使得学生阅读科目成绩上升 0.049 个标准差。佛罗里达州对学生成绩的监测并不是覆盖所有学生，有些前一年参加监测考试的学生未在后一年参加监测考试。为避免参加两次监测学生的不同对估计结果所可能造成的影响，作者将未参加前一年监测考试的学生剔除出样本之后再进行断点回归。如表中列（2）的估计结果，ESD 项目处理效应的估计值为 0.051，与之前的估计结果 0.049 相差无几。

表5.2 延长在校时间对学生成绩的处理效应

	（1）	（2）	（3）	（4）
对 2012—2013 学年成绩的处理效应	0.049*	0.051*	0.056***	0.045**
（ESD 项目的处理效应）	(0.029)	(0.028)	(0.017)	(0.018)
对 2011—2012 学年成绩的处理效应	0.012	0.013	0.003	0.001
（安慰剂检验）	(0.026)	(0.025)	(0.016)	(0.015)
限制样本于参加上一年考试的学生	No	Yes	Yes	Yes
学生的特征变量	No	No	Yes	Yes
学生母亲的特征变量	No	No	No	Yes

注：该表取自 Figlio 等（2018）表 2；括弧内数据为估计系数标准误；＊＊＊为 0.01 水平上显著，＊＊为 0.05 水平上显著，＊为 0.1 水平上显著。鉴于同校学生考试成绩具有更高的相似性，标准误采用学校层面的聚类稳健标准误。

此外，作者还尝试在模型中控制学生及其母亲的特征变量。如前所述，在保持带宽不变的情况下，在断点回归中增加控制变量有助于提高处理效应的估计精度，并且不会对处理效应估计系数造成太大影响。如表 5.2 中的列（3）和列（4）的估计结果，在控制学生及其母亲的特征变量后，处理效应的点估计值未发生太大变化，但其标准误下降了不少，显著性表现改善了许多。

为检验断点回归估计结果对带宽选择的敏感性，菲戈里奥等人分别选取了绩效 10 分、15 分、20 分、25 分、30 分这五种带宽对回归模型（5.26）进行估计。如图 5.13 所示，在不同的带宽设定下，延长在校时间对学生学业成绩的平均处理效应的点估计值没有发生太大变化，最小约 0.03，最大接近 0.05。除最窄带宽（10 分）外，其他带宽设定下的估计结果都通过了 0.05 水平的显著性检验。可见，精确断点的估计结果在带宽选择上具有较强的稳健性。

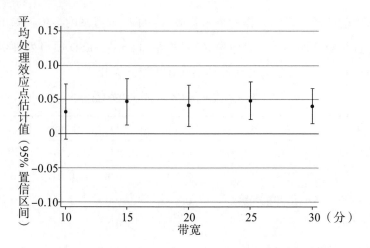

图 5.13　不同带宽设定下 ESD 项目的平均处理效应

注：该图取自 Figlio 等（2018）图 3；回归采用与表 5.2 列（3）相同的数据限制和变量控制策略；各圆点表示在不同带宽设定下处理效应的点估计值，垂直线段表示处理效应的 95% 置信区间。

ESD 项目实施于 2012—2013 学年之初，以 2012—2013 学年末学生成绩作为结果变量只能估计出 ESD 项目实施一年内的短期效应。为体现 ESD 项目的长期效应，菲戈里奥等人对 ESD 项目实施三个学年的处理效应进行了估计。如图 5.14，在 ESD 项目实施的第一年（2012—2013 学年），学生成绩在断点处向下跳跃；在 ESD 项目实施的第二年（2013—2014 学年），学生成绩在断点处向下跳跃幅度明显减弱；在 ESD 项目实施的第三年（2014—2015 学年），学生成绩在断点处变为向上跳跃。这表明随着政策实施年限的增加，ESD 项目对学生成绩所能产生的促进作用是在不断减弱的。

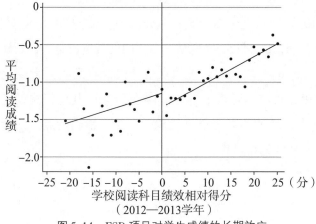

图 5.14　ESD 项目对学生成绩的长期效应

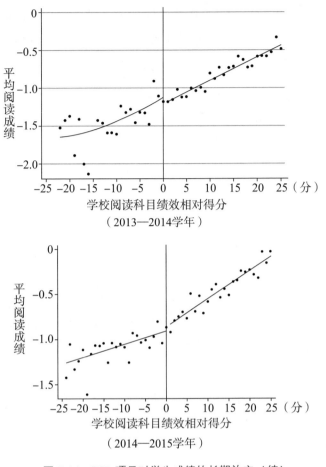

图 5.14　ESD 项目对学生成绩的长期效应（续）

注：该图取自 Figlio 等（2018）图 5。

在实施 ESD 项目之前，佛罗里达州政府就面向中小学校实施了大量的政策干预，其中有许多政策都针对薄弱学校和弱势学生，如果这些政策也会对薄弱学校和弱势学生的学业成绩产生影响，那么表 5.2 中估计得到的平均处理效应很可能还包含其他政策对学生成绩的影响。对此，菲戈里奥等人采用证伪检验，按照与之前相同的精确断点设计，以发生在 ESD 项目实施之前的 2011—2012 学年学生阅读科目的标准化成绩作为结果变量进行回归。如果此前的断点设计是有效的，即它所估计的结果只反映 ESD 项目的处理效应，那么它就不会对发生在干预之前的结果变量有影响。如果检验结果显示 ESD 项目对 2011—2012 学年学生成绩也有显著影响，就完全有理由怀疑之前估计得到的处理效应还包含其他政策干预的影响。如之前第三讲所述，此种就干预对其不应发生因果效应的结果变量的处理效应进行"强行"估计的检验被称为安慰剂检验。① 如表5.2第二行的估计结果，在不同的数据样本和控制策略下ESD项目对于2011—2012学年学生成绩都不具有显著的影响，这表明之前估计得到的ESD项目处理效应应未受到其他相似政策的干扰。

断点设计要求潜在结果函数 $E(Y_{i1} \mid X_i = x)$ 和 $E(Y_{i0} \mid X_i = x)$ 在断点处的变化是连续的。从理论上看，这一假设是不能被直接检验的，因为潜在结果与跑变量之间的函数关系是未知的。但我们可以想象，如果除观测对象接受干预的概率之外，还有其他混淆变量在断点处发生了跳跃，那么断点设计的连续性假设就肯定不能得到满足。遵循这一思路，我们可以针对混淆变量在断点处是否存在跳跃进行检验，具体检验办法是以各种可疑的混淆变量作为因变量分别进行断点回归。譬如，众所周知，家庭背景对学生成绩有重要影响，而实施ESD项目的学校多为薄弱学校，其生源大多来自弱势家庭，因此学生的家庭背景变量是混淆变量，它如果也在断点处存在跳跃，那么就会对形成干预的平均处理效应的无偏估计产生威胁。为验证这一威胁是否存在，我们可以挑选学生母亲受教育水平（Mo_edu）作为学生家庭背景的代理变量，将该变量作为因变量放入断点回归模型（5.26）中，检验模型如下：

$$Mo\_edu_{is} = \alpha + \beta \cdot T_s + \lambda \cdot r_s + \delta \cdot (r_s \cdot T_s) + \varepsilon_{is} \qquad (5.27)$$

如果处理变量 T_s 的估计系数 β 通过了显著性检验，就表明母亲受教育水平变量在断点处也存在明显的跳跃，我们完全有理由怀疑此前估计得到的ESD项目的处理效应是有偏的，它可能包含了家庭背景对学生成绩的影响。诚然，即便处理变量 T_s 的估计系数 β 是不显著的，也不能说明此前估计得到的ESD项目的处理效应就肯定是无偏的，因为还可能有其他混淆变量在断点处发生跳跃。为此，我们需对所有观测到的混淆变量都进行

---

① 对潜在结果函数进行断点连续性检验也可以采用对事后结果变量进行安慰剂检验的方法。这一检验的原理是：假定干预在实施若干期后会失去效力，此时结果变量在断点不再有跳跃，潜在结果函数又将回到接受干预之前的连续状态。因此，如果干预失去效力的若干期后结果变量还存在跳跃，就说明原先的断点跳跃并不是干预导致的。

跳跃检验。

　　表 5.3 列举了部分观测到的学生特征变量和学生母亲特征变量的跳跃检验结果。结果表明这些混淆变量在断点处的跳跃估计值 β 都偏小，都未通过显著性检验。值得注意的是，以上检验都只是证伪检验，即只要我们证实有某一混淆变量在断点处存在跳跃，便可质疑断点回归结果的内部有效性；但即便所有已观测的混淆变量都未发生跳跃，也不能证实断点设计符合连续性假设，毕竟还存在其他未观测到的混淆变量。[1] 混淆变量跳跃检验也可以采用图形分析的形式，即以跑变量作为横坐标，以各混淆变量作为纵坐标，采用全域多项式拟合法和区间内样本均值法绘图，目测这些混淆变量在断点处是否存在明显的跳跃。

表 5.3　控制变量的断点跳跃检验

学生的特征变量	β 估计值	学生母亲的特征变量	β 估计值
前一年阅读科目考试成绩	-0.015	受教育年限	0.133
	(0.028)		(0.208)
前一年数学科目考试成绩	0.018	是否大学毕业	0.005
	(0.041)		(0.005)
是否贫困家庭学生	-0.004	是否在婚	0.001
	(0.012)		(0.024)
是否非英语母语	-0.069	生育年龄	0.225
	(0.054)		(0.226)
是否白人	-0.005	是否早育	-0.001
	(0.026)		(0.009)
是否拉美裔	-0.014	是否出生于外国	0.009
	(0.051)		(0.026)

---

　　① 在文中，菲戈里奥等人提出有部分家庭背景好的学生有可能因为自己就读的学校被政府贴上了 ESD 项目的"坏标签"而选择转学，不同学校在学生流失率上的系统性差异可能导致 ESD 项目处理效应的有偏估计。为此，他们以各学校学生的流失率作为因变量进行断点回归，结果显示 ESD 项目并未使得不同学校的学生流失率发生异化。

（续表）

学生的特征变量	β 估计值	学生母亲的特征变量	β 估计值
是否非洲裔	0.016		
	(0.056)		
性别	−0.008		
	(0.006)		

注：该表取自 Figlio 等（2018）表3；括弧内数据为估计系数标准误；＊＊＊为 0.01 水平上显著，＊＊为 0.05 水平上显著，＊为 0.1 水平上显著。

　　断点回归的另一个重要假设是观测对象对于其跑变量取值不具有精确的操纵力。观测对象能精确操纵自己跑变量在断点两侧的落点，意味着干预在断点两侧的分配不具备局部随机性。麦克拉里（McCrary，2008）提出，我们可以通过对比跑变量在断点两侧的概率密度，对局部随机化假设做出正式检验。如本例，假设有一部分薄弱学校的学生阅读水平在全州的预期排名处于倒数 90—100 名之间，并且这些学校提前知道州政府将会以各校学生阅读科目绩效得分排名倒数 100 名为界线来挑选学校实施 ESD 项目。为了不被贴上 ESD 项目学校的"坏标签"，这些学校采用了一些应对措施，例如在考试之前对学生进行有针对性的备考辅导。[①] 在此情形下，在断点左侧附近区域内，学校数量较少，分布相对稀疏，概率密度较低，而在断点右侧附近区域内，学校数量较多，分布相对密集，概率密度较高。也就是说，如果观测对象对跑变量取值具有精确的操纵力，断点两侧跑变量分布的概率密度很可能呈现出一定差异，而如果观测对象对跑变量取值不具有精确的操纵力，这一差异便不会存在。

　　遵照麦克拉里检验思路，菲戈里奥等人绘制出跑变量的概率密度分布图。如图 5.15 所示，概率密度分布图由众多直方图组成，每个直方图表示在跑变量一定取值区间内观测对象的频数，直方图的高度越高，表示位于该区间内的观测对象数量越多。在图 5.15 中，图（a）是采用学生层面

---

　　① 菲戈里奥等人认为他们的断点设计不太可能出现此种情况，有两方面原因：一是州政府对于学校成绩的监测工作是独立完成的，各校都未参与；二是州政府按照学校绩效得分排名情况来挑选 ESD 项目学校，采用相对排名要比采用绝对得分更不容易被学校所操纵。

数据绘制的跑变量概率密度分布图，图（b）是采用学校层面数据绘制的跑变量概率密度分布图。观察这两个图可以发现，学生层面和学校层面的跑变量概率密度在断点 $c=0$ 处都没有发生明显的变化，这表明样本中的学生和学校都不对学生成绩具有精确的操纵力。

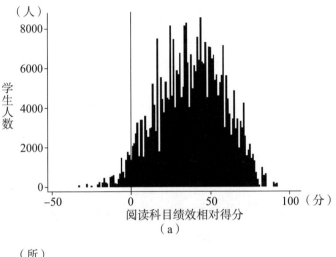

（a）

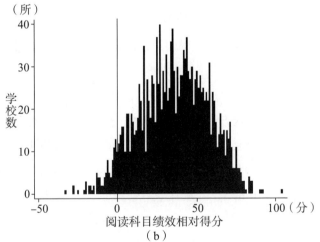

（b）

图 5.15　跑变量概率密度检验

注：该图取自 Figlio 等（2018）图 4。

菲戈里奥等人还对 ESD 项目处理效应的异质性进行了分析。譬如，他们将学生成绩分为高、中、低三类，分别对这三类学生进行了精确断点回归，结果发现成绩越好的学生从 ESD 项目中获益越多，ESD 项目对于差生成绩不具有显著的处理效应。在文章的最后部分，作者还对 ESD 项目进行了成本－效益分析。据他们报告，实施 ESD 项目花费了大量的财政资金，州政府每年向实施 ESD 项目学校拨付的财政资助大约有 30 万—40 万美元，平均每生每年资助额度高达 800 美元。那么，实施 ESD 项目能够产生多少经济收益呢？如前所述，ESD 项目能使得学生阅读成绩上升大约 0.05 个标准差，而根据其他学者的估计结果，成绩每增加一个标准差大概能使个人未来年收入平均增加 8%。据此，便可以大致计算出 ESD 项目的净收益现值为生均 3069.26 美元，远高于生均 800 美元的项目投入成本。[①] 可见，延长学生在校学习时间政策是一项行之有效且能产生巨大经济效益的教育政策，值得进一步推广。

二、 学校教育质量与住房价格

20 世纪 50 年代，美国著名经济学家查尔斯·蒂布特（Charles M. Tiebout）提出著名的"用脚投票"理论模型，他认为不同家庭会根据自身偏好和支付能力选择合适的居住地，而不同的地方政府会为公众提供不同质量和特色的公共服务，以吸引更多居民流入本地，从而获得更多的税收（Tiebout，1956）。于是，具有相似偏好和支付能力的家庭会为追求相似质量的公共服务而选择居住在一起，从而形成居住群分（sorting）现象。以公共教育为例，地方提供优质公共教育服务会吸引对教育持有较强偏好且具有较高购买力家庭的流入，在住房供给刚性的条件下，优质教育服务就会被资本化于房价之中，形成学校教育质量对房产价值的溢价效应，即学区房溢价。1969 年，美国经济学家华莱士·奥茨（Wallace E. Oates）第一次使用观测数据对蒂布特的理论推断进行了验证，他发现美国公立学校生均教育支出确对住房价值有显著的正影响（Oates，1969）。

---

① 菲戈里奥等人采用的 ESD 项目的收益现值计算公式为：

$$PV\ of\ Benefit = \sum_{t=18}^{80} E_i \cdot \beta \cdot \tau_{\text{SRD}} / (l+r)^t$$

其中，E_i 表示个人 i 在第 t 年的收入，根据 2016 年美国人口普查数据计算；β 表示学业成绩对个人收入的处理效应，按 8% 代入计算；τ_{SRD} 表示 ESD 项目对学生学业成绩的处理效应，用文中估计值 0.05 代入计算；r 为折现率（discount rate），用 3% 代入计算。

此后，有来自不同国家的众多学者采用不同的数据和方法就学校教育质量是否会对住房价格或价值产生溢价这一命题进行实证检验，试图以此为突破口揭示家庭对于教育服务的支付偏好，为教育政策制定提供科学依据。①

　　学区房溢价估计存在内生性偏估问题。具有不同办学质量的学校在地理上的分布不是随机的，它们总是会与住房的一些邻里和区位特征（如居民的家庭背景与社区的公共设施或服务）表现出极强的空间相关性。这些邻里和区位特征变量在学校教育质量与住房价格之间充当混淆变量的角色，当这些变量被回归模型遗漏时，学区房溢价就存在被偏估的可能。为解决这一内生性偏估问题，1999 年经济学家桑德拉·布莱克（Sandra E. Black）创新性地提出了学区边界法（Black，1999）。在该研究中，布莱克只选取学区边界附近的住房作为样本进行分析。由于这些住房的地理位置十分接近，住户们享有相同或相似的邻里和区位特征，因此学区房溢价中因邻里和区位特征变量遗漏而被过高估计的部分就自然而然得到了纠正。

　　从研究设计上看，布莱克提出的学区边界法属于典型的空间断点设计（spatial discontinuity design）。该方法利用学区边界形成干预的分配机制②，并通过设定一定的地理带宽消除了处理组与控制组之间的系统性差异，使二者具有了完全的可比性，这与断点回归的设计原理如出一辙。近年来，有不少北美和欧洲学者运用学区边界法对本国学区房溢价水平进行估计（Nguyen-Hoang & Yinger，2011；Gibbons et al.，2013；Mothorpe，2018），中国学者在此方面也做了一些尝试（哈巍，余韧哲，2017；Huang et al.，2020）。2019 年，本书作者黄斌、范雯曾在《北京大学教育评论》发表题为《名校及其分校质量对学区房的溢价效应：声望效应与升学效应》的文章，采用空间断点设计对南京市知名小学及其分校的学区房溢价水平进行估计，并以此为据，对集团化办学这一义务教育均衡化改革措施的实施成效做出评价（黄斌 等，2019）。以下，我们就向大家详细讲解这篇文章的

---

　　① 有关这方面的讨论，请参见布莱克和马奇（Black & Machin，2011）的综述性文献。
　　② 干预的分配机制又被称为选择机制，它决定了哪些观测对象接受干预，进入处理组，哪些观测对象不接受干预，进入控制组。

整个估计过程。

自 2014 年严格执行义务教育就近入学政策以来，通过重金购买名校学区房为子女谋求更优质教育已成为中国家庭最主要的择校方式。优质教育资源稀缺与分布不均使优质学校与普通学校学区房价格差异不断拉大，形成优质学校质量对学区房价的超高溢价。近年来，中央与各地政府纷纷出台并推行一系列旨在扩大优质教育资源覆盖面的义务教育均衡化改革措施：一方面从供给入手，通过新建优质校、名校办分校或名校集团化办学等措施增加优质学额供给，扩大优质学额覆盖面；另一方面从需求入手，通过多校划片、大学区管理、薄弱小学直升优质初中等措施增加家庭入学选择权，改变学额分配方式。在众多改革措施中，名校办分校或名校集团化最受地方青睐。借助名校的社会声望和优质办学资源，地方政府可在较短时间内实现对义务教育资源的重新布局，提升地区整体的办学水平。

学区房溢价水平的高低取决于家长对于学校教育质量的出价，而该出价又取决于家长基于相关信息对学校教育质量形成的主观评价。学校质量信息对于居民的购房选择与房价有着重要的影响（Figlio & Lucas，2004）。当前，中国家长密切关注的学校质量信息有两类：一类是学校声望，家长通过大多数人对学校过往办学质量的评价（学校的口碑）做出判断；另一类是显性指标，家长通过学校师资、硬件设施、学生成绩、升学率等投入或产出信息做出判断，其中以毕业生考取（不实行就近入学）本地优质学校的比例指标尤受家长重视，此类升学率指标通常是指引各地家长为其子女择校的重要"风向标"。

为估计名校及其分校的学区房溢价，我们收集了 2017 年南京市玄武区、秦淮区、鼓楼区、建邺区、栖霞区、雨花台区、浦口区、江宁区 8 个市辖区 1849 个小区相关数据，就小学名校及其分校的学区房溢价进行了估计。分析数据由以下三方面组成。

（1）学校数据。我们对于学校办学质量采用了两种测量指标：一是学校质量等级指标。我们参考南京市教委早年颁布的市重点小学目录，并结合学区房与家长论坛网站对小学的等级划分，遴选出 31 所小学名校，并通过网络和文件查询到 100 所名校分校的名录。该指标主要用于反映学校通过较为漫长的办学历史累积形成的社会声望。二是升学率指标。我们收集了 2015—2017 年各小学最近三年的南京外国语学校平均录取率（以下简称南外录取率）①，用各校学生升读当地最优质初中的比例反映学校当前的办学质量。

（2）学区数据。教育局在每年三月或四月会公布当年中小学招生通告，附有下辖各学校的学区划界范围。我们根据收集到的招生通告，绘制出南京市学区图。如图 5.16 所示，名校、名校分校和其他学校所在位置分别用星号、三角和圆圈标注，其各自覆盖学区范围分别用深黑、中黑和淡黑表示。从该图可以看出，南京小学名校主要集中在鼓楼、秦淮和玄武这三个老城区。2011 年未实施均衡化改革时，名校办分校的数量不多，2012 年后名校办分校的数量开始增多，先在老城区扩张，而后向外扩展。

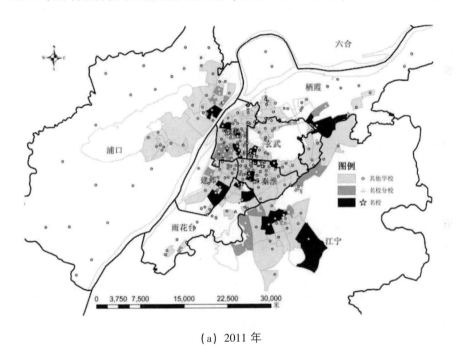

（a）2011 年

图 5.16　南京市小学的学区分布变化

① 南京外国语学校建立于 1963 年，是一所公办学校，其初中部招生不实行就近入学，而是采取择优录取方式，面向全市应届小学毕业生进行统一招考。南京外国语学校是绝大多数南京家长希望子女就读的最理想的学校，每一年各小学南外录取率是家长们用于考评学校教育质量最为重要的依据之一。

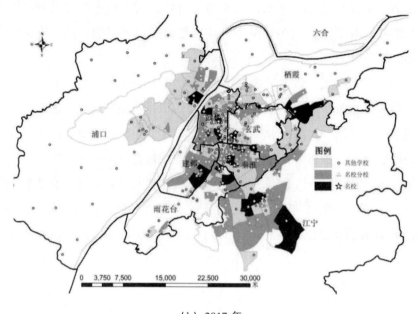

（b） 2017 年

图 5.16　南京市小学的学区分布变化（续）

注：该图取自黄斌等（2019）图 1。

（3）房价及住房建筑、小区和区位特征数据。我们从链家网和搜房网获取了 2017 年南京市二手房成交价格、住房面积、楼层、厅室数量、小区绿化率、物业费等数据。为反映住房所在区位的宜居性，我们利用网络地图对住房周边的医院、公交与地铁站点、菜市场、大型超市、省级优质幼儿园、大学、高中、民办小学和初中、中央商务区的地理位置进行了测绘。

学区边界法假设在学区边界只有学校教育质量和房价发生跳跃，其他与房价相关的特征变量在学区边界都不发生跳跃，它们具有空间变化的连续性。然而，这一假设在现实中并不一定成立（Fack & Grenet，2010）。

首先，学区边界可能存在"漏洞"。如果观测对象中有大量的非遵从者，譬如政策允许学生跨学区入学，就会出现学校教育质量在学区边界跳跃不明显的问题。目前南京市在小学阶段严格执行"就近入学"政策，虽然"电脑派位"政策允许少量中签学生跨学区入学，但此类学生占比极低。

其次，在学区边界上除学校质量外还存在其他特征发生跳跃。这种情况经常发生在学区按河流、铁路、主干道进行分界时。对于这一问题，我们可以将按河流、铁路、主干道进行分界的学区从样本中删去后再进行检验。

最后，由于某些特殊的原因，学区边界两侧附近住房在一些特征上仍存在系统性差异。譬如，在学区边界一侧较远处有一种重要公共设施，它只对与它同侧的住房价格有影响，对另一侧房价影响较弱。为解决这一问题，我们在模型中尽可能地控制对房价具有重要影响的设施和服务（如地铁站、大型超市、各类型学校等）。再比如，有些学区边界线很长，就可能出现住房虽然分居于边界两侧且极靠近边界，但它们之间地理距离很远的情况。为解决这一问题，我们对布莱克的学区边界法进行了修正：我们先在学区边界两侧各设置一定距离的带宽（如 300 米），将带宽之外的观测点全部删除，再将边界两侧剩余的观测点按照带宽两倍距离（如 600 米）进行匹配。若边界两侧住房距离在带宽两倍范围内则进行匹配，若超过则放弃匹配。如图 5.17 所示，有三个学区 I、II 和 III，学区边界用实线表示，边界两侧 300 米带宽用虚线表示。有

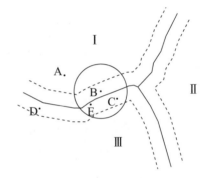

图 5.17　学区边界两侧匹配示意图

注：该图取自黄斌等（2019）图2。

五座住房 A、B、C、D 和 E：A 在带宽之外，删去；D 与其他住房距离超过 600 米，放弃匹配；满足匹配要求的只有 B 与 C、E 三个观测点，边界两侧住房进行匹配最终可获得 B 和 C、B 和 E 两对匹配样本。

我们构建如下的房价特征模型：

$$\ln(price_{ij}) = \alpha + \theta \cdot elite_j + \delta \cdot branch_j + \beta \cdot X'_{ij} + \varepsilon_{ij} + \sigma_{ij} \quad (5.28)$$

其中，$\ln(price_{ij})$ 表示学校 j 所覆盖的小区 i 的二手房平均成交价格的对数值，它是结果变量；$elite_j$ 表示小区是否被某一名校学区所覆盖，若覆盖，赋值为 1，反之为 0；$branch_j$ 表示小区是否被某一名校分校的学区所覆盖，若覆盖，赋值为 1，反之为 0；控制变量 X_{ij} 包含可能影响住房价

格的其他各类特征变量①；ε_{ij} 表示住房不随空间变化的未观测变量，σ_{ij} 是随机误差项。在进行距离匹配后，我们将形成匹配的观测对象的结果变量和自变量相减再执行回归，

$$\ln(price_{ij}/price_{mn}) = \alpha + \theta \cdot (elite_j - elite_n) + \delta \cdot (branch_j - branch_n) \ + $$

$$\beta \cdot (X'_{ij} - X'_{mn}) + (\varepsilon_{ij} - \varepsilon_{mn}) + (\sigma_{ij} - \sigma_{mn}) \quad (5.29)$$

其中，下标 i 和 j、m 和 n 分别表示在边界两侧实现匹配的小区及其所对应的学校。既然 ε_{ij} 不随空间变化，必有 $\varepsilon_{ij} = \varepsilon_{mn}$，执行差分可彻底消除这部分未观测变量对估计的影响，于是（5.29）可简化为

$$\Delta \ln(price) = \alpha + \theta \cdot \Delta elite + \delta \cdot \Delta branch + \beta \cdot \Delta X' + \mu \quad (5.30)$$

其中，估计系数 θ 和 δ 分别表示名校与名校分校的学区房溢价。为体现升学效应，我们还在模型中加入南外录取率变量 $nanwai$：

$$\Delta \ln(price) = \alpha + \theta \cdot \Delta elite + \delta \cdot \Delta branch + \gamma \cdot \Delta nanwai + \beta \cdot \Delta X' + \mu$$

$$(5.31)$$

在控制南外录取率变量后，θ 和 δ 估计值应会有所下降，此时名校及其分校溢价就可以分离为两部分：一个是 γ，它表示升学效应，这是由家长所感知到的学校目前办学质量对住房形成的溢价；另一个是 θ 和 δ，它表示声望效应，是由家长所感知到的学校办学声望对住房形成的溢价。

此外，我们还尝试在模型中加入一些交互项，包括：（1）名校与其分校数量一次项、二次项的交互项，用于考察分校数量的增多是否会对名校学区房溢价产生非线性影响；（2）构建名校分校与隶属于同一所名校的分校数量一次项、二次项的交互项，用于考察分校数量增多是否会对同属于一所名校的分校学区房溢价产生非线性影响；（3）构建名校分校与南外录取率的交互项，用于考察南外录取率升高是否会影响家长对学校声望的出价；（4）构建名校、名校拥有的分校数量、名校与其分校南外录取率差距

---

① 控制变量包括：（1）建筑特征变量，如室数量、厅数量、卫生间数量、楼层、交易面积、是否朝南、是否有电梯、楼龄等等；（2）小区特征变量，如物业费、是否有专业的物业管理、绿化率等等；（3）区位特征变量，如 250 米内优质幼儿园数量、500 米内民办小学数量、3000 米内民办初中数量、到最近高中的地理距离、1000 米内大学校区数量、到最近地铁站距离、到最近公交站距离、2000 米内大型超市数量、到最近菜市场距离、到最近三级医院距离、到中央商务区（新街口）的距离等等。

这三个变量的交互项，用于探讨名校学区房溢价与其所开办分校数量之间的关系是否会随着名校与分校办学质量差距的变化而发生变化。

在进行正式估计之前，我们先采用麦克拉里（McCrary，2008）提出的概率密度检验法，就观测对象是否对跑变量取值具有精确的操纵力进行检验。在现实中，受经济利益驱使，房产开发商或其他利益主体可能会在名校覆盖的区域内建造更多的住房，由此导致学区边界两侧住房分布密度不同。如图 5.18 所示，我们对比了学区边界两侧 300 米以内名校学区住房和非名校学区住房分布的概率密度，发现这两组住房在学区分界两边的分布密度并无明显差别。对它们的分布概率密度做正式的检验，结果显示 t 统计量为 -0.753，p 值为 0.451，接受学区边界两侧住房分布密度一致的原假设。

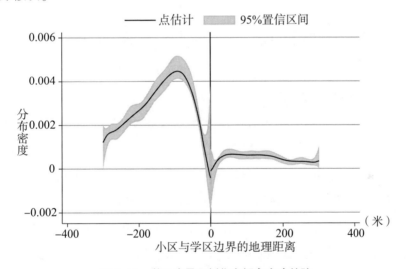

图 5.18 学区边界两侧住房概率密度检验

形成断点设计需绘制结果变量跳跃图。如图 5.19 所示，横坐标表示住房与学区边界的地理距离，断点为 0，在断点左侧为非名校学区，在断点右侧为名校学区。我们在边界两侧 300 米带宽范围内采用多项式拟合法和区间内样本均值法进行绘图。① 根据图 5.19，住房价格及其所对应小学的南外录取率在断点处都呈现明显的非连续向上跳跃，位于断点右侧的名

① 断点两侧的区间数量为 300，区间都采用均匀宽度。改为采用整体均方偏误最小化和变异模拟法选择区间数量绘图，结果不变。

校学区房的房价与南外录取率都明显高于断点左侧住房。

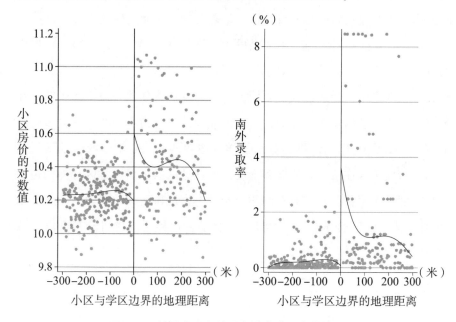

图5.19　结果变量与处理变量在学区边界的跳跃

注：该图取自黄斌等（2019）图3。

断点设计要求潜在结果函数 $E(Y_{i1} \mid X_i = x)$ 和 $E(Y_{i0} \mid X_i = x)$ 在断点处的变化是连续的。为检验这一假设，我们对住房的建筑特征、小区特征和区位特征等众多控制变量在断点处是否发生跳跃进行了证伪检验。如图5.20 所示，我们列举了其所对应的初中学校升学率、与最近高中的地理距离、住房交易面积，及其与最近公交站台的地理距离这四个控制变量的图形检验结果。由图可知，这些变量在学区边界都没有表现出明显的跳跃。

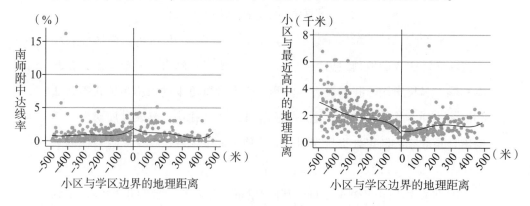

图5.20　控制变量在断点处变化的连续性检验

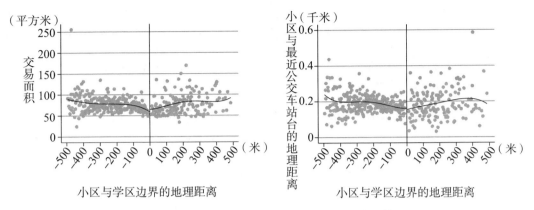

图 5.20　控制变量在断点处变化的连续性检验（续）

注：该图取自黄斌等（2019）图 4。

在对断点设计的三个假设完成检验之后，我们便可以对回归模型（5.31）进行估计。根据表 5.4 列（1）的估计结果，在设定带宽 300 米、匹配距离 600 米、匹配率 1∶5，并控制住房建筑特征、小区特征和区位特征的条件下，名校与名校分校的学区房溢价的空间断点估计值分别为 19.7% 和 3.6%，前者远高于后者。可见，传统名校更受到家长们的热捧。

表 5.4　名校及其分校学区房溢价的空间断点估计

	（1）	（2）	（3）	（4）	（5）
名校	0.197***	0.108***	0.099***	−0.054	0.030
	(0.013)	(0.012)	(0.013)	(0.035)	(0.021)
名校×分校数量				0.123***	−0.071***
				(0.020)	(0.019)
名校×分校数量平方				−0.011***	
				(0.003)	
名校×分校数量×南外录取率差距					0.141***
					(0.023)
名校分校	0.036***	0.015**	0.016**	−0.053***	0.032***
	(0.008)	(0.007)	(0.008)	(0.018)	(0.008)
名校分校×同一名校的分校数量				0.044***	
				(0.009)	

（续表）

	(1)	(2)	(3)	(4)	(5)
名校分校 × 同一名校的				−0.004***	
分校数量平方				(0.001)	
名校分校 × 南外录取率			−0.013**		
			(0.005)		
南外录取率		0.040***	0.044***		
		(0.003)	(0.004)		
附中上线率	0.023***	0.021***	0.021***	0.024***	0.022***
	(0.002)	(0.002)	(0.002)	(0.002)	(0.002)
截距	0.005	0.006	0.007*	0.012***	0.009**
	(0.005)	(0.004)	(0.004)	(0.004)	(0.005)
建筑特征	Yes	Yes	Yes	Yes	Yes
小区特征	Yes	Yes	Yes	Yes	Yes
区位特征	Yes	Yes	Yes	Yes	Yes

注：该表取自黄斌等（2019）表2；括弧内数据为稳健标准误；＊＊＊为0.01水平上显著，＊＊为0.05水平上显著，＊为0.1水平上显著；边界带宽≤300，匹配距离≤600，匹配率＝1∶5。

表5.4列（2）的估计结果显示，当模型中加入南外录取率变量时，名校及其分校的学区房溢价估计值都有较大幅度的下降，这表明名校及其分校的学区房价之所以高，有很大一部分原因是就读这些学校能拥有更高的升读优质学校的机会。南外录取率每增加一个百分点，学区房价平均上升4%，而学校声望给名校及其分校学区房带来的溢价分别为10.8%和1.5%。

在表5.4列（3）估计中，我们加入名校分校与南外录取率的交互项，该交互项的估计系数显著为负，表明南外录取率的增高会降低家长对名校分校社会声望的出价。当录取率足够高时，家长就不会在意这个学校是否是某个名校的分校。

在表5.4列（4）估计中，我们加入名校与其分校数量一次项和二次项的交互项，其中名校与分校数量一次项的交互项估计结果显著为正，与分校数量二次项的交互项估计结果显著为负。这表明名校学区房溢价会随着开办分校数量的增多呈"倒U形"变化。在开办分校之初，增加分校数量有助于进一步加大名校的知名度，对学校声望起到宣扬作用，但当开设分校数量超过五六所，再继续增设分校会使得名校学区房溢价下降。

名校与分校之间的教学质量差异亦会对名校学区房溢价产生影响。我们测算了名校及其分校在南外录取率上的差异，将其放入模型中进行回归。如表5.4最后一列的估计结果，名校与其分校数量的交互项估计结果显著为负，而名校、分校数量、名校与其分校南外录取率差距这三个变量交互项的估计系数显著为正。这说明随着分校数量的增多，名校学区房溢价会趋于下降，但如果分校南外录取率远不及名校，分校开办得再多也无法起到缓解家长对于名校优质学额旺盛需求的作用，此时增加分校数量不仅起不到压制名校学区房溢价的作用，而且更加凸显名校优质学额的稀缺性，形成"众星捧月"效应，推动名校学区房溢价进一步上涨。可见，推行名校办分校以实现义务教育均衡发展这一政策的成功关键并不在于单纯增加名校分校数量，而在于切实缩小分校与名校之间的办学质量差距。

以上估计结果都是在带宽300米、匹配距离600米和匹配率1∶5的设定下获得的，如果这些设定发生变化，之前的估计结果能否保持稳健呢？如表5.5所示，在不同带宽和匹配设定下，名校学区房溢价结果都保持显著为正，而名校分校学区房溢价的估计结果在更窄的带宽和更小的匹配率设定下未通过显著性检验。南外录取率保持对房价的稳健影响，点估计值在0.037—0.043之间。

表5.5 不同带宽和匹配设定下的敏感性分析

	边界带宽≤400米 & 匹配距离≤800米			边界带宽≤300米 & 匹配距离≤600米		边界带宽≤200米 & 匹配距离≤400米		
匹配率	1∶5	1∶3	1∶1	1∶3	1∶1	1∶5	1∶3	1∶1
名校	0.094***	0.082***	0.090***	0.100***	0.107***	0.138***	0.121***	0.107***
	(0.010)	(0.013)	(0.024)	(0.015)	(0.026)	(0.018)	(0.020)	(0.031)
名校分校	0.018**	0.014*	−0.006	0.010	0.004	0.014	0.008	0.003
	(0.006)	(0.008)	(0.016)	(0.009)	(0.016)	(0.012)	(0.013)	(0.021)
南外录取率	0.040***	0.043***	0.037***	0.041***	0.038***	0.040***	0.042***	0.037***
	(0.003)	(0.004)	(0.008)	(0.004)	(0.009)	(0.005)	(0.005)	(0.011)

（续表）

	边界带宽≤400 米 & 匹配距离≤800 米			边界带宽≤300 米 & 匹配距离≤600 米		边界带宽≤200 米 & 匹配距离≤400 米		
匹配率	1:5	1:3	1:1	1:3	1:1	1:5	1:3	1:1
附中上线率	0.023***	0.023***	0.025***	0.021***	0.022***	0.019***	0.022***	0.021***
	(0.002)	(0.002)	(0.004)	(0.002)	(0.004)	(0.003)	(0.003)	(0.004)
截距	0.002	0.005	0.003	0.005	0.007	0.020**	0.017**	0.017
	(0.004)	(0.005)	(0.009)	(0.005)	(0.010)	(0.006)	(0.007)	(0.011)
建筑特征	Yes	Yes	Yes	Yes	Yes	Yes	Yes	Yes
小区特征	Yes	Yes	Yes	Yes	Yes	Yes	Yes	Yes
区位特征	Yes	Yes	Yes	Yes	Yes	Yes	Yes	Yes

注：该表取自黄斌等（2019）表 3；括弧内数据为稳健标准误；＊＊＊为 0.01 水平上显著，＊＊为 0.05 水平上显著，＊为 0.1 水平上显著。

最后，我们就特殊的学区边界对估计结果可能造成的影响进行了检验。样本中有一些学区是根据主干道、河流、铁路进行划界的。例如，有学区以长江为界，长江南岸与北岸空间距离较远，不具备对断点的地理逼近性，长江两岸住房的建筑特征和区位、邻里特征存在着较大差异，不具有可比性。为此，我们尝试剔除以主干道、河流、铁路等为界的住房样本，其估计结果与表 5.4 相比未发生太大变化，名校对房价的声望效应保持在 10% 左右，南外录取率的估计系数保持在 4% 左右。

依据之前的估计结果，如果有一所南京市小学名校的南外录取率为5%，其自身办学声望能带来 10% 的溢价，南外录取率能带来 20%（=5 × 4%）的溢价，总溢价高达 30%。可见，目前中国家长对于优质教育资源的出价意愿有多么强烈！虽然近年来各地都在推行义务教育优质均衡化改革，但这些改革措施似乎还未起到应有的效果。名校依旧受到家长的热捧，学区房超高的溢价既来自名校优良的升学率表现，也来自家长对于名校长期办学声望的信赖。这意味着在保持"就近入学"政策不变的条件下，要想运用名校集团化办学政策在较短的时期内平抑学区房溢价是极为困难的，毕竟名校分校要想被家长认可从而获得与名校相同的声望，这本身就是一个长期的过程。

三、 道路建设与农村经济发展

之前两个研究实例都属于精确断点设计，接下来我们向大家介绍一篇模糊断点文献。从目前已发表的断点回归论文看，使用模糊断点的文献数量似乎比精确断点多一些，毕竟精确断点要求样本中不存在非遵从者，而模糊断点则放宽了这一假设，这使得模糊断点在实际研究场景中有更强的应用性。2020 年，美国经济学家山姆·阿舍（Sam Asher）和保罗·诺沃萨德（Paul Novosad）在《美国经济评论》发表了一篇题为《农村公路建设与当地经济发展》（Rural Roads and Local Economic Development）的文章。在文中，他们采用模糊断点设计，就印度农村公路建造对农村经济发展的因果效应进行了估计（Asher & Novosad, 2020）。

"要想富，先修路。"众所周知，一个国家和地区的经济起飞有赖于基础设施建设，道路建设对于实现一国经济增长与民生改善至关重要。然而，当今世界依然有将近 10 亿人未被纳入现代公路网络体系，其中有三分之一居住在印度。落后的公路网络被认为是妨碍印度农村快速发展的重要原因。为改变这一落后局面，印度政府于 2000 年提出"农村道路总理项目"（prime minister's village road program, PMGSY）[①]。该项目于 2001 年开始执行，截至 2015 年年底已累计投入 400 亿美元，为将近 18500 个农村修建了超过 400000 千米的全天候道路。

修建道路对农村经济和人口就业有多方面影响。依据经济学理论，建造道路能降低交通运输成本，促进农村商品和劳动力内外交易与流动，使得农村的商品价格和劳动力工资与外部市场逐渐趋于一致，由此造成农村流出商品价格上扬、流入商品价格下降、劳动力工资上升，而这些要素价格变化又会导致农村农业生产和非农生产发生一系列连锁变化。

---

① PMGSY 为该项目印地语名称 "Pradhan Mantri Gram Sadak Yojana" 的缩写。

首先，农产品价格上升引导农民种植更多更具有比较优势的农产品，推动农产品产量增加，而农产品产量增加又会对农村劳动力就业产生两种影响：一方面它使得农业劳动力需求上升，另一方面它会激励农场主采用更加先进的机器和技术进行农业生产，使得农业劳动力需求下降。这两种效应一正一负，正好相反。因此，从理论上看，建造道路对农村农业劳动力就业的影响是不明确的。

其次，修建道路对农村非农经济的影响也是不明确的。修建道路使得农村工业生产要素的购入价格下降、产品的出售价格上升，这会极大地刺激农村非农经济的发展。但与此同时，农村劳动力工资在不断上升，这又会对农村非农经济的发展产生抑制作用。如果农村与外部市场相比所具有的比较优势仅限于廉价劳动力，那么修建道路就会使得农村劳动力大量外流，此时修建道路对农村自身的农业和非农经济发展只有负效应。

除上述机制外，修建道路对于农村经济发展可能还存在其他影响路径。譬如，修建道路可以为农村特有产品销售带来新的商机，或者使农村外部资本流入更加便捷，使农村产业的融资成本大幅下降，等等。各种可能的因素在不同机制下发生作用，并在具体的农村现实情境下对农村经济发挥着不同的影响，这些影响或相互叠加，或相互抵消，我们仅凭理论模型很难对修建道路的因果效应做出准确的预测，因而需通过严谨而可靠的实证研究进行判断。阿舍和诺沃萨德这篇文章的学术价值正体现于此。

基础设施建设对地区经济发展的因果效应估计同样面临着内生性偏估的问题。一般来说，基础设施建设需要大量的初期投资，且建设周期长、见效慢，因此基础设施投资和建造的选择通常不是随机安排的。一个地方是否进行大规模的基础设施建设与该地方的政治实力、财政支出偏好、经济发展潜力及贫困程度等多种因素密切相关，而这些因素又大都对地方经济发展有着重要影响。在基础设施建设这个"因"与地方经济发展这个"果"之间存在大量的混淆变量，不通过因果识别策略控制这些混淆变量的偏估影响，就无法获得"干净"的处理效应。此外，一个地区有基础设施建设，往往会吸引其他政府项目在该地区落点，不同政府项目在同一地区同时实施，对地方经济发展同时发挥着影响，如何通过研究设计将不同项目的实施效果分离开来，亦是一个难题。

印度的 PMGSY 按照农村人口数量的多寡安排各农村道路修建的先后顺序，人口越多的农村拥有越高的道路修建优先权。根据印度中央政府制定的最初规划，各邦政府要在 2003 年之前修建并连接所有人口数量超过 1000 人的农村的道路，在 2007 年之前修建并连接所有人口数量超过 500 人的农村的道路，之后再完成人口数量超过 250 人的农村的道路修建与连接工作。也就是说，PMGSY 是以农村人口是否达到 1000 人、500 人和 250 人作为依据，为不同农村设定道路修建顺序的。其中，农村人口数量以 2001 年人口普查数据为准，该普查数据产生于 PMGSY 实施之前，农村修建道路的顺序不会受到 PMGSY 的影响，这保证各地修建道路的顺序设定是外生的。

根据上述规则，在某一特定时期只有人口数量达到或超过一定"门槛"的农村才会被修建道路，这让我们很容易想到断点设计。以农村人口数量作为跑变量，断点是修建道路的人口"门槛"，人口数量位于该断点附近的农村就形成具有可比性的两组观测对象：位于断点右侧的是处理组，由人口数量刚达到人口"门槛"的农村组成；位于断点左侧的是控制组，由人口数量差一点达到人口"门槛"的农村组成。如果上述由印度中央政府制定的规则被地方严格执行，所有位于断点右侧的农村都修建了道路，而所有位于断点左侧的农村都未修建道路，那么我们就可以形成精确断点设计。但可惜的是，并不是所有地方都严格执行中央政府制定的规则。印度中央政府允许各邦政府因地制宜地对 PMGSY 规划做出修改，各邦议会亦有权对 PMGSY 在本邦的实施提出修正意见。譬如，有些邦政府为节省建造成本，在建造大农村道路网络时提前将附近一些小农村的道路一并修建了。甚至有不少邦完全不执行中央政府规则。① 在此情形下，一个农村的道路能否得到修建就不完全由其人口数量是否达到人口"门槛"所决定，但只要以上道路修建顺序规则不被完全抛弃，它在一定程度上就会影响到农村修建道路的概率，此时我们可以利用模糊断点识别出农村新建道路对农村经济发展的因果效应。

---

① 譬如，在经济较发达的南部邦，其农村道路网络已基本修建完成，中央政府提出的人口规模优先规则根本不适用于这些邦的道路建设规划。

遵循这一思路，阿舍和诺沃萨德挑选出遵照执行中央政府人口优先规则的六个邦作为分析样本。[①] 这六个邦采取了不同的人口"门槛"来设定农村修建道路的优先顺序，有些邦以 1000 人作为"门槛"，有些邦以 500 人为"门槛"，有些邦则先后使用 1000 人和 500 人为"门槛"。阿舍和诺沃萨德在各邦实际采用的人口"门槛"左右 100 人的区间范围内摘取农村样本。譬如，某邦以 500 人作为人口"门槛"，那么就挑选出该邦 2001 年之前未建有铺面道路且人口数量在 400—600 人的农村作为分析样本。他们使用的数据为农村一级数据，时间跨度为 2001—2013 年，数据主要来源于农村的行政数据，以及全国性的人口普查、经济普查和社会经济与种姓调查数据。

阿舍和诺沃萨德构建的模糊断点两阶段回归模型如下：

$$Road_{v,j} = \gamma_0 + \gamma_1 T_{v,j} + \gamma_2 (pop_{v,j} - m) + \gamma_3 T_{v,j}(pop_{v,j} - m) + \nu X_{v,j} + \mu_j + \sigma_{v,j}$$

(5.32)

$$Y_{v,j} = \beta_0 + \beta_1 Road_{v,j} + \beta_2(pop_{v,j} - m) + \beta_3 T_{v,j}(pop_{v,j} - m) + \theta X_{v,j} + \eta_j + \sigma_{v,j}$$

(5.33)

遵照一般做法，阿舍和诺沃萨德采用局部线性回归，第一阶段回归和第二阶段回归都采用相同的一次函数形式。$pop_{v,j}$ 为跑变量，表示 j 地区 v 村的人口数量。m 表示各村所在邦实际采用的人口"门槛"，用 $pop_{v,j}$ 减去 m，断点就被中心化为 0。$T_{v,j}$ 为指示变量，表示农村人口数量是否达到或超过所在邦实际采用的人口"门槛"，若某村的人口数量达到或超过所在邦实际采用的人口"门槛"，其就落于断点右侧，$T_{v,j} = 1$，反之 $T_{v,j} = 0$。$Road_{v,j}$ 为处理变量，表示农村是否新建道路，若新建道路，$Road_{v,j} = 1$，反之 $Road_{v,j} = 0$。由于样本中各邦未完全遵照中央政府制定的人口数量优先规则建造农村公路，有些人口数量低于人口"门槛"的农村修建了公路，而有些人口数量高于人口"门槛"的农村未修建公路，这导致处理变量 $Road_{v,j}$ 取值只是部分受指示变量 $T_{v,j}$ 的影响。$Y_{v,j}$ 为结果变量，阿舍和诺沃萨德用一系列变量来表现农村经济发展的成果，之后再具体介绍。第一阶

---

① 这些遵从中央政府 PMGSY 规划的邦大部分集中在印度北部，包括恰蒂斯加尔邦、古吉拉特邦、中央邦、马哈拉施特拉邦、奥里萨邦和拉贾斯坦邦六个邦。

段回归模型（5.32）是用外生随机的指示变量 $T_{v,j}$ 对内生变量 $Road_{v,j}$ 进行断点回归，用于呈现农村是否修建公路的概率在断点处的跳跃，并估计得到内生变量 $Road_{v,j}$ 的预测值。将该预测值放入第二阶段回归模型（5.33）中对结果变量 $Y_{v,j}$ 进行断点回归，估计系数 β_1 正是我们期望得到的修建道路对农村经济的处理效应。模型（5.32）和模型（5.33）还控制了地区一级的固定效应 μ_j、η_j 和其他一些变量 $X_{v,j}$，这些控制变量都是可能引发估计偏差的混淆变量，包括农村是否有小学、是否有医疗中心、是否通电、与最近乡镇的距离、土地灌溉的比例、农田面积、识字率、低种姓人口比例、拥有土地的人口比例、从事自给式农业的人口比例、月收入高于250 印度卢比的家庭比例等等。[①]

在对两阶段回归模型进行估计之前，我们需就模糊断点的几种重要假设做出检验。首先是断点检验，模糊断点要求观测对象接受干预的概率在断点处必须有明显跳跃。如图 5.21 所示，断点 $c=0$，带宽设定为84 人[②]，横坐标为跑变量，表示各村人口数量与其所在邦实际采用的人口"门槛"之间的差值，纵坐标为各农村修建道路的概率。阿舍和诺沃萨德采用区间内样本均值法绘制出各人口数量区间范围内已修建道路的农村比例，并运用全域线性回归绘制出农村修建道路预测概率的拟合线。由该图可以看出，农村修建道路的概率在断点处由 0.27 跳跃至 0.45，这一跳跃幅度还是比较明显的。

形成有效断点设计的第二个先决条件是潜在结果函数在断点处的变化是连续的。如前所述，如果模型中除干预外还有其他变量也在断点处存在跳跃，就有理由怀疑潜在结果函数在断点处的变化是非连续的。对此，阿舍和诺沃萨德以可能引发偏估的一系列混淆变量作为结果变量进行了精确断点估计，如果其中有混淆变量的断点回归估计值是显著的，就说明该变量在断点处也发生了明显跳跃，连续性假设不能成立。如表 5.6 所示，他

---

① 这些控制变量的数据年份都早于 PMGSY 实施时间，断点回归的控制变量都应是发生在干预之前的前定变量。

② 带宽84 人是阿舍和诺沃萨德根据因本斯和卡利亚纳拉曼（Imbens & Kaly-anaraman，2012）提出的交叉验证法估算得到的最优带宽，若使用卡里尼克等（Calonico et al.，2014）提出的均方偏误最小化法，最优带宽为78 人，相差不大。

们对 11 个控制变量在最优带宽 84 人下分别进行了精确断点回归，这些控制变量的估计系数全都没有通过 0.05 水平的显著性检验，这表明这些可能引发偏估的混淆变量在断点处变化都是连续的。此外，阿舍和诺沃萨德还采用绘图方式呈现这些变量在断点处的跳跃表现（见图 5.22），图形检验的结果与表 5.6 无异。

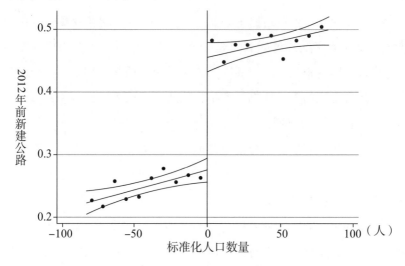

图 5.21　农村修建道路概率的断点跳跃检验

注：该图取自 Asher & Novosad（2020）图 4；图中圆点表示至 2012 年各人口数量区间范围内已修建道路农村的比例，断点左右两侧的直线表示农村修建道路预测概率的拟合线，直线上下的曲线表示拟合线的 95% 置信区间。

表 5.6　潜在结果函数的连续性检验

	断点回归的估计值	p 值
是否有小学	− 0.017	0.62
是否有医疗中心	− 0.093	0.14
是否通电	− 0.012	0.88
与最近乡镇的距离	− 3.956	0.26
土地灌溉的比例	− 0.017	0.71
农田面积（对数值）	− 0.091	0.39
识字率	− 0.013	0.58
表列（最低）种姓的人口比例	− 0.025	0.42

（续表）

	断点回归的估计值	p 值
拥有土地的人口比例	0.006	0.87
从事自给式农业的人口比例	0.025	0.56
月收入高于 250 印度卢比的家庭比例	−0.027	0.55

注：该表取自 Asher & Novosad（2020）表 1；表中各变量数据均取自 2001 年或 2002 年，彼时 PMGSY 还未开始实施；回归估计系数标准误采用异方差稳健标准误；断点回归采用 84 人作为带宽。

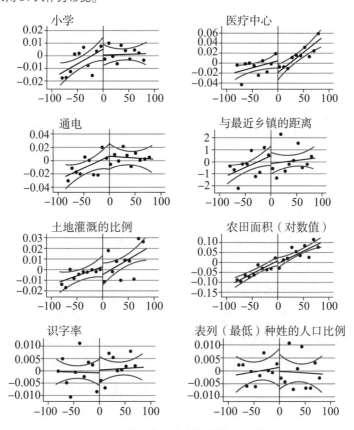

图 5.22　控制变量在断点处的跳跃检验

注：该图取自 Asher & Novosad（2020）图 2；图中圆点表示被检验控制变量在各人口数量区间范围内的均值，断点左右两侧的直线表示被检验变量的线性拟合线，直线上下的曲线表示各拟合线的 95% 置信区间。

形成有效断点设计的第三个先决条件是观测对象对于跑变量取值不具有精确的操纵力。如图 5.23 所示，阿舍和诺沃萨德绘制出落入各人口数量区间范围内的农村数量占样本农村总数的比例（即跑变量在各区间的概率密度点），并拟合出该概率密度随跑变量取值变化的拟合曲线。由图 5.23 可以看出，跑变量概率密度在断点处没有发生明显的非连续性跳跃变化，样本中各农村观测对象在断点两侧的分配满足局部随机化假设。

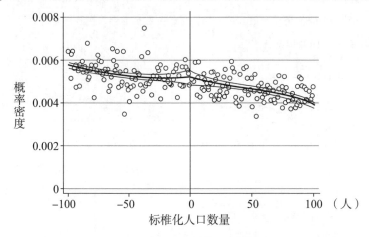

图 5.23　跑变量概率密度检验

注：该图取自 Asher & Novosad（2020）图 3；图中圆点表示在各人口数量区间范围内的农村数量占比，断点左右两侧的直线表示跑变量概率密度拟合线，直线上下的曲线表示各拟合线的 95% 置信区间。

在完成以上三个重要的假设检验后，阿舍和诺沃萨德对两阶段回归模型进行了估计，他们采用五种用于反映农村经济发展结果的指标作为结果变量，包括农村交通服务指标，农业从业劳动力指标，非农企业雇佣劳动力指标，农业投资和产量指标，农村消费、收入和资产指标[①]。如表 5.7所示，修建道路显著改善了农村交通服务，修建道路对农村交通服务指标的处理效应估计系数为 0.41，该估计值是五种结果变量中最高的。修建道路对农村农业从业劳动力数量具有显著的负效应，对非农企业雇佣劳动力数量具有显著的正效应，这表明农村交通运输业的繁荣和劳动力迁移成本的下降使得农村劳动力配置发生重大改变，有更多农村劳动力脱离农业生

———————————

①　关于这五种指标是如何形成的，请参见阿舍和诺沃萨德（Asher & Novosad, 2020）原文及其附录。他们对这五种指标都进行了标准化处理。

产进入非农领域就业。修建道路对农业投资和产量指标与农村消费、收入和资产指标的处理效应估计值不显著。

为进一步探讨修建道路对农村劳动力就业与收入结构的影响，阿舍和诺沃萨德以农村劳动力在农业和非农领域的就业比例及收入来源比例作为结果变量进行两阶段回归。如表5.8所示，修建农村道路使得农业就业劳动力比例显著下降9.2个百分点，非农就业劳动力比例显著上升7.2个百分点，但修建道路对于农村家庭收入来源结构没有显著影响。

表5.7 修建道路对农村经济发展的处理效应

	农村交通服务	农业从业劳动力	非农企业雇佣劳动力	农业投资和产量	农村消费、收入和资产
修建道路	0.410**	−0.341**	0.269*	0.082	0.033
	(0.187)	(0.160)	(0.157)	(0.124)	(0.137)
样本容量	11432	11432	10678	11432	11432
拟合优度 R^2	0.18	0.28	0.30	0.53	0.50

注：该表取自 Asher & Novosad（2020）表3；括弧内数据为稳健标准误；＊＊为0.05水平上显著，＊为0.1水平上显著；断点回归采用84人作为带宽。

表5.8 修建道路对农村劳动力就业及收入来源结果的处理效应

	就业领域		家庭收入来源	
	农业	非农	农业	非农
修建道路	−0.092**	0.072*	−0.030	−0.011
	(0.043)	(0.043)	(0.044)	(0.044)
样本容量	11432	11432	11432	11432
拟合优度 R^2	0.28	0.26	0.31	0.28

注：该表取自 Asher & Novosad（2020）表5；括弧内数据为稳健标准误；＊＊为0.05水平上显著，＊为0.1水平上显著；断点回归采用84人作为带宽。

脱离农业生产的劳动力主要去往哪些非农企业部门就业呢？为回答这一问题，阿舍和诺沃萨德又以农村劳动力在各非农企业部门的就业增量（对数值）作为结果变量进行两阶段回归。根据表5.9的估计结果，修建道路对于农村劳动力的非农就业具有显著的正效应，它使得非农企业的就业显著增长27.3%，但这一增长主要表现为在零售业的就业增长，修建道路对于畜牧业、制造业、教育和林业企业部门的就业增长都没有显著影响。

表 5.9　修建道路对农村劳动力在非农企业部门就业增量的处理效应

	总体	畜牧业	制造业	教育	零售业	林业
修建道路	0.273*	0.252	0.260	0.198	0.333**	−0.107
	(0.159)	(0.188)	(0.193)	(0.143)	(0.154)	(0.107)
样本容量	10678	10678	10678	10678	10678	10678
拟合优度 R^2	0.30	0.42	0.23	0.18	0.23	0.35

注：该表取自 Asher & Novosad（2020）表 6；括弧内数据为稳健标准误；**为 0.05 水平上显著，*为 0.1 水平上显著；断点回归采用 84 人作为带宽。

最后，阿舍和诺沃萨德就修建道路对农村家庭消费、收入和资产的处理效应进行了分析。如表 5.10 所示，修建道路对于农村人均消费的处理效应估计系数为 0.022，估计值不显著；修建道路对农村贫困水平的处理效应虽为负值，但也是不显著的，修建道路对于农村月收入不低于 5000 印度卢比家庭占比的影响也是不显著的。阿舍和诺沃萨德获取了农村夜晚照明数据，用它作为农村 GDP 水平的代理变量，但根据估计结果，修建农村道路并没有使得农村 GDP 得到显著增长，对于农村家庭各项资产也都不具有显著影响。

表 5.10　修建道路对农村家庭消费、收入和资产的处理效应

	人均消费	贫困水平	夜晚照明	月收入不低于 5000 印度卢比的家庭比例
修建道路	0.022	−0.010	0.033	−0.001
	(0.038)	(0.042)	(0.165)	(0.032)

	家庭资产指标	坚固房屋	电冰箱	机动车	电话
修建道路	0.107	0.033	0.005	−0.001	0.033
	(0.132)	(0.029)	(0.013)	(0.023)	(0.041)

注：该表取自 Asher & Novosad（2020）表 8；括弧内数据为稳健标准误；断点回归采用 84 人作为带宽。

综上，阿舍和诺沃萨德的研究显示，印度的 PMGSY 对于农村经济发展所发挥的促进作用低于政策制定者和公众的预期，它对于农村家庭消

费、收入和资产几乎没有影响，对于增加农村企业雇佣量也只有微弱作用，PMGSY 对印度农村经济的因果效应只限于降低交通运输成本，进而促进农村劳动力就业由农业向非农领域转移。

第四节　断点回归的 Stata 操作

2010 年，三位经济学家杰森·林多、尼古拉斯·桑德斯（Nicholas J. Sanders）和菲利普·奥雷普卢斯（Philip Oreopoulos）[①] 在《美国经济丛刊：应用经济学》（*American Economic Journal：Applied Economics*）合作发表了一篇题为《能力、性别与成绩标准：留校察看的实证分析》（Ability, Gender, and Performance Standards：Evidence from Academic Probation）的文章（Lindo et al. , 2010）。该研究通过大学留校察看的处罚规则形成精确断点设计，就大学惩罚性政策对于学生学业成绩的因果效应进行估计。在本讲第二节，我们曾将该研究实例数据用于各类型的断点图形分析。在本节，我们将继续使用该数据对精确断点回归和模糊断点回归的处理效应估计及各类检验的实操过程进行演示。林多等人的研究采用的是精确断点设计。我们在原有实例数据基础上增添了新的变量，使之也能用于模糊断点回归设计实操训练。

一、　研究背景与研究设计

"留校察看"是大学普遍采用的惩罚性政策工具，它的作用在于对学

[①]　菲利普·奥雷普卢斯对局部平均处理效应深有研究，此前曾在经济学重要期刊发表有关局部处理效应的理论与应用性文章（Oreopoulos，2006）。

习落后学生进行警示和督促，以确保绝大部分在校生的学业成绩都能达到一个最低的学术标准。此类惩罚性政策工具的规则通常都设计得比较简单：确定一个成绩临界值，如果一个学生 GPA 低于临界值，就对其施以留校察看处罚。林多等人在文中强调，虽然此前已有不少研究采用实验方法就大学内部政策与学业成绩之间的因果关系进行过分析，但这些研究主要聚焦于大学激励和服务政策，针对大学惩罚性政策成效评判的研究数量极少。导致这一现象的主要原因是公众对于福利损失通常会有比较大的心理担忧和行为反应，研究者很难在大学内部就惩罚性政策实施较大范围的随机实验，而大学普遍实行的留校察看政策恰好为构建准实验研究设计提供了条件，为在观测数据条件下实现对大学惩罚性政策实施成效的可靠估计提供了机会。林多等人采用一所大学内部的行政数据，利用该大学留校察看政策中有关分数临界点的处罚规则形成精确断点设计，就大学普遍实施的留校察看政策对学生学业成绩的因果效应进行了实证分析，为大学内部教育管理制度和政策的改革和完善提供了宝贵的经验证据。

断点回归在教育研究领域有着大量的应用，我们在精确断点或模糊断点文献中经常能看到研究者以教育政策为研究对象，这是因为许多教育政策或措施（譬如奖学金政策或实习计划）以学生考试成绩作为考评依据，将学生区分为不同群体，并给予他们不同的政策待遇或处理，在此种政策设计下，研究者易于形成断点设计。如前所述，断点回归原则上要求跑变量应是连续变量，但严格来说，学生成绩取值变化并不是完全连续的。在日常考试中，多个学生取得同一分数的情况十分常见，这就导致在同一跑变量取值上存在众多观测对象的情况，如果我们采用考试成绩这样的"非典型"连续变量作为跑变量形成断点设计，就需要对数据进行质点（mass points）计算，判断手中数据能否套用经典的基于连续假设的断点分析框架（Dong，2015）。根据卡塔内奥等（Cattaneo et al.，2017）的观点，如果数据中存在足够多的质点，即样本中观测对象跑变量取不同值的数量足够多，就可以使用基于连续假设的断点回归分析框架；如果数据中质点数量较少，就应使用局部随机化的断点分析框架。譬如，在学生考试中有 3 人取得 95 分，有 4 人取得 94 分，有 2 人取得 93 分，那么 95 分、94 分和 93 分就是不同的质点。只要质点足够多，考试分数变量就近似于连续变化，可以套用基于连续假设的断点分析框架。如果大部分同学的考试成绩都非常接近，样本中跑变量取值集中在很小的一个范围内，质点数量不够多，那么断点估计就要采用局部随机方法。

林多等人所使用的数据来自加拿大一所大学三个校区的行政数据。在该大学的校区 1 和校区 2，对学生实施留校察看处罚的 GPA 临界值为 1.5，在校区 3，该临界值是 1.6，只要学生 GPA 低于其所就读校区的临界值，就会被学校处以留校察看处罚。由于不同校区执行不同的 GPA 临界值，林多等人用所有学生的第一学年 GPA 与其所在校区留校察看 GPA 临界值之间的差值形成跑变量 X。如此中心化操作后，断点 $c = 0$；如果某一学生的跑变量 $X < 0$，他就会受到留校察看的处罚；如果其跑变量 $X \geqslant 0$，就不会受到处罚。为便于读者理解，我们对跑变量 X 做了负向处理，即将各学生的跑变量 X 与 -1 相乘，使原先在断点左侧的处理组移至断点右侧，而原先在断点右侧的控制组移至断点左侧。

林多等人基于连续假设的断点分析框架，构建出精确断点回归模型：

$$Y_{ic} = \alpha + \tau_{\mathrm{SRD}} \cdot T_{ic} + \beta \cdot X_{ic} + \gamma \cdot (X_{ic} \cdot T_{ic}) + \sum \lambda \cdot \mathbf{Z}_{ic} + \mu_{ic}$$

$$(5.34)$$

其中，下标 c 和 i 分别表示 c 校区第 i 个学生。Y_{ic} 为结果变量，表示学生下一学期期末标准化的 GPA；X_{ic} 是跑变量，表示学生第一学年 GPA 与留校察看临界值的差值，其值域为 $[-2.8, 1.6]$；断点 $c = 0$，T_{ic} 是处理变量，表示学生是否受到留校察看处罚。如果 $X_{ic} > 0$，学生受到处罚，$T_{ic} = 1$；反之，$T_{ic} = 0$。T_{ic} 的取值完全取决于 X_{ic} 的取值，这属于典型的精确断点设计。处理变量 T_{ic} 的估计系数 τ_{SRD} 就是我们期望估计得到的留校察看的平均处理效应。

$\mathbf{Z}_{ic}$ 为控制变量，林多等人在模型中控制的变量有：学生高中成绩的百分位数①、大学第一学年修读的总学分、大学入学年龄、性别、出生地、英语是否母语以及所就读的校区。这些控制变量都是发生在留校察看干预实施之前的前定变量。模型中主要变量的描述统计情况参见表 5.11。

---

① 用于反映学生大学入学前的学业水平，可作为学生个人能力的代理变量。

表 5.11 留校察看实例数据的描述统计

	样本数	均值	标准差	最小值	最大值
Y：下一学期的标准化 GPA	40582	1.05	0.917	−1.6	2.8
X：第一学年 GPA 与留校察看临界值的差值	44362	−0.91	0.899	−2.8	1.6
T：是否接受留校察看处罚	44362	0.16	0.368	0	1
hsgrade_pct：高中成绩的百分位数	44362	50.17	28.859	1	100
totcredits_yr 1：第一学年所修读的总学分	44362	4.57	0.511	3	6.5
age_at_entry：大学入学年龄	44362	18.67	0.743	17	21
male：男性	44362	0.38	0.486	0	1
bpl_north_ame：出生于北美	44362	0.87	0.335	0	1
english：母语是英语	44362	0.71	0.452	0	1
*loc_campus*1：就读于校区 1	44362	0.58	0.493	0	1
*loc_campus*2：就读于校区 2	44362	0.17	0.379	0	1
*loc_campus*3：就读于校区 3	44362	0.24	0.429	0	1

二、 断点回归的 Stata 实现过程

在 Stata 软件中打开本讲的文件夹 "第五讲演示数据和 do 文件"，打开 rd_program. do，就可以看到本讲实例操作的所有步骤及相应程序。

在 do 文件中，先执行打开数据 "iv_data. dta" 的程序，使用 – des – 命令描述数据的总体情况。

```
Contains data from rd_data.dta
  obs:        44,362
  vars:           15                          13 Jan 2021 21:47

              storage   display    value
variable name  type     format     label    variable label

X             double    %10.0g              Distance from cutoff
Y             float     %9.0g               Next Term GPA (normalized)
left_school   float     %9.0g               Left University After 1st Evaluation
T             float     %9.0g               Treatment Assignment
hsgrade_pct   byte      %8.0g               High school grade percentile
totcredits_ye~1 float   %9.0g               Credits attempted in first year
age_at_entry  float     %9.0g               Age at entry
male          float     %9.0g               Male
bpl_north_ame~a float   %9.0g               Born in North America
english       float     %9.0g               English is first language
loc_campus1   float     %9.0g               At Campus 1
loc_campus2   float     %9.0g               At Campus 2
loc_campus3   float     %9.0g               At Campus 3
clustervar    float     %9.0g               Variable Used to Cluster Std. Errors
next_credit   double    %10.0g              Credits attempted in next term (fake variable)

Sorted by:
```

接下来，我们对各变量做初步的描述统计：

```
. sum

    Variable │      Obs        Mean    Std. Dev.       Min        Max

           X │   44,362   -.9131829    .8989187       -2.8        1.6
           Y │   40,582    1.046975    .9165701       -1.6        2.8
 left_school │   44,362    .0490284    .2159299          0          1
           T │   44,362    .1611965    .3677163          0          1
 hsgrade_pct │   44,362    50.17326    28.85888          1        100

 totcredits~1 │  44,362    4.573159    .5111372          3        6.5
age_at_entry │   44,362    18.66983    .7429326         17         21
        male │   44,362    .3827826    .4860714          0          1
 bpl_north_~a │  44,362    .8708579    .3353609          0          1
     english │   44,362    .7137189    .4520275          0          1

 loc_campus1 │   44,362    .5841711    .4928699          0          1
 loc_campus2 │   44,362    .1734593    .3786481          0          1
 loc_campus3 │   44,362    .2423696    .4285215          0          1
  clustervar │   44,362    .9131829    .8989187       -1.6        2.8
```

我们可以通过外部命令 – sum2docx – ，将描述统计结果整理成 docx 文档表格：

. sum2docx Y X T hsgrade_pct totcredits_year1 age_at_entry male bpl_north_america english loc_campus1 loc_campus2 loc _ campus3 using summary.docx, replace stats（N mean（% 9.2f）sd min（% 9.0g）median（% 9.0g）max（% 9.0g））title（"Table5.11：summary statistics"）

　　– sum2docx – 的语法结构比较简单，只要在命令后面输入需要做描述统计的变量名称，再在 using 之后填入你想存储描述统计结果的文件名称。命令选项"stats（）"用于定义各种统计量及其数据输出格式。选项"replace"表示每次执行 – sum2docx – 命令所得到的结果会覆盖原先存入指定 docx 文件的内容。选项"title（）"用于定义输出表格的标题。

从实际应用的角度看，断点回归图形分析可以帮助研究者快速判定断点设计的可行性和有效性。就目前已发表的国际期刊文献来看，我们还从未见过自称为断点研究但完全忽略图形分析的文章，几乎所有通过双盲评审正式发表的断点回归文章都包含大量的断点回归图形分析。

（一）执行断点回归前的"五部曲"

在正式进行回归估计之前，精确断点回归通常需要先经过五个步骤的图形分析和检验，我们称之为断点回归的"作图五部曲"。2000 余年前哲学家苏格拉底曾经说："未经审视的生活是不值得过的！"套用这句名言，未经"作图五部曲"的断点回归估计亦是不值得相信的！

第一部曲：跑变量 X 的频数分布直方图

首先，我们需绘制直方图并观测跑变量 X 在断点两侧的频数分布变化状况。如本例，我们想观测样本中学生观测对象在断点两侧的数量分布状况，执行如下程序。

```
.twoway (histogram X if X < 0, width (0.1) freq color
(gray) xline (0)) (histogram X if X >= 0, width (0.1) freq
color (black)), graphregion (color (white)) legend (off)
```
xtitle（学生GPA与留校察看临界值的差值）ytitle（学生观测对象的个数）

运行以上程序即可得到图5.24，横坐标为跑变量，每个直方图的高度表示在一定跑变量取值区间内学生观测对象的个数。处于断点 $c = 0$ 右侧黑色区域内的是受到留校察看处罚的处理组学生，处于断点 $c = 0$ 左侧灰色区域内的是未受到留校察看处罚的控制组学生。从该图可以看出，整个跑变量频数分布呈"正偏态"，学生主要集中在跑变量值域范围中间的偏左部。

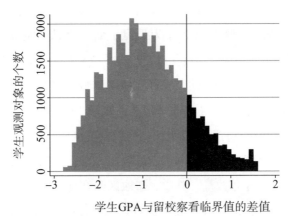

图5.24 演示数据的跑变量频数分布直方图

第二部曲：跑变量 X 与处理变量 T 关系图

在精确断点设计中，观测对象接受干预的概率在断点处应由0变为1。为检验这一假设能否成立，我们需绘制出样本中跑变量 X 和处理变量 T 的关系图。2017年，五位经济学家塞巴斯蒂安·卡里尼克、马蒂亚斯·卡塔内奥、尼古拉斯·艾德罗博（Nicolas Idorobo）、马克思·法雷尔（Max H. Farrell）和罗西奥·提尔尼可（Rocio Titiunik）编写出一组用于执行各类型断点回归分析的 Stata 命令集，其中包含一个专门用于绘制各种断点图形的命令 – rdplot – 。该命令语法是：

```
rdplot depvar runvar [if] [in] [, options]
```

其中，depvar 为因变量名，runvar 为跑变量名。－rdplot－的选项包括：（1）"c（#）"用于定义断点取值，默认断点为 0。本例断点 $c=0$，因此无须使用"c（0）"再对断点取值进行定义。（2）"p（#）"用于定义全域多项式拟合所采用的次数，默认采用 4 次，这是我们进行多项式拟合常用的最高次数。如果要采用线性拟合，定义该选项为"p（1）"即可。（3）选项"kernel（）"用于选取对全域多项式拟合进行加权的核函数，可供选择的加权核函数有 uniform、triangular 和 epanechnikov 三种，命令默认采用"kernel（uniform）"，即均匀核函数，给予带宽内所有观测数据以相同的权重。如果要采用三角核函数，定义该选项为"kernel（triangular）"即可。（4）"h（# #）"用于定义断点两侧的带宽，譬如"h（2 1）"表示在断点左侧以 2 作为带宽，右侧以 1 作为带宽。如果"h（）"的括弧中只填入一个数字，则断点左右两侧都采用同一数值的带宽，譬如"h（2）"表示断点两侧都以 2 作为带宽。命令默认不对带宽做出定义，即采用所有的样本数据进行分析。（5）nbins（# #）用于定义断点左右两侧选取的区间数量。如前所述，在断点两侧划分区间是为了计算并绘制各区间内的均值。与选项"h（# #）"相同，如果"nbins（）"的括弧中只填入一个数字，则断点左右两侧都采用相同数量的区间。（6）"binselect（）"用于选取设定断点两侧区间的方法。如表 5.1 所示，对断点两侧区间进行设定需决定区间宽度和数量。其中，选取区间宽度有整体均方偏误法和变异模拟法两种方法，选取区间数量也有均匀宽度和分位数宽度两种方法，两两组合形成四种区间设定组合。我们需从这四种组合中选择一种，将该组合相对应的代号填入"binselect（）"括弧中。

如本例，执行以下程序便可绘制出跑变量 X 和处理变量 T 的关系图。

```
.rdplot T X, graph_options (legend (off) graphregion
(color (white)) xtitle (学生 GPA 与留校察看临界值的差值)
ytitle (接受干预的概率) legend (off))
```

如图 5.25 所示，所有跑变量取值在断点左侧的观测对象接受干预的概率都为0，所有跑变量取值在断点右侧的观测对象接受干预的概率都为1。[①] 样本中，没有任何"漏网之鱼"，所有GPA低于处罚临界点的学生都受到了留校察看的处罚；也不存在"误伤"，没有任何一个GPA高于处罚临界点的学生受到了留校察看的处罚。

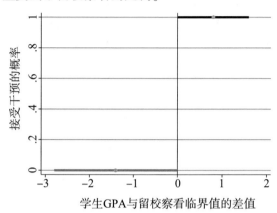

图5.25　演示数据的跑变量与处理变量关系图

以上两步图形分析只是断点设计的前奏曲，接下来的安慰剂检验、概率密度检验和伪断点检验"三部曲"方才进入断点图形分析的正章。这三种检验都属于证伪检验，只要有一个检验不通过，即说明断点回归设计是无效的（Cattaneo et al.，2017）。

第三部曲：跑变量 X 与控制变量 Z 关系图（"安慰剂"检验图解）

如前所述，我们可以通过观察前定的控制变量在断点处是否发生跳跃，检验断点设计的连续性假设。如果控制变量在断点处也有明显的跳跃，我们就不能将所估计到的处理效应完全归因于干预。我们期盼这些控制变量在断点处都不发生明显的跳跃，即都为"零效应"。

模型（5.34）含有多个前定的控制变量，我们从中选取学生高中成绩的百分位数、大学第一学年所修读的总学分、大学入学年龄和性别这四个控制变量进行检验。同样采用 – rdplot – 命令绘图，对四个控制变量需分

[①]　采用 – rdplot – 命令绘制精确断点的跑变量 X 和处理变量 T 关系图，经常会出现报错提示"Warning：not enough variability in the outcome variable below the threshold"或"Warning：not enough variability in the outcome variable above the threshold"。这主要是因为在断点两侧处理变量各取值0和1，没有发生任何变异。该报错对绘图分析结果不产生影响，可忽略。

别编写四条程序。

.rdplot hsgrade_pct X, graph_options（graphregion（color（white））xtitle（" 学生 GPA 与留校察看临界值的差值"）ytitle（" 高中成绩的百分位数"）legend（off））

.rdplot totcredits_year1 X, graph_options（graphregion（color（white））xtitle（" 学生 GPA 与留校察看临界值的差值"）ytitle（" 大学第一学年修读的总学分"）legend（off））

.rdplot age_at_entry X, graph_options（graphregion（color（white））xtitle（" 学生 GPA 与留校察看临界值的差值"）ytitle（" 大学入学年龄"）legend（off））

.rdplot male X, graph_options（graphregion（color（white））xtitle（" 学生 GPA 与留校察看临界值的差值"）ytitle（" 性别"）legend（off））

如图 5.26 所示，被检验的四个控制变量在断点处都没有表现出明显的跳跃，没有证据表明潜在结果函数会因为受这些控制变量的影响在断点处表现出非连续性变化。除这四个变量外，林多等人还在断点回归模型中控制了其他变量。原则上，安慰剂检验应做到 "应检必检"，即应对样本中所有可能对估计产生混淆作用的变量都做出安慰剂检验。读者可自行采用上述命令和程序对其他控制变量进行检验。

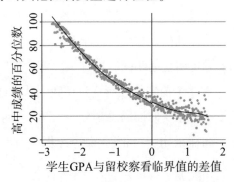

图 5.26　演示数据的跑变量与控制变量关系图

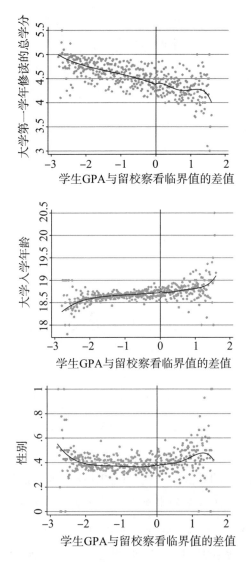

图 5.26 演示数据的跑变量与控制变量关系图（续）

第四部曲：跑变量 X 的概率密度图

断点设计需满足局部随机化假设，样本中观测对象对于跑变量取值应不具有精确的操纵力。如前所述，对该假设进行检验可采用麦克拉里（McCrary，2008）提出的概率密度检验法。执行该检验，需要对断点两侧的观测点概率密度函数进行局部多项式估计。Stata 实现该检验的命令是 $-$ rddensity $-$ ，如本例：

```
. rddensity X, plot
```

执行上述程序后，计算机会产生一个跑变量的概率密度图。如图5.27
所示，断点左右两侧各有一条拟合曲线，分别表示控制组和处理组观测点
的概率密度函数拟合曲线，灰色区域为该拟合曲线的95%置信区间。由该
图可以看出，控制组和处理组概率密度函数拟合曲线在断点处的截距值非
常接近，它们的95%置信区间在断点处的重合度非常高。可见，断点两侧
的跑变量概率密度并未呈现明显差异，样本中观测对象应对跑变量取值不
具有精确的操纵力。

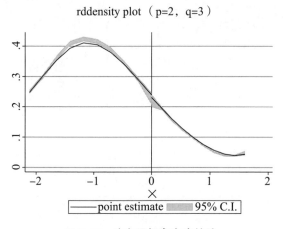

图 5.27　跑变量概率密度检验

除生成图形外，－rddensity－命令还会对断点两侧的跑变量概率密度
做参数检验，该检验的零假设是跑变量的概率密度函数在断点处的变化是
连续的，即断点两侧跑变量的概率密度不存在显著差异。

```
RD Manipulation Test using local polynomial density estimation.

        Cutoff c = 0 | Left of c   Right of c       Number of obs =      44362
                     |                               Model         = unrestricted
       Number of obs |   37211         7151          BW method     =       comb
Eff. Number of obs   |   10083         4137          Kernel        =  triangular
       Order est. (p)|       2            2          VCE method    =  jackknife
       Order bias (q)|       3            3
       BW est. (h)   |   0.706        0.556

Running variable: X.

       Method    |       T        P>|T|

       Robust    |   -0.4544      0.6496
```

如本例，麦克拉里检验的 t 统计量为 -0.4544，p 值为 0.6496，这表
明我们不能拒绝跑变量的概率密度在断点处为连续变化的零假设，这一结

果与图 5.27 一致。

第五部曲：跑变量 X 与结果变量 Y 关系图

最后，我们还需使用 – rdplot – 命令绘制出结果变量 Y 在断点处的跳跃图，以帮助我们在进行正式估计之前就干预对结果变量的处理效应做出预判。一般来说，断点回归对处理效应的估计结果应与其图形相一致，即如果我们在回归模型中估计得到显著的处理效应，那么就应该在图形上观察到结果变量在断点处存在明显的跳跃。参数和非参数方法相互印证，方可让审稿人和读者相信断点估计结果是可靠的。

如本例，绘制跑变量 X 与结果变量 Y 关系图的程序如下。

```
. rdplot Y X, binselect (esmv) graph_options (graphregion
(color (white)) xtitle (" 学生 GPA 与留校察看临界值的差值")
ytitle (" 学生下一学期 GPA") legend (off))
```

如图 5.28 所示，结果变量 Y 在断点处表现出一定程度的向上跳跃，据此可以预判留校察看应对学生未来的学业成绩具有正向的因果效应。采用相同的思路，我们还可以尝试进行伪断点检验。所谓的伪断点就是我们人为想象并构造出一个干预不可能对结果变量产生效应的情形，如果在此情形下我们观测到干预对结果变量产生了效应，那么就说明我们的断点设计是有问题的。伪断点检验与安慰剂检验一样，都属于证伪检验。

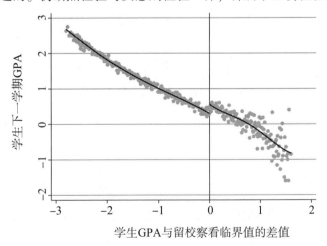

图 5.28　演示数据结果变量在断点处的跳跃检验

如本例，只有当学生第一学年 GPA 达到留校察看处罚临界点时，学生才会受到处罚。如果我们将断点由 $c=0$ 移至 $c=-1$，在 $c=-1$ 这个伪断点附近的学生都没有受到留校察看的处罚，那么他们下一学期 GPA 就不应在这个伪断点上发生跳跃。做这个伪断点检验只需在上一条程序的选项中修改断点位置：

.rdplot Y X, c (-1) binselect (esmv) graph _ options (graphregion (color (white)) xtitle (" 学生 GPA 与留校察看临界值的差值") ytitle (" 学生下一学期 GPA") legend (off))

在采用了选项 "c (-1)" 后，断点就被 "强制" 设定在 -1 处。如图 5.29，在伪断点 $c=-1$ 处，处理组和控制组的结果变量函数是连续变化的，看不出有任何跳跃。

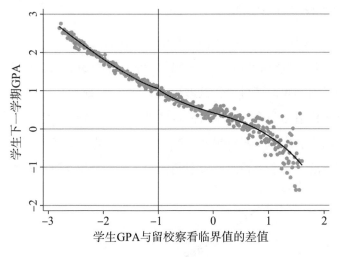

图 5.29　演示数据的伪断点检验

（二）　精确断点回归估计

经过以上作图五部曲，接下来我们就可以执行断点回归估计了。如前所述，完成断点回归估计需先进行三项重要设定：带宽、多项式次数和权重函数，其中以带宽设定最为重要。一方面，带宽的设定在一定程度上决定了多项式次数的选择，在一个较窄的带宽设定下，研究者可简单采用线性函数形式实现对处理效应的简约、精确且稳定的估计；另一方面，断点回归参数估计和显著性检验对于带宽的选择具有较高的敏感性，执行断点回归原本就应包含对带宽的敏感性检验，即在不同的带宽设定下观察断点回归估计结果的稳健性。如前所述，带宽的最优选择需在估计偏误和估计偏差之间求得平衡，并兼顾置信区间的覆盖偏误。带宽的选择主要有 MSE 和 CER 两种最优选择法，在这两种方法的取舍上可遵循如下规则：优先使用同一 MSE 最优带宽进行点估计和显著性检验，显著性检验采用稳健偏差纠正标准误计算估计系数标准误，其次可采用 CER 最优带宽进行显著性检验，但点估计依然使用 MSE 最优带宽，观测显著性检验结果是否发生变化。

实现断点回归的 Stata 命令是 – rdrobust –，该命令语法与 – rdplot – 相似：

rdrobust depvar runvar [if] [in] [, option]

命令默认使用 MSE 最优带宽。当然，我们也可以在选项 "bwselect ( )" 括弧中填入 "mserd"，指示计算机执行 MSE 最优带宽，程序如下。

. rdrobust Y X, kernel(triangular) p(1) bwselect (mserd)

选项 "p (1)" 表示设定多项式函数为一次函数，选项 "kernel (triangular)" 表示加权核函数选择三角核函数。

```
Sharp RD estimates using local polynomial regression.
```

Cutoff c = 0	Left of c	Right of c
Number of obs	34854	5728
Eff. Number of obs	5008	3016
Order est. (p)	1	1
Order bias (q)	2	2
BW est. (h)	0.422	0.422
BW bias (b)	0.699	0.699
rho (h/b)	0.603	0.603

Number of obs =	40582
BW type =	mserd
Kernel =	Triangular
VCE method =	NN

```
Outcome: Y. Running variable: X.
```

Method	Coef.	Std. Err.	z	P>|z|	[95% Conf. Interval]
Conventional	.21967	.04054	5.4190	0.000	.140216 .299114
Robust	-	-	4.4049	0.000	.116284 .302718

结果显示，MSE 最优带宽 BW est.（h）= 0.422，留校察看对学生下一学期 GPA 具有正效应，处理效应的点估计值为 0.21967。如果采用传统的

OLS 统计推断，处理效应显著性检验的 Z 统计量为 5.4190，95% 置信区间为 $[0.140, 0.299]$，在 0.01 水平上显著；如果采用稳健偏差纠正标准误，Z 统计量为 4.4049，较之前有所降低，95% 置信区间为 $[0.116, 0.303]$①，依然在 0.01 水平上保持显著。以上结果表明留校察看处罚对学生学业成绩具有显著的促进作用，它能使得被处罚学生在下一学期期末 GPA 显著提高 0.21967 个标准差。

断点回归可能还要对其他变量进行控制，如本例，我们可以使用选项 "covs ( )" 在上述回归模型中控制相关前定变量，程序如下。

. rdrobust Y X, kernel(triangular) p(1) bwselect (mserd) covs (hsgrade _ pct totcredits _ year1 age _ at _ entry male bpl_north_america english loc_campus1 loc_campus2)

```
Covariate-adjusted sharp RD estimates using local polynomial regression.
```

Cutoff c = 0	Left of c	Right of c			
			Number of obs =		40582
			BW type =		mserd
Number of obs	34854	5728	Kernel	=	Triangular
Eff. Number of obs	5249	3038	VCE method	=	NN
Order est. (p)	1	1			
Order bias (q)	2	2			
BW est. (h)	0.436	0.436			
BW bias (b)	0.720	0.720			
rho (h/b)	0.606	0.606			

```
Outcome: Y. Running variable: X.
```

Method	Coef.	Std. Err.	z	P>|z|	[95% Conf. Interval]	
Conventional	.21323	.03927	5.4296	0.000	.136261	.290208
Robust	-	-	4.4056	0.000	.112896	.293851

```
Covariate-adjusted estimates. Additional covariates included: 8
```

在控制了若干前定变量后，留校察看处理效应的点估计值为 0.21323，与之前未控制变量时相比，它只在小数点后第三位发生变化，估计系数的标准误也只有些许下降。

如果我们想要采用 CER 最优带宽进行统计推断，那么就在选项 "bwselect ( )" 括弧中填入 "cerrd"，即执行如下程序。

---

① 与传统的 OLS 统计推断相比，偏误纠正后的标准误有两点不同：一是它是以点估计值减去估计偏误（而非点估计值）为中心；二是如果模型确实存在估计偏误，此时估计系数的稳健标准误要比 OLS 的大，因此置信区间会变得更加宽广，更不容易通过显著性检验。

```
. rdrobust Y X, kernel(triangular) p(1) bwselect (cerrd)
```

Sharp RD estimates using local polynomial regression.

Cutoff c = 0	Left of c	Right of c			
Number of obs	34854	5728			
Eff. Number of obs	2737	1853			
Order est. (p)	1	1			
Order bias (q)	2	2			
BW est. (h)	0.248	0.248			
BW bias (b)	0.699	0.699			
rho (h/b)	0.355	0.355			

Number of obs =		40582
BW type =		cerrd
Kernel	=	Triangular
VCE method =		NN

Outcome: Y. Running variable: X.

Method	Coef.	Std. Err.	z	P>|z|	[95% Conf. Interval]	
Conventional	.18189	.05289	3.4390	0.001	.078227	.285547
Robust	-	-	3.2138	0.001	.069549	.286981

根据输出结果，采用覆盖偏误最小化选择的带宽为 0.248，比 MSE 最优带宽 0.422 小了许多，但留校察看处理效应的点估计值没有发生太大变化，为 0.18189，其在 OLS 传统推断法和稳健偏差纠正标准误法下显著性检验的 Z 统计量分别为 3.4390 和 3.2138，较之前 MSE 最优带宽时有所减少，显著性检验 p 值有所增大，但结果依然在 0.01 水平上是显著的。

如果我们要在断点回归中对异方差导致的标准误计算错误进行纠正，可采用选项 "vce ()"，程序如下。

```
. rdrobust Y X, kernel(triangular) p(1) bwselect (mserd)
covs ( hsgrade _ pct totcredits _ year1 age _ at _ entry male
bpl_north _ america english loc _ campus1 loc _ campus2 ) vce
(cluster clustervar)
```

采用选项 "vce（cluster clustervar）" 后，估计系数标准误就以变量 clustervar 所定义的组群形成聚类稳健标准误，其输出结果与之前相比没有发生多大变化。

Covariate-adjusted sharp RD estimates using local polynomial regression.

Cutoff c = 0	Left of c	Right of c			
			Number of obs =		40582
			BW type =		mserd
Number of obs	34854	5728	Kernel =		Triangular
Eff. Number of obs	4357	2709	VCE method =		Cluster
Order est. (p)	1	1			
Order bias (q)	2	2			
BW est. (h)	0.377	0.377			
BW bias (b)	0.640	0.640			
rho (h/b)	0.590	0.590			
Number of clusters	64	63			

Outcome: Y. Running variable: X.

Method	Coef.	Std. Err.	z	P>|z|	[95% Conf. Interval]	
Conventional	.20583	.03212	6.4081	0.000	.142878	.268791
Robust	-	-	5.3374	0.000	.124509	.269019

Covariate-adjusted estimates. Additional covariates included: 8
Std. Err. adjusted for clusters in clustervar

为了分析带宽的敏感性，我们还可以尝试以双倍的 MSE 最优带宽进行估计，以检测估计结果是否会随着带宽的变化而发生变化，其执行程序如下。①

. rdrobust Y X, kernel(triangular) p(1) bwselect (mserd)//
执行 MSE 最优带宽的断点回归

. global bandwidth1 =2*e(h_l)   *//将上一步获得的*
MSE 最优带宽乘以 2，并将其定义为一个宏 bandwidth1

. rdrobust Y X if abs(X) < = $bandwidth1, p(1) h($bandwidth1)
kernel(triangular)   *//采用两倍的 MSE 最优带宽执行断点回归*

执行以上程序便可获得如下结果。

Outcome: Y. Running variable: X.

Method	Coef.	Std. Err.	z	P>|z|	[95% Conf. Interval]	
Conventional	.23205	.02899	8.0038	0.000	.175222	.288869
Robust	-	-	5.2596	0.000	.140277	.306926

同样地，我们也可以采用两倍的 CER 最优带宽执行断点回归：

. rdrobust Y X, kernel(triangular) p(1) bwselect (cerrd)
//执行 CER 最优带宽的断点回归

---

① 通常情况下，对带宽做敏感性分析，是缩小带宽而非增大带宽。如我们可以选取 MSE 最优带宽的 0.75 倍、0.5 倍和 0.25 倍分别进行断点估计，并观测估计结果的变化。读者可自行修改程序，实现这些检验。

```
. global bandwidth2 = 2*e(h_l)                    //将上一步获得的
```
CER 最优带宽乘以 2，并将其定义为一个宏 bandwidth2

```
. rdrobust Y X if abs(X) <=$bandwidth2, p(1) h($bandwidth2)
kernel(triangular)                     //采用两倍的 CER 最优带宽执行断点
```
回归

```
Outcome: Y. Running variable: X.
```

Method	Coef.	Std. Err.	z	P>|z|	[95% Conf. Interval]	
Conventional	.22413	.03749	5.9784	0.000	.150652	.297609
Robust	-	-	3.4326	0.001	.081341	.297856

根据输出结果，采用两倍的 MSE 和 CER 最优带宽都不会对处理效应估计值和显著性检验结果产生太大的影响。

之前所有回归分析都是采用一次函数（线性函数），如果采用二次、三次或四次函数，断点回归的估计结果是否会发生变化呢？

为回答这一问题，我们可以采用不同次数的多项式进行断点回归，或者将多项式次数选择与带宽选择组合起来进行敏感性分析。譬如，我们可以分别估计出在 MSE 最优带宽和 CER 最优带宽下采用一次、二次、三次和四次函数进行断点回归的估计结果。如表 5.12 所示，在八种设定组合下，留校察看处理效应的估计值都为正值，最小估计值为 0.143，最大估计值为 0.206，且都通过了 0.01 水平的显著性检验。

表 5.12 不同最优带宽与多项式次数设定下的敏感性检验

次数 $P =$	MSE 最优带宽				CER 最优带宽			
	1	2	3	4	1	2	3	4
处理效应	0.206***	0.165***	0.163***	0.149***	0.184***	0.148***	0.143***	0.147***
估计值	(0.032)	(0.042)	(0.045)	(0.049)	(0.035)	(0.046)	(0.048)	(0.051)
控制变量	Yes	Yes	Yes	Yes	Yes	Yes	Yes	Yes

注：括弧内数据为异方差稳健标准误；*** 为 0.01 水平上显著；加权核函数选择三角核函数；控制变量包括学生的高中成绩百分位数、第一学年修读的总学分、大学入学年龄、性别、出生地、英语母语以及就读的校区。

（三） 稳健性分析

与之前介绍的"事先"的证伪检验相对应，我们在完成主要估计之后，还可以通过"事后"检验来进一步验证断点回归估计结果的稳健性。以下，我们将主要介绍"甜甜圈"（donut hole）检验和局部随机推断检验。

"甜甜圈"检验主要用于观测估计结果是否会随着断点附近观测对象的改变而发生变化。断点设计不允许观测对象对于其跑变量取值具有精确的操纵力，而在样本中有此嫌疑最大的是那些与断点距离较近的观测对象。一般情况下，只有与断点距离较近的观测对象才有能力和动机去操纵自己的跑变量取值。如本例，如果一个学生学术能力很差，考试成绩远低于留校察看处罚的临界值，那么即便他能准确预估出自己第一学年末的GPA，并事先知道自己将会被留校察看，他也没有能力和动机去改变这一状态，因为他知道自己无论多努力，都无法免于处罚。相反，如果一个学生具有一定的学术能力，只是由于平时疏于学习才导致第一学年成绩不过关，并且他非常清楚地知道自己的GPA只比处罚的临界值低一点，他就会想尽办法提高最后几门科目的考试成绩，以躲过被留校察看的处罚。既然靠近断点的观测对象具有更大的操纵嫌疑，那么我们可以尝试将这些"可疑的"观测对象剔除后再进行断点回归，将该结果与之前的基准估计结果进行对比，以判定这些"可疑的"观测对象是否真的存在操纵行为。

如本例，我们剔除在断点 $c=0$ 附近加减 0.2 范围内（即跑变量取值在 $[-0.2, 0.2]$ 范围内）所有的观测对象，并分别采用 MSE 最优带宽和 CER 最优带宽执行断点回归，程序如下。

```
. rdrobust Y X if abs(X) >= 0.2, kernel(triangular) p (1)
bwselect ( mserd ) covs ( hsgrade _ pct totcredits _ year1
age_at_entry male bpl _ north _ america english loc _ campus1
loc_campus2)vce(cluster clustervar)    //甜甜圈检验，MSE 最优带宽
```

采用 MSE 最优带宽可获得如下结果。

```
Outcome: Y. Running variable: X.
```

Method	Coef.	Std. Err.	z	P>|z|	[95% Conf. Interval]	
Conventional	.22401	.05291	4.2341	0.000	.120317	.327702
Robust	-	-	2.5930	0.010	.045935	.330385

. rdrobust Y X if abs(X) > =0.2, kernel(triangular) p (1)
bwselect (cerrd) covs (hsgrade _ pct totcredits _ year1
age_at_entry male bpl_north_america english loc_campus1
loc_campus2)vce(cluster clustervar)　　　　//甜甜圈检验,
CER 最优带宽

采用 CER 最优带宽可获得如下结果。

```
Outcome: Y. Running variable: X.
```

Method	Coef.	Std. Err.	z	P>|z|	[95% Conf. Interval]	
Conventional	.18785	.07658	2.4529	0.014	.037751	.337942
Robust	-	-	1.8070	0.071	-.01372	.337965

与表 5.12 中的基准估计结果相比,"甜甜圈"检验的估计结果未发生太大变化,这说明断点附近观测对象具有精确操纵能力的可能性不大。

局部随机推断检验主要用于检验样本中质点数量变化对断点估计结果的影响程度。如前所述,断点回归要求跑变量应为连续变量,但本例所采用的 GPA 并不是一个理想的连续型变量。实例数据有超过 40000 个学生观测点,但具有不同 GPA 取值的样本数(质点数)只有 400 多个。正如卡塔内奥等人(Cattaneo et al.,2017)提出的建议,如果样本中质点数适中,可使用基于连续假设的断点分析框架,但如果样本中质点数量远小于总样本数,就需考虑采用更切合离散型跑变量的局部随机的断点分析框架。

执行断点回归的局部随机推断检验,可采用 – rdrandinf – 命令。如本例,我们尝试采用断点左侧带宽 – 0.005 和右侧带宽 0.01,在这一值域范围内进行局部随机推断检验演示,程序如下。

. rdrandinf Y X, seed(50) wl(-0.005) wr(0.01)

Cutoff c = 0.00	Left of c	Right of c	Number of obs =	44362
			Order of poly =	0
Number of obs	34854	5728	Kernel type =	uniform
Eff. Number of obs	208	67	Reps =	1000
Mean of outcome	0.299	0.520	Window =	set by user
S.D. of outcome	0.875	0.850	H0: tau =	0.000
Window	-0.005	0.010	Randomization =	fixed margins

Outcome: Y. Running variable: X.

		Finite sample		Large sample	
Statistic	T	P>|T|	P>|T|	Power vs d =	0.44
Diff. in means	0.221	0.079	0.066		0.953

根据输出结果，局部随机框架下处理效应的点估计值为 0.221，与之前基于连续假设的回归估计结果相差无几。由于局部随机推断检验为保证随机性条件，只截取了距离断点非常近的一小部分观测对象进行分析，其分析所使用的样本数远小于基于连续假设框架的断点回归分析①，因此局部随机估计结果的显著性表现变差了许多，其处理效应估计值只在 0.1 水平上显著。

（四） 模糊断点的回归估计

林多等人的研究属于典型的精确断点设计，如果我们想利用他们的实例数据呈现模糊断点回归的估计过程，需对原始数据做一些修改。我们根据林多等人提供的学生第一学年修读的总学分变量（*totcredits_yr1*）"臆造"出学生在下一学期修读的总学分变量（*next_credit*），我们期望通过这个变量探究留校察看处罚对学生学业成绩的影响机制。

我们可以想象，那些被学校处以留校察看的学生会为避免受到进一步的处罚（如勒令退学）而采用一定的应对策略。他们中有部分学生会在下一学期修读更多的课程，获取更多学分，以此来分散考试成绩低的风险，拉高自己在下一学期的 GPA。由此，我们就构造出一条因果效应逻辑链条，即是否受到留校察看处罚（指示变量 T）→下一学期修读的学分数（处理变量 D）→下一学期的 GPA（结果变量 Y）。在这一逻辑链条中，表

---

① 根据输出结果，本例的局部随机推断检验只使用了 275 个观测数据，其中断点左侧 208 个，右侧 67 个。之前执行的断点回归分析所使用的样本都有数千人。

示是否受到留校察看处罚的指示变量 T 充当了处理变量 D 的工具变量的角色。

如我们在第四讲工具变量法中所讲授的，工具变量需满足第一阶段效应、独立和排他限制三个假设。在精确断点分析中，我们已经通过了跑变量具有局部随机化特质的检验（见图 5.27），表明指示变量 T 在断点两侧的分配是随机的，因此该变量满足工具变量的独立假设。如果指示变量 T 除通过使得被处罚学生增加下一学期修读学分之外再无其他路径会对结果变量 Y 产生影响的话，指示变量 T 就满足工具变量的排他限制假设。[①] 最后，我们只要证明指示变量 T 满足第一阶段效应假设，即该变量对学生下一学期修读的学分这个内生的处理变量具有显著的影响，就可以利用指示变量 T 形成模糊断点设计，实现学生下一学期修读的学分数对其学业成绩处理效应的一致估计。

在这个模糊断点设计中，跑变量依然是学生在第一学年的 GPA 与留校察看处罚临界点的差值，断点 $c = 0$。我们形成一个虚拟变量 $highc$，它是处理变量，表示学生在下一学期修读的学分数是否超过样本学生修读学分的平均水平，如果超过，$highc = 1$，反之，$highc = 0$。接着，我们就受处罚学生在下一学期修读学分数超过样本平均水平的概率在断点处的跳跃表现进行绘图检验，程序如下。

. gen highc = (next_credit > 2.28)　　　 *//产生一个新的虚拟变量 highc 用于表示学生下一学期修读的学分数是否会超过样本平均水平*

. rdplot highc X, binselect (esmv) graph_options (legend (off) graphregion (color (white)) xtitle (" 学生 GPA 与留校察看临界值的差值") ytitle (" 学生下一学期修读学分数超平均水平的概率") legend (off))

---

① 排他限制假设对于形成有效的模糊断点回归估计非常重要。只有当留校察看处罚这个指示变量可以较为准确地刻画和预测出学生受到处罚后的行为反应及其未来学业成绩时，模糊断点才能实现对因果关系的一致估计。文中，我们为简化讨论"强迫"排他限制假设成立，但事实上，该假设在真实的研究情景中未见得成立。譬如，学生受处罚后，他们会提高自己的学习努力水平，进而对他们的学业成绩产生促进作用。我们"强迫"该假设成立，是为了方便呈现模糊断点的估计过程，在实际研究中不宜采用如此"粗暴"的做法，还需对排他限制假设做充分的证伪检验。

如图 5.30 所示，首先，在断点两侧，学生下一学期修读的学分数与跑变量的拟合曲线都向右下方倾斜，意味着第一学年成绩越差的学生在下一学期修读更多学分的概率就越小。但这一变化趋势在断点处被打断了，学生下一学期修读更多学分的概率的拟合曲线在断点处有比较明显的向上跳跃，这说明虽然总体看学生学业成绩与未来修读学分数呈负相关关系，但对于断点附近的学生来说，那些成绩稍差而受到留校察看处罚的学生下一学期修读学分数超平均水平的概率却要比那些成绩稍好而未受到留校察看处罚的学生来得高，这一与整体趋势呈反向变化的断点跳跃表明留校察看处罚确会使学生未来的修课行为发生改变，指示变量 T 满足工具变量的第一阶段效应假设。除此之外，模糊断点还需就跑变量概率密度及连续性假设做出图形检验，这两个检验的过程、结果与之前精确断点回归分析相同，不再重复演示。

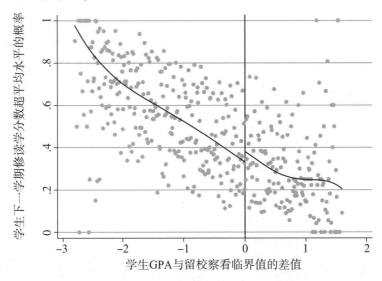

图 5.30　模糊断点设计的第一阶段效应检验

接着，我们构建模糊断点的两阶段回归模型如下。

第一阶段回归：$highc_{ic} = \gamma_0 + \gamma_1 T_{ic} + \gamma_2 X_{ic} + \varepsilon_{ic}$　　　（5.35）

第二阶段回归：$Y_{ic} = \beta_0 + \beta_1 highc_{ic} + \beta_2 X_{ic} + \sigma_{ic}$　　　（5.36）

我们先采用手工方式对以上两阶段模型进行回归，Stata 程序如下。

```
. reg highc T X        //执行第一阶段回归
```

Source	SS	df	MS		Number of obs	=	44,362
					F(2, 44359)	=	2185.52
Model	993.705507	2	496.852753		Prob > F	=	0.0000
Residual	10084.5172	44,359	.227338696		R-squared	=	0.0897
					Adj R-squared	=	0.0897
Total	11078.2227	44,361	.249728878		Root MSE	=	.4768

highc	Coef.	Std. Err.	t	P>|t|	[95% Conf. Interval]	
T	0.059	0.009	6.65	0.000	0.041	0.076
X	-0.183	0.004	-50.78	0.000	-0.190	-0.176
_cons	0.340	0.005	68.62	0.000	0.331	0.350

. predict highc1   //预测出学生下学期修读的学分数超出平均水平的概率

. reg Y highc1 X   //执行第二阶段回归

Source	SS	df	MS		Number of obs	=	40,582
					F(2, 40579)	=	16057.68
Model	15061.4311	2	7530.71557		Prob > F	=	0.0000
Residual	19030.6957	40,579	.468978923		R-squared	=	0.4418
					Adj R-squared	=	0.4418
Total	34092.1269	40,581	.840100709		Root MSE	=	.68482

Y	Coef.	Std. Err.	t	P>|t|	[95% Conf. Interval]	
highc1	5.234	0.229	22.83	0.000	4.784	5.683
X	0.172	0.038	4.49	0.000	0.097	0.248
_cons	-1.531	0.084	-18.31	0.000	-1.695	-1.367

根据输出结果，在第一阶段回归中指示变量的估计系数为 0.059，在 0.01 水平上显著，表明留校察看处罚会使得学生下一学期修读学分数超平均水平的概率显著提高 5.9 个百分点，这一结果与图 5.30 相一致。在第二阶段回归中，我们以第一阶段预测得到的学生下一学期修读学分数超平均水平的概率作为自变量，对学生下一学期期末 GPA 进行回归，结果显示学生受处罚后增加修课学分确实对未来的 GPA 具有显著的促进作用，多修读学分处理效应的点估计值为 5.234，在 0.01 水平上显著。

在第四讲中，我们曾提及手工执行 2SLS 回归会产生错误的估计系数标准误，推荐使用 – ivregress – 命令执行 2SLS 回归。

. ivregress 2sls Y (highc = T) X

```
. ivregress 2sls Y (highc = T) X
```

Instrumental variables (2SLS) regression

		Number of obs	=	40,582
		Wald chi2(2)	=	1807.50
		Prob > chi2	=	0.0000
		R-squared	=	.
		Root MSE	=	2.8866

Y	Coef.	Std. Err.	z	P>|z|	[95% Conf. Interval]	
highc	5.925	1.094	5.42	0.000	3.781	8.069
X	0.284	0.182	1.56	0.119	-0.073	0.641
_cons	-1.793	0.401	-4.47	0.000	-2.578	-1.007

```
Instrumented:  highc
Instruments:   X T
```

根据输出结果，多修读学分的处理效应点估计值为 5.925，与之前手工估计的结果差别不大，但估计系数标准误为 1.094，较原先手工得到的标准误（0.229）增大了许多，但依然在 0.01 水平上保持显著。

我们还可以尝试在上述模糊断点 2SLS 回归中增加指示变量 T 与跑变量 X 的交互项：

```
. gen T_X = T* X
```

```
. ivregress 2sls Y (highc = T) X T_X
```

Instrumental variables (2SLS) regression

		Number of obs	=	40,582
		Wald chi2(3)	=	239.27
		Prob > chi2	=	0.0000
		R-squared	=	.
		Root MSE	=	7.9342

Y	Coef.	Std. Err.	z	P>|z|	[95% Conf. Interval]	
highc	16.596	10.003	1.66	0.097	-3.008	36.201
X	2.281	1.821	1.25	0.210	-1.289	5.850
T_X	-1.351	0.985	-1.37	0.170	-3.282	0.579
_cons	-5.385	3.439	-1.57	0.117	-12.125	1.355

加入指示变量 T 与跑变量 X 的交互项后，处理效应的点估计值变为 16.596，与之前相比增大了许多，可见，在断点回归中是否控制指示变量与跑变量交互项可能对估计结果产生较大的影响，在实际研究中应予以重视。增加交互项后，处理效应的标准误亦增大不少，由此导致处理效应的显著性表现变差，只在 0.1 水平上显著。

以上分析都未考虑带宽和回归加权，接下来我们尝试在采用 MSE 最优带宽和三角核加权函数条件下执行模糊断点回归。首先，我们采用 – rdbwselect – 命令分别获得第一阶段效应和简化形式效应估计的 MSE 最优带宽。

. rdbwselect highc X, kernel(triangular) p(1) bwselect (mserd)

Outcome: highc. Running variable: X.

Method	BW est. (h)		BW bias (b)	
	Left of c	Right of c	Left of c	Right of c
mserd	0.244	0.244	0.454	0.454

. rdbwselect Y X, kernel(triangular) p(1) bwselect (mserd)

Outcome: Y. Running variable: X.

Method	BW est. (h)		BW bias (b)	
	Left of c	Right of c	Left of c	Right of c
mserd	0.422	0.422	0.699	0.699

输出结果显示，第一阶段效应估计的 MSE 最优带宽为 0.244，简化形式效应估计的最优带宽为 0.422。根据因本斯和勒米厄（Imbens & Lemieux，2008）的建议，应优先考虑采用简化形式效应的最优带宽。于是，我们采用 0.422 作为带宽。

其次，构造三角核函数，并采用 – ivregress – 命令完成 2SLS 估计，程序如下。

. gen weight =.
. replace weight = (1 – abs(X/0.422)) if abs(X) < =0.422
. ivregress 2sls Y (highc = T) X T_X [aw = weight] if abs(X) < =0.422

```
Instrumental variables (2SLS) regression     Number of obs   =      8,024
                                             Wald chi2(3)    =      11.58
                                             Prob > chi2     =     0.0090
                                             R-squared       =          .
                                             Root MSE        =      1.844
```

Y	Coef.	Std. Err.	z	P>|z|	[95% Conf. Interval]	
highc	3.522	1.171	3.01	0.003	1.226	5.818
X	0.158	0.271	0.58	0.560	-0.372	0.688
T_X	0.295	0.419	0.70	0.481	-0.526	1.116
_cons	-0.856	0.417	-2.05	0.040	-1.674	-0.038

```
Instrumented:  highc
Instruments:   X T_X T
```

采用 MSE 带宽后，分析使用的样本数由 4 万多人削减为 8 千多人，处理效应的点估计值为 3.522，较之前未使用带宽时的估计结果有大幅下降，但显著性表现得到改善，在 0.01 水平上通过了显著性检验。

实现模糊断点回归估计还可以采用 – rdrobust – 命令。如本例，我们使用该命令选项 "fuzzy（）"，表示要执行模糊断点估计，在 "fuzzy（）" 括弧中填入工具变量名，带宽仍使用之前的第一阶段回归 CER 最优带宽 0.422，即执行如下程序。

```
. rdrobust Y X, fuzzy(highc) kernel(triangular) p(1) h
(0.422)
```

Fuzzy RD estimates using local polynomial regression.

Cutoff c = 0	Left of c	Right of c			
			Number of obs =		40582
			BW type =		Manual
Number of obs	34854	5728	Kernel	=	Triangular
Eff. Number of obs	5008	3016	VCE method	=	NN
Order est. (p)	1	1			
Order bias (q)	2	2			
BW est. (h)	0.422	0.422			
BW bias (b)	0.422	0.422			
rho (h/b)	1.000	1.000			

First-stage estimates. Outcome: highc. Running variable: X.

Method	Coef.	Std. Err.	z	P>|z|	[95% Conf. Interval]	
Conventional	.06238	.02292	2.7221	0.006	.017465	.107294
Robust	-	-	3.1678	0.002	.040878	.173545

Treatment effect estimates. Outcome: Y. Running variable: X. Treatment Status: highc.

Method	Coef.	Std. Err.	z	P>|z|	[95% Conf. Interval]	
Conventional	3.5219	1.4196	2.4809	0.013	.739528	6.30421
Robust	-	-	0.1239	0.901	-3.84266	4.3614

与使用 – ivregress – 命令的估计结果相比，使用 – rdrobust – 命令得到的处理效应估计系数[1]及标准误都有所增大，在 0.05 水平上通过显著性检验。

综上分析，留校察看处罚确实会改变被处罚学生的选课行为，"迫使" 被处罚学生修读更多学分，并由此对学生未来的学业成绩产生显著的正效应。当然，以上模糊断点的估计结果都是通过 "臆造" 变量得到的，只用于演示模糊断点回归的实操，不具有任何实质的理论和现实指导意义。

---

① 使用 – ivregress – 命令的点估计值四舍五入前为 3.521872。

结语

　　经过以上讲解，读者们想必已领略到断点回归有别于其他因果推断方法的独特魅力。断点回归被认为是最接近随机实验的准实验方法，李和勒米厄（Lee & Lemieus，2010）更是把它当成一种特殊的随机实验类型——局部随机实验。断点回归方法居于准实验方法"因果推断效力链"的顶端，是利用事后观测数据形成因果识别和估计的"终极杀器"。

　　有人认为断点回归设计非常简单，其实它只是简约，绝不简单。是的，如果只从构成断点设计的三要素看，它确实很简单。我们只要找到一个可充作跑变量的连续流（continuum）、一个外生的断点和一个被准确定义并测量的结果变量，便可以形成经典的断点回归设计。然而，断点回归这些看似简单设计的背后，蕴含着严苛的前提假设，断点回归的各个分析环节都包含着值得深究的技术细节。譬如，带宽选择就包括交叉验证法与MSE和CER最优化等方法，它们在解决不同方面问题上各具优势，对同一数据采用不同的规则进行带宽选择，结果可能差别很大，因此研究者在实际研究中应一一尝试或相互搭配使用。有读者可能认为没有必要搞得如此复杂，但事实上，对于这些技术细节的讨论都是必要的，因为断点回归的估计结果对于带宽选择具有较高的敏感性，不同带宽的选择不仅对处理效应的参数估计和统计推断有重要影响，亦涉及研究的内部有效性和统计功效之间的权衡。事实上，我们可能永远都不知道在特定研究情景下多宽的带宽才是最优的，因此最优的带宽设计策略（而非方法）是不采用单一的带宽选择法，而应采用多种带宽选择法来确保断点估计结果的稳健性。如果在特定的研究情景下，估计结果对带宽的敏感性比较低，那么我们可以适当地放宽带宽，在保证研究内部有效性的同时，尽可能地增加研究的统计功效，增强将研究结果外推至其他人群的外部有效性。

　　断点回归的另一种独特魅力是它的透明性。断点回归强调"所见即所得"，它要求图形分析与参数估计结果高度吻合，这是倍差法、工具变量法等其他准实验方法所不要求且无法做到的。断点回归是如此透明，以至于研究者对任何一种假设的检验和对任何一处技术细节的处理都可以通过图形分析暴露于光天化日之下。图形分析已经成为执行断点回归的标准作业流程，我们凭借断点图形可以快速判定哪些冠之以"断点回归分析"的文章是"真断点"、哪些是"假断点"。一篇不做任何图形分析的断点研究是没有灵魂的，而且肯定是会被拒稿的。

形成有效的断点设计需满足三大假设，其中以局部随机化假设最为重要。如果样本中有部分观测对象有能力精确操纵自己在断点左右两侧所处位置的话，干预在断点两侧的安排就不再是外生随机的，这是对断点回归内部有效性的最大威胁。观测对象是否具有精确的操纵力，这只是一种质性表述，很难被量化检验。对此，李（Lee，2008）给出了一个极关键的数学证明，他证明如果观测对象对其跑变量取值具有精确的操纵力，那么跑变量的条件概率密度在断点处的变化必定是非连续的。如此这般，一个抽象的质性表述就被转化为可被正式检验的统计命题，我们可以通过对比跑变量在断点两侧概率密度的变化态势，就局部随机化假设做出检验。值得注意的是，局部随机化假设的表述是"观测对象对跑变量取值不具有精确的操纵力"，不是"观测对象对跑变量取值不具有操纵力"。这两种表述虽然仅差"精确"二字，但内含的严苛性差别极大，毕竟要证明样本中所有的观测对象对其跑变量取值都不具有任何的操纵力，这几乎是不可能的。在现实生活中，绝大部分个体或多或少对自己所身处的境遇具有一定的把控能力，但此种把控能力只要未达到一定的"精确"程度，就不会对断点设计的有效性造成影响。这是因为即便个体对跑变量取值具有一定操纵力，只要此种操纵力不是完全的，那么它也只能使跑变量分布发生位置平移（location shift）或形状变化（shape change），对于跑变量分布在断点处的连续性特质不造成影响（Lee & Lemieux，2010）。

虽然断点回归在诸多方面优于其他准实验方法，但其实断点回归与其他准实验方法有着紧密的"血缘"关系。精确断点可以视为模糊断点的一个特例，而模糊断点回归又采用的是与工具变量相同的估计法。在断点回归的早期文献中，研究者们就常把模糊断点回归当作一种特殊的工具变量法（Angrist & Krueger, 1999）。① 时至今日，这两种方法之间的分界依然不十分清晰。诚然，模糊断点回归与工具变量法还是有本质区别的，认识和理解它们之间的差别，我们不能只看参数估计和统计推断过程，而是要从研究设计和基本假设入手。唯有遵循断点回归设计的三要素设计规则且给予断点假设以严谨的图形分析和统计检验的研究，方有资格戴上断点回归的"皇冠"。

▎延伸阅读推荐

卡塔内奥、艾德罗博和提尔尼可三位学者合作撰写了《断点回归设计应用初步》（*A Practical Introduction to Regression Discontinuity Designs*）一书，该书分两卷，上卷为"基础篇"，主要介绍精确断点的基本原理、方法及实例应用，2019 年由剑桥大学出版社出版，是断点回归非常好的入门读物。本讲有关断点回归基本原理和技术的讲授有许多借鉴于该书。该书下卷目前尚未完稿，主要讲解模糊断点及其他断点设计的拓展与应用，值得期待。断点回归的综述性文献，可参阅因本斯和勒米厄（Imbens & Lemieux, 2008）、李和勒米厄（Lee & Lemieux, 2010）这两篇经典文献。中文书籍方面，可阅读赵西亮（2017）著作第 9 章。有关断点设计的技术新进展简介可参阅亨廷顿–克莱因（Huntington-Klein, 2022）书中第 539—554 页，包括拐点回归（regression kink）、多断点回归与多跑变量设计等。

---

① 精确断点回归同样可视为一种特殊的工具变量法。在模糊断点中，指示变量 T 充当处理变量 D 的工具变量，形成 "$T{\rightarrow}D{\rightarrow}Y$" 的工具变量因果逻辑链条。在精确断点中，处理变量 D 完全由指示变量 T 所决定，即 $T = D$，此时工具变量因果逻辑链条为 "$D{\rightarrow}D{\rightarrow}Y$"，即在精确断点回归中，处理变量可视作其本身的工具变量。

第六讲　匹配法

"他们俩在汽车的摇来晃去中不时地相互瞥那么一眼，每一瞥不超过一秒钟。……他们两人在不时的一瞥中，从外表表现出的内在气质上，都发现了他是她以及她是他长期以来梦寐以求的人。他们之间有种无形无影的生物电的磁场，有一种歌德称之为'亲和力'的东西，有一种心灵的感应，使他们彼此都觉得他们能非常和谐、非常亲密地在一起生活一辈子。"

——张贤亮(2013，p.4)

"观测研究是基于处理组和控制组在干预实施之初就已存在差异并且该差异会对我们的研究结果产生影响这一事实而展开的。显性偏估是指我们通过已有数据能观测到的偏估，……隐性偏估也是在干预之初就已存在的，但我们缺乏足够的信息观测和记录它，它是我们看不到的偏估。"

——保罗·罗森鲍姆(Paul R. Rosenbaum，2002，p.71)

"倾向得分匹配（PSM）作为一种极受欢迎的因果推断数据预处理方法，我们对它进行了分析，发现它经常导致与其初衷相左的结果，即该方法常常会加剧数据非平衡，引发估计非效率、模型依赖和偏估的问题。"

——贝利·金和理查德·尼尔森
(Gary King & Richard Nielsen，2019)

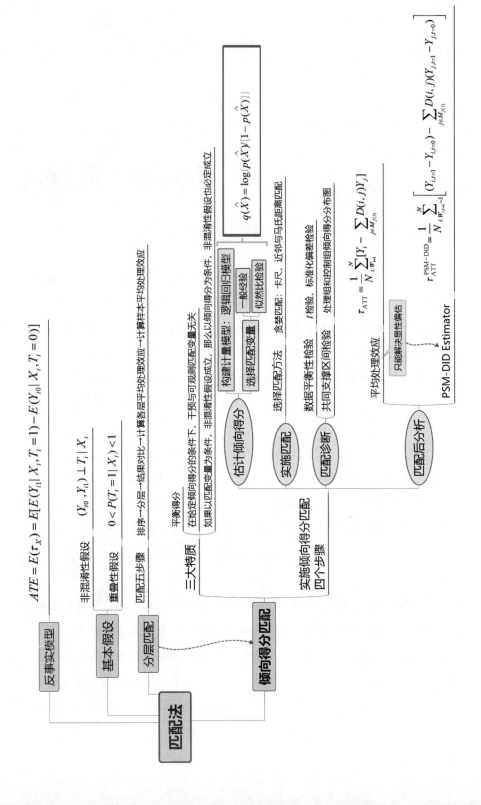

匹配法在医学、流行病学、政治学、教育学、企业管理、金融学、人口与劳动力政策等研究领域都有着非常广泛的应用（Rosenbaum & Rubin，1985；Perkins et al.，2000；Hitt & Frei，2002；Diaz & Handa，2006；Gilligan & Sergenti，2008；Abdulkadiroglu et al.，2017；Han，2020；Bonnet et al.，2021）。在古代汉语中，"匹"原是用于计算布帛长度的量词，后引申为"相合、相当、相配"之义；而"配"从酉部，本义为"酒色"①，后引申为"男女婚姻"。何人能结合为夫妻？自然是相当、相配之人，因此"匹"与"配"为同义或近义反复，它强调的是特征相似之人或物的相互结合。匹配法是对英文"matching methods"的翻译。根据《朗文当代英语词典》，"match"同样含有"与特定人、物或环境相配"与"婚姻"之义。由中英词义可知，匹配法是将某些特征相同或相似的观测对象结合起来进行对比分析的一种量化方法。恋人缘起于茫茫人海中"多看了你一眼"，而数据匹配则是观测对象从茫茫"数海"中找到了与自己特征相称的对象。

雨荷，真的是你吗？

英国著名哲学家约翰·穆勒曾指出，探求因果关系有求同（method of agreement）和求异（method of differences）两种方法（Mill，1843）：因果求同法要求在一个群体中，所有人都具有两个完全相同的特征，但其他特

---

① 《说文解字》："配，酒色也。从酉己声。"

征都不同。譬如，所有上大学的人都是高智商的，但他们有男有女、有胖有瘦，来自不同地域、不同家庭。除高智商和上大学外，所有人在其他特征变量上的取值各不相同，由此就可以判定高智商对上大学具有因果效应。因果求异法要求在一个群体中，所有人的其他所有特征都相同，只在某两个特征上有所差别。譬如，所有高智商的人都上了大学，所有低智商的人都没上大学，并且这两类人除智商高低和是否上大学之外再无其他差别，于是我们也可以判定高智商对上大学具有因果效应。匹配法采用的因果识别策略正是穆勒的求异法思路，它将具有相同或相似特征的控制组和处理组个体匹配在一起，并将匹配的控制组个体结果当成处理组个体不接受干预时的反事实，对比分析这两组个体的结果变量是否存在差异，并以此判定干预对于结果是否存在因果效应。

　　人类的行为选择是导致观测研究估计结果有偏的重要原因。在实际生活中，人们常基于自身特质主动或被动地归于不同组别，由此导致不同组别个体在某些特征上存在差异，因此在观测数据环境下，处理组和控制组常处于非平衡（unbalance）状态，其结果不具有可比性。与此相反，如果我们的数据来自随机实验，是否接受干预是随机安排的，由"老天"决定，个人的行为选择被完全杜绝，便不会存在由于个体凭借其某些特征或偏好自主选择其所在组别而导致的选择性偏估（selection bias）① 问题。根据郭申阳和弗雷泽（Guo & Fraser, 2015）的总结，观测研究中个人的行为自主选择有多种形式，包括自我选择（self-selection）②、研究者选择

---

　　① 选择性偏估与前文所说的"混淆性偏估"或"遗漏变量偏估"具有相同的含义，它们都用于表示因未控制处理组和控制组之间存在的混淆性特征差异而导致的估计偏差，即它们都是指因未控制某些共同原因而引起的因果识别错误。此外，选择性偏估与第一讲第二节中所说的"样本选择性偏估"不同，应注意区分。"样本选择性偏估"是指因错误控制了共同结果（而非未控制共同原因）而引发的因果识别错误。

　　② 自我选择是个人基于自身特质自发的行为选择。譬如，个人根据自身受教育水平选择职业类型，学生根据自身家庭背景选择就读学校层次，老年人根据自身健康状况选择医疗保险类型，这些都属于自我选择。

（researcher selection）①、管理者选择（administrative selection）②、地理选择（geographic selection）③、测量选择（measure selection）④ 和损耗选择（attrition selection）⑤。选择性偏估问题可谓无处不在，同一项观测研究甚至可能同时存在多种选择性偏估。只要观测对象存在行为选择，就会形成处理组和控制组之间的特征差异，导致两组结果不可直接对比。

美国著名计量经济学家保罗·罗森鲍姆从数据技术处理的角度将各种不同类型的选择性偏估划分为两大类（Rosenbaum，2002，p. 71）：一类是显性偏估（overt bias），它是研究者通过已有数据可以观测到的偏估，等同于我们上文讲述的可观测异质性；另一类是隐性偏估（hidden bias），它是研究者由于缺乏必要的数据信息而无法直接观测到的偏估，等同于我们上文讲述的未观测异质性。所有因果推断方法都以消除这两类偏估为核心任务。倍差法通过两次差分控制了处理组和控制组不随时间变化的特征

---

① 当样本不是依照一个前定的概率分布从总体中随机抽取而得到的，而是研究者采用便利抽样或其他非随机的取样方法获得的时，就会产生研究者选择偏估问题。

② 管理者选择是指管理者凭借自身对观测对象能力或资格的判断来分配干预，常出现于政策评价研究中。譬如，政府颁布的相关政策试点改革文件中常有诸如"有条件地区先行试点"的表述，这就是一种典型的管理者选择。哪些地方属于可以早一步接受改革干预的"有条件地区"呢？要么是地方社会经济事业发展相对发达或相对落后的地区，要么是地方行政首长拥有更强的与上级谈判和要价能力的地区。无论决策者和管理者以何种条件作为实施改革干预的"门槛"，都会导致改革和未改革地区在某些特征上存在显著差异。

③ 地理选择与自我选择、管理者选择有着紧密的联系。当管理者的判断与个体的属性和地理分布呈现相关性时，这三类选择性问题就会同时出现。例如，当个体选择接受某个政策或项目干预是因为在他所身处的地区被管理者挑中且本人愿意加入干预时，地理选择、自我选择与管理者选择问题就会同时出现。

④ 测量选择来自测量误差，而测量误差又分为随机误差和系统误差两类。当自变量误差随机产生时，它会导致低估。当误差不是随机产生，而是与个体某些特征具有一定相关性时，会产生选择性偏估，但方向不明。譬如，我们在对个体受教育水平进行问卷调查时，常发现受教育水平越低的被访者越容易误报自己的受教育水平，此时测量误差在不同受教育水平人群之间就存在系统性差异，形成测量选择问题。

⑤ 计量分析中的损耗通常是指样本数量的减损。损耗选择是指观测对象出于某种考虑选择退出实验而导致的选择性偏估。譬如，有一个旨在促进失业者就业的项目，在项目实施的初期完全符合随机实验的要求，但随着项目的进行，有部分参与者选择退出，并且处理组中的退出者都是一些能找到工作的高能力者，而控制组的退出者都是一些对就业完全丧失信心的低能力者。此时发生损耗后的干预分配就不再满足随机性的条件，剩余的处理者个体和控制组个体在能力上存在着显著差异。

差异，消除了显性和隐性偏估中所有不随时间变化的部分；工具变量法对显性和隐性偏估做整体上的处理，它利用一个满足特定条件的变量作为工具，将处理变量外生于模型的部分变异分离出来，这部分外生变异不受个人行为选择的影响，因此利用这部分外生变异对结果变量进行回归，可得到处理效应的一致估计；断点回归也是对显性和隐性偏估做整体处理，它设计了一个外生的断点，充分利用向断点无限逼近的观测对象具有足够相似性的这一特质实现了处理组和控制组之间的数据平衡，在断点周围的局部样本中形成对处理效应的无偏估计。

与我们之前讲授过的方法相比，匹配法有着明显的不足，它可以纠正显性偏估，但无力解决隐性偏估。只有在模型中绝大多数偏估可以通过已有数据观测到的条件下，匹配法才能形成对因果关系的正确识别。匹配法包含若干具体的数据匹配方法，其中以倾向得分法（propensity score methods, PSM）最受研究者的青睐，但近年来，该方法备受质疑。有学者指出，在实际研究中应用倾向得分法不仅不能消除偏估，反而可能会加剧数据非平衡，引发估计非效率、模型依赖与有偏估计（King & Nielsen, 2019）。另有学者认为，持这一批评意见的学者对该方法有所误解，从因果推断计量原理上看，倾向得分法完全是一种行之有效的因果推断方法（Guo et al., 2020）。相关争议还在持续，但不可否认的是，从达成因果推断效力上看，匹配法弱于其他准实验方法。当前，在社会科学学术期刊论文中单一使用匹配法进行因果效应估计的应用性文献数量越来越少，研究者常把匹配法当作一种数据预处理方法，将匹配法与倍差法或断点回归方法配合起来使用（Abdulkadiroglu et al., 2017）。

在本讲中，我们先从匹配法的反事实模型入手，介绍匹配法的因果识别策略、基本假设，以及两种常用的匹配法——分层匹配与倾向得分匹配，再重点讲授倾向得分匹配的实施步骤及各方面技术细节，最后选用两篇倾向得分法应用性文献进行实例讲解，并采用实例数据演示运用 Stata 软件完成倾向得分匹配结合倍差法（propensity score matching with difference-in difference, PSM-DID）估计的整个实操过程。

第一节　匹配法的因果识别策略

　　匹配法是利用一定观测到的匹配变量（matching variable）[①]，将处理组和控制组中匹配变量取值相同或相近的观测对象匹配起来，以消除两组可观测变量数据非平衡并纠正显性偏估的一种准实验方法。如前所述，当观测数据中的干预不是随机分配的时，观测数据原本不能直接产生因果结论，而匹配法试图通过各种事后的数据平衡技术，将观测数据中一些可能对因果结论产生混淆作用的数据信息剔除，为观测数据"改天换命"，使其能产生与随机实验数据具有相同因果推断效力的结论。

一、 匹配法的反事实模型及基本假设

（一） 匹配法的反事实模型

　　为理解匹配法的基本原理，我们先看一个数例。如表6.1所示，样本共有12个观测对象，前6个未接受干预，为控制组个体，处理变量$T_i = 0$；后6个接受干预，为处理组个体，$T_i = 1$。结果变量Y表示处理组和控制组个体在观测状态下的取值，Y_{i0}和Y_{i1}分别表示观测对象未接受干预和接受干预时的潜在结果。对于处理组个体，我们只能观测到他接受干预时的潜在结果Y_{i1}，观测不到他未接受干预时的潜在结果Y_{i0}。同理，对于控制组个体，我们只能观测到他未接受干预时的潜在结果Y_{i0}，观测不到他

[①] 匹配变量又常被称为条件变量（conditioning variable）。

接受干预时的潜在结果 Y_{i1}。[①] 譬如，序号 1 的观测对象是未接受干预的控制组个体，结果变量 $Y_i = 7$，表示该观测对象未接受干预时的潜在结果，这是我们可以观测到的，即有 $Y_{i0} = 7$，但我们观测不到他接受干预时的潜在结果，于是他的 Y_{i1} 被打上问号，表示它是未知的。

表 6.1　单变量精确匹配（匹配前）

I 序号	T_i 处理变量	Y_i 结果变量	X_i 匹配变量	Y_{i0} 未接受干预时 的潜在结果	Y_{i1} 接受干预时 的潜在结果
1	0	7	2	7	?
2	0	8	4	8	?
3	0	6	5	6	?
4	0	5	3	5	?
5	0	6	2	6	?
6	0	9	6	9	?
7	1	4	0	?	4
8	1	9	3	?	9
9	1	8	2	?	8
10	1	6	4	?	6
11	1	5	5	?	5
12	1	6	5	?	6

　　假设干预在两组之间不是随机分配的，个体是否接受干预会受到变量 X 的影响，并且变量 X 对结果变量 Y 也有影响。也就是说，变量 X 是处理变量 T 和结果变量 Y 共同的因，它是一个混淆变量。在线性回归中，为消除 X 对处理效应的偏估作用，我们需在回归模型中控制 X，以阻断处理变量 T 经由 X 通往结果变量 Y 的后门路径 "$T \leftarrow X \rightarrow Y$"。但在匹配法中，我们对混淆变量 X 采用数据平衡的处理方法。实现数据平衡的过程很简单，只要把混淆变量 X 当作匹配变量，将处理组和控制组中 X 取值相同或相近的观测对象匹配起来，就可以消除两组在变量 X 取值上的系统性差异。如

---

　　① 反事实因果模型的相关知识可参阅本书第三讲第二节 "鲁宾的因果模型"。

果匹配严格要求处理组和控制组的 X 取值完全相同，就是精确匹配（exact matching）；如果匹配只是要求处理组和控制组的 X 取值相近，允许他们的 X 取值存在一定差异，就是粗略匹配（coarsened matching）。

如本例，我们执行精确匹配，要为每一个处理组个体找到一个与其 X 取值完全相同的控制组个体，也要为每一个控制组个体找到一个与其 X 取值完全相同的处理组个体。我们先为控制组个体寻找匹配对象，如表 6.1 中序号左侧带箭头的实线所示，序号为 1 的控制组个体的匹配变量 $X_i = 2$，具有相同 X 取值的处理组个体为序号 9，于是序号 1 个体与序号 9 个体配对。既然这两个个体的匹配变量取值完全相同，干预在这两个个体之间的分配就不再受混淆变量 X 的影响。如果序号 1 个体与序号 9 个体除 X_i 外再无其他特征差异，我们就可以将序号 9 个体接受干预时的潜在结果 $Y_{i0} = 8$ 当作序号 1 个体接受干预时的潜在结果 Y_{i1} 填入表格。同理，我们为序号 2 的控制组个体匹配序号 10 的处理组个体，为序号 4 的控制组个体匹配序号 8 的处理组个体。序号 3、5、6 的控制组个体情况比较特殊：（1）序号 3 的控制组个体的匹配变量 $X_i = 5$，与其 X_i 取值相同的处理组个体有序号 11 和 12 两个个体。这属于一对二（多）匹配，我们以处理组序号 11 个体和 12 个体的结果均值作为控制组序号 3 个体的反事实结果，即有序号 3 个体的反事实结果 $Y_{i1} = (5+6)/2 = 5.5$。（2）序号 5 的控制组个体的匹配变量 $X_i = 2$，按照精确匹配，它应与序号 9 的处理组个体配对，但之前序号 9 个体已经和序号 1 个体匹配过了。如果我们采用匹配后不放回策略（without replacement），序号 5 个体就不能再和序号 9 个体配对，要删去。如果在匹配排序上，我们安排序号 5 个体先匹配，序号 1 个体后匹配，那么要删去的就是序号 1 个体。可见，当匹配采用不放回策略时，匹配顺序的安排对于匹配结果有重要影响，因此我们一般要先随机安排匹配顺序再实施匹配，以弱化和消除这一影响。为简化讨论，此处我们采用放回策略（with replacement），即序号 9 个体可以和序号 5 个体再配对一次。（3）序号 6 个体的匹配变量 $X_i = 6$，在样本中找不到 $X_i = 6$ 的处理组个体，匹配不成功，删去。

接着，我们采用相同的方法为处理组个体寻找匹配对象。其中，序号 7 的处理组个体的匹配变量 $X_i = 0$，在控制组中找不到精确匹配对象，删去；序号 8 的处理组个体的匹配对象为序号 4 的控制组个体；序号 9 的处理组个体的控制组匹配对象有两个，分别为序号 1 和 5，序号 9 未接受干预时的反事实结果 $Y_{i0}=（7+6）/2=6.5$；序号 10 处理组个体的控制组匹配对象为序号 2 个体；序号 11 和 12 的处理组个体的匹配对象都为序号 3 的控制组个体。

如此匹配后，剔除匹配不成功的 2 个个体后还剩余 10 个观测对象，组成新的匹配样本（matching sample），如表6.2 所示。

表6.2　单变量精确匹配（匹配后）

I 序号	T_i 处理变量	Y_i 结果变量	X_i 匹配变量	M_j 匹配对象序号	Y_{i0} 未接受干预时的结果	Y_{i1} 接受干预时的结果	$\tau_i=Y_{i1}-Y_{i0}$ 处理效应
1	0	7	2	1 - 9	7	8	1
2	0	8	4	2 - 10	8	6	-2
3	0	6	5	3 - 11, 12	6	5.5	-0.5
4	0	5	3	4 - 8	5	9	4
5	0	6	2	5 - 9	6	8	2
8	1	9	3	8 - 4	5	9	4
9	1	8	2	9 - 1, 5	6.5	8	1.5
10	1	6	4	10 - 2	8	6	-2
11	1	5	5	11 - 3	6	5	-1
12	1	6	5	12 - 3	6	6	0

处理效应 $=\Sigma\tau_i/10=0.7$

根据本书第三讲第二节"鲁宾的因果模型"中的讲解，个体处理效应（ITE）等于每个观测对象接受和不接受干预时的潜在结果之差，即

$$\tau_i=Y_{i1}-Y_{i0} \tag{6.1}$$

在匹配法下，处理组和控制组之间的结果对比是在匹配变量 X 取值相同的条件下进行的，即

$$\tau_X=E(Y_{i1}\mid X_i,\ T_i=1)-E(Y_{i0}\mid X_i,\ T_i=0) \tag{6.2}$$

其中，$E(Y_{i1}\mid X_i,\ T_i=1)$ 和 $E(Y_{i0}\mid X_i,\ T_i=0)$ 分别表示匹配变量 X 取值相同时处理组和控制组个体的结果均值。根据该公式，我们可以为表

6.2 中每一个观测对象计算其个体处理效应值。

对所有观测对象的处理效应再做数学期望，就可以得到平均处理效应（ATE）。

$$ATE = E(\tau_X) = E\left[E(Y_{i1} \mid X_i,\ T_i = 1) - E(Y_{i0} \mid X_i,\ T_i = 0)\right] \quad (6.3)$$

根据该公式，我们将表 6.2 中 10 个观测对象的个体处理效应加总后再除以 10，便可得到平均处理效应 0.7。

（二）　匹配法的两大基本假设

以上，我们通过单个匹配变量完成了对平均处理效应的匹配估计。在这一估计过程中暗含了两个重要假设。

（1）非混淆性假设。该假设要求在实现匹配变量 X 数据平衡后个体是否接受干预（T_i）与其潜在结果（Y_{i0} 和 Y_{i1}）再无任何相关性，即

$$(Y_{i0},\ Y_{i1}) \perp T_i \mid X_i \quad (6.4)$$

也就是说，之前的分析隐含地假设处理组和控制组除匹配变量 X 外再无其他特征差异，因此在实现了 X 数据平衡后，观测对象是否接受干预必定与其所可能获得的潜在结果没有任何相关性。对于形成无偏估计来说，非混淆性假设极为重要。

非混淆性假设是一种非常严苛的假设，它在实际观测数据环境中常常无法得到满足。这是因为，在观测数据条件下，处理组和控制组可能在诸多特征变量上存在着系统性差异，而非混淆性假设要求我们必须通过匹配实现所有"可疑"变量在两组之间的平衡。如果我们知道有哪些"可疑"变量可能对估计结果产生混淆作用，并且这些变量都是我们已经观测到的，那么通过匹配便可确保非混淆性假设成立，实现对处理变量的无偏估计；但如果我们对"可疑"变量原本就缺乏必要的了解，或者"可疑"变量中有一些是我们没有观测到的或无法观测到的，那么通过匹配就无法保证非混淆性假设成立，在此情形下估计处理效应必定是有偏的。也就是说，匹配法只能用于纠正因可观测变量不平衡引发的显性偏估，它无力解决因未观测变量不平衡导致的隐性偏估问题（Rubin，1997）。

（2）重叠性假设（overlap）。该假设要求匹配变量 X 取值相同的不同个

体不能全都接受干预或全都不接受干预，他们接受干预的概率应在 (0, 1) 之间，即

$$0 < P(T_i = 1 \mid X_i) < 1 \qquad (6.5)$$

如表 6.1 的数例，我们在样本中可以找到至少一个处理组个体和至少一个控制组个体匹配变量 X 取值相同，这就满足重叠性假设。相反，如果样本中所有匹配变量取值相同的个体全都来自接受干预的处理组，或全都来自不接受干预的控制组，我们就无法计算出具有相同匹配变量 X 取值的处理组和控制组结果之差。缺少了可供对比的对象，通过匹配法估计平均处理效应就如同"水中捞月"，可望而不可即。

除平均处理效应（ATE）外，我们还可以通过匹配法估计处理者的平均处理效应（ATT）和控制者的平均处理效应（ATC），计算公式如下。

$$ATT = E_{T_i = 1}\left[E(Y_{i1} \mid X_i, \ T_i = 1) - E(Y_{i0} \mid X_i, \ T_i = 0) \right] \qquad (6.6)$$

$$ATC = E_{T_i = 0}\left[E(Y_{i1} \mid X_i, \ T_i = 1) - E(Y_{i0} \mid X_i, \ T_i = 0) \right] \qquad (6.7)$$

根据公式（6.6），处理者的平均处理效应是只对所有处理组个体的处理效应求数学期望，运用到表 6.2 中，其处理者的平均处理效应为：

$ATT = (4 + 1.5 - 2 - 1 + 0) / 5 = 0.5$

根据公式（6.7），控制者的平均处理效应是只对所有控制组个体的处理效应求数学期望，运用到表 6.2 中，其控制者的平均处理效应为：

$ATC = (1 - 2 - 0.5 + 4 + 2) / 5 = 0.9$

在实际研究中，匹配法常用于对处理者的平均处理效应的估计。如第三讲所讨论的，政策制定者大都只关心处理者的平均处理效应，这是因为绝大多数政策或项目实施都有预定的目标人群。譬如，政府实施扶贫政策，总是希望被干预的贫困人口收入水平能得到显著的提升，即将扶贫政策对贫困人口收入的处理效应与该政策的投入成本进行对比，以判定扶贫政策的成败。至于扶贫政策对于非贫困人口具有怎样的增收效应，政策制定者不太关心（Heckman et al., 1999）。当匹配法用作对处理者的平均处理效应估计时，以上非混淆性假设和重叠性假设可得到一定程度的放松。

首先，由于估计处理者的平均处理效应只需为处理组个体在控制组中寻找合适的匹配对象并构造反事实，因此干预只要与观测对象未接受干预时的潜在结果 Y_{i0} 无关，即可保证处理者平均处理效应的估计无偏，即非

混淆性假设在估计处理者平均处理效应时可放松为

$$Y_{i0} \perp T_i \mid X_i \qquad (6.8)$$

其次，由于估计处理者的平均处理效应是以处理者的匹配变量取值去寻找匹配对象，用于匹配的观测对象中必定含有处理组个体，只要匹配变量 X 取相同值的观测对象不全是来自处理组，有部分是控制组个体，就可以进行处理者和控制组的结果对比，估计出处理者的平均处理效应。也就是说，在对处理者的平均处理效应进行估计时，只要杜绝 $P(T_i = 1 \mid X_i = 0) = 1$，重叠性假设就能成立，即该假设可放松为

$$P\ (T_i = 1 \mid X_i)\ < 1 \qquad (6.9)$$

二、 分层匹配与倾向得分匹配

（一） 分层匹配

在上一小节里，我们采用精确匹配实现了对单个匹配变量的数据平衡。精确匹配在实际分析中并不常用，主要是因为精确匹配通常只适用于匹配变量取值有限的情况。当匹配变量为有众多取值的连续变量时，使用精确匹配可能导致极度缺乏共同支撑（lack of common support）问题。譬如，如果我们以性别作为匹配变量，该变量只取两个值——男性为 1、女性为 0，我们可以很轻易地从处理组和控制组中找到同为男性或同为女性的观测对象进行对比分析。但如果我们以个人收入作为匹配变量，该变量是一个连续变量，样本中观测对象的收入取值非常多，此时若严格实施精确匹配，处理组和控制组个体收入哪怕仅差一分一厘都不能配对，如此操作就会使得样本中有许多观测对象找不到匹配对象，重叠性假设无法得到满足。为解决这一问题，我们需考虑适当放宽匹配条件，不再要求处理组和控制组个体匹配变量取值完全相等，只要处理组和控制组个体匹配变量取值处于同一区间范围内，便可认定他们匹配成功，这正是分层匹配

（stratification matching）的基本思路。[①]

如果匹配变量是离散的类别变量，实施分层匹配相对简单。我们只要依照类别变量的分类将样本对象分为若干组，在每个组内计算出处理组和控制组个体的结果均值差，最后对各组的结果均值差求数学期望，便可得到平均处理效应估计值。如果匹配变量是连续变量，取值众多，情况就会变得复杂一些。以下，我们主要向大家讲授如何对单个和多个连续变量进行分层匹配。

单个连续变量分层匹配及处理效应估计的实施过程包括以下五个步骤。

第一步，选择合适的匹配变量 X 并对其进行升序排列。什么样的变量适合作为匹配变量呢？首先，它应该是处理变量的前定变量，即匹配变量应当是发生在干预之前、不会被干预所影响的变量。其次，既然偏估来自人类的行为选择，那么匹配变量应当是那些会对人类行为选择产生影响的变量。因此，在挑选匹配变量之前，我们应在理论和经验层面对人类相关行为的发生原因有所了解，以此作为挑选匹配变量的基本依据。最后，影响人类行为的变量可能有很多，我们需重点关注那些同时对处理变量和结果变量有影响的混淆变量。

第二步，按照一定的间距将匹配变量 X 取值分为若干层。对连续变量进行分层通常采用分位数法。譬如，以第 20 百分位数、第 40 百分位数、第 60 百分位数和第 80 百分位数为分界线将匹配变量 X 取值分为五层。匹配变量的分层数量与数据平衡质量和统计功效有着密切的联系。通常情况下，匹配变量分层越多，处于同一层内处理组和控制组个体之间差异就越小，这对于实现两组数据平衡是十分有利的。然而，分层数量越多，层内样本数量就越少，在层内进行两组结果对比分析的统计功效就会下降。若分层分得过细，会出现大量层内只有控制组个体或只有处理组个体的极端

---

① 在概念上，精确匹配和分层匹配并不对立。分层匹配也可用于实行精确匹配。可以想象，如果我们把连续性匹配变量的每一个取值都作为一层进行分层匹配，如此分层分到极致，就是精确匹配了。

情况，重叠性假设得不到满足。① 通常情况下，匹配变量分五层就足够了，它能消除两组之间匹配变量95%的差异（Cochran，1968；Imbens，2004）。诚然，五分法只是一种经验法则，并不绝对正确，分层数量的确定还是要以能否实现数据平衡为基本依据。在实际研究中，如果分层匹配后处理组和控制组在匹配变量取值上依然存在显著差异，就需要增加分层数量。

第三步，对同一层内的处理组和控制组个体结果进行对比分析，计算出每一层内处理组和控制组结果均值，将这两个结果均值相减，便可得到每一层内的平均处理效应。

$$\tau_s = \overline{Y}_{1s} - \overline{Y}_{0s} \tag{6.10}$$

其中，$\overline{Y}_{1s}$ 和 $\overline{Y}_{0s}$ 分别表示同处于 s 层内的处理组和控制组个体的结果变量 Y 的均值。

第四步，对各层内平均处理效应再做加权平均，便可得到样本的平均处理效应。

$$\tau = \sum_{s=1}^{s} \frac{n_s}{M} \left[\overline{Y}_{1s} - \overline{Y}_{0s} \right] \tag{6.11}$$

其中，M 表示样本中所有观测对象的数量，n_s 表示处于第 s 层的样本数量，它等于落于该层内的处理组个体数量 n_s^{T} 和控制组个体数量 n_s^{C} 之和，即 $n_s = n_s^{\mathrm{T}} + n_s^{\mathrm{C}}$，于是公式（6.11）中的因子"$n_s/M$"就表示每一分层内样本数量占样本总数量之比，以该比值作为权重对各层平均处理效应进行加权平均，便可得到样本的平均处理效应。

第五步，计算出样本平均处理效应的方差，并进行显著性检验。样本平均处理效应方差的计算公式如下。

$$\mathrm{var}\ (\tau) = \sum_{s=1}^{s} \left(\frac{n_s}{M}\right)^2 \mathrm{var} \left[\overline{Y}_{1s} - \overline{Y}_{0s} \right] \tag{6.12}$$

多变量分层匹配与单变量分层匹配的原理及实施步骤大致相同，唯一不同点在于多变量分层常常会构造更多的交叉层级。譬如，我们有两个匹配变量 X 和 Z，它们都采用五分法，五层和五层相交叉就产生25个层级。

---

① 此外，分层数量越多，在层内计算处理组和控制组结果均值就越容易受到特异质（outlier）的影响。

此时，如果再增加一个匹配变量 W，也是采用五分法，就会产生 125 个层级。随匹配变量数量的增多，层级数量成倍增长。在样本数据不变的条件下，层级分得越多、越细，落入每个层级的观测对象数量就越少，很可能出现大量空层或层级内仅有极少观测对象的情况，导致重叠性假设得不到满足。

以下，我们通过一个研究实例向读者呈现单变量和多变量分层匹配的实施过程，其中将使用到我们在第一讲讲授过的交叉表格技术。

1982 年，美国著名社会学家詹姆士·科尔曼（James S. Coleman）与托马斯·霍弗（Thomas Hoffer）、萨利·基尔戈尔（Sally Kilgore）合著出版《高中成绩：公立学校、教会学校与私立学校的比较》（*High School Achievement：Public，Catholic，and Private Schools Compared*），对美国教会高中和公立高中的学生学业成绩进行了对比，结果发现教会学校比公立学校更有效率（Coleman et al.，1982）。对于科尔曼等人的发现，有不少学者从方法的角度提出了批评。有学者指出，这两类学校学生的家庭背景存在明显的差异，教会学校学生的家庭背景通常好于公立学校学生，而家庭背景又对学生学业成绩有正向影响，家庭背景在学校教学与学生学业成绩之间充当混淆变量的角色，它会引发估计偏差。也就是说，家长对于其子女就读学校类型的选择是一种自我选择，它会使得研究者在常规方法下高估教会学校对学生学业成绩的处理效应，若控制家庭背景变量，教会学校相对于公立学校的效率优势很可能会消失（Hanushek，1986）。

理查德·莫内恩（Richard J. Murnane）和约翰·威利特（John B. Willett）在其方法专著《有效方法：教育和社会科学研究中的因果推断》（*Methods Matter：Improving Causal Inference in Educational and Social Science Research*）中，采用分层匹配法对科尔曼等人的研究数据进行了重演（Murnane & Willett，2011，pp. 286 – 304）。在这个演示数据样本中，共有 5671 名高中学生，处理变量是学生就读的学校类型，包括教会高中和公立高中两类。结果变量是学生 12 年级数学标准化考试成绩。在未分层时，教会学校学生的数学标准化考试平均成绩比公立学校学生高出 3.89。研究者试图在控制家庭社会经济背景的条件下观测这两类学校学生成绩差距是否会发生变化。为此，选取家庭年平均收入作为匹配变量进行分层。

如表 6.3 所示，将匹配变量家庭年平均收入由高到低分为三层：高收入、中等收入和低收入。如前所述，决定分层数量需从两个角度考虑：一是从消除数据非平衡角度看，分层数量越多、层内匹配变量取值范围越窄越好。如本例，将家庭年平均收入分为五层（而非三层）可以使得同一层内就读公立学校和教会学校学生之间的家庭年平均收入分布变得更加相似，但从表 6.3 中三个层级内两类学校学生家庭年平均收入均值来看，对家庭年平均收入再细分已无必要，因为在三分法下教会学校和公立学校学生家庭年平收入的均值已十分接近。譬如，高收入家庭层级中两类学校学生家庭年平均收入的样本均值分别为 11.42 和 11.38，相差极为微小。中等收入和低收入层内情况亦是如此。可见，三分法已基本实现了层内处理组和控制组的家庭收入数据平衡，无须再细分为五层。二是从保证统计功效的角度看，分层数量不宜过多，层内匹配变量取值范围不宜过窄，否则会使得在同一层内学生样本数量偏少，不利于形成处理组和控制组结果的有效对比。如本例，即便分为三层，在低收入这一层内来自教会学校的学生样本数也只有 71 人，且层内家庭年平均收入方差为 3，远高于高收入和中等收入层内的家庭年平均收入方差。如果我们再增加分层数量，各层内教会学校学生样本数量会进一步减少，层内家庭收入方差还会增大。

表 6.3 学生家庭收入的单变量分层匹配

分层		家庭年平均收入（1988年货币，15 等级分）			层内频数（占比）		12 年级数学平均成绩		
层级	收入范围	样本方差	样本均值		教会	公立	教会	公立	成绩差
			教会	公立					
高收入	35000—74999 美元	0.24	11.42	11.38	344 (14.87%)	1969	55.72	53.60	2.12***
中等收入	20000—34999 美元	0.22	9.73	9.65	177 (9.21%)	1745	53.86	50.34	3.52***
低收入	19999 美元及以下	3.06	6.77	6.33	71 (4.94%)	1365	50.54	46.77	3.76***

加权平均 ATE = 3.01

加权平均 ATT = 2.74

注：该表取自 Murnane & Willett（2011）表 12.1；表中家庭年平均收入层内方差与均值是按照 15 等级分值进行统计的；＊＊＊为 0.01 水平上显著。

由以上讨论可知，分层数量的选择涉及数据平衡与统计功效（估计方差）之间的权衡。分层未见得是分得越细越好，最优的分层数量应在完成数据平衡目标的前提下最大限度地保证层内统计功效，减少层内处理效应估计方差，这与上一讲断点回归的最优带宽选择的原理极为相似。

在实现家庭年平均收入数据平衡之后，我们就可以计算每一层内教会学校和公立学校学生平均成绩及其差值。根据公式（6.10），我们可以计算出家庭收入高、中、低三个层内的平均处理效应分别为 2.12、3.52 和 3.76。接着，再采用公式（6.11）计算样本的平均处理效应，它等于各层内平均处理效应的加权平均，权重为各层样本数量占样本总数的比重，即

$$\tau_{ATE} = 2.12 \times \left[(1969 + 344)/5671 \right] + 3.52 \times \left[(1745 + 177)/5671 \right] + 3.76 \times \left[(1365 + 71)/5671 \right]$$

$$= 3.01$$

如果我们想估计的是处理者的平均处理效应，就要以各层处理组样本数量占处理组样本总数的比重作为权重，即

$$\tau_{ATT} = 2.12 \times (344/592) + 3.52 \times (177/592) + 3.76 \times (71/592)$$

$$= 2.74$$

分层匹配后估计得到的样本平均处理效应为 3.01，与未分层时的估计值相比下降了 22.6%[= (3.89 – 3.01)/3.89 × 100%]。可见，不控制家庭收入确实会高估教会学校的教学效果，对家庭收入实施分层匹配可有效纠正这部分显性偏估。

除基于家庭背景的择校行为外，学生及其家庭是否还有其他可能引发偏估的选择行为呢？有理由怀疑，教会学校和公立学校的学生在个人能力方面也存在差异。莫内恩和威利特采用学生在高中入学之前 8 年级数学标准化考试成绩作为学生个人能力的代理变量。根据描述统计，就读教会高中和公立高中的学生在 8 年级时数学平均成绩分别为 53.66 分和 51.24 分，前者比后者高出 2.42 分，该差异在 0.01 水平上是显著的。可见，现实中还存在着学生及其家庭基于能力的择校行为。为纠正这一选择行为可能导致的偏估，我们还需同时对学生能力变量进行分层匹配。

如表 6.4 所示，学生 8 年级数学平均成绩被分为四层：高、中高、中低和低，该变量与采用三分法的家庭背景变量相交叉，便形成 12 个层级。

我们同样可以采用公式（6.10）计算出各层内教会学校和公立学校学生12年级数学平均成绩的差值，再按照公式（6.11）对各层内成绩均值差进行加权平均，得到样本的平均处理效应为1.50，处理者的平均处理效应为1.31。与表6.3的估计值相比，增加学生能力变量分层后的平均处理效应估计值从3.01下降至1.50，降幅高达50%。这说明我们通过控制学生能力又成功纠正了一部分显性偏估。

表6.4 学生个人能力和家庭年平均收入的双变量分层匹配

分层		层内频数		12年级数学平均成绩		
家庭年平均收入层级	8年级数学成绩层级	教会学校	公立学校	教会学校	公立学校	成绩差
高收入	高能力	227	1159	59.66	58.93	0.72
	中高能力	73	432	50.71	49.18	1.53*
	中低能力	38	321	44.23	42.75	1.48
	低能力	6	57	40.40	39.79	0.62
中等收入	高能力	93	790	59.42	57.42	2.00**
	中高能力	49	469	50.14	47.95	2.19**
	中低能力	33	390	44.56	41.92	2.64*
	低能力	2	96	39.77	37.94	1.83
低收入	高能力	36	405	56.59	56.12	0.47
	中高能力	13	385	48.65	47.12	1.53
	中低能力	21	433	41.70	40.99	0.71
	低能力	1	142	42.57	36.81	5.76

加权平均 $ATE = 1.50$

加权平均 $ATT = 1.31$

注：该表取自 Murnane & Willett（2011）表12.2；**为0.05水平上显著，*为0.1水平上显著。

那么，除了家庭收入和能力外，是否还有其他"可疑"变量需要进行分层匹配呢？答案是肯定的。但细分层级难以为继，因为随着匹配变量的增多，各层内数据的"稀疏性"（sparseness）问题愈加严重。如表6.4，多增加一个学生能力变量分层后，各层内的样本数量明显减少了许多，并且不同层处理效应估计值之间的差异变大了。"低收入–低能力"层的处理效应估计值高达 5.76，而"低收入 – 高能力"层的处理效应估计值仅为 0.47，12 个层级中只有 4 个层级的处理效应通过了显著性检验。可以想象，如果我们继续增加匹配变量，层内的数据会变得更加稀疏，可能出现许多层内只包括处理组或控制组个体，甚至空层，使得样本中有大量控制组或处理组个体找不到可以与之相匹配的对象。这一问题的根源在于人类的行为选择并非由单一变量决定，在大部分研究情境中匹配变量 X 是一个含有多维度的向量，传统的分层匹配及交叉表格技术无法满足多维向量变量匹配的需要（Caliendo & Kopeinig，2008）。

（二） 倾向得分匹配

为解决变量匹配的多维度问题，著名计量学家保罗·罗森鲍姆和唐纳德·鲁宾于 1983 年创新性地提出了"倾向得分"（propensity score）的概念，他们通过倾向得分对多维度匹配变量进行了降维处理，解决了多维度匹配的难题（Rosenbaum & Rubin，1983）。

倾向得分是一个有关匹配变量的函数：

$$p(\boldsymbol{X}_i) = E(T_i \mid \boldsymbol{X}_i) = P(T_i \mid \boldsymbol{X}_i) \tag{6.13}$$

匹配变量 $\boldsymbol{X}_i$ 原本是一个多维向量，经过公式（6.13）的函数转化后变为一个单维的倾向得分变量 $p(\boldsymbol{X}_i)$，它表示观测对象 i 在一定的匹配变量 $\boldsymbol{X}_i$ 取值条件下接受干预的条件概率。倾向得分的最大优势在于它降低了匹配变量的向量维度，解决了精确匹配下样本数量不充足的问题，提升了匹配效率（Guo et al.，2020）。罗森鲍姆和鲁宾证明，如果在给定匹配变量 $\boldsymbol{X}_i$ 的条件下干预满足与潜在结果无关的非混淆性假设，那么在给定倾向得分 $p(\boldsymbol{X}_i)$ 的条件下，干预也必定满足与潜在结果无关的非混淆性假设（Rosenbaum & Rubin，1983）。

匹配变量向量是由影响个人行为选择的各种因素组成的，它包含形成个人行为选择"最精细"的信息，而倾向得分是对多维度匹配变量向量的一种信息汇总，它通过函数（6.13）将包含在各个匹配变量中与个人行为选择相关的数据信息都"萃取"出来用于匹配分析。计量学者常将原始的匹配变量向量称为"精细得分"（finest score），将倾向得分称为"粗略得分"（coarsest score）。从数据所包含的信息看，倾向得分确实不如原始的匹配变量向量精细，但精细未见得有利，因为精细数据包含许多无效或重复的信息。相比之下，倾向得分对原始的匹配变量数据信息进行了简化处理，从而拥有更高的匹配效率。更重要的是，罗森鲍姆和鲁宾证明利用倾向得分所包含的粗略信息可以完全消除处理组和控制组个体在精细得分上的差异（Rosenbaum & Rubin，1983）。

根据郭申阳和弗雷泽（Guo & Fraser，2015）的总结，倾向得分具有以下三种特质。

特质一：倾向得分是一种平衡得分（balancing score）[①]，它消除样本中处理组和控制组之间特征的系统性差异，实现两组之间的数据平衡。可以证明，具有相同倾向得分的处理组和控制组个体必定拥有相同的匹配变量分布。也就是说，对于具有相同倾向得分的处理组和控制组个体来说，虽然它们在某一匹配变量取值上可能还存在差别，但这只是一种偶发的差别，不是系统性差别。

特质二：在给定倾向得分 $p(\boldsymbol{X}_i)$ 的条件下，干预与可观测匹配变量 $\boldsymbol{X}$ 不再有任何的相关性，即

$$T_i \perp \boldsymbol{X}_i \mid p(\boldsymbol{X}_i) \tag{6.14}$$

这一特质与平衡得分特质密切相联。既然倾向得分是一种平衡得分，那么它必须消除处理组和控制组在匹配变量取值上的所有差异，使得观测对象是否接受干预与其匹配变量取值完全无关。只要对倾向得分的估计是正确的，那么在倾向得分相同的条件下，每一个观测对象就都具有相同的概率被分配到处理组和控制组，如同随机实验一般。如果我们所估计出的倾向得分不能实现这一点，就说明倾向得分的识别是不充分的，此时我们就要重新审查倾向得分估计是否存在问题。这正是进行数据平衡性检验的基本原理。有关该检验，我们在后文中还有更详细的讲解。

特质三：如果以匹配变量 $\boldsymbol{X}$ 为条件，非混淆性假设成立，那么以倾向得分 $p(\boldsymbol{X})$ 为条件，非混淆性假设也必定成立，即如果有 $(Y_{i0}, Y_{i1}) \perp T_i \mid \boldsymbol{X}_i$

[①] 值得注意的是，匹配变量向量也是一种平衡得分，正如我们之前采用单变量和多变量分层匹配方法一样实现了处理组和控制组之间的数据平衡。但匹配变量向量是多维的，而倾向得分做了降维处理，它是单维的。

成立,那么 $(Y_{i0}, Y_{i1}) \perp T_i \mid p(X_i)$ 也成立。也就是说,倾向得分 $p(X)$ 可以完美替代匹配变量 X 形成对处理效应的无偏估计。当然,实现这一点的前提假设是模型偏估全都是可观测的显性偏估。如果存在隐性偏估,那么 $(Y_{i0}, Y_{i1}) \perp T_i \mid X_i$ 不成立,$(Y_{i0}, Y_{i1}) \perp T_i \mid p(X_i)$ 也必定不能成立。这一点读者需特别注意,即倾向得分匹配只解决了多维度匹配问题,对于隐性偏估依然无能为力。

如图 6.1 中的图(a),可观测的匹配变量 X_1 和 X_2 是处理变量 T 和结果变量 Y 的混淆变量,处理变量 T 通往结果变量 Y 存在两条后门路径 $T \leftarrow X_1 \rightarrow Y$ 和 $T \leftarrow X_2 \rightarrow Y$。不阻断这两条后门路径,我们就无法获得 $T \rightarrow Y$ 处理效应的无偏估计。为此,我们设计了倾向得分 $p(X)$,要求匹配变量 X_1 和 X_2 对处理变量 T 的影响完全通过倾向得分 $p(X)$ 实现。如图 6.1 中的图(b)所示,以上两条处理变量 T 通往结果变量 Y 的后门路径变为:$T \leftarrow p(X) \leftarrow X_1 \rightarrow Y$ 和 $T \leftarrow p(X) \leftarrow X_2 \rightarrow Y$,倾向得分 $p(X)$ 在其中充当中介变量的角色。此时,只要控制倾向得分 $p(X)$,使处理组和控制组倾向得分 $p(X)$ 不存在任何系统差异,便可阻断处理变量 T 通往结果变量 Y 的所有后门路径。

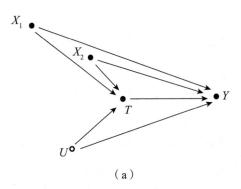

(a)

图 6.1　倾向得分匹配原理的 DAGs 分析

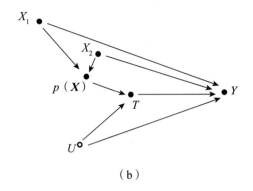

（b）

图 6.1　倾向得分匹配原理的 DAGs 分析（续）

　　控制倾向得分 $p(\boldsymbol{X})$ 就相当于同时控制了匹配变量 X_1 和 X_2，使得观测对象的匹配变量 X_1 和 X_2 取值与其是否接受干预无关，即有 $T_i \perp \boldsymbol{X}_i \mid p(\boldsymbol{X}_i)$。这一特质非常重要，它可以用于数据平衡性检验。如果实施倾向得分匹配后处理组和控制组匹配变量 X_1 和 X_2 在取值上依然存在显著差异，即 $T_i \perp \boldsymbol{X}_i \mid p(\boldsymbol{X}_i)$ 不成立，说明我们所估计出的倾向得分 $p(\boldsymbol{X})$ 不具备平衡得分的特质，它并不能完全代理匹配变量 X_1 和 X_2 对处理变量 T 的影响。相反，如果 $T_i \perp \boldsymbol{X}_i \mid p(\boldsymbol{X}_i)$ 成立，并且除可观测的匹配变量 X_1 和 X_2 外，模型再无其他混淆变量，我们就可以实现对 $T \to Y$ 处理效应的无偏估计。但可惜的是，模型还存在其他未观测的混淆变量 U，在阻断了 $T \leftarrow p(\boldsymbol{X}) \leftarrow X_1 \to Y$ 和 $T \leftarrow p(\boldsymbol{X}) \leftarrow X_2 \to Y$ 路径后，模型仍存在后门路径 $T \leftarrow U \to Y$ 无法得到控制。

　　倾向得分匹配是目前最受欢迎的数据匹配方法，在实际研究中有大量应用。实施倾向得分匹配需经历多个步骤，每个步骤又涉及许多技术细节。在本小节，我们只是简单介绍了倾向得分的基本原理、特质和假设，在接下来的几节中，我们将对该方法的实施步骤、技术细节及实际操作做更多详细的讲解。

第二节　倾向得分匹配的实施步骤

通常情况下，实施倾向得分匹配需经历四个步骤，包括估计倾向得分、实施匹配、匹配诊断与匹配后分析。

一、估计倾向得分

该步骤的主要工作是通过构建选择模型（selection model），模拟个人的行为选择过程，并回归估计出观测对象接受干预的概率。要完成这一过程，先要构建合适的计量模型，再考虑应选择哪些匹配变量并以怎样的函数形式进行估计。

（一）构建计量模型

选择模型的因变量是处理变量 T，它在多数情况下是一个二分类别变量①，即只取 0 和 1 两个值，但在一些研究情形下，它也可能是多分类别

---

① 类别变量分为名义和有序两大类，名义类别变量只用于类别划分，不同类别之间没有等级顺序或数量大小之分。根据被分类别的数量，名义类别变量又分为二分类别变量和多分类别变量，前者被划分的类别只有两个，而后者被划分的类别超过两个。譬如，男性和女性是二分类别变量，东部、中部和西部是多分类别变量。有序类别变量不仅用于类别划分，还可以就不同类别做等级排序，譬如学生考试成绩分优、良、中、差，客户满意度分很满意、比较满意、满意、不太满意、很不满意。

变量，取值不止两个①。为简化讨论，以下我们只考虑处理变量 T 为二分类别变量的情况。

当因变量为类别变量时，如采用 OLS 对其进行线性回归，会导致异方差、残差非正态分布及函数识别错误等一系列问题（Long，1997）。因此，在绝大多数情况下，我们对类别因变量不采用线性回归，而是通过构建逻辑回归模型（logistical regression model，LRM）或普罗比回归模型（probit regression model），采用最大似然估计法（maximum likelihood estimate，ML 估计）进行估计。估计倾向得分最常使用的是逻辑回归模型，其回归函数是：

$$\ln[p_i/(1-p_i)] = \ln(odds_i) = \alpha + \beta X_i \tag{6.15}$$

其中，因变量为观测对象接受干预的概率和不接受干预的概率之比的对数值，p_i 表示观测对象 i 接受干预的概率，而 $1-p_i$ 表示观测对象 i 不接受干预的概率。观测对象接受干预和不接受干预的概率之比 $p_i/(1-p_i)$ 表示干预发生的可能性，被称为发生比或发生几率（odds）。该发生比越大，观测对象接受干预的可能性就越大。进入选择模型的自变量 X 都是对观测对象是否接受干预有影响的匹配变量。我们采用最大似然估计法可估计出模型中的截距系数 α 和斜率系数 β，并据此预测处理组和控制组每一位观测对象接受干预的条件概率值：

$$\widehat{p(X)} = e^{(\alpha+\beta X)} / \left[1 + e^{(\alpha+\beta X)}\right] \tag{6.16}$$

该条件概率值 $\widehat{p(X)}$ 正是我们期望得到的倾向得分。该概率为非正态分布，在实际操作中我们常对其进行逻辑函数转换，以观测对象接受干预与不接受干预的概率比的对数值作为倾向得分（Rosenbaum & Rubin，1985），即

$$\widehat{q(X)} = \ln\left\{\widehat{p(X)} / \left[1 - \widehat{p(X)}\right]\right\} \tag{6.17}$$

其中，$\widehat{p(X)}$ 为理论上的倾向得分，$\widehat{q(X)}$ 为实际操作使用的倾向得分。经过对数转换，$\widehat{q(X)}$ 趋于正态分布。

---

① 譬如，我们要对失业救助项目进行评估，该项目依据一定条件将失业者分为三类：第一类失业者不接受任何干预，$T_i = 0$；第二类失业者接受失业救济金，$T_i = 1$；第三类失业者接受再就业技能培训，$T_i = 2$。

二分类别变量逻辑回归与最大似然估计法

设因变量 y_i 为二分类别变量，$y_i = 1$ 表示接受干预，$y_i = 0$ 表示未接受干预。如果我们对因变量 y_i 进行 OLS 回归，可形成如下概率线性模型（linear probability model，LPM）：

$$y_i = \alpha + \beta \cdot x_i + \varepsilon_i \qquad (6A.1)$$

假设差值 $E(\varepsilon_i) = 0$，对模型（6A.1）等式两边求数学期望，可得

$$E(y_i \mid x_i) = p\ (y_i \mid x_i) = \alpha + \beta \cdot x_i \qquad (6A.2)$$

$E(y_i \mid x_i)$ 等于在自变量 x_i 条件下观测对象 i 接受干预的概率。因此，自变量 x_i 的估计系数 β 表示自变量 x_i 每变化一个单位，观测对象接受干预的概率会变化多少。隆（Long，1997）指出线性概率模型存在几方面问题：（1）异方差；（2）模型残差不满足正态分布；（3）预测概率可能是无意义的，如图 6A.1（a）中，线性概率模型的预测概率值域超出了 [0，1] 区间；（4）预测概率与现实中概率变化的一般规律不符，在线性模型下，$y_i = 1$ 发生概率随自变量 x_i 的变化幅度是固定的，而现实中，概率变化应是非线性的，如图 6A.1（b）呈"S"状变动。

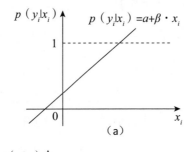

（a）

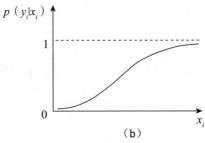

（b）

图 6A.1　观测对象接受干预的概率变化模型

有鉴于此，计量学界提出应采用更加合适的模型形式来模拟概率"S"状的非线性变动，最常用的有两种：逻辑模型和普罗比模型。如采用逻辑模型，二分类别变量的回归函数式如下：

$$\ln[p_i/(1-p_i)] = \ln(odds_i) = \alpha + \beta \cdot x_i \qquad (6A.3)$$

因变量 $\ln[p_i/(1-p_i)]$ 表示 $y_i = 1$ 事件发生概率与不发生概率之比的对数值，事件发生概率与不发生概率之比越大，事件发生的可能性就越高。如果自变量 x_i 的估计系数 β 显著为正，说明自变量 x_i 对 $y_i = 1$ 事件发生的可能性具有正影响，反之为负影响。

逻辑回归模型估计采用最大似然估计法，该估计法是通过构建对数似然函数（log likelihood function，LLF），利用已知的样本信息反推有最大可能形成样本结果的模型参数值。现代统计软件执行最大似然估计通常采用迭代法（iterative solution），即不停地尝试各种截距参数值和斜率参数值，以使得模型对数似然值最大化，进行参数求解。对数似然值 LL 是一个负数，LL 值越接近 0，表明模型参数"复制"现实数据的效果越好。逻辑回归中单个自变量的显著性检验，就是通过将包含和不包含某一自变量模型的 LL 值相减再乘以 -2，形成 $-2LL$ 统计量进行卡方检验而实现的。

对数似然值 LL 还可用于逻辑回归模型伪拟合优度（Pseudo R^2）统计量的构造，更多讨论可参见隆（Long，1997）、潘佩尔（Pampel，2000）、梅纳德（Menard，2002）及刘兴（Liu，2016）的著述。

（二）选择匹配变量

构建选择模型是为了模拟观测对象的行为选择，那么是不是要将所有可能影响个人行为选择的因素都纳入选择模型中作为匹配变量 X 进行估计呢？

对于这一问题，学界是存在争议的，主要有两派意见：一派学者认为对处理变量和结果变量任何一方有影响的变量都应作为匹配变量加入选择模型中，只有那些我们十分确定不会对处理变量和结果变量产生影响的变量才可以被排除在选择模型之外（Rubin & Thomas，1996）；另一派学者认为实施匹配是为了消除显性偏估，虽然处理组和控制组在许多特征变量上存在显著差异，但其中有部分变量只对处理变量有影响，对结果变量没有影响，是否控制这些变量并不会影响处理效应估计，因此这些变量无须进入选择模型。如前例，家庭收入和学生能力会影响学生就读学校类型并同时对学生学业成绩产生影响，它们都是会导致偏估的混淆变量，必须要作为匹配变量进入选择模型。假设我们通过描述统计发现就读教会高中和公立高中的学生在性别构成上还存在着显著差异，并且男性和女性学生在学业成绩上没有显著差异，那么性别变量就不是混淆变量，无须进入选择模型。在选择模型中纳入一些不必要的控制变量，不仅起不到纠正显性偏估的作用，还可能导致倾向得分变异变大、估计精度下降，以及处理组和控制组缺乏足够的共同支撑区间等负面后果（Bryson et al.，2002）。

综合以往不同学者有关匹配变量选择的讨论，我们归纳出五条挑选匹配变量的一般经验。

经验一：既然匹配变量是对个人是否接受干预行为决策有影响的变量，那么它肯定发生在干预之前，是处理变量的前定变量，即不能采用发生在干预之后的变量作为匹配变量，后定变量取值可能已受干预的影响，它不能反映处理组和控制组在干预之初的特征差异。

经验二：依据理论挑选匹配变量无疑是最具有正当性的，但前提条件是现成理论能为我们构建选择模型提供指导意见。除理论外，我们还可以根据以往经验研究的估计结果，以及自身对观测对象行为选择及干预分配机制的先验了解和"抵近"观察来挑选匹配变量。

经验三：所有可能对处理变量和结果变量同时产生影响的混淆变量都必须作为匹配变量进到选择模型中。

经验四：对结果变量有影响但对处理变量没有影响的变量可以不进入选择模型。对处理变量没有影响意味着该变量已经在处理组和控制组之间实现了数据平衡，无须再进行匹配控制了。

经验五：对结果变量无影响但对处理变量有影响的变量应视样本数量酌情处置。当样本数量足够大时，应采用"可控尽控"的策略，将这些变量作为匹配变量，全都纳入选择模型中。如果样本数量有限，可只选择混淆变量作为匹配变量，以减少倾向得分变异，保证共同支撑区间假设得以满足。

以上是挑选匹配变量的一般性经验。在实际分析中，我们还可以采用显著性判定法（statistical significance）、交叉验证法（leave-one-out cross-validation）等统计检验手段辅助做出判断（Caliendo & Kopeinig, 2008）。

显著性判定法的实施步骤如下：先构建一个只包括若干必要匹配变量的基本模型，然后将其他变量依次放入该模型中进行估计，若加入变量的估计系数显著，就保留；若不显著，则放弃（Rosenbaum & Rubin, 1984）。众所周知，变量与变量之间有着复杂的相关关系，在不同模型设定和变量控制条件下，同一变量可能有不同的显著性表现，仅凭借显著性来挑选匹配变量似乎过于武断，很容易"误删"一些重要变量，导致倾向得分估计错误。

交叉验证法同样是先构建一个基本模型，该模型只包含两个匹配变量，再将其他变量分为不同的模块依次放入模型中，研究者通过观察模型均方偏误的变化情况进行变量取舍。如果加入新的变量模块能有效提升模型的拟合度，就保留在模型中；如果不能，则放弃（Black & Smith, 2004）。

在完成匹配变量挑选工作后，研究者还需确定逻辑回归函数形式。匹配变量可采用一次项形式，也可以同时采用二次、三次等高次项形式或与其他匹配变量的交互形式进入选择模型。如果所有匹配变量只采用一次项形式，逻辑回归函数就是线性的；如果有匹配变量采用高次项或交互项形式，逻辑回归函数就是非线性的。逻辑回归函数形式的设定对于倾向得分估计结果有重要影响。

在实际操作中，我们通常要将匹配变量选择与选择模型的函数形式设定结合起来考虑。圭多·因本斯和唐纳德·鲁宾在他们著名的方法专著《统计学社会学和生物医学中的因果推断导论》（*Causal Inference for Statistics, Social, and Biomedical Sciences: An Introduction*）中提出了一种用于挑选匹配变量及其多次项、交互项的似然比检验方法（Imbens & Rubin, 2015; Imbens, 2015）。设样本中有 Q 个协变量，我们要从中挑选出合适的匹配变量，并决定这些变量进入逻辑回归模型的具体形式。根据因本斯和鲁宾的建议，完成这一工作需经历以下三个步骤。

第一步：挑选基本匹配变量。研究者先根据理论、现实观察和对干预分配机制的先验了解，挑选出 K 个匹配变量作为基本变量放入选择模型中，形成基本模型。首批进入选择模型的匹配变量应该都是对观测对象是否接受干预有着重要影响并且与结果变量有强相关性的混淆变量。如果缺乏相关理论和先验知识的指导，也可设 $K = 0$，此时基本模型不包含任何匹配变量。

第二步：对其他待选的匹配变量进行似然比检验。研究者将剩余协变量逐个依次放入基本模型中，把基础模型的对数似然值与加入新变量模型的对数似然值相减再乘以 -2 形成一个似然比统计量（likelihood ratio，LR）[①]，我们利用该统计量可以对新增添的协变量估计系数是否为 0 进行似然比检验（likelihood ratio test，LRT）。LRT 的实施过程如下。

设第一步产生的基本模型为 M_K，其中含有 K 个匹配变量（x_1, …, x_K）。为似然比设定一个门槛值 C，如果在基本模型 M_0 中新增添一个协变量 x_{K+1} 所获得的似然比值超过该门槛值，就保留该协变量，形成新的模型 M_{K+1}。接着，在模型 M_{K+1} 的基础上再增添另一个新的协变量 x_{K+2}，如果所获得的似然比值未超过该门槛值，则放弃该协变量，继续尝试其他协变量，如此反复操作，直至再也没有协变量能使得模型似然比值超过门槛值。

举一个数例，设似然比门槛值 $C = 1$，第一步产生的基础模型 M_K 的对数似然值 $LL_K = -3.5$，增添一个新变量 x_{K+1} 后，模型的对数似然值变为 $LL_{K+1} = -2$，两个模型的似然比值 $= -2 \times [-3.5 - (-2)] = 3$，超过门槛值 1，于是保留匹配变量 x_{K+1}，形成模型 M_{K+1}。接着，再增添一个新变量 x_{K+2}，此时模型的对数似然值变为 $LL_{K+2} = -1.8$，与模型 M_{K+1} 似然值相比可得到新的似然比值 $= -2 \times [-2 - (-1.8)] = 0.4$，未达到门槛值 1，因此变量 x_{K+2} 就不能作为匹配变量进入选择模型中，依然采用模型 M_{K+1}。

---

① 设基础模型的对数似然值为 $\log(L_0)$，加入新变量模型的对数似然值为 $\log(L_1)$，似然比统计量 $= -2[\log(L_0) - \log(L_1)] = -2\log(L_0/L_1)$。

第三步：同样采用似然比统计量对第二步所挑选出的匹配变量是否有必要采用二次项或交互项形式进入逻辑回归函数进行检验。假设在第二步中，有 L 个协变量通过似然比检验成为匹配变量，这些变量或与自己交互形成二次项，或与其他变量交互形成交互项。① 我们可以采用与第二步相同的方法，将 L 个匹配变量二次项和交互项依次放入模型中进行似然比检验，若某一匹配变量二次项或交互项被增添至模型后，其似然比值超过门槛值 C，就保留在模型中，反之则放弃。

在实际研究中，我们对逻辑回归函数形式进行设定还需考虑其数据平衡效果。如果在一定的函数形式下估计得到的倾向得分并不能实现某个匹配变量在处理组和控制组之间的数据平衡，那么我们就应尝试在逻辑回归函数中增加该匹配变量的高次项或它与其他匹配变量的交互项，如此不断地尝试，直至所有匹配变量在两组之间都实现了数据平衡（Rosenbaum & Rubin，1984，1985）。

挑选匹配变量与设定选择模型的回归函数形式是实施倾向得分估计的第一步，对于之后实现高质量数据匹配和精确估计处理效应有重要影响。然而，我们并不知道选择模型究竟有着怎样的真实函数形式，只能在理论和经验的指引下尝试不同的函数形式，并依靠一些技术手段进行比较分析，以期达成两个目标：一是尽可能降低预测偏误，提高对干预发生概率的预测准确率，使得模型预测的干预发生概率与实际发生概率相一致；二是实现处理组和控制组之间的数据平衡，消除干预与匹配变量之间的相关性，最大限度地纠正模型的显性偏估。

麦卡弗里等（McCaffrey et al.，2004）认为传统的检验方法都不能很好地同时满足上述两个目标，他们研发出一种既能实现预测偏误最小化又能达成处理组和控制组最优平衡的方法——广义稳健模型化方法（generalized boosted modeling，GBM）。与传统检验方法相比，广义稳健模型化方法有两大优势（Guo & Fraser，2015，pp. 144 – 145）：一是广义稳健模型化方法通过子样本反复随机抽样并迭代估计，最大限度地减少了预测误

---

① 二次项和交互项组合最高可达 $L \times (L+1)/2$ 种。

差，因而较以往方法更具稳健性①；二是该方法报告自变量所有形式对模型似然值的解释度（influence），其中既包括自变量一次项对模型的解释度，也包括自变量的高次项及其交互项对模型的解释度②。在参数估计中，广义稳健模型化方法会自动考虑选择模型各种可能的形式，无须人为设定函数形式，其估计结果与函数形式设定无关。也就是说，如果采用广义稳健模型化方法，我们可以完美绕开之前烦人的函数形式设定问题。运用广义稳健模型化方法对倾向得分进行回归估计，只需挑选合适的匹配变量，无须考虑这些匹配变量以哪种形式进入选择模型，广义稳健模型化方法估计得到的倾向得分对于回归函数设定具有很强的稳健性。广义稳健模型化方法所采用的技术要比传统检验方法复杂得多，运算量也较传统检验方法大得多，不过我们可以借助 Stata 的相关外部命令轻易地实现该方法。

二、 实施匹配

在获得各个观测对象接受干预的倾向得分后，我们就可以在一定匹配规则（matching algorithm）·下利用该得分对处理组和控制组个体进行匹配。匹配过程其实就是依照一定的匹配规则对样本进行重组，它将处理组和控制组中具有相同或相似倾向得分的观测对象匹配在一起。问题的关键是我们所设定的匹配规则要求两组观测对象的倾向得分相同还是相似。如果要求倾向得分必须相同，那么就相当于实施精确匹配。在样本中，倾向得分完全相同的观测对象可能不多，如此匹配会损失很多的样本量。如果要求得分相似，那么是在多大程度上相似呢？匹配法将不同观测对象之间倾向得分的相似性定义为"距离"（distance），处理组和控制组个体倾向得分差异越小，他们之间的距离就越近，他们之间的相似性就越强。不同的匹

---

① 麦卡弗里等（McCaffrey et al. , 2004）发现当模型预测偏误最小化时，处理组和控制组之间的数据平衡并非最优平衡，因此他们建议应以样本平均标准化绝对均值差（average standardized absolute mean difference，ASAM）（而非预测偏误）最小化作为标准，决定迭代估计的次数。

② 譬如，我们通过广义稳健模型化方法估计出某一匹配变量对观测对象是否接受干预的解释度达 50%，该解释度就包含了该自变量一次项、二次项、更高次项以及它与其他变量所有可能的交互项对模型似然值的影响总和。

配方法（规则）对于观测对象之间的距离（相似性）有着不同的定义。

目前，较为常用的匹配方法包括近邻匹配（nearest neighbour matching）、卡尺匹配（caliper matching）和马氏距离匹配（Mahalanobis metric distance matching）。这些方法都是以观测对象之间距离远近作为基本依据的，同属于贪婪匹配（greedy matching）。以下，我们对这些匹配方法一一进行介绍。

（一）近邻匹配

顾名思义，近邻匹配是将处理组个体与其倾向得分距离最近的控制组个体匹配起来的一种方法。设处理组和控制组观测对象集合分别为 I_1 和 I_0，p_i 和 p_j 表示处理组个体 i 和控制组个体 j 的倾向得分，处理组和控制组个体 i 和 j 的距离可定义为

$$d(i, j) = | p_i - p_j | \tag{6.18}$$

近邻匹配要求从控制组集合中寻找到一个与处理组个体之间距离最小的个体进行匹配，即遵循如下匹配规则：

$$\min | p_i - p_j | , \ j \in I_0 \tag{6.19}$$

实施近邻匹配是从控制组中为处理组个体找匹配对象，因此在匹配之初，先要对处理组个体进行随机排序，再按照排序依次为每一个处理组个体在控制组集合中寻找到与其倾向得分最接近的对象进行匹配。如此反复，直至所有处理组个体都找到匹配对象，形成新的匹配样本。

一般情况下，近邻匹配采用不放回策略，即观测对象一旦匹配成功，就要从原始数据中抽取出来。近邻匹配可采取一对一匹配，也可采取一对多匹配。前者要求处理组中所有个体都只能匹配一个与它距离最近的控制组个体，后者允许处理组个体匹配多个与其距离最近的控制组个体。从消除数据非平衡的角度看，一对一匹配明显优于一对多匹配，但一对一匹配会损失更多的样本。这两种匹配的选择同样涉及估计偏差和估计方差之间的权衡。实施匹配的目的在于消除处理组和控制组数据非平衡，纠正显性偏估，因此从保证匹配质量的角度看，在样本数量充足的条件下应优先考

虑使用一对一匹配。

（二）卡尺匹配

近邻匹配对观测对象之间距离只做了"柔性"的限制。从字面上看，近邻之间距离非常近，但它只是一个相对概念。在人口密集的大城市城区，近邻之间的距离可能不足 5 米；但在地广人稀的牧区和林区，近邻之间可能相距数千米甚至更远。因此，为保证匹配质量，我们有必要对不同观测对象之间距离做出更加"硬性"的限制。卡尺匹配要求匹配对象之间距离不得超过一定可容忍的范围，即遵循如下匹配规则：

$$|p_i, p_j| < \varepsilon, j \in I_0 \tag{6.20}$$

其中，ε 表示我们可以容忍的最大倾向得分距离，凡是与处理组个体 i 距离不超过 ε 的控制组个体 j 都可以成为处理组个体 i 的匹配对象。科克伦和鲁宾（Cochran & Rubin，1973）曾就卡尺设定数值与偏差纠正程度之间的关系进行过研究，他们发现二者呈负相关关系，即卡尺设定得越窄，匹配后处理组和控制组之间的平衡性就越好。罗森鲍姆和鲁宾（Rosenbaum & Rubin，1985）建议采用倾向得分估计值标准差的 1/4 来设定 ε，奥斯汀（Austin，2011）发现将卡尺设定为倾向得分估计值标准差的 1/5 可消除至少 98% 的估计偏差。[①] 可见，虽然卡尺宽度设置得越窄，越有利于实现数据平衡和消除偏估，但也没必要把卡尺设定得过窄，将卡尺设定为倾向得分估计值标准差的 1/5—1/4 是比较合宜的。

实施卡尺匹配的步骤，也是先对处理组个体进行随机排序，而后依次为每一个处理组个体在其倾向得分附近的一个卡尺半径范围内寻找控制组匹配对象。如果卡尺范围内有控制组个体，就实施匹配；如果卡尺范围内没有控制组个体，就放弃匹配。

在特定的数据结构与倾向得分分布条件下，实施卡尺匹配可能出现两种极端的情况。一是样本中有大量处理组个体在其卡尺范围内没有任何的

[①] 值得注意的是，根据奥斯汀（Austin，2011）的建议，卡尺宽度应设定为实际使用倾向得分值 $\ln[p/(1-p)]$ 标准差的 1/5，而非理论倾向得分 p 值标准差的 1/5。

控制组个体可供匹配，若全删去，匹配样本数量会减少很多，无法保证统计功效。二是样本中有大量处理组个体在卡尺范围内有众多的控制组个体可供匹配，此时就需要考虑：是采用一对多匹配，将卡尺范围内所有控制组个体都当作匹配对象，还是采用一对一匹配，从卡尺范围内挑选单个最合适的匹配对象呢？正所谓"旱的旱死、涝的涝死"。对于第一个"旱死"问题，我们可以适当放宽卡尺以保证匹配样本数量及统计功效。但放宽卡尺有一个"度"的问题，卡尺放得过宽会导致匹配质量下滑，无法达成平衡处理组和控制组的目的。对此，我们可以尝试采用不同的卡尺参数以检视两组数据平衡的变化情况。如果放宽卡尺依然可以保证匹配后处理组和控制组之间的数据平衡，那么放宽卡尺就是合理的。对于第二个"涝死"问题，我们可以尝试缩小卡尺宽度或采用近邻结合卡尺匹配（nearest neighbor matching within a caliper），要求形成匹配的控制组个体不仅位于处理组个体的卡尺范围之内，还须与处理组个体倾向得分距离最近。采用更加严苛的匹配规则可有效提升数据匹配质量。

（三）马氏距离匹配

马氏距离是一种用于测量数据之间协方差距离的数学方法。马氏距离不受测量对象计量单位变化的影响，具有尺度无关（scale-invariant）的特质。譬如，我们运用马氏方法对人口变量距离进行计算，人口计数单位由千人变化至万人，马氏距离的测算结果不会发生变化。

设一个选择模型中有 K 个匹配变量 $X_1, X_2, \cdots, X_K$，这些匹配变量就构成了一个 K 维向量 $X = (X_1, X_2, \cdots, X_K)$，马氏距离定义处理组个体 i 和控制组个体 j 之间的距离为

$$d(i, j) = \sqrt{(X_i - X_j)^\mathrm{T} C^{-1} (X_i - X_j)} \qquad (6.21)$$

其中，X_i 和 X_j 表示处理组个体 i 和控制组个体 j 在匹配变量向量 X 上

的取值，C 表示匹配变量 X 的方差 – 协方差矩阵①。

马氏距离的匹配步骤也是先随机安排处理者个体的匹配顺序，接着计算排在第一位的处理组个体与所有控制组个体之间的马氏距离，从中找到马氏距离最小的控制组个体配对，如此反复，最终为所有的处理组个体都找到匹配对象，形成一个新的匹配样本。

（四） 贪婪匹配的优点和缺点

匹配法是一个庞大的方法家族，含有众多方法支派，马氏距离匹配归属于匹配估计量（matching estimator）一支，它是匹配统计量的最初形态。② 从计算距离的数学方法看，马氏距离匹配完全不同于近邻匹配和卡尺匹配。近邻匹配和卡尺匹配是通过选择模型估计，将多维的匹配变量向量"降维"成单维的倾向得分，以倾向得分测量观测对象之间距离；而马氏距离匹配跳过了变量的"降维"过程，直接采用匹配变量之间的向量距离实施匹配。从匹配规则的角度看，马氏距离匹配、近邻匹配和卡尺匹配有极近的"血缘关系"，它们都基于对可观测变量的距离计算实现处理组和控制组个体匹配，并且都以观测对象之间的距离最小化作为匹配规则，因此都被归为"贪婪匹配"一类。

贪婪匹配有不少优点，主要表现为以下两个方面。

一是不同的贪婪匹配方法可以相互配合实施，在实际应用中具有很强的灵活性。譬如，近邻匹配可以和卡尺匹配配合使用，马氏距离匹配也可以和卡尺匹配配合使用，等等（Rosenbaum & Rubin，1985）。

二是贪婪匹配所形成的匹配样本对于后续采用何种方法估计处理效应几乎没有限制，因而在实际应用中具有很强的适用性。贪婪匹配不涉及处

---

① 如果估计的是平均处理效应，此处应采用所有处理组和控制组个体匹配变量 X 的方差 – 协方差矩阵。如果估计的是处理者的平均处理效应，此处应采用处理组个体匹配变量 X 的方差 – 协方差矩阵。具体讨论参见斯图尔特（Stuart，2010）和赵西亮（2017，p.84）的著述。

② 阿巴迪和因本斯（Abadie & Imbens，2002，2006）最早将马氏距离匹配方法引入对平均处理效应的估计，并以此为基础扩展形成匹配统计量。

理效应估计，它只对原有数据进行重新归集和整理，你可以把它看成是一种特定的数据产生过程，因此绝大多数的回归方法都可以应用于贪婪匹配后的样本分析。匹配法只能用于纠正显性偏估，我们可以对贪婪匹配形成的样本数据再进行其他准实验设计，以减少发生隐性偏估的风险。譬如，在实际研究中最常用的倾向得分匹配结合倍差法，研究者运用该方法可在消除显性偏估的基础上进一步纠正因不随时间变化的异质性引发的隐性偏估问题。贪婪匹配也可与断点回归配合使用，阿卜杜卡迪罗格鲁等人（Abdulkadiroglu et al.，2017）曾采用倾向得分断点回归就选拔考试学校（exam schools）对学生学业成绩的因果效应进行识别和估计。有关贪婪匹配与其他准实验方法的配合使用，我们将在下文做更多介绍。

贪婪匹配也有一些缺点：

首先，贪婪匹配存在缺乏共同支撑区间的风险。贪婪匹配根据选择模型预测得到的倾向得分距离来进行匹配，而处理组和控制组的倾向得分分布不尽相同，贪婪匹配只从这两个分布的重合部分（共同支撑区间）寻找匹配对象，凡位于该分布重合部分之外的观测对象都被剔除。如果样本中被删去的观测对象很多，就会导致匹配后样本数量匮乏。在实际的匹配分析中，缺乏共同支撑区间的问题十分常见，有两类可能的原因。

一是"先天缺乏"。处理组和控制组个体在行为选择上原本就存在极大差异，由此导致处理组和控制组倾向得分呈现出截然不同的分布形态。如图6.2所示，我们利用模拟数据绘制出处理组和控制组倾向得分的概率密度分布直方图。图（a）中的左边是控制组直方图，其倾向得分值域为 [0.05，0.35]，右边是处理组直方图，其倾向得分值域为 [0.55，0.90]，二者没有任何的分布重合区间，这就属于典型的完全缺少共同支撑区间情况。对于共同支撑区间"先天缺乏"问题，任何技术和方法都无力回天，我们不可能从不包含任何因果信息的数据中获得具有因果推断意义的结论。

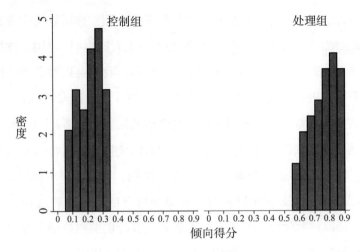

（a）完全缺少重合

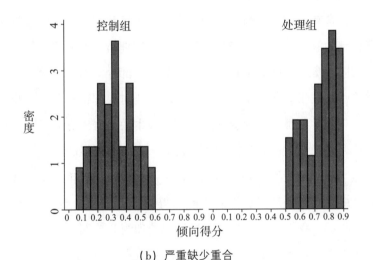

（b）严重缺少重合

图 6.2　完全和严重缺少共同支撑区间

　　二是"后天缺乏"。倾向得分的重合区间对于选择模型的函数设定具有较高的敏感性，如果选择模型设定存在严重错误，譬如挑选错误的匹配变量或选择错误的逻辑回归函数形式，都可能使处理组和控制组倾向得分分布只有极窄的重合区间。① 如图 6.2 的图（b），左边控制组的倾向得分

---

　　① 选择模型函数设定错误也可能导致处理组和控制组倾向得分完全缺少重合区间，但根据笔者实战经验，此种情况在实际分析中比较少见。

值域为 [0.05, 0.60]，右边处理组的倾向得分值域为 [0.50, 0.90]，二者虽然在 [0.50, 0.60] 这一分布值域有重合，但重合区间过窄，并且都是分布尾部重合，重合区间内观测对象数量十分有限，这就属于典型的严重缺少重合区间的情况。解决共同支撑区间"后天缺乏"问题的办法是改变逻辑回归的函数设定，尝试在逻辑回归函数中增添新的匹配变量或加入匹配变量高次项、交互项。

其次，在贪婪匹配下每一对成功的匹配都是最优的，因为贪婪匹配实现了每一对匹配对象之间距离的最小化。但最优的总和未必是最优的——每一对匹配对象的距离都是最短的，但从样本整体看，其匹配距离总和不一定是最短的。我们采用郭申阳和弗雷泽（Guo & Fraser，2015，p.149）书中所举的一个例子来说明这个问题。

设样本有四个观测对象，两个处理组个体的倾向得分分别为 5 和 9，两个控制组个体的倾向得分分别为 1 和 6。假设随机安排匹配顺序，得分为 5 的处理组个体先匹配，它与距离最近的得分为 6 的控制组个体匹配，二者距离为 1，接着得分为 9 的处理组个体与得分为 1 的控制组个体匹配，二者距离为 8，如此匹配后样本总体的匹配距离为 9。如果我们不遵循贪婪匹配的规则，将得分为 5 的处理组个体与得分为 1 的控制组个体匹配，将得分为 9 的处理组个体与得分为 6 的控制组个体匹配，那么此时样本总体的匹配距离为 7，这比之前贪婪匹配的总体距离短。

基于整体匹配距离最小化的思路，计量学家们提出了一种新的匹配规则——最优匹配（Rosenbaum，2002；Hansen，2004；Hansen & Klopfer，2006）。最优匹配先将处理组和控制组中倾向得分或马氏距离相近的个体进行分层，每层至少包括一个观测对象，再计算出每一层内处理组和控制组之间的距离，并以一定权重对各层距离值进行加总[①]，最后对该加权的距离总和进行最小化，以决定最优匹配分层数量。与贪婪匹配相比，最优匹配采用了更加复杂的算法，虽然从方法原理看，最优匹配优于贪婪匹

[①] 通常以各层内个体数量占样本总数的比重作为权重，也可以各层内处理组个体数量占样本处理组个体总数的比重或各层内控制组个体数量占样本控制组个体总数的比重作为权重。前一种权重主要用于估计平均处理效应，后两个权重主要用于估计处理者处理效应和控制者处理效应。

配，但在大多数研究情境中，采用贪婪匹配便可较好地完成数据平衡任务，采用最优匹配所能提升的数据平衡效果是十分有限的，因此最优匹配在实际研究中并不多见。

除近邻匹配、卡尺匹配及马氏距离匹配这些常用的贪婪匹配方法外，计量学家们还研发出许多其他倾向得分匹配法，包括倾向得分分层匹配、核匹配（kernel-bases matching）等。倾向得分分层匹配的基本原理和操作步骤与之前介绍的单变量和多变量分层匹配相似，不再赘述。核匹配与传统匹配方法不同，它不执行惯常采用的匹配步骤，而是直接将倾向得分作为表示控制组与处理组个体距离远近的权重变量。距离越远，权重越小；距离越近，权重越大。倾向得分距离远近与权重大小之间的数量关系通常采用特定的核函数进行定义，该权重变量可直接用于对处理效应的估计（Heckman et al.，1997；Heckman，Ichimura，& Todd，1998）。对核匹配有兴趣的读者可自行阅读郭申阳和弗雷泽（Guo & Fraser，2015，pp. 283 - 308）书中相关章节的内容。

三、 匹配诊断

完成匹配后，需对匹配质量进行诊断，主要涉及两方面检验：数据平衡性检验和共同支撑区间检验。

（一） 数据平衡性检验

数据平衡性检验用于检测匹配后匹配变量在处理组和控制组之间是否还存在显著差异。如果检验结果显示匹配变量差异消失了，说明匹配实现了数据平衡，观测对象是否接受干预不再与匹配变量相关，模型的显性偏估得到了纠正；如果检验结果显示匹配变量在两组之间依然存在显著差异，说明观测对象是否接受干预依然受匹配变量的影响，数据非平衡性问题尚未得到彻底解决，模型依然存在显性偏估的可能。

为呈现匹配的数据平衡效果，研究者通常会对匹配前后处理组和控制组的数据平衡状况都进行测量，并做比较分析。常用的检验方法有两种。

（1）样本均值 t 检验。该检验是对匹配前后处理组和控制组样本的匹配变量均值进行 t 检验（Rosenbaum & Rubin，1985）。[1] 匹配前处理组和控制组的许多匹配变量的样本均值存在显著差异，我们期待实施匹配能使得这些匹配变量的样本均值差异全部消失。t 检验简单直观，但也存在明显的缺陷。首先，该方法只能用于检验两组样本匹配变量均值是否存在显著差异，无法呈现匹配前后匹配变量样本均值差异的变化程度；其次，两组均值差是一种绝对差，同一均值差在具有不同变异特征的样本中所表现出的差异程度很可能是不同的。譬如，匹配变量 X 在处理组和控制组样本之间的均值差为 5，该均值差在一个标准差为 10 的样本中所表现出的差异程度远低于在一个标准差为 1 的样本中所表现出的差异程度。

（2）标准化偏差。该指标等于匹配变量 X 在处理组和控制组样本之间的均值差与该变量样本标准差之比（Rosenbaum & Rubin，1985），即

$$SB = \frac{\overline{X}_{\mathrm{T}} - \overline{X}_{\mathrm{C}}}{\sqrt{\left[\mathrm{var}\ (X_{\mathrm{T}}) + \mathrm{var}\ (X_{\mathrm{C}}) \right] / 2}} \cdot 100\% \tag{6.22}$$

其中，分子部分的 $\overline{X}_{\mathrm{T}}$ 和 $\overline{X}_{\mathrm{C}}$ 分别表示匹配变量 X 的处理组和控制组样本均值，两者相减即表示两组样本的均值差。分母表示匹配变量 X 的样本标准差，它等于匹配变量 X 的处理组样本方差 $\left[\mathrm{var}\ (X_{\mathrm{T}}) \right]$ 和控制组样本方差 $\left[\mathrm{var}\ (X_{\mathrm{C}}) \right]$ 的均值的开方。标准化偏差是一个相对指标，它克服了上述 t 检验的两个缺陷：标准化偏差既可以用于呈现单个匹配变量在匹配前后的样本均值差异变化程度，又可以用于对不同匹配变量在匹配前后的样本均值差异变化程度的比较和分析。

譬如，有一个选择模型包含两个匹配变量 X_1 和 X_2，经过匹配，这两个变量的标准化偏差值分别由 30% 和 50% 下降至 10% 和 5%。总的来看，该匹配达到了良好的数据平衡效果，匹配后 X_1 和 X_2 在处理组和控制组样本之间的均值差异程度都有较大幅度的下降，但相比之下，匹配变量 X_1 的数据平衡效果较差，匹配后该变量还留有 0.1 个标准差的均值差异未得到消除。为进一步消除 X_1 非平衡，我们可以考虑在逻辑回归函数中增加

---

[1] t 检验只用于连续变量的样本均值检验，如果匹配变量是非连续的类别变量，需采用卡方检验。

匹配变量 X_1 的高次项或它与匹配变量 X_2 的交互项，以获得更加理想的匹配结果。

标准化偏差是目前数据平衡性检验的主流方法，几乎所有的倾向得分匹配法应用研究都会报告匹配变量在匹配前后的标准化偏差值。一般认为，匹配后模型中所有匹配变量的标准化偏差值都达到 3% 或 5% 以下，样本数据就实现了充分的平衡。①

以上平衡性检验都是围绕处理组和控制组的匹配变量均值的相似性展开的。众所周知，均值被用于表示分布的位置，而处理组和控制组样本分布除位置不同外，还可能在分布形态上存在差异。最理想的数据平衡结果是处理组和控制组经过匹配后能具有完全相同的匹配变量分布，就如同从同一总体中随机抽得的样本一样。为达到这一要求，我们不仅要对匹配变量分布的均值（位置）相似性进行检验，还须对匹配变量分布的方差（形态）相似性进行方差比（variance ratio）检验。方差比等于匹配变量的处理组样本方差与控制组样本方差之比。该指标越接近 1，表明处理组和控制组的匹配变量分布形态越相似。② 如果匹配能使得模型中所有匹配变量的标准化偏差值都下降至 3% 或 5% 以下，并且令所有匹配变量的方差比都接近 1，就说明匹配使得处理组和控制组样本的匹配变量分布的位置和形态都趋于一致。

（二） 共同支撑区间检验

如前所述，重叠性假设是匹配法的两大基本假设之一，处理组和控制

---

① 除 t 检验和标准化偏差外，还有其他一些数据平衡性检验方法，如联合显著性检验法与分层检验法（Caliendo & Kopeinig，2008）。联合显著性检验法（joint significance test）是在匹配完成之后再对选择模型进行一次逻辑回归。如果数据达成了平衡，那么再次逻辑回归中所有匹配变量都应对处理变量不具有显著影响；如果有匹配变量依然对处理变量具有显著影响，说明该匹配变量尚未实现数据平衡（Sianesi，2004）。分层检验法（stratification test）是先根据倾向得分将匹配样本中的观测对象分为若干层，再在各层内对处理组和控制组倾向得分均值进行 t 检验。如果检验结果显示在所有层内两组的倾向得分都不再有显著差异，就说明匹配实现了数据平衡；如果还有显著差异，则说明依然存在数据不平衡问题（Dehejia & Wahba，1999，2002）。

② 方差比指标只能用于对连续变量的平衡性检验。

组缺少共同支撑区间会产生一系列负面后果（Heckman et al.，1997；Lechner，2008）。首先，缺少共同支撑区间会使得控制组与处理组缺乏可比性，形成有偏的估计结果；其次，在缺少共同支撑区间的条件下进行匹配会导致大量的观测对象被删除，如果位于共同支撑区间之内和之外的观测对象在一些特征上存在着系统差异，那么匹配估计得到的处理效应就会失去原有的理论含义和现实意义，匹配估计得到的结果很可能并不代表我们最初想研究的人群的处理效应。事实上，在实际研究中，我们常常不知道位于共同支撑区间之内和之外的观测对象究竟有何不同，不清楚我们所估计出的结果究竟代表的是哪部分人群的处理效应。

　　检验共同支撑区间要比检验数据平衡性简单得多，我们只需直接观察和对比处理组和控制组倾向得分的概率密度图就可以做出判断。如图6.2，处理组和控制组的两个倾向得分分布的重合部分就表示两组的共同支撑区间，其中一组倾向得分分布的极大值与另一组倾向得分分布的极小值是共同支撑区间的两端。观察共同支撑区间既要看该区间的取值宽度，也要看该区间在倾向得分分布中所处的位置。如图 6.3 所示，如果处理组和控制组倾向得分分布变异比较大，都属于长尾分布（long-tail distribution），并且处理组和控制组分布只在"两尾"重合，那么两组分布虽然有较宽的重合区间，但其中所包含的有效样本数量并不多。

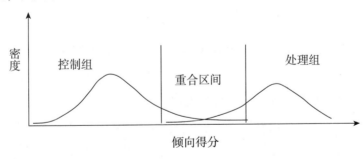

图 6.3　长尾分布的共同支撑区间

　　实施倾向得分匹配通常需要绘制两次倾向得分分布图：第一次是在完成倾向得分估计之后绘制，用于呈现匹配前处理组和控制组倾向得分分布的重合状况；第二次是在实施匹配之后绘制，用于呈现匹配后处理组和控制组倾向得分分布的相似度。如果匹配是高质量的，那么在匹配后两组倾向得分分布的图形应趋于一致。

四、 匹配后分析

通过匹配形成新的匹配样本后，我们需采用一定计量方法对处理效应进行估计。譬如，我们可以采用与分层匹配相同的计算思路，将成功配对的处理组和控制组个体放在同一层内，先计算各层内的处理者平均处理效应，再对各层处理效应进行平均，得到样本的处理者平均处理效应。

当我们采用的是一对一匹配时，譬如一对一的近邻匹配，样本的处理者平均处理效应计算公式为

$$\tau_{\text{ATT}} = \frac{1}{N} \sum_{i:W_i=1}^{N} (Y_i - Y_j) \tag{6.23}$$

其中，N 表示匹配样本中处理组个体的数量，每一个处理组个体 i 在近邻匹配下都匹配到一个与其倾向得分距离最近的控制组个体 j，将每一对成功匹配的处理组个体 i 和控制组个体 j 归为一层，将它们的结果相减 $(Y_i - Y_j)$，再将这些差值加总后求平均值，便可得到样本的处理者平均处理效应。

当我们采用的是一对多匹配时，譬如一对多的卡尺匹配，样本的处理者平均处理效应计算公式为

$$\tau_{\text{ATT}} = \frac{1}{N} \sum_{i:W_i=1}^{N} \left[Y_i - \sum_{j \in M_{j(i)}} D(i, j) Y_j \right] \tag{6.24}$$

在一对多匹配下，一个处理组个体 i 可以与多个控制组个体配对，同样将成功匹配的控制组和处理组个体归为一层。设该层的个体集合为 $M_{j(i)}$，该集合中控制组个体的数量为 $\#M_{j(i)}$。由于同一层内有多个控制组个体，我们需采用一定权重 $[D(i, j)]$ 对多个控制组个体的结果进行加权平均。最简单的权重处理方法是给予同一层内每个控制组个体以相同的权重 $D(i, j) = 1/\#M_{j(i)}$，这就相当于对层内控制组个体的结果求平均值。于是，公式（6.24）便改写为

$$\tau_{\text{ATT}} = \frac{1}{N} \sum_{i:W_i=1}^{N} \left[Y_i - \left(\frac{1}{\#M_{j(i)}} \right) Y_j \right] \tag{6.25}$$

我们也可以给予层内不同控制组个体以不同的权重。最常见的处理方法是采用一定的核函数，给予那些与处理组个体距离近的控制组个体以较

高的权重，给予那些与处理组个体距离远的控制组个体以较低的权重。权重函数为

$$D\ (i,\ j) = \frac{K[\ q(\hat{X}_j)\ -\ q(\hat{X}_i)\ ]}{\sum_{i \in M_{j(i)}} K[\ q(\hat{X}_j)\ -\ q(\hat{X}_i)\ ]} \tag{6.26}$$

其中，$q(\hat{X}_i)$ 和 $q(\hat{X}_j)$ 分别表示处理组个体 i 与其控制组匹配对象 j 的倾向得分，二者相减表示它们之间的倾向得分距离。K（＊）为核函数，用于定义处理组个体 i 与其控制组匹配对象 j 之间倾向得分距离和权重赋值之间的数量关系。如果核函数取均匀核函数，就是给予层内各控制组匹配对象以相同权重，如同公式（6.25）。在大多数研究情境中，核函数采用单调递减函数（如三角核函数），以使得层内控制组个体 j 的权重赋值和其与处理组个体 i 之间的倾向得分距离成反比。[1]

可见，不同的匹配估计量遵循的是相同的原理，只是在权重设置上有所区别：一对一近邻匹配是把与处理组个体 i 距离最近的控制组个体权重设定为1，其余个体权重设定为0；而一对多卡尺匹配是把所有位于卡尺范围之外的控制组个体权重设定为0，把在卡尺范围内的控制组个体权重设定为均匀权重 $[D(i,j)=1/\#M_{j(i)}]$ 或其他单调递减权重 $[如 D(i,j) = \frac{K(X_j - X_i)}{\sum_{j \in M_{j(i)}} K(X_j - X_i)}]$。

匹配估计量计算公式（6.24）还可以扩展应用于两期或多期重复观测的面板数据分析，形成对处理者的平均处理效应的倍差法估计（Heckman, Ichimura, Smith et al., 1998）。倾向得分匹配结合倍差法的估计量（PSM-DID estimator）可表示为

$$\tau_{\text{ATT}}^{\text{PSM-DID}} = \frac{1}{N} \sum_{i:W_{i,t=1}=1}^{N} \Big[(Y_{i,t=1} - Y_{i,t=0}) - \sum_{j \in M_{j(i)}} D(i,j)(Y_{j,t=1} - Y_{j,t=0}) \Big] \tag{6.27}$$

其中，数据样本分两期，$t=0$ 时干预还未发生，$t=1$ 时处理组个体接受了干预。在单期的匹配统计量计算公式（6.24）中，形成对比的是处理

---

[1] 有关核函数更详细的讲解请参阅本书第315—316页"权重函数的设定"。

组个体结果（Y_i）与其多个控制组匹配对象结果的加权和 [$\sum\limits_{j \in M_{j(i)}} D(i, j) Y_j$]，该匹配统计量只对结果做了单次差。而倾向得分匹配结合倍差法估计量对结果做了两次差，形成对比的是处理组个体的两期结果差（$Y_{i,t=1} - Y_{i,t=0}$）与其多个控制组匹配对象的两期结果差的加权和 [$\sum\limits_{j \in M_{j(i)}} D(i, j)(Y_{j,t=1} - Y_{j,t=0})$]。

倾向得分匹配结合倍差法可在纠正显性偏估的基础上，进一步消除因不随时间变化的异质性而引发的隐性偏估，如果模型满足平行趋势假设，该估计量可实现对处理效应的一致估计。①

---

① 除以上匹配估计量外，亦有学者（Horvitz & Thompson，1952；Rosenbaum & Rubin，1983；Rosenbaum，1987；Hirano et al.，2003；McCaffrey et al.，2004）提出可利用倾向得分作为权重，对处理效应进行加权回归估计，此类方法被称为逆概加权回归法（inverse probability weighted regression adjustment，IPWRA）。该方法不对数据实施直接的匹配，而是将倾向得分当作一种权重，就处理变量和结果变量进行加权回归。逆概加权回归法有不少优点：首先，它不实施数据匹配，不用剔除未成功匹配的观测对象，因此能保留更多的样本用于处理效应估计。其次，我们在正文中所介绍的大多数倾向得分匹配法只能估计单个干预的处理效应（处理变量为二分类别变量），而逆概加权回归法可用于对多重干预处理效应的估计（处理变量为多分类别变量）。最后，逆概加权回归法具有双重的稳健性，即在选择模型或结果模型的回归函数形式设定有误的情况下（两者不能同时有误），逆概加权回归法也可确保对处理效应的一致估计。运行逆概加权回归法的 Stata 命令是 – teffects ipw –，若要对逆概加权回归采用双重稳健估计（double robust estimate）以避免回归模型函数形式设定错误所导致的偏估，可采用命令 – teffects ipwra –。IPWRA 估计分两个阶段进行：（1）使用多项类别逻辑回归（multinomial logistic regression）或其他类似方法估计出观测对象接受特定干预的预测概率 $p(X)$；（2）以估计得到的预测概率 $p(X)$ 作为权重进行加权回归。如果估计的是平均处理效应，对处理组个体赋予 $1/p(X)$ 的权重，对控制组个体赋予 $1/[1 - p(X)]$ 的权重。如此设定权重的基本思想是：为形成处理组和控制组之间的可比性，我们应给予那些具有较强接受干预倾向的处理组个体以更低的权重，使处理组个体的"整体状态"趋向于控制组。同理，应给予那些具有较强不接受干预倾向的控制组个体以更低的权重，使控制组个体的"整体状态"趋向于处理组。如果逆概加权回归法估计的是处理者平均处理效应，就对处理组个体赋予 1 的权重，对控制组个体赋予 $p(X)/[1 - p(X)]$ 的权重。逆概加权回归法是目前较为流行的匹配法，有越来越多的学者倾向于通过倾向得分的逆概赋权而非倾向得分的直接匹配来实现数据平衡与处理效应估计。有关该方法的更多介绍，请参阅伍德里奇（Wooldridge，2007）、因本斯和伍德里奇（Imbens & Wooldridge，2009）、郭申阳和弗雷泽（Guo & Fraser，2015）及阿巴迪和卡塔内奥（Abadie & Cattaneo，2018）与亨廷顿－克莱因（Huntington-klein，2022）的著述。

第三节　倾向得分匹配的实例应用

在本节，我们向大家介绍两篇比较新的文章。第一篇文章发表于教育类期刊，采用倾向得分匹配法，就美国社区学院学生转专业对学业结果的处理效应进行了估计。第二篇文章发表于经济类期刊，采用倾向得分匹配结合倍差法，就离婚对于法国男、女性生活水平（living standard）的因果效应进行了估计。通过精读这两篇文章，读者应能体会到当前要想在教育学和经济学同行评议国际学术期刊发表倾向得分匹配的应用型论文，应符合怎样的技术规范、达到多高的技术水准。

一、 转专业与大学生学业结果

大学生转专业是高等教育领域的常见现象。据美国教育部统计，2011—2012 学年美国有 33% 的本科生在入学三年内变换过专业，有接近 10% 的学生不止一次变换专业。对于大学生来说，转换专业是一把"双刃剑"：一方面，转换专业是学生的自主选择，转专业后学生个人兴趣与所学专业更加契合，可激发学生学习动力，增加学生毕业的概率；另一方面，转换专业需要学生修读更多的课程以满足新专业的毕业要求，这在一定程度上增加了学生毕业的难度，降低学生毕业的概率。因此，转专业对于学生学业结果影响方向的理论预期是含混不清的。经验研究的结果亦是如此。有学者发现转换专业对大学生获得本科文凭有正向影响（Murphy，2000；Micceri，2001），但也有学者发现转专业会降低学生获得本科文凭的可能性（Yue & Fu，2017）。另有学者指出转专业的时机对于学生的学业结果有着重要影响，譬如福拉克（Foraker，2012）发现大学生在入校头两年转专业对于学生成绩没有影响，但在这之后转专业将会对学生毕业率产生负向影响，它会显著延迟学生的毕业时间。

大学生转专业行为不是随机发生的，是学生自我选择的结果。学生转换专业有各方面动机。理论研究认为学生转专业主要受学生求学信念、专业兴趣及未来收入预期的影响，因此我们有理由怀疑转专业和不转专业的学生之间在这些方面存在着显著差异。此外，学生的专业选择很可能与个人学习能力有着密切的关系。学生转专业可能是因为自己难以跟上原有专业的学习进度，或者是因为原有专业学习难度过低，无法满足自己的学习需要。简而言之，在观测数据环境下，转专业和未转专业学生存在严重的数据非平衡问题，这两类学生的学业结果不具有可比性，若想正确识别和估计转专业对大学生学业结果的因果效应，研究者必须采用一定技术手段以消除二者之间的特征差异。

美国哥伦比亚大学师范学院薇薇安·刘（Vivian Liu）、索马雅·米什拉（Soumya Mishra）和伊丽莎白·可普克（Elizabeth M. Kopko）三位学者在《高等教育研究》（Research in Higher Education）在线发表了一篇题为《专业决策：转专业对社区学院学生学业结果的影响》（Major Decision：the Impact of Major Switching on Academic Outcomes in Community Colleges）的文章（Liu et al.，2021）。她们采用 2011—2017 年美国某州 20 所公立两年制社区学院（community college）学生层面的行政数据，运用倾向得分匹配法，就转专业对大学生学业结果的处理效应进行了估计。刘等人将样本限定于 2010 年秋季至 2011 年夏季首次就读社区学院、入学第一学期便选定专业①且至少在社区学院就读四个学期的学生，此类学生的样本数量共有 15391 人。

根据描述统计，样本中有 21% 的学生曾转换过专业，有 4% 的学生不止一次转换专业。如表 6.5 所示，转专业和未转专业学生确实在一些特征

---

① 美国社区学院允许学生在入学第一学期不确定主修专业。有研究将第一学期未确定主修专业的学生之后确定修读专业的行为也定义为转专业。刘等人认为此种做法不妥当，故将有此类行为的学生从样本中剔除。

变量的样本均值上存在显著差异。① 譬如，转专业学生中参加数学和英文补习的学生占比明显高于未转专业学生，而转专业学生中有意愿获得社区学院毕业证书或副学士学位的学生比例明显低于未转专业学生，这几个变量的标准化偏差值都达到10%以上。这说明那些学习能力低、学习动机弱的学生要比学习能力高、学习动机强的学生更倾向于转换专业。此外，转专业和未转专业学生在女性占比、非洲裔占比、入学年龄、所在地区贫困人口比例等变量均值上也存在着不同程度的差异，这些变量的标准化偏差值也都超过或接近5%。

表6.5 匹配前转专业和未转专业学生之间的数据非平衡

	转专业学生（处理组）	未转专业学生（控制组）	标准化偏差	标准差比
个人特征				
女性	60%	53%	0.142	0.980
非洲裔	16%	15%	0.050	1.050
学院所在州内居民	80%	79%	0.044	0.970
学院所在地区居民	33%	32%	0.032	1.010
入学年龄	24.089	24.853	−0.088	0.920
有意愿获得学院毕业证书或副学士学位	60%	67%	−0.124	1.040
参加数学补习	73%	67%	0.134	0.940
参加英文补习	41%	34%	0.143	1.040
家庭社会经济背景				
所在地区家庭收入中位值	49399	50162	0.085	1.010
所在地区贫困人口比例	12%	11%	−0.048	0.990
样本数量	3514	11877		

注：该表取自 Liu 等（2021）表2和表8。原统计表包含34个特征变量，在此我们只呈现其中部分重要特征变量的描述统计结果。

---

① 作者在表中只给出处理组和控制组特征变量均值结果，并未呈现这两组学生变量均值差异的显著性检验结果。不过，作者在正文中报告了表中部分变量的两组均值差通过了 t 检验。

学习能力、学习动机和家庭社会经济背景都是决定学生未来学业结果的重要因素。两类学生在这些关键特征变量上存在显著差异，预示着采用常规计量方法很可能导致转专业对学生学业结果处理效应的偏估。为解决这些重要特征变量在两组学生之间的数据非平衡问题，刘等人对样本数据实施倾向得分卡尺匹配。她们先构建学生转专业的选择模型，采用逻辑回归对学生转专业的倾向得分进行估计，回归模型为

$$\ln \left[p_i \big/ \left(1 - p_i\right) \right] = \alpha + \beta \cdot X_i \qquad (6.28)$$

其中，p_i 表示表示学生 i 转专业的概率，X_i 表示可能影响学生专业选择的各种匹配变量，包括学生性别、家庭所在地、年龄、入学意图、就读大学和机构、大学入学第一学期所选专业、课程通过率、是否修读大学数学课程、在第一学期是否有挂科等等。作者选择的匹配变量共有 34 种，都是发生在学生转专业之前的前定变量，这些变量大致可以分为三类：一是用于反映学生个人特征的变量，如学生性别、家庭所在地、年龄、入学意图等等；二是用于反映学生家庭所在县社会经济背景的变量，如地区家庭收入中位数、贫困人口比例等等；三是用于反映学生学习能力和学习动机的变量，作者以学生在第一学期的学业成绩作为学习能力的代理变量（proxy variable），以学生期望获得毕业证书、学位文凭的意愿作为学习动机的代理变量。

作者在文中未采用似然比或其他方法对匹配变量的挑选与逻辑回归函数形式的设定进行检验，逻辑回归函数（6.28）采用线性形式，即所有匹配变量只采用一次项形式，并且与其他匹配变量不形成交互。

根据逻辑回归的估计结果（见表6.6），学生性别、家庭所在地、学习动机和意愿、学习能力等变量对社区学院学生转专业有显著影响，这再次说明美国社区学院学生转专业确实存在基于学习能力、学习动机和家庭背景自我选择的行为特征。

表6.6　社区学院学生转专业倾向得分的逻辑回归估计结果

	估计系数	标准误
个人特征		
女性	0.151^{***}	0.047

	估计系数	标准误
个人特征		
非洲裔	0.127*	0.071
拉美裔	−0.101	0.115
其他族裔	−0.010	0.059
是否学院所在地区居民	0.182**	0.079
是否学院所在州内居民	0.271***	0.066
学院入学年龄	0.002	0.004
高中毕业后是否延期入读学院	0.015	0.049
高中毕业后延期入读学院的年限	−0.012***	0.004
是否有意愿习得一项劳动技能	−0.181**	0.081
是否有意愿转学至四年制本科院校	−0.189**	0.088
是否有意愿获得毕业证书或副学士学位	−0.133**	0.062
是否有意愿获得学士学位	−0.426	0.362
是否参加数学补习课程	0.239***	0.053
是否参加英文补习课程	0.068	0.050
家庭所在地区社会经济背景		
收入中位数	0.001	0.003
贫困人口比例	−0.084	0.681
领取食品券的家庭比例	0.393	0.712
具有学士学位的人口比例	−0.016	0.530
女性比例	−0.292	0.930
非洲裔人口比例	−0.233	0.181
拉美裔人口比例	0.547	0.588
来自太平洋岛国的人口比例	1.970	2.087
亚裔人口比例	0.462	1.418
其他族裔的人口比例	−0.109	1.954
从事管理层工作的人口比例	−0.004	0.008
从事服务业的人口比例	0.003	0.009
从事零售业的人口比例	0.005	0.007

（续表）

	估计系数	标准误
从事建筑业的人口比例	− 0.017*	0.009
第一学期学业表现		
第一学期获得的学分数	− 0.002	0.006
第一学期是否修读大学数学课程	0.101	0.258
第一学期是否通过大学数学课程	0.147	0.065
第一学期的课程通过率	− 0.159**	0.286
第一学期是否有未通过的科目	0.281***	0.077
样本容量	15391	

注：该表取自 Liu 等（2021）表 3；＊＊＊为 0.001 水平上显著，＊＊为 0.01 水平上显著，＊为 0.05 水平上显著。

通过逻辑回归估计得到学生转专业的倾向得分后，刘等人采用卡尺匹配对处理组转专业学生和控制组未转专业学生进行匹配。她们将卡尺的宽度设定为倾向得分估计值标准差的 1/20，这要比罗森鲍姆和鲁宾（Rosenbaum & Rubin, 1985）和奥斯汀（Austin, 2011）建议的宽度窄得多。卡尺匹配采用一对多且不放回策略。

如前所述，匹配后需对匹配质量进行诊断，主要包括共同支撑区间和数据平衡性两方面检验。图 6.4 以直方图的形式呈现了处理组和控制组倾向得分分布及其重合区间在匹配前后的变化情况，其中图（a）表现的是匹配前的分布状况，图（b）表现的是匹配后的分布状况。由该图可以看出：首先，在实施匹配前，处理组学生转专业的倾向得分取值就与控制组学生高度重合，重合区域大致在 [0, 0.7]，满足共同支撑区间假设①；其次，匹配前两组学生转专业的倾向得分在分布位置上大致重合，分布中位数都在 0.2 左右，但这两个分布的偏态（skewness）存在一定差异。转专业学生的倾向得分更加集中在分布右部的高分区，而未转专业学生的倾向

---

① 刘等人在文中并未交代倾向得分是采用 p 值还是 $\ln[p/(1-p)]$，但根据图 6.4，她们似乎是以 p 值作为倾向得分，并以 p 值标准差的 1/20 来设定卡尺宽度。这一做法与奥斯汀（Austin, 2011）建议应以 $\ln[p/(1-p)]$ 标准差的 1/5 来设定卡尺有所不同。

得分更加集中在分布左部的低分区。也就是说，高分学生拥有比低分学生更高的转专业倾向。实施匹配后，处理组和控制组倾向得分分布形态趋于一致，原来的偏态差异消失了，两组学生在共同支撑区间 $[0, 0.7]$ 范围内几乎拥有完全相同的倾向得分分布。

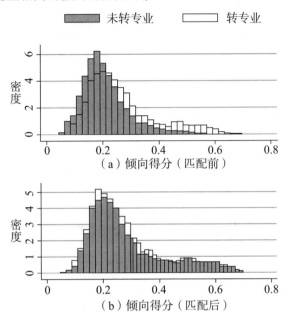

图6.4　匹配前后倾向得分分布变化与共同支撑区间

注：该图取自 Liu 等（2021）图1。

图6.5直观地呈现了匹配变量的标准化偏差在匹配前后的变化状况。图中横坐标表示标准化偏差值，坐标轴列举了选择模型使用的23种匹配变量，圆点表示各匹配变量在实施匹配前的标准化偏差值，十叉表示各匹配变量实施匹配后的标准化偏差值。如前所述，变量的标准化偏差值越接近0，表明该变量在两组之间的平衡性越好，变量的标准化偏差值在 $[-5\%, 5\%]$ 之间便可视为实现了数据平衡。由图6.5可知，有些匹配变量在匹配之前就有较好的数据平衡性（如学生所在县的家庭收入中位数），匹配后这些变量的标准化偏差进一步缩小。另有一些变量在匹配之前存在着较大的差异（如女性占比、参加数学和英文补习的学生占比、社区学院入学年龄、第一学期获得的学分数、有意愿获得毕业证书或副学士学位的学生比例、学院延迟入学年限），这些变量的标准化偏差值在匹配前都超出 $[-5\%, 5\%]$，但匹配后标准化偏差值都趋向于0，落入可容忍范围内。

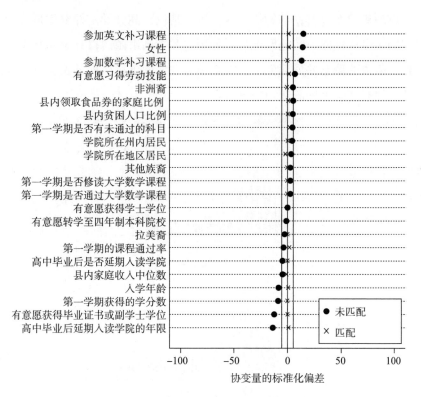

图 6.5 匹配前后匹配变量的平衡性检验

注：该图取自 Liu 等（2021）图 2。

形成高质量的匹配样本后，刘等人采用多元线性回归估计转专业对学生学业结果的处理效应，回归模型如下：

$$Y_i = \alpha + \beta \cdot T_i + \lambda \cdot X_i + \varepsilon_i \qquad (6.29)$$

其中，Y 为结果变量，刘等人采用多种变量表示学生的学业结果，包括学生入学三年或六年内所获得的总学分，以及入学四年或六年内是否获得社区学院毕业证书、是否获得文科或理科副学士学位、是否获得学士学位等等；T 为处理效应，表示学生是否转专业，转专业 $T_i = 1$，未转专业 $T_i = 0$，处理变量 T 的估计系数 β 表示转专业对学生学业结果的处理效应；此外，回归模型还控制了其他变量 X，包括学生家庭背景和就读的大学或机构等。通常情况下，匹配后处理效应回归估计只需控制那些在之前匹配中未实现数据平衡的匹配变量，学生家庭背景和所就读学院等变量都在之前的数据匹配中实现了平衡，没有必要在对处理效应的回归估计中再进行控制。

转专业处理效应的回归估计结果如表 6.7 所示。首先，转专业对学生修读课程的总学分有显著的正效应。与未转专业相比，转专业使得学生三年内和六年内获得的总学分显著增加 1.6 个和 1.9 个。这一结果是在预料之中的，因为转专业的学生必须修读额外的专业课程，才能达到新专业的毕业条件，转专业会显著增加学生的学习负担。其次，转专业对于学生获得社区学院毕业证书有显著的正效应，转专业能使得学生在四年内或六年内获得社区学院毕业证书的概率显著增加 2.4—2.6 个百分点。这一结果表明虽然转专业增加了学生的学习负担，但它有助于激发学生的学习动力，提高学生从社区学院毕业的可能性。最后，转专业对于学生获得副学士学位的概率没有显著影响，但它对于学生由社区学院升读四年制本科院校并获得学士学位的概率有显著的负影响。对于这一结果，刘等人的解释是，获得学士学位需完成规定的四年制课程，学生在转专业之前修读的不少课程对于申请学士学位来说可能是无用的，转专业学生通常需要经过非常长时间的课程学习才能达到学士学位的申请条件，这极大地增加了此类学生未来获得学士学位的难度。

表 6.7　转专业对学生学业结果的处理效应

结果变量	估计系数	标准误
三年内获得的总学分	1.610**	0.770
六年内获得的总学分	1.890**	0.881
就读四年制本科院校	0.005	0.009
四年内获得社区学院毕业证书	0.024**	0.009
六年内获得社区学院毕业证书	0.026***	0.009
四年内获得文科或理科副学士学位（AA/AS）	0.008	0.011
六年内获得文科或理科副学士学位（AA/AS）	0.010	0.012
四年内获得应用科学副学士学位（AAS）	−0.005	0.007
六年内获得应用科学副学士学位（AAS）	0.006	0.009
四年内获得学士学位	−0.010***	0.003
六年内获得学士学位	−0.016***	0.005
样本容量	15391	

注：该表取自 Liu 等（2021）表 4；我们只呈现原表中部分重要结果变量的处理效应估计结果；＊＊＊为 0.001 水平上显著，＊＊为 0.01 水平上显著。

　　刘等人还将总样本分为不同子样本，就转专业对不同类型学生学业结果的处理效应进行了估计。如表 6.8 所示，她们按照学生的转出专业类别进行异质性分析。根据估计结果，转专业处理效应在原先修读文学艺术专业的学生子样本中较为显著，转专业显著提高了此类学生获得社区学院毕业证书和副学士学位的概率。转专业对原先修读科学、技术、工程与数学，以及修读健康和商科专业的学生的学业结果的处理效应大都不显著。值得注意的是，转专业对原先修读科学、技术、工程与数学专业的学生升读四年制本科院校有显著的正影响，这意味着从该类专业转出的学生拥有更高的概率升读四年制本科院校并获得学士学位。

表 6.8　转专业对不同专业学生学业结果的处理效应

结果变量	文学艺术		科学、技术、工程与数学		健康		商科	
	估计系数	标准误	估计系数	标准误	估计系数	标准误	估计系数	标准误
三年内获得的总学分	6.944**	2.669	0.184	2.630	6.627***	1.837	−0.725	1.637
六年内获得的总学分	5.058*	2.590	0.359	3.079	6.214***	1.983	−0.173	1.674
就读四年制本科院校	0.048	0.035	0.050**	0.023	0.033	0.020	−0.000	0.033
四年内获得社区学院毕业证书	0.029***	0.010	−0.006	0.022	0.021	0.015	−0.027	0.020
六年内获得社区学院毕业证书	0.022*	0.012	−0.002	0.024	0.025*	0.013	−0.019	0.028
四年内获得文科或理科副学士学位（AA/AS）	0.146***	0.047	−0.006	0.037	0.018	0.029	−0.039	0.029
六年内获得文科或理科副学士学位（AA/AS）	0.126**	0.051	−0.009	0.044	0.030	0.021	−0.031	0.039

（续表）

结果变量	文学艺术		科学、技术、工程与数学		健康		商科	
	估计系数	标准误	估计系数	标准误	估计系数	标准误	估计系数	标准误
四年内获得应用科学副学士学位（AAS）	0.066***	0.021	−0.041	0.024	−0.002	0.012	−0.035	0.022
六年内获得应用科学副学士学位（AAS）	0.107***	0.024	−0.049*	0.027	−0.001	0.021	−0.034	0.024
四年内获得学士学位	0.008	0.017	0.001	0.010	0.006	0.007	−0.038**	0.017
六年内获得学士学位	0.017	0.031	0.006	0.013	0.013	0.010	−0.037	0.029
样本容量	1011		1673		3664		1699	

注：该表取自 Liu 等（2021）表6；我们只呈现原表中部分重要结果变量的处理效应估计结果；＊＊＊为0.001水平上显著，＊＊为0.01水平上显著，＊为0.05水平上显著。

刘等人研究的学术贡献和创新主要体现在两个方面：第一，以往同类研究大都研究大学生转专业行为的发生机制与决定因素，极少有研究探讨转专业对大学生学业结果的影响，对于社区学院学生转专业的研究文献更是少之又少；第二，作者拥有20所公立两年制社区学院学生个体层面的微观追踪数据，样本含有丰富的学生个体特征及在校学业表现信息。在充沛数据的支持下，她们可以在控制学生学习能力和学习动机代理变量的条件下就转专业对学生学业结果的短期和长期效应进行估计。可以说，刘等人的研究凭借议题和数据创新取胜。从技术角度看，她们的研究设计和方法应用相对简单，没有太多的"惊艳"之处，其分析过程中还有一些技术细节值得商榷，估计结果还存在隐性偏估的可能，但我们依然可以从她们的研究中汲取经验并获得启示。

二、 离婚会导致生活水平下降吗？

离婚对于原配偶双方来说都是极不愉快的一段人生经历，但更糟糕的是，这一不愉快经历的影响可能会在离婚后延续很长时间。有众多研究结果显示，离婚会对原配偶双方造成一定的经济损失，并且女性所蒙受的损失往往要高于男性。有经验证据表明，离婚后女性的生活标准通常会大幅度下降，面临较高的致贫风险；相比之下，离婚后男性的生活标准不会发生太大变化，甚至还可能有所上升（Peterson，1996；Leopold，2018）。

经济学家将离婚后男女性之间的经济不平等现象归因于离婚前家庭内部分工。家庭内部分工通常是"男主外、女主内"，男性是家庭经济收入的主要来源，女性则承担起处理家庭事务和照料孩子的责任。婚后女性长期脱离劳动力市场，一旦离婚，失去收入来源，又不具备足够的收入能力，因而很难维持原有的生活水平。根据这一理论解释，离婚后男女性经济不平等是由原配偶双方在家庭中的经济地位差异所决定的，与其性别属性无关。如果离婚前家庭分工是"女主外、男主内"，那么离婚后男性一方的生活标准下降幅度应当会超过女性。那么，现实情况是否如理论预期一样呢？

2021 年，三位法国人口经济学家卡罗尔·博内（Carole Bonnet）、伯特兰·加宾蒂（Bertrand Garbinti）和安妮·索拉斯（Anne Solaz）在《人口经济学杂志》（*Journal of Population Economics*）上发表了一篇题为《夫妻分工的另一面：离婚对两性生活标准和劳动力供给的效应》（The Flip Side of Marital Specialization: the Gendered Effect of Divorce on Living Standards and Labor Supply）的文章，他们采用 2008—2010 年法国家庭所得税数据，运用倾向得分匹配结合倍差法，就离婚对于原配偶双方生活标准及劳动供给的处理效应进行了估计（Bonnet et al.，2021）。

博内等人定义"在婚"包括传统的法定婚姻和法律承认的民事结合（PACs）两种类型。他们先根据手中的 2009 年数据甄别出在当年发生离异且年龄介于 20—55 岁之间的观测对象，再根据 2008 年和 2010 年数据剔除那些在 2008 年和 2010 年新组建家庭的观测对象①，由此得到 2009 年发生离异、离异前在婚年限超过一年并且 2010 年依然处于离异状态的处理组样本，该样本共含有 56300 名离婚男性和 64400 名离婚女性②。控制组样本则由 2008—2010 年处于在婚状态且未离异的观测对象组成。

在人口经济学中，个人的生活标准（living standard）被定义为经过家庭人口数量调整后的家庭收入，因此生活标准又被称为调整后收入（adjusted income）或等价化收入（equivalized income）。生活标准有多种测量方法，比较常用的是 OECD 等价法。设一对配偶的总收入是 E，配偶中有一方为家庭主要收入来源者，其收入占比为 α，另一方为家务负担者，其收入占比为 $1-\alpha$。这对配偶有 n 个 14 周岁以下孩子需抚养。为计算家庭平均生活标准，我们需对家庭不同成员做人数上的等价转换：户主设为 1 人，每增加一名成年人设为 0.5 人，一个 14 周岁以下孩子设为 0.3 人。按此方法，一对配偶抚养 n 个 14 周岁以下孩子的家庭人口等价数量为：$1+0.5+0.3n$。于是，该家庭在婚时平均生活标准为 $E/(1.5+0.3n)$。假定离婚后孩子归家务负担者抚养，离婚后家务负担者的生活标准变为 $(1-\alpha)E/(1+0.3n)$，收入主要来源者的生活标准变为：αE。③ 据此，便可计算出离婚前后配偶双方生活标准变化量为

$$\text{家庭家务负担者：}\frac{离婚后生活水平}{离婚前生活水平}=(1-\alpha)\frac{1.5+0.3n}{1+0.3n} \quad (6.30)$$

$$\text{家庭主要收入来源者：}\frac{离婚后生活水平}{离婚前生活水平}=\alpha(1.5+0.3n) \quad (6.31)$$

博内等人对家庭收入 E 采用了三种不同的统计口径，由此产生三种生活标准指标：一是转移支付前的生活标准，未将私人和政府对家庭的转移支付计入家庭收入；二是含有私人转移支付的生活标准，将夫妻双方离异后的经济补偿（即私人转移支付）计入家庭收入；三是总体生活标准，将公共和私人转移支付都计入家庭收入。如后文的分析结果，是否将私人和公共转移支付计入家庭收入对于离婚处理效应的估计有重要影响。

---

① 剔除 2008 年新组建家庭的观测对象是为了删去那些"闪离者"。
② 这些离异观测对象分别占法国官方统计的法定婚姻离异和民事结合离异数量的 95% 和 50%，具有很高的代表性。
③ 此处隐含假设离婚对原配偶双方收入均无影响。

如图 6.6 所示，横坐标表示配偶双方离婚前后生活标准的变化量。经归零化处理后，该变化量等于 0 时，表示离婚后个人生活标准未发生变化；该变化量大于 0 时，表示离婚后个人生活标准提升；该变化量小于 0 时，表示离婚后个人生活标准下降；该变化量等于 −1，则表示离婚后个人完全丧失收入。

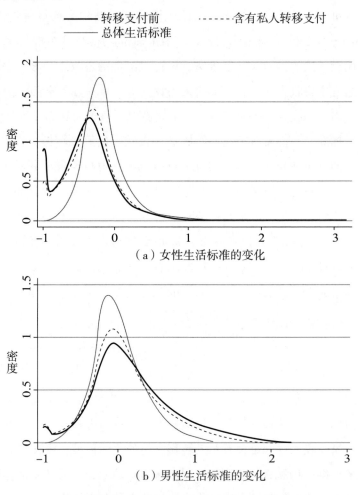

图 6.6 　离婚前后女性和男性的生活标准分布变化

注：该图取自 Bonnet 等（2021）图 1 和图 2。

图 6.6 的（a）、（b）两图分别呈现了女性和男性离婚前后生活标准变化量的概率密度分布。由图（a）可知，当公共转移支付和私人转移支付都不计入收入时，女性离婚前后的生活标准变化量呈左偏态分布，分布的峰值位于 0 的左侧。这说明在不考虑转移支付的情况下，离婚后绝大部

分女性的生活标准会趋于下降。如果将私人转移支付计入收入，女性分布得到些许的右偏改善。如果再将公共转移支付计入收入，女性分布将得到较大程度的右偏改善。这表明私人转移支付和公共转移支付有助于提高离异女性的生活标准，而且公共转移支付的改善效果明显强于私人转移支付。

男性的情况与女性正好相反。如图 6.6 的图（b），当公共转移支付和私人转移支付都不计入收入时，男性离婚前后生活标准变化量分布的峰值位于 0 附近，这表明离婚对大部分男性生活标准没有影响。但如果将私人转移支付和公共转移支付计入收入，男性离婚后的生活标准明显下降，其分布会发生明显的左偏变化。产生这一现象的原因主要有两方面：一方面，男性离婚后再也享受不到在婚时所享有的相关政府税收减免与其他公共转移支付待遇；另一方面，男性在婚时通常是家庭主要收入来源者。按照法律规定，家庭主要收入来源者离婚后，应给予另一方一定的经济补偿并支付抚养孩子的费用。

离婚事件不是随机发生的，离异者和未离异者可能在许多特征变量上存在显著差异，离异者在离婚前后的生活标准变化与未离异者在同一时期的生活标准变化不具有可比性。离婚和生活标准变化量之间存在大量的混淆变量。譬如，如果离异者选择离婚是因为在婚时收入发生了负增长，那么研究者所观测到的离异者生活水平的下降就很可能不是离婚导致的，而是由于某些形成收入下降的不可观测因素导致的。为正确估计离婚的处理效应，研究者需采用一定因果识别策略消除这些潜藏变量对因果效应估计的偏估影响。

博内等人采用倾向得分匹配结合倍差法的研究设计思路。他们先对样本中离异者和未离异者样本实施匹配，纠正显性偏估。他们的数据匹配过程分为以下两个步骤。

第一步，对处理组和控制组进行分层精确匹配。他们从众多特征变量中挑选出三个最重要的特征变量——性别、孩子数量和（离婚前）男性在家庭收入中占比。其中，性别变量取 0（女性）和 1（男性）两个值；孩子数量取 0、1、2、3 及更多，共四个值；男性收入占比取 0、1 和 2 三个值，分别表示男性收入占比为 40% 以下、40%—60% 和 60% 以上。将这三个重要特征变量具有完全相同取值的离异者和未离异者归在同一个子样本中，总样本被分为 24（$=2 \times 4 \times 3$）个子样本，每一子样本中离异者和未离异者在上述三个重要特征变量上都取得了完美的平衡。

第二步，在 24 个子样本中，采用倾向得分近邻法对剩余的特征变量进行数据平衡。先在各个子样本中分别以是否发生离异作为因变量、以剩余的特征变量[1]作为匹配变量进行逻辑回归，为每一个离异者和未离异者预测出其发生离异的倾向得分，再在各个子样本中实施不放回的近邻匹配，最后就每一个子样本的匹配质量进行检验。

图 6.7 呈现了其中的一个子样本（观测对象为男性、孩子数量为 0 且家庭收入占比达 60% 以上）离异者和未离异者的倾向得分分布情况。如该图所示，在匹配前离异者和未离异者倾向得分分布拥有广袤的重合区间，满足共同支撑区间假设。虽然匹配前离异者和未离异者在分布形态上有较大不同，但匹配后他们的倾向得分分布趋于一致，二者几乎完全重叠，难分彼此。可见，在该子样本中匹配取得了很好的数据平衡效果。

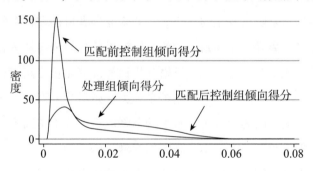

图 6.7　男性、没有孩子且收入占比达 60% 以上子样本的倾向得分分布

注：该图取自 Bonnet 等（2021）图 6。

其余子样本匹配也取得了不错的平衡效果。博内等人对 24 个子样本匹配后的标准化偏差值进行了描述统计。如表 6.9 所示，所有子样本匹配变量的标准化偏差均值都降到 5% 以下。不仅如此，即便按各子样本的标准化偏差最大值进行评判，也只有 8 个子样本匹配变量的标准化偏差最大值略高于 5%（如表中加黑斜体数字）。

---

① 除性别、孩子数量和（离婚前）男性在家庭收入中占比之外的其他特征变量。

表 6.9　24 个子样本匹配后的标准化偏差的描述统计

性别分类	收入占比分类	孩子数量分类	最大值	均值	中位数
女性	<40%	0	**0.0512**	0.0162	0.0125
		1	0.0457	0.0155	0.0147
		2	0.0426	0.0151	0.0136
		≥3	**0.0785**	0.0187	0.0134
	40%—60%	0	0.0303	0.0131	0.0140
		1	0.0277	0.0091	0.0079
		2	0.0325	0.0088	0.0073
		≥3	**0.0538**	0.0144	0.0110
	>60%	0	0.0356	0.0132	0.0099
		1	0.0257	0.0098	0.0101
		2	0.0293	0.0094	0.0090
		≥3	**0.0697**	0.0104	0.0069
男生	<40%	0	**0.0572**	0.0193	0.0159
		1	0.0494	0.0188	0.0154
		2	**0.0507**	0.0233	0.0237
		≥3	**0.0775**	0.0328	0.0342
	40%—60%	0	0.0360	0.0096	0.0072
		1	0.0281	0.0089	0.0072
		2	0.0250	0.0080	0.0062
		≥3	**0.0616**	0.0209	0.0167
	>60%	0	0.0265	0.0089	0.0076
		1	0.0252	0.0107	0.0102
		2	0.0231	0.0066	0.0051
		≥3	0.0473	0.0097	0.0084

注：该表取自 Bonnet 等（2021）表 16。

获得高质量的匹配样本后，博内等人采用倍差法就离婚对离异者生活标准的因果效应进行估计，计量模型为

$$\Delta\ln Y_i = \alpha + \beta \cdot T_i + \varepsilon_i \tag{6.32}$$

很明显，他们的倍差法估计采用的是固定效应模型。其中，Y 为结果

变量，表示观测对象 i 的生活标准，因变量 $\Delta \ln Y_i$ 表示 2008—2010 年观测对象 i 生活标准的对数值的变化量；T_i 为处理变量，若观测对象在 2009 年离婚，$T_i = 1$，若未离婚，$T_i = 0$。处理变量的估计系数 β 是离婚对离异者生活标准的平均处理效应，它表示离婚会使得离异者的生活标准变化 $\beta \times 100\%$。

为估计离婚对于不同性别离异者生活标准的处理效应，博内等人在模型（6.32）中加入性别变量及其与处理变量的交互项：

$$\Delta \ln Y_i = \alpha + \beta_1 \cdot T_i + \beta_2 \cdot gender_i \cdot T_i + \gamma \cdot gender_i + \varepsilon_i \qquad (6.33)$$

此时，离婚对女性离异者生活标准的平均处理效应为 β_1，离婚对男性离异者生活标准的平均处理效应为 $\beta_1 + \beta_2$。同理，我们还可以在模型（6.32）中加入孩子数量与男性收入占比这两个重要特征变量及其与处理变量的交互项，就离婚对拥有不同孩子数量的离异者的生活标准的平均处理效应，以及离婚对家庭内部不同分工的离异者的生活标准的平均处理效应进行倍差法估计。如此设定计量模型，相当于在不同子样本下就不同人群的离婚处理效应进行异质性分析。

估计结果如表 6.10 所示。博内等人先不区分孩子数量和男性收入占比，只就女性和男性在离婚前后的生活标准变化量及其与未离异者同一时期生活标准变化量的对比结果进行估计。如表中女性部分的估计结果，当不考虑任何转移支付收入时，女性离婚后生活标准显著下降 35.1%；如果将私人转移支付计入收入，女性在离婚后生活标准的下降幅度变为 29.4%；如果再将公共转移支付计入收入，女性在离婚后生活标准的下降幅度变为 14.4%。可见，私人转移支付和公共转移支付都对女性离婚后生活标准具有改善作用，而且公共转移支付对于女性离婚后生活标准的改善作用要比私人转移支付大得多。根据倍差法的估计结果，离婚对于离异女性生活标准的处理效应为 −18.5，这表明与同期未离异女性相比，离异女性的生活标准显著下降了 18.5%。

离异男性的估计结果与离异女性正好相反。当不考虑任何转移支付收入时，男性在离婚后生活标准显著上升了 24.2%，如果将私人转移支付和公共转移支付计入收入，男性离婚后的生活标准会大幅度下降。根据倍差法的估计结果，离异男性的生活标准与同期未离异男性相比显著下降了 2.1%。

表6.10 离婚对离异者生活标准的处理效应估计

	女性				男性			
	PSM-OLS			PSM-DID	PSM-OLS			PSM-DID
	不包含转移支付	包含私人转移支付	包含私人转移支付和公共转移支付	总体生活标准并与未离异者对比	不包含转移支付	包含私人转移支付	包含私人转移支付和公共转移支付	总体生活标准并与未离异者对比
不区分								
	−35.1***	−29.4***	−14.4***	−18.5***	24.2***	15.1***	3.5***	−2.1***
孩子数量								
0	−26.9***	−25***	−18.6***	−21.2***	−1.9***	−3.7***	−5.2***	−9.1***
1	−32.7***	−28***	−13.5***	−18.8***	12.4***	6.3*	2.1***	−4***
2	−36.2***	−29.2***	−13.9***	−18.6***	28.1***	16.8***	5.5***	−1***
≥3	−45***	−36.6***	−12***	−15.6***	64.6***	47.2***	11.9***	5.6***
男性收入占比								
<40%（女性占优型）	18.9***	21.4***	18**	1.9***	−9***	−13.2***	−8.2***	−20.4***
40%—60%（平等型）	−26.1***	−23***	−16.3***	−17.3***	−3.6***	−8.7***	−13.6***	−15.3***
>60%（传统型）	−53.8***	−45.8***	−21***	−24.7***	49.9***	37.1***	17.4***	10.3***
样本容量	64393	64393	64393	128786	56299	56299	56299	112598

注：该表取自Bonnet等（2021）表1。＊＊＊为0.01水平上显著，＊＊为0.05水平上显著，＊为0.1水平上显著；表中估计系数的标准误根据各子样本计算而得；表中男性和女性前三个估计结果只是就离异者离婚前后的生活标准进行回归估计，只有最后一个结果由倍差法估计得到。

转移支付收入不仅对处理效应估计水平有影响，对于处理效应的异质性表现也有重要影响。如表6.10区分孩子数量这一栏的估计结果，当不考虑任何转移支付收入时，离异女性生活标准的下降幅度会随着抚养孩子数量的增加而不断上升，但在考虑私人转移支付和公共转移支付后，这一异质性表现消失了。根据倍差法的估计结果，离婚会使得抚养不同数量孩子的离异女性的生活标准显著下降 15%—22%。

离异男性的处理效应异质性情况与女性相似。当不考虑任何转移支付收入时，离异男性生活标准的上升幅度会随着抚养孩子数量的增加而不断上升，但考虑转移支付收入后，这一异质性表现也明显变弱了。倍差法的估计结果显示，离婚会使得抚养不同数量孩子的离异男性的生活标准显著变化 -10%—6%。

为进一步分析家庭分工对离婚后生活标准的影响作用，博内等人将家庭分工分为三种类型：（离婚前）家庭收入男性占比超过 60% 的传统型家庭、（离婚前）家庭收入男性占比在 40%—60% 之间的平等型家庭、（离婚前）家庭收入男性占比低于 40% 的女性占优型家庭。根据表 6.10 中的倍差法估计结果，在平等型家庭中，离婚使得女性和男性生活标准分别显著下降了 17.3% 和 15.3%，即离婚给女性和男性带来的经济损失大致相同，离婚前经济平等，离婚后经济亦平等；在女性占优型家庭中，离婚使得女性生活标准显著上升了 1.9%，使得男性生活标准显著下降了 20.4%，即离婚给男性带来的经济损失远超女性，离婚前女性占优，离婚后女性依旧占优；在传统型家庭中，离婚使得女性生活标准显著下降 24.7%，使得男性生活标准显著上升 10.3%，即离婚给女性带来的经济损失远超过男性，离婚前男性占优，离婚后男性依旧占优。以上估计结果很好地验证了离婚前家庭内部分工状况对于离婚后个人生活标准的重要影响，离婚前家庭内部分工状况是引发离婚后两性之间经济不平等现象的重要原因。

博内等人在文中采用相同的研究设计，还就离婚对于女性和男性劳动供给的处理效应进行了估计，发现离婚对女性和男性的劳动供给均有一定的正效应。譬如，离婚使得在婚时不工作的女性离婚后就业概率显著增加 28.8 个百分点，并使得在婚时有工作的女性离婚后收入水平显著增加 12.4%。除此之外，他们还做了一些敏感性分析和延伸性的分析和讨论，有兴趣的读者可自行研读原文中相关内容。

博内等人只拥有观测对象离婚前后两期数据，这使得他们只能就离婚对离婚者个人生活标准的短期处理效应进行估计。如前所述，倍差法需就平行趋势假设做出检验，或采用三重差分就模型中随时间变化的异质性进行控制，仅凭两期数据无法完成这些检验工作。从这一角度看，博内等人的研究结论依然存在偏估的风险。如果模型潜藏着某些不可观测且随时间变化的混淆变量，他们所估计的结果依然可能是有偏的。

第四节 倾向得分匹配的 Stata 操作

2017 年，本书两位作者黄斌、朱宇曾与美国罗切斯特大学徐彩群博士、上海财经大学高蒙蒙博士在《中国经济评论》（*China Economic Review*）上合作发表了一篇题为《中国省直管县的财政体制改革对小学教育的影响》（The Impact of Province-Managing-County Fiscal Reform on Primary Education in China）的文章（Huang et al.，2017）。该研究采用 2005—2007 年全国县级地方数据，运用倾向得分匹配结合倍差法，就"省直管县"改革对县级地方小学教育财政支出的处理效应进行了估计。在本节中，我们使用该研究实例数据呈现倾向得分匹配及其与倍差法配合实施的整个实操过程。

一、 研究背景与研究设计

2000 年以前，中国市与县之间的管理长期遵循一种以地级市为中心对其下辖各县实施领导的"市管县"体制。随着经济社会的发展，"市管县"体制逐渐丧失其原有优势。有研究表明此种体制存在不少弊病，包括增加政府管理成本、降低行政运行效率、加剧县级财政困难并阻碍县域经济与农村经济发展。为进一步理顺省以下地方政府间财政关系、促进县域经济发展，我国于 2004 年开始实施省直接管理县的财政管理体制改革（以下简称为"省直管县"改革），省财政跨过市，直接与县财政开展政府间收支划分、转移支付、资金往来、预算决算等业务工作。

　　"省直管县"改革采用先试点后逐步推广的渐进改革模式，改革进程可分为三个阶段：2004—2005 年的少数试点阶段、2006—2007 年的逐步推广阶段和 2009 年之后的全面实施阶段。截至 2012 年年底，全国推行"省直管县"改革的省份共有 24 个，实施改革的县有 1099 个，占全国县级行政区划数量的 55.75%。"省直管县"改革带有浓厚的分权化色彩，改革有三个目标：促进县域经济发展、扩充县级地方财力、促进地方公共服务供给均衡化发展。以往相关文献大都关注"省直管县"改革在促进县域经济发展与提升县级地方财力方面的作用，极少有研究探讨"省直管县"改革对于地方公共服务供给的影响。

　　义务教育财政支出是县级地方公共预算财政支出中占比最大的一项公共服务支出。我们的研究目标是运用倾向得分匹配结合倍差法，就"省直管县"改革在增强县级地方公共教育供给能力、改善地区间义务教育财政支出差异并促进城乡义务教育均衡发展方面的实施成效进行评价。为达成上述研究目的，我们合并了多种县级地方统计资料和基线报表数据，形成包含 2005 年和 2007 年两年各 1296 个县（县级市）的重复测量面板数据。[①] 我们从原始数据中随机抽取了 1102 个县作为本讲的演示数据。

　　"省直管县"改革县的挑选不是随机的，改革县和未改革县存在诸多特征差异。为正确识别改革的因果效应，我们先采用倾向得分匹配法对改革县和未改革县实施数据平衡，匹配包括以下几个步骤：第一步，挑选匹配变量并构建选择模型；第二步，利用 2005 年未发生改革时的县级数据，通过逻辑回归为样本中每一个县估计出其发生"省直管县"改革的倾向得分；第三步，采用马氏距离匹配和近邻卡尺匹配将具有相似倾向得分的改革县和未改革县一对一匹配起来，形成新的匹配样本；第四步，就匹配质量进行诊断，对共同支撑区间假设和数据平衡性进行检验。

　　完成匹配后，我们采用倍差法对改革的处理效应进行估计，回归模型为

_____

① 为进行平行趋势检验，我们还将数据扩展至 2003 年和 2009 年。

$$Exp_{it} = \beta_0 + \beta_1 \cdot PMC_i + \beta_2 \cdot post + \beta_3 \cdot (PMC_i \cdot post) + \sum \lambda \cdot X + \varepsilon_{it}$$

$$(6.34)$$

其中，Exp_{it} 为结果变量，表示 i 县在第 t 期小学生均教育事业费；PMC 为处理变量，若 i 县在 2005—2007 年期间发生"省直管县"改革，$PMC_i = 1$，若未发生改革，$PMC_i = 0$；$post$ 为时间变量，2005 年改革前 $post = 0$，2007 年改革后 $post = 1$；X 表示其他控制变量，主要包括在匹配中未实现数据平衡的匹配变量与东中西部地区虚拟变量①。处理变量 PMC 和时间变量 $post$ 交互项的估计系数 β_3 就表示"省直管县"改革对于县级地方小学教育财政支出水平的平均处理效应。

除估计改革对小学教育财政支出水平的处理效应外，我们还就改革在改善城乡义务教育财政支出差异方面所可能起到的作用进行了估计。要实现这个估计，只需将模型（6.34）中的结果变量 Exp 替换成各县城镇与农村小学生均教育事业费差值 $Dexp$：

$$Dexp_{it} = \beta_0 + \beta_1 \cdot PMC_i + \beta_2 \cdot post + \beta_3 \cdot (PMC_i \cdot post) + \sum \lambda \cdot X + \varepsilon_{it}$$

$$(6.35)$$

二、 倾向得分匹配结合倍差法的 Stata 操作

在 Stata 软件中打开本讲的文件夹"第六讲演示数据和 do 文件"，打开"psm_program. do"，并打开数据"psm_data. dta"。

先使用 – des – 命令了解数据的总体情况，再执行如下命令。

```
. tab year treat
```

---

① 在原文中，我们还控制了同时期并行实施的其他一些针对县级地方的政策改革，譬如将部分经济、社会审批管理权和人事权由市下发至县的"强县扩权"改革。

```
Contains data from psm_data.dta
  obs:         2,204
  vars:           17                              26 Mar 2021 23:22

                storage   display    value
variable name   type      format     label        variable label

id              int       %8.0g                   county id
pexp_pup        float     %8.0g                   per pupil expenditure(YUAN)
fisrev_pop      float     %8.0g                   per capita fiscal revenue
gt_pop          float     %9.0g                   per capita general inter-governmental transfer
ct_pop          float     %8.0g                   per capita categorical inter-governmental transfer
fis_pop         float     %12.3f                  proportion of fiscal dependants
east            byte      %8.0g                   eastern region
middle          byte      %8.0g                   central region
west            byte      %8.0g                   western region
year            int       %8.0g                   year
rur_pop         float     %8.0g                   proportion of rural population
farmer_pctge    float     %9.0g                   proportion of farmer
treat           float     %9.0g                   reformed county
time            float     %9.0g                   after reform
d_region        float     %9.0g                   w=0;e=1;m=2
lnpgdp          float     %9.0g                   per capita GDP(log)
ur_ru_expdis    double    %10.0g                  urban-rural educational expedniture gap

Sorted by:
```

```
                   reformed county
      year           0          1    |    Total

      2005          890        212    |    1,102
      2007          890        212    |    1,102

     Total        1,780        424    |    2,204
```

由输出结果可知，演示数据是 2005—2007 年两期面板数据，每年各包含 1102 个县。其中，处理组中有 212 个县，这些县在 2005—2007 年实施"省直管县"改革，控制组有 890 个县，这些县从未实施过"省直管县"改革。

完成倾向得分匹配结合倍差法估计通常需要经过匹配前数据平衡性检验、估计倾向得分、实施匹配、匹配质量检验、组建新的匹配样本与匹配后估计六大步骤。以下，我们分别对这六个步骤实操做详细的讲解。

（一）匹配前数据平衡性检验

既然是对匹配前数据平衡性进行检验，就应对改革前的 2005 年数据进行分析，程序如下。

. keep if year = =2005   *//只保留 2005 年数据*

. save prematch05, replace   *//将 2005 年数据另存为一个新*
数据文件

. pstest lnpgdp fisrev_pop east middle west gt_pop ct_pop
rur_pop fis_pop farmer_pctge, raw t(treat)   //对2005年数据
执行平衡性检验

数据平衡性检验采用命令 – pstest – ，该命令语法是：

pstest [varlist] [if exp] [in range] [, options]

其中，varlist 表示被用于平衡性检验的变量名，这些变量通常是可能影响样本县接受改革概率的相关变量。如本例，我们选取人均 GDP 的对数值（*lnpgdp*）、人均财政收入（*fisrev_pop*）、人均一般性转移支付（*gt_pop*）、人均专项转移支付（*ct_pop*）、农村人口占比（*rur_pop*）、财政供养人口占比（*fis_pop*）、农业从业人口占比（*farmer_pctge*）及东部（*east*）、中部（*middle*）和西部（*west*）虚拟变量进行匹配前平衡性检验。

命令 – pstest – 常用的选项包括：（1）"raw"和"both"，我们通常需要在数据匹配前和匹配后都做出平衡性检验，选项"raw"表示只对匹配前的数据平衡性进行检验，选项"both"表示对匹配前后的数据平衡性都进行检验；（2）选项"treated（varname）"用于指定处理变量，只要将处理变量名填入括弧中即可；（3）选项"graph"表示以图形形式呈现被检验变量的标准化偏差值。如果同时使用"both"和"graph"两个选项，计算机会将被检验变量匹配前后的标准化偏差值呈现在同一图形中，以方便研究者判定匹配前后数据非平衡状态的改善情况。

Variable	Mean Treated	Control	%bias	t-test t	p>|t|	V(T)/ V(C)
lnpgdp	8.8583	8.7057	16.5	2.07	0.039	0.74*
fisrev_pop	465.47	301.18	18.1	2.69	0.007	2.18*
east	.24528	.41236	-36.1	-4.54	0.000	.
middle	.52358	.26292	55.3	7.54	0.000	.
west	.23113	.32472	-21.0	-2.66	0.008	.
gt_pop	406.53	309	32.5	4.63	0.000	1.69*
ct_pop	316.31	234.77	32.5	4.29	0.000	1.07
rur_pop	.7771	.86186	-73.9	-10.70	0.000	1.86*
fis_pop	.03693	.03283	19.3	2.52	0.012	0.99
farmer_pctge	.26669	.3155	-27.1	-3.29	0.001	0.58*

* if variance ratio outside [0.76; 1.31]

Ps R2	LR chi2	p>chi2	MeanBias	MedBias	B	R	%Var
0.150	162.16	0.000	33.2	29.8	96.9*	1.70	71

* if B>25%, R outside [0.5; 2]

根据输出结果，改革县和未改革县确实存在严重的数据非平衡问题。首先，表中所有被检验变量的标准化偏差值都超过了 [−5% , 5%]，其中最大偏差值达 −73.9% （*rur_pop*），最小偏差值亦超过 16% （*lnpgdp*）。根据第二个输出表格，各被检验变量的标准化偏差均值为 33.2%，中位值为 29.8%。[①] 其次，从 *t* 检验结果看，各被检验变量的改革县和未改革县样本均值至少在 0.05 水平上存在显著差异。根据均值差符号可知，接受改革的县多为经济较为发达、地方财力相对雄厚、接受上级政府转移支付较多且农业从业人口占比较小的县。经济、财政与人口结构变量通常对地方义务教育财政支出水平有重要影响，若不对这些混淆变量加以控制，必定会导致改革处理效应的偏估。最后，在除地区虚拟变量以外的七个被检验变量中，有五个的处理组和控制组分布方差比值超出了可容忍范围 [0.76 , 1.31]，只有人均专项转移支付 （*ct_pop*） 和财政供养人口占比 （*fis_pop*） 这两个变量的方差比接近 1。

（二） 估计倾向得分

在这个步骤，我们的主要任务是建立选择模型的逻辑回归函数以估计倾向得分。如前所述，此项工作涉及两方面：一是挑选合适的匹配变量；二是确定匹配变量是否需以高次项或交互项的形式进入回归函数。通过命令 − psestimate − 运行因本斯和鲁宾 （Imbens & Rubin，2015） 似然比检验，可完成这两项工作。该命令语法是：

```
psestimate depvar [indepvars] [if] [in] [, options]
```

其中，因变量 depvar 应为表示观测对象是否接受干预的处理变量，如本例因变量为处理变量 *treat*。如前所述，似然比检验分三步进行。

---

① 在第二个输出表格中，− pstest − 命令还会自动计算出鲁宾 （Rubin，2001） 推荐使用的两个用于测度处理组和控制组整体偏误的指标。鲁宾提出，如果样本处于平衡状态，表中统计量 *B* 值应低于 25，*R* 值应位于 0.5—2 之间。此外，− pstest − 命令还会自动以被检验变量作为自变量，对处理变量进行普罗比回归，并报告普罗比回归的伪拟合优度及其联合显著性检验的结果。根据第二个输出表格，普罗比回归的伪拟合优度为 0.15，联合显著性检验的卡方值为 162.16，其 *p* 值远小于 0.01。

第一步是选择基本匹配变量，这些变量都是研究者根据先验知识确定的会对观测对象是否接受干预产生重要影响的变量，这些变量无须检验，直接进入选择模型。根据 – psestimate – 命令语法，这些基本变量应作为 indepvars，其变量名应输入在 depvar 之后。

第二步是对剩余的待选变量进行检验，我们需依次将待选变量的一次项加入选择模型，观测其所引发的模型对数似然比变化量是否超过某一门槛值，若超过则作为匹配变量保留，反之放弃。根据 – psestimate – 命令语法，这些待选变量名称应输入在选项 "totry（）" 括弧中，命令默认变量一次项似然比变化量的门槛值为 1，若要修改该门槛值，可使用选项 "clinear（#）"。

第三步是对前两步所确定的匹配变量的二次项和交互项进行似然比检验，该检验也需设定一定的门槛值，命令默认门槛值为 2.71，若要修改该门槛值可使用选项 "cquadratic（#）"。

命令 – psestimate – 运用于本例为：

.psestimate treat lnpgdp fisrev＿pop i.d＿region, totry（gt＿pop ct＿pop rur＿pop fis＿pop farmer＿pctge） clinear（1） cquad（2.7）

其中，*treat* 为处理变量，在选择模型中它作为因变量，我们挑选人均 GDP 对数值（*lnpgdp*）、人均财政收入（*fisrev_pop*）和地区虚拟变量（*d_region*）作为影响县级地方是否接受 "省直管县" 改革的最重要变量，它们作为基本匹配变量放入模型中。人均一般性转移支付（*gt_pop*）、人均专项转移支付（*ct_pop*）、农村人口占比（*rur_pop*）、财政供养人口占比（*fis_pop*）和农业从业人口占比（*farmer_pctge*）这五个变量作为待选变量填入选项 "totry（）" 括弧中。

```
>        rur_pop fis_pop farmer_pctge) clinear(1) cquad(2.7)
Selecting first order covariates... (15)
——+——— 1 ——+——— 2 ——+——— 3 ——+——— 4 ——+——— 5
....s...s..s..
Selected first order covariates are: rur_pop farmer_pctge gt_pop
Selecting second order covariates... (231)
——+——— 1 ——+——— 2 ——+——— 3 ——+——— 4 ——+——— 5
.....................s..................s...........   50
.........s...........s...............s....           100
.........s...........s...............s....           150
..s...........
```

执行上述程序后，计算机会进行迭代计算，默认最大迭代次数是1600次。根据输出结果，首先，*gt_pop*、*rur_pop* 和 *farmer_pctge* 这三个变量一次项的似然比变化量超过了门槛值1，应作为匹配变量进入选择模型。加上之前确定的三个基本变量，最终进入选择模型的匹配变量共有六个，分别是：*lnpgdp*、*fisrev_pop*、*d_region*、*gt_pop*、*rur_pop* 和 *farmer_pctge*。

其次，对这六个匹配变量的二次项和交互项进行似然比检验，结果显示以下匹配变量的二次项和交互项的似然比变化量超过门槛值2.7：*c. rur_pop#i. d_region c. rur_pop#c. rur_pop c. gt_pop#i. d_region i. d_region#c. lnpgdp c. gt_pop#c. lnpgdp c. farmer_pctge#i. d_region c. farmer_pctge#c. rur_pop c. lnpgdp#c. lnpgdp c. farmer_pctge#c. farmer_pctge*。

最后，汇总前两个检验的结果，选择模型最终应包含如下自变量的一次项、二次项和交互项：*lnpgdp fisrev_pop i. d_region rur_pop farmer_pctge gt_pop c. rur_pop#i. d_region c. rur_pop#c. rur_pop c. gt_pop#i. d_region i. d_region#c. lnpgdp c. gt_pop#c. lnpgdp c. farmer_pctge#i. d_region c. farmer_pctge#c. rur_pop c. lnpgdp#c. lnpgdp c. farmer_pctge#c. farmer_pctge*。

通过似然比检验确定选择模型的回归函数形式之后，我们就可以执行逻辑回归以估计倾向得分。逻辑回归的命令是 – logit – ，该命令语法与线性回归命令 – reg – 相似，读者可调用该命令的 help 文件自行学习。

```
. help logit
```

在逻辑回归中，因变量是处理变量 *treat*，自变量包括之前通过似然比检验的所有匹配变量一次项、二次项和交互项。我们可以将之前的似然比检验结果直接拷贝粘贴在处理变量 *treat* 之后，即执行如下程序：

```
. logit treat lnpgdp fisrev_pop i. d_region rur_pop
farmer_pctge gt_pop c. rur_pop#i. d_region
c. rur_pop#c. rur_pop c. gt_pop#i. d_region i. d_region#
c. lnpgdp c. gt_pop# c. lnpgdp c. farmer_pctge#i. d_region
c. farmer_pctge#c. rur_pop c. lnpgdp# c. lnpgdp
c. farmer_pctge#c. farmer_pctge
```

```
Logistic regression                        Number of obs    =      1,102
                                           LR chi2(20)      =     340.35
                                           Prob > chi2      =     0.0000
Log likelihood = -369.41912                Pseudo R2        =     0.3154
```

treat	Coef.	Std. Err.	z	P>|z|	[95% Conf. Interval]	
lnpgdp	5.684	1.908	2.98	0.003	1.945	9.423
fisrev_pop	0.000	0.000	0.71	0.478	-0.000	0.000
d_region						
1	12.236	4.617	2.65	0.008	3.187	21.284
2	27.124	4.317	6.28	0.000	18.663	35.585
rur_pop	51.245	10.354	4.95	0.000	30.951	71.539
farmer_pctge	24.232	6.780	3.57	0.000	10.943	37.520
gt_pop	0.016	0.005	3.45	0.001	0.007	0.025
d_region#c.rur_pop						
1	-12.963	3.313	-3.91	0.000	-19.455	-6.470
2	-15.467	3.073	-5.03	0.000	-21.490	-9.444
c.rur_pop#c.rur_pop	-26.853	5.897	-4.55	0.000	-38.410	-15.296
d_region#c.gt_pop						
1	0.007	0.002	4.04	0.000	0.003	0.010
2	0.007	0.001	5.65	0.000	0.005	0.010
d_region#c.lnpgdp						
1	-0.222	0.375	-0.59	0.553	-0.957	0.513
2	-1.685	0.356	-4.74	0.000	-2.382	-0.988
c.gt_pop#c.lnpgdp	-0.002	0.001	-3.59	0.000	-0.003	-0.001
d_region#c.farmer_pctge						
1	-8.875	2.264	-3.92	0.000	-13.312	-4.438
2	-4.794	1.961	-2.44	0.015	-8.638	-0.950
c.farmer_pctge#c.rur_pop	-24.148	6.430	-3.76	0.000	-36.751	-11.546
c.lnpgdp#c.lnpgdp	-0.246	0.108	-2.27	0.023	-0.459	-0.034
c.farmer_pctge#c.farmer_pctge	-6.859	2.887	-2.38	0.018	-12.519	-1.200
_cons	-56.171	10.011	-5.61	0.000	-75.791	-36.551

根据输出结果，绝大部分匹配变量的一次项、二次项及交互项对于县级地方是否接受改革有显著影响，逻辑回归的伪拟合优度为0.3154，模型整体的联合显著性检验的卡方值为340.35，在0.01水平上是显著的。

完成逻辑回归后，我们要计算出样本中每一个县接受改革的预测概率 $p(X)$，并对该预测概率进行逻辑函数转换，即 $q(X) = \ln[p/(1-p)]$，得到实际操作使用的倾向得分 $q(X)$。执行如下程序。

. predict p1   //预测出各观测对象接受干预的概率值

. drop if p1 == ..   //删去那些预测概率值缺失的观测对象

. gen logit1 = ln(p1) - ln(1-p1)   //对预测概率值做逻辑转换，获得倾向得分值

根据罗森鲍姆和鲁宾（Rosenbaum & Rubin, 1985）的建议，应以倾

向得分标准差的 1/4 来设定匹配卡尺。按此设定，卡尺应为 0.631。①

```
. sum logit1        //对倾向得分进行描述统计
. return list
. scalar logit1v = r (sd) * 0.25     //计算倾向得分标准差的 1/4
. scalar list logit1v        //显示卡尺设定值
```

（三）实施匹配

做好前期准备后，我们就可以开始实施匹配。要先为处理组个体设定匹配顺序。为保证匹配结果的可重复性，我们需设定一个随机种子，即执行如下程序。

```
. set seed 1000
. gen x = uniform ()
. sort x
```

---

① 如前所述，除似然比检验外，我们还可以采用广义稳健模型化方法绕开逻辑回归函数的设定问题。执行广义稳健模型化方法估计倾向得分需调用 boost. dll 文件，如本例：

```
. use prematch05, clear
. capture program drop boost_plugin
. program boost_plugin, plugin using (" D: \ Stata16 \ boost64. dll")
. set seed 10000
. gen x1 = uniform ()
. sort x1
. boost treat lnpgdp fisrev_pop west middle rur_pop farmer_pctge
gt_pop, distribution ( logistic) trainfraction ( 0.8 ) predict ( p2 )
inter (4)shrink (.0005) maxiter (1000) influence
. drop if p2 = .
. gen logit2 = ln( p2) - ln( 1 - p2)
. sum logit2
. scalar logit2v = r (sd) * 0.25
. scalar list logit2v
```
执行上述程序，可计算出广义稳健模型化方法下卡尺范围应为 0.080。接着，可采用广义稳健模型化方法估计得到的倾向得分进行马氏距离匹配或近邻匹配。

我们执行匹配采用两种策略：一是根据匹配变量之间的向量距离进行马氏距离匹配。为确保匹配质量，我们将倾向得分也放到匹配变量向量中，并为匹配距离限定 0.631 的卡尺范围。二是根据处理组和控制组个体之间的倾向得分距离实施近邻匹配，同样为匹配距离限定 0.631 的卡尺范围。

实施倾向得分匹配可采用命令 – psmatch2 – [①]，如本例：

```
. psmatch2 treat, pscore(logit1) mahal(lnpgdp fisrev_pop
i. d_region gt_pop rur_pop farmer_pctge) caliper (0.631)
```

其中，处理变量 *treat* 依然作为因变量进入程序中；选项 "pscore（）" 用于定义倾向得分变量，由于我们执行的马氏距离匹配包含倾向得分，因此需将倾向得分变量名 *logit1* 填入 "pscore（）" 括弧中。如果我们只计算匹配变量向量的马氏距离，变量向量不包括倾向得分，就无须采用选项 "pscore（）" 定义倾向得分变量。选项 "mahal（）" 用于定义匹配变量向量，我们将之前选定的六个匹配变量 *lnpgdp*、*fisrev_pop*、*d_region*、*gt_pop*、*rur_pop* 和 *farmer_pctge* 填入括弧中。卡尺数值用选项 "caliper（#）" 定义，填入之前计算好的卡尺值 0.631。

执行 – psmatch2 – 命令后，计算机会自动产生几个新的变量，这些变量对于之后组建新的匹配样本和实施匹配后分析非常重要，这些变量包括：（1）变量 *_weight* 表示某一观测对象用于匹配的次数。如果我们采用一对一匹配，那么该变量最大取值为 1。（2）变量 *_id* 是根据匹配顺序形成的一个新的 *id*，它与原始 *id* 不同，读者需注意区分。（3）变量 *_n1* 表示每个成功匹配的处理组个体的控制组匹配对象的 *id*。（4）变量 *_nn* 表示每个成功匹配的处理组个体所匹配的控制组个体个数。（5）*_treated* 表示是否接受干预，接受干预取值为 1，不接受干预取值为 0。（6）*_support* 表示观测对象的倾向得分值是否处于共同支撑区间内，若在区间内取值为 1，若不在取值为 0。

[①] 实施匹配还可采用 Stata 自带的命令 – teffects psmatch – 或由贝克尔和栎野（Becker & Ichino，2002）开发的外部命令 – pscore – ，这两个命令的使用说明参见赛鲁利（2020，pp. 120 – 133）。

（四）　匹配质量检验

完成匹配后，我们需使用命令－pstest－对匹配后的数据平衡性再进行检验。

.pstest lnpgdp fisrev_pop rur_pop farmer_pctge gt_pop middle west east, both t(treat) graph graphregion(fcolor (white) lcolor(white))

Variable	Unmatched Matched	Mean Treated	Control	%bias	%reduct |bias|	t-test t	p>|t|	V(T)/ V(C)
lnpgdp	U	8.8583	8.7057	16.5		2.07	0.039	0.74*
	M	8.7247	8.7202	0.5	97.1	0.05	0.959	0.99
fisrev_pop	U	465.47	301.18	18.1		2.69	0.007	2.18*
	M	219.66	189.12	3.4	81.4	1.25	0.211	1.45*
rur_pop	U	.7771	.86186	-73.9		-10.70	0.000	1.86*
	M	.81965	.82689	-6.3	91.5	-0.81	0.419	1.09
farmer_pctge	U	.26669	.3155	-27.1		-3.29	0.001	0.58*
	M	.23841	.24118	-1.5	94.3	-0.25	0.804	0.95
gt_pop	U	406.53	309	32.5		4.63	0.000	1.69*
	M	284.73	265.93	6.3	80.7	1.19	0.236	1.05
middle	U	.52358	.26292	55.3		7.54	0.000	.
	M	.39552	.39552	0.0	100.0	0.00	1.000	.
west	U	.23113	.32472	-21.0		-2.66	0.008	.
	M	.29851	.29851	0.0	100.0	0.00	1.000	.
east	U	.24528	.41236	-36.1		-4.54	0.000	.
	M	.30597	.30597	0.0	100.0	-0.00	1.000	.

* if variance ratio outside [0.76; 1.31] for U and [0.71; 1.41] for M

Sample	Ps R2	LR chi2	p>chi2	MeanBias	MedBias	B	R	%Var
Unmatched	0.149	160.54	0.000	35.0	29.8	98.3*	1.61	100
Matched	0.011	4.07	0.772	2.2	1.0	24.6	1.16	20

* if B>25%, R outside [0.5; 2]

如前所述，选项"both"可同时对匹配前后数据平衡性做出检验。根据输出结果，样本数据非平衡状况在马氏距离匹配后得到了大幅度的改善，有六个变量的标准化偏差值在匹配后下降至［-5%，5%］以内，变量 *gt_pop* 和 *rur_pop* 的标准化偏差值也只是略超出可容忍范围。使用选项"graph"可以将各匹配变量的标准化偏差值在匹配前后的变化情况以图形的形式呈现出来。如图 6.8 所示，圆点和十叉分别表示各匹配变量匹配前后的标准化偏差值。由该图可以看出，经过马氏距离匹配后，各匹配变量的标准化偏差值都趋向并接近于 0 值。此外，根据检验结果，各匹配变量的方差比值都趋向于 1，除 *fisrev_pop* 的方差比稍高外，其他匹配变量的方差比都落入［0.71，1.41］可容忍范围之内。总体看，马氏距离匹配使得样本整体的平衡统计量 B 和 R 值由匹配前的 98.3 和 1.61 分别降至 24.6 和 1.16，降幅十分明显，匹配后的 B 值降至 25% 以下，R 值降至［0.5，2］之间。

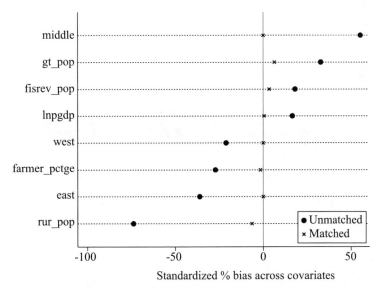

图 6.8　马氏距离匹配前后的标准化偏差变化

接着，我们对倾向得分的共同支撑区间进行检验，执行如下程序。

. psgraph, t（treat）support（_support）pscore（p1）name（commonsupportS1, replace）graphregion（fcolor（white）lcolor（white））

命令－psgraph－用于绘制倾向得分分布直方图，使用该命令选项"support（varname）"表示绘制共同支撑区间图。如前所述，执行命令－psmatch2－之后计算机会自动产生一个变量_support，用于表示观测对象的倾向得分是否位于共同支撑区间内，将该变量名称填入选项"support（）"括弧中，便可以绘制出图 6.9。如图，横坐标上方为改革县倾向得分分布直方图，下方为未改革县倾向得分分布直方图。由该图可知，改革县和未改革县在倾向得分分布上具有较为广阔的重合区间，满足共同支撑区间假设。

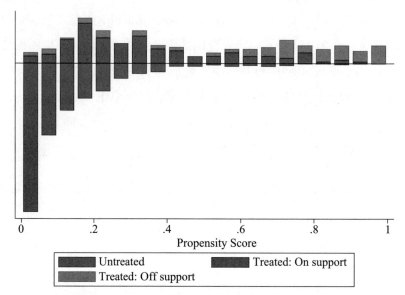

图 6.9　改革县与未改革县接受改革预测概率的分布直方图（马氏距离匹配)

绘制倾向得分分布图还可以采用核密度形式，程序如下。

```
. twoway (kdensity p1 if_treated = =1) (kdensity p1 if
_treated = =0,lpattern (dash)),legend (label (1 " PMC
Participants") label (2 " non - PMC participants"))
xtitle (" Pre - matching pscore") ytitle (" Density") name
(beforeI, replace) graphregion ( fcolor ( white ) lcolor
(white))
```

```
. twoway (kdensity p1 if_treated = =1 [aweight =_weight])
(kdensity p1 if_treated = =0 [aweight =_weight],lpattern
(dash)),legend (label (1 " PMC Participants")
label (2 " non - PMC participants")) xtitle (" Post -
matching pscore") ytitle ( " Density ") name ( afterI,
replace)graphregion (fcolor (white)lcolor (white))
```

```
. grc1leg beforeI afterI, ycommon graphregion ( fcolor
```

(white) lcolor (white))

　　如图6.10，改革县与未改革县倾向得分概率密度分布的重合区间几乎覆盖整个概率取值范围 [0，1]。匹配前两类县在分布形态上存在较大差异，未改革县接受干预的预测概率主要集中在低分值区间，呈现明显的左偏特征，匹配后未改革县分布发生了明显的右偏改变，与改革县倾向得分分布形态趋于一致。

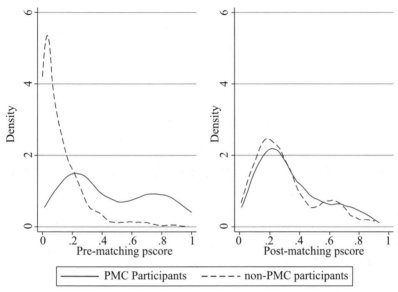

图 6.10　马氏距离匹配前后改革县与未改革县倾向得分分布变化

（五）　组建新的匹配样本

　　截至目前，我们的所有数据分析操作一直使用的是改革之前 2005 年的横截面样本。为实现之后的倍差法估计，我们需按照 2005 年样本中实现匹配的各县 *id*，将具有相同 *id* 的县从原始数据样本中抽取出来，组建新的两期追踪面板数据样本。这一数据合并过程比较复杂，执行程序如下。

　　.sort _id　　　*//对匹配顺序进行由小到大排序*

　　.gen id_of_match = id [_n1]　　　*//产生一个新变量，表示处理组个体的控制组匹配对象的原始 id*

　　.gen id_of_control = id if _n1! =.　　*//产生一个新变量，表示*

每一个成功匹配的处理组个体的原始 *id*

. drop if id_of_control = =.　　　//剔除所有控制组个体及没有
成功匹配的处理组个体，样本只剩下成功匹配的处理组个体

. sort id_of_match x　　　//按照控制组的原始 *id* 和随机匹配排序
x 联合进行由小到大排序

. by id_of_match (x): gen mj = _n　　　//产生一个新变量 *mj*，
如果一个控制组个体只与一个处理组个体匹配，*mj* = 1，如果它被 *n* 个处
理组个体匹配，*mj* = *n*

. drop if mj! =1　　　//将匹配多次的控制组个体删去，剩下的都
是一对一匹配的个体

. sum id_of_match id_of_control　　　//对成功匹配的处理组个
体和控制组个体的原始 *id* 进行描述统计，样本中共有 98 对处理组和控制
组个体成功配对

Variable	Obs	Mean	Std. Dev.	Min	Max
id_of_match	98	575.0816	320.8351	9	1069
id_of_cont~l	98	1370.245	121.632	1137	1530

. save logit_mah, replace　　　　　//存储数据

. keep id_of_match id_of_control　　//删除其他变量，只留两
个 *id* 变量

. gen pairID = _n

. rename (id_of_match id_of_control) (id1 id0)

. reshape long id, i(pairID) j(treatormatch)　　//将两个 *id*
变量并列存放的宽面板转换为长面板

. keep id

. sort id

. save pairID, replace　　　//至此形成了一个只含有成功匹配
的处理组和控制组个体的原始 *id* 变量的样本，该 *id* 样本与原始演示数据

psm_data 具有相同的长面板数据结构

. merge 1: m id using psm_data   *//将 id 样本与原始演示数据 psm_data 合并，即按照成功匹配的个体原始 id 号从演示数据 psm_data 中挑选观测对象，组建新的两期追踪面板数据样本，用于之后的倍差法回归*

. keep if _merge = = 3

. drop _merge

. tab year treat   *//检视新的两期面板追踪样本，显示样本含有成功配对的改革县和未改革县各 98 个*

year	reformed county 0	1	Total
2005	98	98	196
2007	98	98	196
Total	196	196	392

. save postmatchs1, replace

以上是运用马氏距离匹配形成匹配样本的整个实操过程。如果改用近邻匹配，匹配前数据平衡性检验与估计倾向得分的实操过程及结果与之前马氏距离匹配完全相同，不同在于执行命令 – psmatch2 – 时要将代表实施马氏距离匹配的选项"maha ( )"剔除，如下：

. set seed 1000

. gen x = uniform ( )

. sort x

. psmatch2 treat, pscore (logit1) cal (0.631) noreplacement descending

其中，选项"noreplacement"表示采用不放回策略；"descending"表示按降序执行一对一匹配，该选项只能用于近邻匹配。[1]

---

[1] 命令 – psmatch2 – 功能异常强大，我们还可以运用该命令执行核匹配与局部线性回归，读者可调阅该命令的 help 文件自行学习。

接着，对近邻卡尺匹配的质量进行检验，程序与之前相同。

. pstest lnpgdp fisrev_pop rur_pop farmer_pctge gt_pop
middle west, both t (treat) rubin graph graphregion (fcolor
(white) lcolor (white))

Variable	Unmatched Matched	Mean Treated Control		%bias	%reduct |bias|	t-test t	p>|t|	V_e(T)/ V_e(C)
lnpgdp	U	8.8583	8.7057	16.5		2.07	0.039	0.73*
	M	8.8505	8.9795	-14.0	15.4	-1.50	0.136	0.97
fisrev_pop	U	465.47	301.18	18.1		2.69	0.007	2.06**
	M	378.31	364.37	1.5	91.5	0.13	0.898	0.86
rur_pop	U	.7771	.86186	-73.9		-10.70	0.000	1.35*
	M	.7962	.80603	-8.6	88.4	-0.88	0.381	1.22
farmer_pctge	U	.26669	.3155	-27.1		-3.29	0.001	0.66*
	M	.26408	.26641	-1.3	95.2	-0.15	0.879	1.07
gt_pop	U	406.53	309	32.5		4.63	0.000	1.23
	M	346.22	336.02	3.4	89.5	0.42	0.678	0.78*
middle	U	.52358	.26292	55.3		7.54	0.000	0.99
	M	.45455	.32955	26.5	52.0	2.41	0.016	0.98
west	U	.23113	.32472	-21.0		-2.66	0.008	0.63*
	M	.27841	.34091	-14.0	33.2	-1.27	0.206	0.85

* if 'of concern', i.e. variance ratio in [0.5, 0.8) or (1.25, 2)
** if 'bad', i.e. variance ratio <0.5 or >2

Sample	Ps R2	LR chi2	p>chi2	MeanBias	MedBias	B	R	%concern	%bad
Unmatched	0.149	160.54	0.000	34.9	27.1	98.3*	1.61	57	14
Matched	0.016	7.57	0.372	9.9	8.6	29.5*	1.04	14	0

* if B>25%, R outside [0.5; 2]

. psgraph, t (treat) sup (_support) p (p1) name
(commonsupportS2, replace) graphregion (fcolor (white)
lcolor (white))

. twoway (kdensity p1 if _treated = =1) (kdensity p1 if
_treated = =0, lpattern (dash)), legend (label (1 " PMC
Participants") label (2 " non - PMC participants"))
xtitle (" Pre - matching pscore") ytitle (" Density")
name (beforeII, replace) graphregion (fcolor (white)
lcolor (white))

. twoway (kdensity p1 if _treated = =1 [aweight =

```
_weight])(kdensity p1 if _treated = =0 [aweight = _weight],
lpattern (dash)), legend (label (1 " PMC Participants")
label (2 " non - PMC participants"))
xtitle (" Post - matching pscore") ytitle (" Density")
name (afterII, replace) graphregion (fcolor (white)
lcolor (white))

.grc1leg beforeII afterII, ycommon graphregion ( fcolor
(white) lcolor (white))
```

如图 6.11，近邻匹配的平衡性效果比马氏距离匹配差，匹配后依然有
lnpgdp、*rur_pop*、*middle*、*west* 共四个变量的标准化偏差值偏高，其中
middle 变量的偏差值达 26.5%，*t* 检验结果亦显示该变量依然在改革县和
未改革县之间存在显著差异。

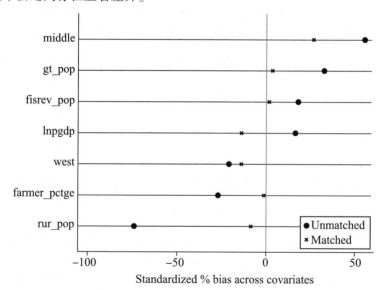

图 6.11　近邻匹配前后的标准化偏差变化

图 6.12 显示近邻匹配后改革县和未改革县的倾向得分分布形态趋于
一致，两类县的倾向得分分布具有广阔的重合区间，满足共同支撑区间
假设。

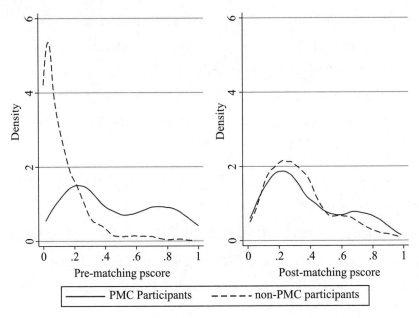

图 6.12　近邻匹配前后改革县与未改革县倾向得分分布变化

完成近邻匹配后，我们同样要按照成功匹配的观测对象原始 *id* 形成新的两期追踪面板数据样本"postmatchs2"，操作程序与之前马氏距离匹配完全相同，此处不再赘述，详情参见"psm_program. do"文件。

（六）匹配后倍差法估计

在马氏距离匹配后实施倍差法估计，只要调用之前操作形成的匹配后两期追踪面板数据样本，并执行如下程序即可。

. use postmatchs1, clear　　　*//调用马氏距离匹配形成的数据样本*

. reg pexp_ pup treat##time, cluster (id)　*//在不控制变量的条件下就改革对县级地方小学教育财政支出水平的处理效应进行倍差法估计*

. estimates store col1　　　　*//将估计结果存储于 col1 中*

. reg pexp_pup treat##time rur_pop gt_pop east middle, cluster (id)　　*//在控制匹配后标准化偏差超过可容忍范围的两个变量 rur_pop、gt_pop 及地区虚拟变量 east 和 middle 的条件下，就改革对县级地方小学教育财政支出水平的处理效应进行倍差法估计*

```
.estimates store col2          //将估计结果存储于 col2 中
```

```
.reg ur_ru_expdis treat##time, cluster ( id )    //在不控制
```
变量的条件下就改革对县级地方小学教育财政支出城乡差异的处理效应进行倍差法估计

```
.estimates store col3              //将估计结果存储于 col3 中
```

```
.reg ur_ru_expdis treat##time rur_pop gt_pop east middle,
cluster ( id )       //在控制匹配后标准化偏差超过可容忍范围的两个
```
变量 rur_pop、gt_pop 及地区虚拟变量 east 和 middle 的条件下，就改革对县级地方小学教育财政支出城乡差异的处理效应进行倍差法估计

```
.estimates store col4          //将估计结果存储于 col4 中
```

```
.outreg2 [ col* ] using PSM_table_Maha, word replace //将
```
上述四个倍差法的估计结果汇聚在同一表格 PSM_table_Maha 中

执行以上程序并对输出的表格稍做整理和美化，便可得到表 6.11。根据估计结果，在不控制其他变量的条件下"省直管县"改革的处理效应估计系数显著为正，改革使得县级地方小学生均教育事业费显著增加 301.8 元，若控制农村人口占比、人均一般性转移支付及地区虚拟变量后，改革处理效应的估计值有较大幅度的下降，但依然显著为正。此外，"省直管县"改革对于县域内城乡小学生均教育事业费差异不具有显著影响。这些结果表明带有分权化色彩的"省直管县"改革对于县级地方义务教育财政支出水平具有显著的提升作用，但无力改变县域内巨大的城乡义务教育财政支出差距。

表 6.11　"省直管县"改革的处理效应（马氏距离匹配结合倍差法）

	支出水平		城乡差异	
	（1）	（2）	（1）	（2）
1. *treat*	156.3*	101.7	−150.8	−127.9
	(80.93)	(77.02)	(91.81)	(92.53)
1. *time*	804.8***	1056***	−361.3***	−443.6***
	(57.29)	(77.52)	(82.11)	(111.7)

（续表）

	支出水平		城乡差异	
	(1)	(2)	(1)	(2)
1. *treat*#1. *time*	301.8***	224.9**	−4.947	38.87
	(87.88)	(95.81)	(123.3)	(123.5)
rur_ pop		−3164***		1599**
		(523.2)		(633.4)
gt_ pop		1.555***		−0.522
		(0.254)		(0.390)
east		310.3***		−483.0***
		(103.4)		(124.4)
middle		109.2		−177.1
		(116.0)		(120.6)
截距	1249***	3321***	−194.5***	−1168*
	(55.94)	(484.5)	(65.33)	(598.5)
Observations	392	392	392	392
R^2	0.306	0.491	0.055	0.162

注：括弧内数据为聚类稳健性标准误；＊＊＊为 0.01 水平上显著，＊＊为 0.05 水平上显著，＊为 0.1 水平上显著。

近邻匹配后执行倍差法估计的实操过程与马氏距离匹配结合倍差法估计的结果完全相同，不再赘述，详情参见"psm_program.do"文件。如表 6.12 所示，虽然近邻匹配的匹配质量不如马氏距离匹配，但它形成了更大容量的匹配样本。① 在近邻匹配下共有 176 对（＝704/4）改革县和未改革县成功配对，而马氏距离匹配只成功匹配了 98 对改革县和未改革县，前者约是后者的 1.8 倍。近邻匹配结合倍差法的估计结果显示，"省直管县"使得县级地方小学生均教育事业费显著增加 184.0—208.6 元，改革对于县域内城乡小学生均教育事业费差异的处理效应估计值为正，但不显

---

① 我们所计算的马氏距离是将倾向得分考虑在内的，因此马氏距离匹配要比单纯考虑倾向得分距离的近邻匹配严格得多，马氏距离匹配后所形成的样本数量必定比近邻匹配少得多。

著。近邻匹配的估计结果与马氏距离匹配是一致的。①

表 6.12　"省直管县"改革的处理效应（近邻匹配结合倍差法）

	支出水平		城乡差异	
	（1）	（2）	（1）	（2）
1. treat	160.7**	163.2**	− 115.8	− 115.4
	（69.01）	（66.20）	（71.97）	（72.54）
1. time	857.3***	821.9***	− 449.1***	− 444.8***
	（42.54）	（45.40）	（73.37）	（72.19）
1. treat#1. time	208.6***	184.0**	93.30	105.5
	（70.00）	（74.13）	（105.6）	（106.7）
lnpgdp		87.13**		0.278
		（34.48）		（28.56）
rur_ pop		− 2520***		980.1**
		（352.6）		（420.1）
middle		− 329.6***		324.7***
		（86.35）		（98.19）
west		− 403.4***		− 501.7***
		（95.78）		（100.7）
截距	1325***	2820***	− 205.1***	− 1276***
	（42.19）	（461.1）	（48.45）	（466.5）
Observations	704	704	704	704
R − squared	0.260	0.404	0.051	0.115

注：括弧内数据为聚类稳健性标准误；＊＊＊为 0.01 水平上显著，＊＊为 0.05 水平上显著，＊为 0.1 水平上显著。

①　原文中，我们还采用四年期重复观测的面板数据就平行趋势假设进行了检验，详情请参阅黄斌等（Huang et al. , 2017）原文。

▋结语

　　倾向得分匹配法包含多种匹配方法，但万变不离其宗，不同匹配方法都建立在非混淆性和重叠性两大假设基础之上，所有匹配方法都遵循相同的因果识别基本框架和原理，其估计量都来自处理组个体及其具有相似或相同特征的控制组个体之间的结果对比。各种匹配方法的不同之处只在于它们为处理组个体寻找匹配对象设定的限制条件、对共同支撑区间的处理技术，以及为不同匹配对象设定权重的赋权方法。从这一角度看，对于准确识别和估计处理效应来说，选择哪一种匹配方法进行数据平衡可能并不是最重要的。在"漫长"的数据匹配操作过程中，如何处理好可能引发低质匹配和低效估计的每一处细节问题，使之能最大限度地保证匹配质量、提高估计效率与改善估计结果的内部有效性，这才是我们应考虑的核心问题。

　　在实施匹配的过程中，研究者需做出许多选择，这些选择对于最终的数据匹配质量及处理效应估计结果都有重要影响。譬如，在分层匹配中如何选择分层数量，在估计倾向得分中如何选择匹配变量并设定逻辑回归函数形式，在卡尺匹配中如何选择卡尺范围，等等。面对如此多的选择，目前理论和方法研究能给予我们的帮助是十分有限的。以往文献提出的种种一般性原则或经验指导并不适用于所有的研究场合，研究者常常需要根据手中掌握的数据条件与数据结构做出自主判断，这使得匹配法在研究实战中更容易患上主观性和随意性的毛病。金和尼尔森（King & Nielson，2019）指出，倾向得分匹配存在严重的模型依赖问题（model dependence），他们认为观测数据研究的关键在于破解数据产生的过程，倾向得分匹配正是尝试通过构建和估计选择模型来完成这一破解任务的，但可惜的是，我们对于观测数据的产生过程知之甚少，这使得我们对于选择模型的设定本身就含有较强的主观性和随意性。不同的模型设定产生不同的结果，估计结果有赖于模型设定。当有多个模型都能很好地拟合数据并达成数据平衡目标时，研究者自然会青睐那个能产生自己心仪结果的模型，此时倾向得分匹配估计就丧失了客观性与科学性的品质，沦落为一种"技术游戏"。

匹配法的另一个缺憾是它只能解决显性偏估,这使得它屈居整个准实验方法体系"因果推断效力链"的最底端。从所采用的因果识别策略上看,匹配法与线性回归估计可视为同一种方法。匹配法通过将具有相同或相似特征的处理组和控制组个体归为同一层次来实现对混淆变量的平衡和控制,这与线性回归所采用的回归控制策略别无二致。在线性回归中,研究者在保持控制变量取值不变的条件下观测自变量对因变量的影响,就等同于根据控制变量的取值将整体样本划分为若干个子样本,并假定在不同子样本中自变量对因变量的处理效应都是相同的(同质化假设),然后通过一定的加权方法(取决于每一个子样本内的估计精度)将各子样本内处理效应估计结果"加总"为样本的平均处理效应。由此可见,线性回归是一种特殊的匹配方法,它是披着回归外衣的匹配法。[1] 回归控制无法解决隐性偏估问题,匹配法亦无能为力,那么匹配法在对观测数据的因果推断研究中有什么应用价值呢?截至目前,尚无正式文献对这一问题做出正面的回应。

▌ 延伸阅读推荐

倾向得分匹配入门学习可参阅莫内恩和威利特(Murnane & Willett, 2011)著作第 12 章与赛鲁利(2020)著作第 2 章。系统学习倾向得分匹配,推荐使用郭申阳和弗雷泽两位学者撰写的《倾向值分析:统计方法与应用》(*Propensity Score Analysis: Statistical Methods and Applications*)作为教材。该书第一版于 2010 年出版,第二版于 2015 年出版。重庆大学出版社曾翻译出版过第一版。因本斯和鲁宾(Imbens & Rubin, 2015)著作第 12—22 章亦是系统学习匹配法的经典读物。亨廷顿-克莱因(Huntington-Klein, 2022)著作第 14 章从匹配作为一种加权过程的角度出发对各类型匹配方法进行了系统梳理,他十分推崇逆概加权回归法,对该方法进行了详

---

[1] 有关线性回归统计量与匹配估计量之间的数学关系,可参阅安格里斯特和皮施克(Angrist & Pischke, 2009, pp. 27 – 112)与赵西亮(2017, pp. 79 – 80)的著述。

细介绍，感兴趣的读者可阅读他书中相关内容。学习类别因变量的逻辑回归方法可阅读梅纳德（Menard，2002）和刘兴（Liu，2016）的著作。匹配法的综述性文献可参阅卡利恩多和科派尼希（Caliendo & Kopeinig，2008）与斯图尔特（Stuart，2010）的论文。

参考文献

艾耶尔. (2018). *休谟*. Oxford University Press.

波普尔. (2005). *猜想与反驳：科学知识的增长*. 上海译文出版社.

陈云松. (2012). 逻辑，想象和诠释：工具变量在社会科学因果推断中的应用. *社会学研究*, (6), 192–216.

道布森. (2016). *疾病图文史*. 金城出版社.

弗罗斯特. (2020). *未选择的路*. 新蕾出版社.

福山. (2014). *政治秩序的起源：从前人类时代到法国大革命(2 版)*. 广西师范大学出版社.

哈巍, 余韧哲. (2017). 学校改革，价值几何——基于北京市义务教育综合改革的"学区房"溢价估计. *北京大学教育评论*, 15 (3), 137–153.

赫拉利. (2017). *人类简史：从动物到上帝(2 版)*. 中信出版集团股份有限公司.

黄斌. (2012). *中国政府间财政转移支付与县级地方义务教育财政支出*. 中国财政经济出版社.

黄斌, 方超, 汪栋. (2017). 教育研究中的因果关系推断——相关方法原理与实例应用. *华东师范大学学报（教育科学版）*, (4), 1–14.

黄斌, 何沛芸, 朱宇, 魏易. (2022). 基于父母教育背景的中国家庭校外教育支出分化：兼论家庭需求视角下"双减"政策实施的优化. *中国教育学刊*, (4), 19–28.

黄斌, 李波. (2022). 因果推断、科学证据与教育研究——兼论 2021 年诺贝尔经济学奖得主的教育研究. *华东师范大学学报（教育科学*

版），（4），1-15.

黄斌，苗晶晶，金俊.（2017）."新机制"改革对农村中小学公用经费的因果效应分析——基于准实验研究设计. 中国教育学刊，（11），38-46.

黄斌，云如先，范雯.（2019）.名校及其分校质量对学区房的溢价效应：声望效应与升学效应. 北京大学教育评论，17（4），138-159.

黄斌，钟晓琳.（2012）.中国农村地区教育与个人收入——基于三省六县入户调查数据的实证研究. 教育研究，（3），20-28.

黄炜，张子尧，刘安然.（2022）.从双重差分法到事件研究法. 产业经济评论，（2），17-36.

克莱因伯格.（2018）.别拿相关当因果！：因果关系简易入门. 人民邮电出版社.

克里斯蒂.（2020）.罗杰疑案. 新星出版社.

李连江.（2017）.戏说统计：文科生的量化方法. 中国政法大学出版社.

罗素.（1963）.西方哲学史：上卷. 商务印书馆.

罗素.（2021）.哲学问题. 五南图书出版股份有限公司.

珀尔，麦肯齐.（2019）.为什么：关于因果关系的新科学. 中信出版集团股份有限公司.

瑞安.（2016）.论政治（上卷）：从希罗多德到马基雅维利. 中信出版集团股份有限公司.

萨尔斯伯格.（2016）.女士品茶：统计学如何变革了科学和生活. 江西人民出版社.

赛鲁利.（2020）.社会经济政策的计量经济学评估：理论与应用. 格致出版社.

斯莱文，张志强，庄腾腾.（2021）.证据驱动的教育改革如何推动教育发展. 华东师范大学学报（教育科学版），39（3），14-22.

孙志军.（2014）.基于双胞胎数据的教育收益率估计. 经济学（季刊），13（3），1001-1020.

亚里士多德.（1982）.物理学. 商务印书馆.

张贤亮.（2013）.浪漫的黑炮. 贵州人民出版社.

赵西亮.（2017）.基本有用的计量经济学. 北京大学出版社.

中室牧子，津川友介.（2019）.原因与结果的经济学. 民主与建设出版社有限责任公司.

Abadie, A., & Cattaneo, M. D.（2018）. Econometric methods for program evaluation. *Annual Review of Economics*, *10*, 465-503.

Abadie, A., & Imbens, G. W.（2002）. *Simple and bias-corrected matching estimators for average treatment effects*. NBER Technical Working Papers No. 283.

Abadie, A. , & Imbens, G. W. (2006). Large sample properties of matching estimators for average treatment effects. *Econometrica*, *74* (1), 265 – 267.

Abdulkadiroglu, A. , Angrist, J. D. , Narita, Y. , Pathak, P. A. , & Zarate, R. A. (2017). Regression discontinuity in serial dictatorship: achievement effects at Chicago's exam schools. *American Economic Review: Papers & Proceedings*, *107* (5), 240 – 245.

Angrist, J. D. (1990). Lifetime earnings and the Vietnam Era draft lottery: evidence from social security administrative records. *American Economic Review*, *80* (3), 313 – 336.

Angrist, J. D. , & Krueger, A. B. (1991). Does compulsory school attendance affect schooling and earnings? *Quarterly Journal of Economics*, *106* (4), 979 – 1014.

Angrist, J. D. , & Krueger, A. B. (1999). Empirical strategies in labor economics. In O. C. Ashenfelter & D. Card (Eds.), *Handbook of labor economics* (Vol. 3, pp. 1277 – 1366). Elsevier Science B. V.

Angrist, J. D. , & Krueger, A. B. (2001). Instrumental variables and the search for identification: from supply and demand to natural experiments. *Journal of Economic Perspectives*, *15* (4), 69 – 85.

Angrist, J. D. , & Lavy, V. (1999). Using Maimonides' rule to estimate the effect of class size on scholastic achievement. *Quarterly Journal of Economics*, *114* (2), 533 – 575.

Angrist, J. D. , & Pischke, J. -S. (2009). *Mostly harmless econometrics: an empiricist's companion*. Princeton University Press.

Angrist, J. D. , & Pischke, J. -S. (2015). *Mastering metrics: the path from cause to effect*. Princeton University Press.

Angrist, J. D. , Dynarski, S. M. , Kane, T. J. , Pathak, P. A. , & Walters, C. R. (2012). Who benefits from KIPP? *Journal of Policy Analysis and Management*, *31* (4), 837 – 860.

Angrist, J. D. , Imbens, G. W. , & Rubin, D. B. (1996). Identification of causal effects using instrumental variables. *Journal of the American Statistical Association*, *91* (434), 444 – 455.

Arrow, K. J. (1973). Higher education as a filter. *Journal of Public Economics*, *2* (3), 193 – 216.

Ashenfelter, O. (1978). Estimating the effect of training programs on earnings. *Review of Economics and Statistics*, *60* (1), 47 – 57.

Ashenfelter, O., & Krueger, A. (1994). Estimates of the economic re-turn to schooling from a new sample of twins. *American Economic Review*, *84* (5), 1157 – 1173.

Ashenfelter, O., & Rouse, C. (1998). Income, schooling, and ability: evidence from a new sample of identical twins. *Quarterly Journal of Economics*, *113* (1), 253 – 284.

Asher, S., & Novosad, P. (2020). Rural roads and local economic de-velopment. *American Economic Review*, *110* (3), 797 – 823.

Athey, S., & Imbens, G. W. (2017). The state of applied econometrics: causality and policy evaluation. *Journal of Economic Perspectives*, *31* (2), 3 – 32.

Austin, P. C. (2011). Optimal caliper widths for propensity-score matc-hing when estimating differences in means and differences in proportions in ob-servational studies. *Pharmaceutical Statistics*, *10* (2), 150 – 161.

Becker, G. S. (1993). *Human capital: a theoretical and empirical analy-sis, with special reference to education* (3rd ed.). University of Chicago Press.

Becker, S. O., & Ichino, A. (2002). Estimation of average treatment effects based on propensity scores. *Stata Journal*, *2* (4), 358 – 377.

Beebee, H., Hitchcock, C., & Menzies, P. (2009). *The Oxford hand-book of causation*. Oxford University Press.

Bell, B., Blundell, R., & Van Reenen, J. (1999). Getting the unem-ployed back to work: the role of targeted wage subsidies. *International Tax and Public Finance*, *6* (3), 339 – 360.

Black, D. A., & Smith, J. A. (2004). How robust is the evidence on the effects of college quality? Evidence from matching. *Journal of Econometrics*, *121* (1 – 2), 99 – 124.

Black, S. E. (1999). Do better schools matter? Parental valuation of ele-mentary education. *Quarterly Journal of Economics*, *114* (2), 577 – 599.

Black, S. E., & Machin, S. (2011). Housing valuations of school per-formance. In E. A. Hanushek, S. J. Machin, & L. Woessmann (Eds.), *Hand-book of the Economics of Education* (Vol. 3, pp. 485 – 519). Elsevier B. V.

Bonnet, C., Garbinti, B., & Solaz, A. (2021). The flip side of marital specialization: the gendered effect of divorce on living standards and labor sup-ply. *Journal of Population Economics*, *34* (3), 515 – 573.

Bradbury, K. L., Ladd, H. F., Perrault, M., Reschovsky, A., &

Yinger, J. (1984). State aid to offset fiscal disparities across communities. *National Tax Journal*, *37* (2), 151 – 170.

Bryson, A., Dorsett, R., & Purdon, S. (2002). *The use of propensity score matching in the evaluation of active labour market policies*. LSE Research Online Documents on Economics 4993, London School of Economics and Political Science.

Caliendo, M., & Kopeinig, S. (2008). Some practical guidance for the implementation of propensity score matching. *Journal of Economic Surveys*, *22* (1), 31 – 72.

Callaway, B., & Sant'Anna, P. H. C. (2021). Difference-in-differences with multiple time periods. *Journal of Econometrics*, *225* (2), 200 – 230.

Calonico, S., Cattaneo, M. D., & Titiunik, R. (2014). Robust nonparametric confidence intervals for regression-discontinuity designs. *Econometrica*, *82* (6), 2295 – 2326.

Campbell, D. T. (1957). Factors relevant to the validity of experiments in social settings. *Psychological Bulletin*, *54* (4), 297 – 312.

Card, D., & Krueger, A. B. (1994). Minimum wages and employment: a case study of the fast-food industry in New Jersey and Pennsylvania. *American Economic Review*, *84* (4), 772 – 793.

Cattaneo, M. D., Frandsen, B. R., & Titiunik, R. (2015). Randomization inference in the regression discontinuity design: an application to party advantages in the U. S. Senate. *Journal of Causal Inference*, *3* (1), 1 – 24.

Cattaneo, M. D., Idrobo, N., & Titiunik, R. (2019). *A practical introduction to regression discontinuity designs: foundations*. Cambridge University Press.

Cattaneo, M. D., Titiunik, R., & Vazquez-Bare, G. (2017). Comparing inference approaches for RD designs: a reexamination of the effect of Head Start on child mortality. *Journal of Policy Analysis and Management*, *36* (3), 643 – 681.

Chambers, J. G. (1998). *Geographic variations in public schools' costs*. Working Paper No. 98 – 04. U. S. Department of Education. National Center for Education Statistics.

Chowdry, H., Crawford, C., Dearden, L., Goodman, A., & Vignoles, A. (2010). *Widening participation in higher education: analysis using linked administrative data*. IZA Discussion Paper Series, No. 4991.

Cinelli, C., Forney, A., & Pearl, J. (2022). A crash course in good and bad controls. Sociological methods and Research, May, online. https：//doi. org/ 10. 1177/00491241221099552.

Cochran, W. G. (1968). The effectiveness of adjustment by subclassification in removing bias in observational studies. *Biometrics*, *24* (2), 295 – 313.

Cochran, W. G. , & Rubin, D. B. (1973). Controlling bias in observational studies： a review. *Sankhyā*, *Series A* , *35* (4), 417 – 446.

Coleman, J. S. , Hoffer, T. , & Kilgore, S. (1982). *High school achievement： public, catholic, and private schools compared*. Basic Books.

Coleman, T. , S. (2019). Causality in the time of cholera： John Snow as a prototype for causal inferece, working paper, online. http： // dx. doi. org/ 10. 2139/ssrn. 3262234.

Cunningham, S. (2021). *Causal inference： the mixtape*. Yale University Press.

de Chaisemartin, C. , & D' Haultfœuille, X. (2020). Two-way fixed effects estimators with heterogeneous treatment effects. *American Economic Review*, *110* (9), 2964 – 2996.

Dee, T. S. (2004). Are there civic returns to education? *Journal of Public Economics*, *88* (9 – 10), 1697 – 1720.

Dehejia, R. H. , & Wahba, S. (1999). Causal effects in nonexperimental studies： reevaluating the evaluation of training programs. *Journal of the American Statistical Association*, *94* (448), 1053 – 1062.

Dehejia, R. H. , & Wahba, S. (2002). Propensity score matching methods for non-experimental causal studies. *Review of Economics and Statistics*, *84* (1), 151 – 161.

Devereux, P. J. , & Fan, W. (2011). Earnings returns to the British education expansion. *Economics of Education Review*, *30* (6), 1153 – 1166.

Diaz, J. J. , & Handa, S. (2006). An assessment of propensity score matching as a nonexperimental impact estimator： evidence from Mexico's PROGRESA program. *Journal of Human Resources*, *41* (2), 319 – 345.

Dong, Y. (2015). Regression discontinuity applications with rounding errors in the running variable. *Journal of Applied Econometrics*, *30* (3), 422 – 446.

Dong, Y. (2019). Regression discontinuity designs with sample selection. *Journal of Business & Economic Statistics*, *37* (1), 171 – 186.

Dynarski, S. M. (2003). Does aid matter? Measuring the effect of student aid on college attendance and completion. *American Economic Review*, *93* (1), 279 – 288.

Eden, T. , & Fisher, R. A. (1927). Studies in crop variation IV. the experimental determination of the value of top dressings with cereals. *Journal of Agricultural Science*, *17* (4), 548 – 562.

Fack, G. , & Grenet, J. (2010). When do better schools raise housing prices? Evidence from Paris public and private schools. *Journal of Public Economics*, *94* (1 – 2), 59 – 77.

Falk, A. , & Heckman, J. J. (2009). Lab experiments are a major source of knowledge in the social sciences. *Science*, *326* (5952), 535 – 538.

Fan, J. , & Gijbels, I. (1996). *Local polynomial modelling and its applications*. Chapman & Hall.

Fan, W. , Ma, Y. , & Wang, L. (2015). Do we need more public investment in higher education? Estimating the external returns to higher education in China. *Asian Economic Papers*, *14* (3), 88 – 104.

Feldstein, M. S. (1975). Wealth neutrality and local choice in public education. *American Economic Review*, *65* (1), 75 – 89.

Feldstein, M. (1978). The effect of a differential add-on grant: Title I and local education spending. *Journal of Human Resources*, *13* (4), 443 – 458.

Figlio, D. N. , & Lucas, M. E. (2004). What's in a grade? School report cards and the housing market. *American Economic Review*, *94* (3), 591 – 604.

Figlio, D. , Holden, K. L. , & Ozek, U. (2018). Do students benefit from longer school days? Regression discontinuity evidence from Florida's additional hour of literacy instruction. *Economics of Education Review*, *67*, 171 – 183.

Fisher, R. A. (1921). Studies in crop variation I. An examination of the yield of dressed grain from Broadbalk. *Journal of Agricultural Science*, *11* (2), 107 – 135.

Fisher, R. A. (1924). Studies in crop variation III. The influence of rainfall on the yield of wheat at Rothamsted. *Philosophical Transactions of The Royal Society*, *Series B*, *213* (404), 89 – 142.

Fisher, R. A. , & Mackenzie, W. A. (1923). Studies in crop variation II. The manurial response of different potato varieties. *Journal of Agricultural Science*, *13* (3), 311 – 320.

Foraker, M. J. (2012). *Does changing majors really affect the time to graduate? The impact of changing majors on student retention, graduation, and time to graduate.* Western Kentucky State University, Office of Institutional Research.

Gelman, A., & Imbens, G. (2019). Why high-order polynomials should not be used in regression discontinuity designs. *Journal of Business & Economic Statistics*, *37*(3), 447–456.

Gertler, P. J., Martinez, S., Premand, P., Rawlings, L. B., & Vermeersch, C. M. J. (2016). *Impact evaluation in practice* (2nd ed.). World Bank.

Gibbons, S., Machin, S., & Silva, O. (2013). Valuing school quality using boundary discontinuities. *Journal of Urban Economics*, *75*, 15–28.

Gilligan, M. J., & Sergenti, E. J. (2008). Do UN interventions cause peace? Using matching to improve causal inference. *Quarterly Journal of Political Science*, *3*(2), 89–122.

Goodman-Bacon, A. (2021). Difference-in-differences with variation in treatment timing. *Journal of Econometrics*, *225*(2), 254–277.

Gruber, J. (1994). The incidence of mandated maternity benefits. *American Economic Review*, *84*(3), 622–641.

Guo, S., & Fraser, M. W. (2015). *Propensity score analysis: statistical methods and applications* (2nd ed.). Sage.

Guo, S., Fraser, M. W., & Chen, Q. (2020). Propensity score analysis recent debate and discussion. *Journal of the Society for Social Work and Research*, *11*(3), 463–482.

Hahn, J., Todd, P., & van der Klaauw, W. (2001). Identification and estimation of treatment effects with a regression-discontinuity design. *Econometrica*, *69*(1), 201–209.

Han, E. S. (2020). The effects of teachers' unions on the gender pay gap among U. S. public school teachers. *Industrial Relations: A Journal of Economy and Society*, *59*(4), 563–603.

Hansen, B. B. (2004). Full matching in an observational study of coaching for the SAT. *Journal of the American Statistical Association*, *99*, 609–618.

Hansen, B. B., & Klopfer, S. O. (2006). Optimal full matching and related designs via network flows. *Journal of Computational and Graphical Statistics*, *15*(3), 609–627.

Hanushek, E. A. (1986). The economics of schooling: production and efficiency in public schools. *Journal of Economic Literature*, *24*(3), 1141–1177.

Harmon, C., & Walker, I. (1995). Estimates of the economic return to schooling for the United Kingdom. *American Economic Review*, *85*(5), 1278–1286.

Hartog, J. , & van den Brink, H. M. (Eds.). (2007). *Human capital: advances in theory and evidence.* Cambridge University Press.

Hayes, A. F. (2018). *Introduction to mediation, moderation, and conditional process analysis: a regression-based approach* (2nd ed.). The Guilford Press.

Heckman, J. J. (1979). Sample selection bias as a specification error. *Econometrica, 47* (1), 153 – 161.

Heckman, J. J. , Ichimura, H. , & Todd, P. E. (1997). Matching as an econometric evaluation estimator: evidence from evaluating a job training programme. *Review of Economic Studies, 64* (4), 605 – 654.

Heckman, J. J. , Ichimura, H. , & Todd, P. (1998). Matching as an econometric evaluation estimator. *Review of Economic Studies, 65* (2), 261 – 294.

Heckman, J. J. , Ichimura, H. , Smith, J. A. , & Todd, P. (1998). Characterizing selection bias using experimental data. *Econometrica, 66* (5), 1017 – 1098.

Heckman, J. J. , Lalonde, R. J. , & Smith, J. A. (1999). The economics and econometrics of active labor market programs. In O. C. Ashenfelter & D. Card (Eds.), *Handbook of Labor Economics* (Vol. 3, pp. 1865 – 2097). Elsevier Science B. V.

Hernán, M. A. , & Robins, J. M. (2020). *Causal inference: what if.* CRC Press.

Hill, R. C. , Griffiths, W. E. , & Lim, G. C. (2011). *Principles of econometrics* (4th ed.). John Wiley & Sons.

Hirano, K. , Imbens, G. W. , & Ridder, G. (2003). Efficient estimation of average treatment effects using the estimated propensity score. *Econometrica, 71* (4), 1161 – 1189.

Hitt, L. M. , & Frei, F. X. (2002). Do better customers utilize electronic distribution channels? The case of PC banking. *Management Science, 48* (6), 732 – 748.

Holland, P. W. (1986). Statistics and causal inference. *Journal of the American Statistical Association, 81* (396), 945 – 960.

Hoover, K. , & Donovan, T. (2011). *The elements of social scientific thinking* (10th ed.). Cengage Learning.

Horvitz, D. G. , & Thompson, D. J. (1952). A generalization of sampling without replacement from a finite universe. *Journal of the American Statistical Association, 47* (260), 663 – 685.

Hoxby, C. M. (2000). The effects of class size on student achievement: new evidence from population variation. *Quarterly Journal of Economics*, *115* (4), 1239 – 1285.

Huang, B., Gao, M., Xu, C., & Zhu, Y. (2017). The impact of Province-Managing-County fiscal reform on primary education in China. *China Economic Review*, *45*, 45 – 61.

Huang, B., He, X., Xu, L., & Zhu, Y. (2020). Elite school designation and housing prices: quasi-experimental evidence from Beijing, China. *Journal of Housing Economics*, *50* (4), 1343 – 1380.

Huntington-Klein, N. (2022). The effect: an introduction to research design and causality. CRC Press.

Imbens, G. W. (2004). Nonparametric estimation of average treatment effects under exogeneity: a review. *Review of Economics and Statistics*, *86* (1), 4 – 29.

Imbens, G. W. (2015). Matching methods in practice: three examples. *Journal of Human Resources*, *50* (2), 373 – 419.

Imbens, G. W. (2020). Potential outcome and directed acyclic graph approaches to causality: relevance for empirical practice in economics. *Journal of Economic Literature*, *58* (4), 1129 – 1179.

Imbens, G. W., & Angrist, J. D. (1994). Identification and estimation of local average treatment effects. *Econometrica*, *62* (2), 467 – 475.

Imbens, G., & Kalyanaraman, K. (2012). Optimal bandwidth choice for the regression discontinuity estimator. *Review of Economic Studies*, *79* (3), 933 – 959.

Imbens, G. W., & Lemieux, T. (2008). Regression discontinuity designs: a guide to practice. *Journal of Econometrics*, *142* (2), 615 – 635.

Imbens, G. W., & Rubin, D. B. (2015). *Causal inference for statistics, social, and biomedical sciences: an introduction*. Cambridge University Press.

Imbens, G. W., & Wooldridge, J. M. (2009). Recent developments in the econometrics of program evaluation. *Journal of Economic Literature*, *47* (1), 5 – 86.

Isaac, S., & Michael, W. B. (1980). *Handbook in research and evaluation: a collection of principles, methods, and strategies useful in the planning, design, and evaluation of studies in education and the behavioral sciences*. Edits.

Khandker, S. R., Koolwal, G. B., & Samad, H. A. (2010). *Handbook on impact evaluation: quantitative methods and practices*. World Bank.

King, G., & Nielsen, R. A. (2019). Why propensity scores should not be used for matching. *Political Analysis*, *27* (4), 435 – 454.

Krueger, A. B. (1999). Experimental estimates of education production functions. *Quarterly Journal of Economics*, *114* (2), 497 – 532.

Ladd, H. F. (1994). Measuring disparities in the fiscal condition of local governments. In J. E. Anderson (Ed.), *Fiscal Equalization for State and Local Government Finance* (pp. 21 – 53). Praeger.

Lazarsfeld, P. F. (1959). Problems in methodology. In R. K. Merton, L. Broom, & L. S. Cottrell (Eds.), *Sociology today: problems and prospects* (pp. 39 – 72). Basic Books.

Lechner, M. (2008). A note on the common support problem in applied evaluation studies. *Annales d'Économie et de Statistique*, (91 – 92), 217 – 235.

Lechner, M. (2010). The estimation of causal effects by difference-in-difference methods. *Foundations and Trends in Econometrics*, *4* (3), 165 – 224.

Lee, D. S. (2008). Randomized experiments from non-random selection in US house elections. *Journal of Econometrics*, *142* (2), 675 – 697.

Lee, D. S. , & Lemieux, T. (2010). Regression discontinuity designs in economics. *Journal of Economic Literature*, *48* (2), 281 – 355.

Lee, D. S. , McCrary, J. , Moreira, M. J. , & Porter, J. R. (2021). Valid *t*-ratio inference for IV. NBER working paper 29124. http: // www. nber. org /papers/w29124.

Lee, M. -J. (2016). *Matching, regression discontinuity, difference in differences, and beyond.* Oxford University Press.

Leopold, T. (2018). Gender differences in the consequences of divorce: a study of multiple outcomes. *Demography*, *55* (3), 769 – 797.

Leuven, E. , & Sianesi, B. (2003). PSMATCH2: Stata module to perform full Mahalanobis and propensity score matching, common support graphing, and covariate imbalance testing. Statistical Software Components S432001, Boston College Department of Economics, revised 01 Feb 2018.

Lewis-Beck, M. S. (1980). *Applied regression: an introduction.* Sage.

Li, H. , Liu, P. W. , & Zhang, J. (2012). Estimating returns to education using twins in urban China. *Journal of Development Economics*, *97* (2), 494 – 504.

Lindo, J. M. , Sanders, N. J. , & Oreopoulos, P. (2010). Ability, gender, and performance standards: evidence from academic probation. *American Economic Journal: Applied Economics*, *2* (2), 95 – 117.

Liu, V. , Mishra, S. , & Kopko, E. M. (2021). Major decision: the impact of major switching on academic outcomes in community colleges. *Research in Higher Education*, *62* (4), 498 – 527.

Liu, X. (2016). *Applied ordinal logistic regression using Stata: from single-level to multilevel modeling*. Sage.

Long, J. S. (1997). *Regression models for categorical and limited dependent variables*. Sage.

Ludwig, J. , & Miller, D. L. (2007). Does Head Start improve children's life chances? Evidence from a regression discontinuity design. *Quarterly Journal of Economics*, *122* (1), 159 – 208.

Ma, X. , Zhou, Z. , Yi, H. , Pang, X. , Shi, Y. , Chen, Q. , Meltzer, M. E. , le Cessie, S. , He, M. , Rozelle, S. , Liu, Y. , Congdon, N. (2014). Effect of providing free glasses on children's educational outcomes in China: cluster randomized controlled trial. *BMJ Clinical Research*, *349* (Sep 23), g5740.

McCaffrey, D. F. , Ridgeway, G. , & Morral, A. R. (2004). Propensity score estimation with boosted regression for evaluating causal effects in observational studies. *Psychological Methods*, *9* (4), 403 – 425.

McCrary, J. (2008). Manipulation of the running variable in the regression discontinuity design: a density test. *Journal of Econometrics*, *142* (2), 698 – 714.

Menard, S. (2002). *Applied logistic regression analysis* (2nd ed.). Sage.

Meyer, B. D. (1995). Natural and quasi-experiments in economics. *Journal of Business & Economic Statistics*, *13* (2), 151 – 161.

Micceri, T. (2001). *Change your major and double your graduation chances*. Paper presented at the Annual Meeting of the Association for Institutional Research, Long Beach, CA.

Mill, J. S. (1843). *A System of logic* (Vol. I). John Parker.

Mincer, J. (1974). *Schooling, experience, and earnings*. National Bureau of Economic Research.

Monk, D. H. (1990). *Educational finance: an economic approach*. McGraw-Hill.

Morgan, S. L. , & Winship, C. (2015). *Counterfactuals and causal inference: methods and principles for social research* (2nd ed.). Cambridge University Press.

Moser, P. , & Voena, A. (2012). Compulsory licensing: evidence from the trading with the enemy act. *American Economic Review*, *102* (1), 396 – 427.

Mothorpe, C. (2018). The impact of uncertainty on school quality capitalization using the border method. *Regional Science & Urban Economics*, *70* (May), 127 – 141.

Murnane, R. J. , & Willett, J. B. (2011). *Methods matter : improving causal inference in educational and social science research*. Oxford University Press.

Murphy, M. M. (2000). *Predicting graduation : are test score and high school performance adequate?* Paper presented at the Annual Meeting of the Association for Institutional Research, Cincinnati, OH.

Neyman, J. (1990). On the application of probability theory to agricultural experiments. Essay on Principles. Section 9. translated in *Statistical Science*, *5* (4), 465 – 472.

Nguyen-Hoang, P. , & Yinger, J. (2011). The capitalization of school quality into house values : a review. *Journal of Housing Economics*, *20* (1), 30 – 48.

Oates, W. E. (1969). The effects of property taxes and local public spending on property values : an empirical study of tax capitalization and the Tiebout hypothesis. *Journal of Political Economy*, *77* (6), 957 – 971.

Organisation for Economic Co-operation and Development. (2007). *Education at a glance 2007*. OECD.

Oreopoulos, P. (2006). Estimating average and local average treatment effects of education when compulsory schooling laws really matter. *American Economic Review*, *96* (1), 152 – 175.

Pampel, F. C. (2000). *Logistic regression : a primer*. Sage.

Pearl, J. (1995). Causal diagrams for empirical research. *Biometrika*, *82* (4), 669 – 710.

Pearl, J. (2009). *Causality : models, reasoning, and inference* (2nd ed.). Cambridge University Press.

Pearl, J. , & Mackenzie, D. (2018). *The book of why : the new science of cause and effect*. Basic Books.

Perkins, S. M. , Tu, W. , Underhill, M. G. , Zhou, X. H. , & Murray, M. D. (2000). The use of propensity scores in pharmacoepidemiologic research. *Pharmacoepidemiology & Drug Safety*, *9* (2), 93 – 101.

Peterson, R. R. (1996). A re-evaluation of the economic consequences of divorce. *American Sociological Review*, *61* (3), 528 – 536.

Plato. (1956). Apology. In F. J. Church (Trans.), *Euthyphro, apology,* crito (2nd ed. , pp. 21 – 50). Bobbs-Merrill.

Psacharopoulos, G. (1981). Returns to education: an updated international comparison. *Comparative Education*, *17*(3), 321 – 341.

Psacharopoulos, G. , & Patrinos, H. A. (2004). Returns to investment in education: a further update. *Education Economics*, *12*(2), 111 – 134.

Rosenbaum, P. R. (1987). Model-based direct adjustment. *Journal of the American Statistical Association*, 82 (398), 387 – 394.

Rosenbaum, P. R. (2002). *Observational studies* (2nd ed.). Springer-Verlag.

Rosenbaum, P. R. (2017). *Observation and experiment: an introduction to causal inference.* Harvard University Press.

Rosenbaum, P. R. , & Rubin, D. B. (1983). The central role of the propensity score in observational studies for causal effects. *Biometrika*, *70*(1), 41 – 55.

Rosenbaum, P. R. , & Rubin, D. B. (1984). Reducing bias in observational studies using sub-classification on the propensity score. *Journal of the American Statistical Association*, *79*(387), 516 – 524.

Rosenbaum, P. R. , & Rubin, D. B. (1985). Constructing a control group using multivariate matched sampling methods that incorporate the propensity score. *The American Statistician*, *39*(1), 33 – 38.

Rubin, D. B. (1974). Estimating causal effects of treatments in randomized and nonrandomized studies. *Journal of Educational Psychology*, *66*(5), 688 – 701.

Rubin, D. B. (1977). Assignment to treatment group on the basis of a covariate. *Journal of Educational Statistics*, *2*(1), 1 – 26.

Rubin, D. B. (1986). Comment: which ifs have causal answers. *Journal of the American Statistical Association*, *81*(396), 961 – 962.

Rubin, D. B. (1997). Estimating causal effects from large data sets using propensity scores. *Annals of Internal Medicine*, *127*, 757 – 763.

Rubin, D. B. (2001). Using propensity scores to help design observational studies: application to the tobacco litigation. *Health Services & Outcomes Research Methodology*, *2*, 169 – 188.

Rubin, D. B. (2008). For objective causal inference, design trumps analysis. *Annals of Applied Statistics*, *2*(3), 808 – 840.

Rubin, D. B. , & Thomas, N. (1996). Matching using estimated propensity scores: relating theory to practice. *Biometrics*, *52*(1), 249 – 264.

Salsburg, D. (2001). *The lady tasting tea: how statistics revolutionized science in the twentieth century*. M. H. Freeman and Company.

Sawa, T. (1969). The exact sampling distribution of ordinary least squares and two-stage least squares estimators. *Journal of the American Statistical Association*, *64* (327), 923 –937.

Schultz, T. W. (1963). *The economic value of education*. Columbia University Press.

Shadish, W. R., Cook, T. D., & Campbell, D. T. (2001). *Experimental and quasi-experimental designs for generalized causal inference* (2nd ed.). Cengage Learning.

Sianesi, B. (2004). An evaluation of the Swedish system of active labor market programs in the 1990s. *The Review of Economics and Statistics*, *86* (1), 133 –155.

Spence, M. (1973). Job market signaling. *Quarterly Journal of Economics*, *87* (3), 355 –374.

Stigler, S. M. (1986). *The history of statistics*. Harvard University Press.

Stock, J. H., & Yogo, M. (2005). Testing for weak instruments in linear IV regression. In D. W. K. Andrews & J. H. Stock (Eds.), *Identification and inference for econometric models: essays in honor of Thomas Rothenberg* (pp. 80 –108). Cambridge University Press.

Stuart, E. A. (2010). Matching methods for causal inference: a review and a look forward. *Statistical Science*, *25* (1), 1 –21.

Sun, L., & Abraham, S. (2021). Estimating dynamic treatment effects in event studies with heterogeneous treatment effects. *Journal of Econometrics*, *225* (2), 175 –199.

Thistlethwaite, D. L., & Campbell, D. T. (1960). Regression-discontinuity analysis: an alternative to the ex post facto experiment. *Journal of Educational Psychology*, *51* (6), 309 –317.

Tiebout, C. M. (1956). A pure theory of local expenditures. *Journal of Political Economy*, *64* (5), 416 –424.

Treiman, D. J. (2009). *Quantitative data analysis: doing social research to test ideas*. Jossey-Bass.

Trochim, W. M. K. (1984). *Research design for program evaluation: the regression-discontinuity approach*. Sage.

Tsang, M. C., & Levin, H. M. (1983). The impact of intergovernmental grants on educational spending. *Review of Educational Research*, *53* (3), 329 –367.

van der Klaauw, W. (2002). Estimating the effect of financial aid offers on college enrollment: a regression-discontinuity approach. *International Economic Review*, *43* (4), 1249 – 1287.

Vigen, T. (2015). *Spurious correlations*. Hachette Books.

Wald, A. (1940). The fitting of straight lines if both variables are subject to error. *Annals of Mathematical Statistics*, *11* (3), 284 – 300.

White, H. (1980). A hetero skedasticity-consistent covariance matrix estimator and a direct test for heteroskedasticity. *Econometrica*, *48* (4), 817 – 838.

Williams, T. C., Bach, C. C., Matthiesen, N. B., Henriksen, T. B., & Gagliardi, L. (2018). Directed acyclic graphs: a tool for causal studies in paediatrics. *Pediatric Research*, *84* (4), 487 – 493.

Winship, C., & Morgan, S. L. (1999). The estimation of causal effects from observational data. *Annual Reviews of Sociology*, *25*, 659 – 707.

Wooldridge, J. M. (2007). Inverse probability weighted estimation for general missing data problems. *Journal of Econometrics*, *141* (2), 1281 – 1301.

Wooldridge, J. M. (2018). *Introductory econometrics: a modern approach* (7th ed.). Cengage Learning.

Wright, P. G. (1928). *The tariff on animal and vegetable oils*. MacMillan.

Yue, H., & Fu, X. (2017). Rethinking graduation and time to degree: a fresh perspective. *Research in Higher Education*, *58* (2), 184 – 213.

索 引

附记： 教育经济与财政学的经典教材、工具书与方法参考书指引

黄　斌

　　教育经济与财政研究横跨教育与经济两个学科，也涉及社会学、心理学、政治学及其他学科的知识，兼具人文性和科学性，这决定了具有不同学科基础和背景的学生研修教育经济与财政需从不同方向入手，以取长补短。教育学背景的学生通常对教育问题或现象比较敏感，对教育事业抱有很强烈的情感认同，但数学基础偏弱，科学思维训练不足。此类学生要入得此门，需加强经济学方面的训练，学习如何运用经济学的理论框架与计量方法对教育问题做科学分析和解释。相比之下，经济学背景的学生通常计量方法功底好些，科学问题意识强，但对教育现实与政策不太了解，对教育问题的敏感度不够强，并且受经济学方法训练的影响，写出来的文章有股子浓厚的计量作业的味道，所提意见要么过于平淡无奇，要么与现实脱节严重。此类学生要入得此门，需加强对教育理论和教育政策法规的了解，学习如何从教育现实出发，寻找教育的"真"问题及破解这些问题的"真"方法。

　　有教育学背景的学生向我反映，他们感觉自己入门的难度要比经济学背景的学生大许多，但事实上，这只是不同专业背景的学生在不同阶段的发展态势有所不同而已。教育学背景的学生研修教育经济与财政，可能在

入门时遭遇较大困难，但只要突破技术上的瓶颈，后期发展道路可能更加宽广和顺利。与此相反，经济学背景的学生可能短期内容易出成果，但由于思维受限，看到非技术性文献就昏昏欲睡，容易陷入单纯运用方法做简单重复研究的"陷阱"之中。

无论哪种背景的学生，要想入得"教育经济与财政"此门，都需努力克服各自不足，发挥自身所长，而要做到这一点，就必须进行有针对性、系统性的文献阅读学习。虽然不同学生在接受学术训练时有不同的需求和侧重点，但所幸的是，教育经济与财政专业对于学生的学术训练本身就包含以上两个方面，入门者可从专业文献阅读中获得各自所需的知识养分。

不可否认，每个人都有着不同的知识储备结构和认知偏好，这决定了我们在阅读和研习文献时会经历不同的节奏变化。当读到与自己的知识结构和认知偏好相契合的内容时，阅读会更顺畅，也更兴奋。而当碰到与自己的知识结构和认知偏好不契合的内容时，阅读会有停顿，思想跟不上文字，极易产生烦躁感。此时，如果一味顺从情绪，进行跳跃阅读，很容易导致低效学习——因为这种阅读方法永远都无法照亮知识盲区，反而重复强化已经掌握的知识。因此，当文献中出现自己不甚了解的专业术语、理论知识或方法技术时，必须克制跳跃阅读的想法，尤其是阅读重要文献时，务必要求自己对全文无一处不理解。唯有如此长期坚持与文献"死磕"，方能突破自己原有的知识樊篱，达到一通百会的境界。

无论是从实操，还是从研究上看，教育经济与财政都是"同一枝蔓上的两个葫芦果"。从事教育财政研究的学者如果不了解教育经济，就很难摸清楚教育财政政策背后的经济学逻辑，所提出的财政政策意见缺乏说服力。同样地，从事教育经济的学者如果不了解教育财政，所取得的研究结果就缺少政策落脚点。毕竟教育是一项公共事业，教育发展离不开公共财政的支持。研究者如果对教育财政理论与现实制度缺乏了解，在撰写论文最后一部分"政策性含义"时，就很难产生从经济原理到财政政策的联想，写出来的政策意见大多是诸如"要加大对教育财政投入"之类的空话、套话，体现不出教育经济研究独特的现实价值与意义。

诚然，教育经济与财政学相关文献浩如烟海，阅读文献也需讲究效率，一味死读也不行。专业阅读还是分门别类、循序渐进、由浅入深为好。以下，我向大家推荐一些教育经济与财政领域的经典文献，分教材、工具书和方法书三大类，分别就其作者背景、编写特点、内容安排与研习难度做简要的评介，供读者参考。

一、 教材指引

（一） 教育经济教材

教育经济学教材首推埃尔查南·科恩（Elchanan Cohn）和特雷·盖斯克（Terry G. Geske）合著的《教育经济学》（*The Economics of Education*）①，该教材初版于 1972 年问世，1979 年出版第二版，1990 年出版第三版，之后就未再版。

科恩教授曾任教于美国南卡罗来纳大学商学院，现已荣休，他长期致力于教育经济收益与教育市场化研究，曾编有《教育的市场化之路： 教育券与学校选择》（*Market Approach to Education： Vouchers and School Choice*）一书②，他是《教育经济学评论》（*Education of Economics Review*） 期刊的创始人，目前，全世界只有两种教育经济学英文专业期刊，除《教育经济学评论》外，另一本是《教育经济学》（*Education Economics*）。《教育经济学评论》创刊于 1981 年，较《教育经济学》（1997 年） 早，拥有更高的影响因子，被 SSCI 收录。盖斯克教授曾任教于美国路易斯安那州立大学教育领导系，现已去世，生前主要研究领域是教育财政政策，他与埃尔查南·科恩、亨利·莱文（Henry Levin）、马丁·卡诺伊（Martin

---

① Cohn, E. , & Geske, T. G. (1990). *The economics of education* (3rd ed.). Pergamon Press.

② Cohn, E. (1997). *Market approach to education： vouchers and school choice*. Emerald Group Publishing Limited. 该书在国内有译本，2008 年由北京师范大学出版社出版。

Carnoy)、沃尔特·麦克马洪（Walter W. McMahon）① 等人都是 20 世纪 70 年代中后期至 90 年代活跃于美国教育经济学界的重要学者。

科恩和盖斯克所著的这本教材，可以说是最经典的教育经济学入门教材。与其他教科书不同，这本教材每一章节的内容组织得比较松散，看似没有明显的知识架构，对许多重要概念亦没有给出明确的定义，像是针对不同研究议题的文献综述而非教科书。对于初学者来说，初读此书可能有些摸不着头脑，但多读几遍，就会发现该书不仅涵盖了所有重要的教育经济学原理和观点，还充分阐释了不同学者对某一原理和观点持有的不同意见。所探讨的科学问题和理论命题没有变，但分析的假定与论述的角度在不断变化。此种"似是而非"的布局谋篇和写作风格，突显了对核心概念和理论观点的解释的所谓"非唯一性"，强调教育经济理论与实证研究正是通过"立论—反驳—再立论—再反驳"的螺旋方式不断向前推进的。如此编写教科书，更有利于读者发挥自己的学术想象，并形成属于自己的学术理解。

早年间，该教材曾被翻译成中文，现在市面上已了无踪迹。2009 年，格致出版社再次翻译出版，译者是上海学者范元伟，翻译质量不错。建议每位教育经济学专业研究生都从头到尾通读此书，并做好阅读笔记。

继科恩和盖斯克教材绝版之后，国外出版的教育经济学教科书种类极少，可选择余地不大，其中还有些书名看似教科书的专业书籍，读起来更像是专著。比如，2004 年美国宾夕法尼亚大学三位教授马克·格雷德斯坦（Mark Gradstein）、摩西·嘉斯曼（Moshe Justman）和沃尔克·迈耶（Volker Meier）合著的《教育政治经济学：关于增长与非均等的启示》

---

① 对莱文和卡诺伊两位教授，我们在后文会有专门介绍。麦克马洪执教于美国伊利诺伊大学厄巴纳–香槟分校，为该校经济学和教育学教授，他专精于教育与经济增长、教育的社会或非货币收益测量，著有《教育与发展：衡量社会效益》（*Education and Development：Measuring the Social Benefit*），1999 年由牛津大学出版社出版，另编有一部由四册组成的大部头工具书《教育与发展：教育领域的主要议题》（*Education and Development：Major Themes in Education*），将所有与教育和经济增长、社会发展有关的经典文献收录在内。

（*The Political Economy of Education：Implications for Growth and Inequality*）。[①]
该书从新政治经济学角度对教育分配及教育非均等后果进行解释，所涉议题十分有限，作为教材还不够全面，可作为科恩和盖斯克教材的补充阅读资料。

再比如，2006 年欧洲教育经济学家丹尼尔·切奇（Daniele Checchi）出版的《教育经济学：人力资本、家庭背景与不平等》（*The Economics of Education：Human Capital，Family Background and Inequality*）。[②] 该教材共有七章：教育概览、教育需求、流动性约束与教育机会、教育供给、教育财政、教育收益和教育代际流动，综合介绍了当时教育经济领域一些新的研究成果。切奇这本教材对一些内容的编写与传统教育经济学教科书有很大的不同。在 20 世纪七八十年代，教育经济学倾向于将教育视为一种国家制度或政策工具，强调教育在促进国民经济发展和个人收入增长中的积极作用。自 20 世纪 90 年代中后期，教育经济学研究发生了转向，它不再将教育视为一种工具，而是将它视为个体权利不可缺少的一部分。它的研究视角变得更加微观，更加关注个体的终身可持续发展，强调教育要作为一种面向弱势家庭和人群的再分配手段，积极地参与社会阶层结构的重构。切奇的这本教材充分展现了教育经济学这一思想转向。譬如，他在讨论教育需求时，第一点论证的是教育对于形成个人最小可行能力（minimal capabilities）的作用，第二点才论证教育作为一种人力资本投资方式所具有的经济价值。相比之下，传统教育经济学教科书论及教育需求，必先强调教育的经济收益。切奇的教材对教育财政涉及不多。这本书也可作为科恩和盖斯克教材的补充阅读资料。

国外教育经济学教科书"出版荒"直到 2018 年才被打破。是年，康奈尔大学教授迈克尔·洛文海姆（Michael Lovenheim）和弗吉尼亚大学教授萨拉·特纳（Sarah Turner）共同出版了一部全新的教育经济学教材

---

① Gradstein, M., Justman, M., & Meier, V.（2004）. *The political economy of education：implications for growth and inequality*. MIT Press.

② Checchi, D.（2006）. *The economics of education：human capital，family background and inequality*. Cambridge University Press.

《教育经济学》（*Economics of Education*）。[①] 该教材共有十五章，被分为四个部分，包括：背景与介绍、教育生产和投资的基本原理、小学和中学政策、高等教育政策。从各章节编排看，该教材偏向教育政策分析，注重讲授教育政策的经济学原理及其应用，书中囊括了最新的教育政策分析工具（如项目评价的因果推断法）和美国相关教育政策评价研究所取得的重要结论，突显了目前因果推断方法在教育微观经济分析方法中的主流地位。在基础理论方面，除传统人力资本理论、信号筛选理论外，该教材还增加了不少近年来讨论较多的知识资本理论的内容。近三十年来，美国教育政策的制定已从传统的以投入为导向彻底转变为以结果为导向，具体表现为政府采用更多市场手段来改变学校、教师和学生所面临的激励结构。在该教材的第三、第四部分，作者有意识地选取了一些社会争议较大的教育市场化政策改革（如学校选择改革、学校绩效管理改革和教师绩效工资改革）做单篇分析，讨论有一定深度，既介绍争议对象的现实背景，又讲授争议背后的理论原理，以及主流计量方法在相关研究中的具体应用。该教材援引大量实际研究作为案例，这使得该教材既有理论知识上的广度，同时又具有专业探索的深度，十分适合教育经济与管理专业本科高年级与硕士课程低年级学生使用。

（二）教育财政教材

教育财政教材首推美国康纳尔大学教授大卫·蒙克（David H. Monk）的《教育财政：一种经济学方法》（*Educational Finance: An Economic Approach*）。[②] 美国出版的教育财政教材大致可以分为两类：一类偏宏观，大都以"Educational Finance"为书名，主要以国家教育财政运行和政府间财政关系为视角，偏向原理性知识的系统介绍；另一类偏中观或微观，大都以"Schooling Finance"为书名，主要以教育政策的微观分析，以及地方学区或学校教育经费的募集、分配和使用为视角，注重原理性知识在现

---

① Lovenheim, M., & Turner, S. (2018). *Economics of education.* Worth Publishers.
② Monk, D. H. (1990). *Educational finance: an economic approach.* McGraw-Hill.

实政策背景中的应用。蒙克教授的这本教材属于前者，非常适合中国学生和学者研读，毕竟中美的政治体制和教育体制及政策有很大的不同，但教育财政基本原理是相通的。该教材从教育财政的效率、公平和自由三大原理出发，就财政联邦主义理论、教育税收原理、财政转移支付、学校投入与产出、教师工资等内容进行了详细的介绍，内容覆盖全面且讲解细致。对于这本教材，我印象最深的是仅教育财政转移支付一部分内容就专门安排三章进行讲解，将不同类型教育财政转移支付的基本原理、分配公式、经济效应与优缺点都介绍得十分清楚。可惜的是，这本教材在 1990 年初版后就不再版了，有很多理论和经验知识需要更新。

教育财政的中观、微观教材首推阿兰·奥登（Allan R. Odden）和劳伦斯·皮库斯（Lawrence O. Picus）编著的《学校财政：一种政策视角》（*School Finance: A Policy Perspective*）。[①] 该教材应该是近三十年来销量最大的教育财政教材，2019 年出版了第六版，体现出这本书出色的编写质量和长久的生命力。两位作者奥登和皮库斯都是当前美国教育财政学界非常活跃的学者，在学校绩效拨款和教育财政转移支付领域有许多研究成果。该教材对教育财政基本原理有较为系统的介绍，但更多偏向对美国教育立法、财政体制和主要政策的介绍和分析，有大量涉及州政府及地方学区对学校拨款管理方面的内容。如果读者对美国教育体制背景缺乏了解的话，读起来可能会有些吃力，但通过此书，可较为深入地了解美国基础教育财政的实际运作过程，其中有不少改革理念和政策措施值得中国借鉴。哪怕再困难，也要坚持读完。

2000 年后，美国基础教育财政体制改革愈演愈烈。受此影响，美国出版的教育财政教科书种类相对较多，选择余地要比教育经济学教材大得多。其中具有代表性的教材是詹姆士·格思里（James W. Guthrie）、马修·斯普林格（Matthew G. Springer）、安东尼·罗尔（R. Anthony Rolle）和埃里克·霍克（Eric A. Houck）合著的《现代教育财政与政策》

---

① Odden, A. R., & Picus, L. O. (2019). *School finance: a policy perspective* (6th ed.). McGraw-Hill.

（*Modern Education Finance and Policy*）。① 这也是一部优秀的教育财政教材。从书名就可以看出，该教材的特点是强调教育财政政策的"现代性"，即着重介绍教育财政基本原理和政策框架在现代美国教育实践中的具体应用。此教材也具有浓厚的美国背景，可做有选择的阅读。全书最出彩的是第四部分"现代教育财政的动力学：公平、效率和自由的挑战"。如无充足的时间阅览全书，可只单挑这一部分进行研读。

二、 工具书指引

阅读专业工具书与阅读教材不同。教材是入门文献，必须通读或精读。而工具书可以有选择性地阅读，当然有些"入门级"工具书也可当作教科书阅读。工具书通常由专业学者针对系列研究议题撰写的若干综述性文章辑合而成。一般来说，工具书有三重功能：一是作为教材的重要辅助阅读资料，配合教材对应章节一同研读，可起到事半功倍的效果；二是作为重要的研究参考资料，常备身边，当你准备就某一领域开展专门研究时，将工具书中相关章节调出一阅，便可快速了解这个领域的重要概念、基本原理、常用方法、重要结论与观点，以及前沿研究水平；三是作为重要的文献指引，工具书相关章节所附参考文献可以为你提供重要指引，通过它们可快速了解还有哪些经典文献可作为补充阅读资料。

近四十年，国际学界出版了不少教育经济与财政工具书，为我们的研究提供了极大的便利。尤其是教育经济学教材品种较少且老旧，这使我们必须更加倚重并善于利用工具书进行知识更新和学习。按照工具书的出版年份远近，我们将教育经济与财政相关工具书分为"老两样"和"新四样"两类，以下分别进行介绍。

（一） "老两样"

20 世纪 80—90 年代，两位经济学家乔治·萨卡罗普洛斯（George

---

① Guthrie, J. W., Springer, M. G., Rolle, R. A., & Houck, E. A. (2006). *Modern education finance and policy*. Pearson.

Psacharopoulos)和马丁·卡诺伊各自主编完成一部教育经济学工具书,堪称经典。

萨卡罗普洛斯曾是国际教育经济学界最活跃的学者,在因果推断方法尚未流行于学界的"前因果时代",他运用 OLS 回归所做的一系列有关教育和培训收益率的国别跟踪比较研究在国际学界产生了重大影响。20 世纪 80—90 年代,萨卡罗普洛斯曾在《比较教育》(*Comparative Education*)、《人力资源杂志》(*Journal of Human Resources*)等期刊上发表了一系列有关教育收益率测算及多国估计结果的综述性论文,有着非常高的引用率。文献虽老,但依然值得仔细研读。

1987 年,萨卡罗普洛斯主编出版了一部教育经济学研究手册,名为《教育经济学: 研究与探究》(*Economics of Education: Research and Studies*)。[①] 这部手册每一章构成一个研究专题,篇幅都不长,通常是先介绍一般理论原理和方法,再阐述该理论的新发展与政策含义。此手册主要论及教育经济及人力资本政策,教育财政专题仅收录 5 篇文献。此外,该手册形成于教育规划政策盛行的 20 世纪 80 年代,因此书中收录了不少教育规划(educational planning)的专题文章,这些内容在之后的工具书中就很少出现了。从工具书内容的变化,我们可以看出教育经济政策的演变趋向。

1995 年,马丁·卡诺伊与亨利·莱文主编出版《教育经济学国际百科全书》(*International Encyclopedia of Economics of Education*)[②],该书是爱思唯尔出版集团组织出版的"教育大百科全书"中的一部。

该书的第一位编者马丁·卡诺伊是斯坦福大学资深教授,出身于芝加哥学派,治学严谨,极具批判性,在新政治经济学和教育经济学研究领域享有盛名。该书另一位编者亨利·莱文也曾任斯坦福大学教育经济学教授,与卡诺伊为同事,后执教于哥伦比亚大学师范学院,同是享誉教育经济学界的学者。卡诺伊和莱文在 20 世纪 80 年代曾著有《民主国家的学校

---

① Psacharopoulos, G. (Ed.). (1987). *Economics of education: research and studies*. Pergamon Press.

② Carnoy, M., & Levin, H. (Ed.). (1995). *International encyclopedia of economics of education* (2nd ed.). Pergamon Press.

教育与工作》（*Schooling and Work in the Democratic State*），该书就美国公共教育生产的阶层复制和不公平问题进行了广泛而深入的讨论和批判，是教育的新政治经济学研究领域最为重要的两部著作之一。该领域的另一部重要著作是萨缪尔·鲍尔斯（Samuel Bowles）和赫伯特·金蒂斯（Herbert Gintis）在 20 世纪 70 年代合著的《资本主义美国的学校教育》（*Schooling in Capitalist America*）。

莱文教授发表过许多重要的学术文献，他的行文风格完全不同于一般的经济学家，语言通俗，易于理解，且富含思想韵味。二十多年前我曾读过莱文教授的两篇文章，印象极深：一篇是 1976 年他发表的《经济效率的概念与教育生产》（Concepts of Economic Efficiency and Educational Production），介绍与教育生产函数有关的一些重要概念，另一篇是 1998 年他发表的《教育与应对变化的能力》（Education and the Ability to Deal with Change），阐述"教育为何以及如何有助于提高个人应对变化的能力"这一理论命题。

卡诺伊和莱文编撰的这部百科全书在形式上与萨卡罗普洛斯所编的十分相似，各专题篇幅短而精炼，所讨论的议题既有部分与前作重复，亦有部分不同。该书同样对教育财政介绍不多，但内容已比前作更加充实。该书在国内有两种译本，最早版本由北京大学闵维方教授组织翻译，2000年在高等教育出版社出版，书名为《教育经济学国际百科全书》，最近版本由北京师范大学杜育红、曹淑江和孙志军三位教授组织翻译，2011 年由西南师范大学出版社出版，书名为《教育大百科全书：教育经济学》。前后两个版本的编译者都是国内教育经济学的资深学者，书稿翻译质量很高。

以上两部书在阅读难度上都属于入门级工具书。读者即便对教育经济与财政一无所知，只要掌握一定的经济学和财政学基础知识，也可读懂。从这一角度看，这两部工具书都可以作为教育经济与财政学的入门教材来使用。

（二）"新五样"

2000 年后，美国和欧洲学者先后为教育经济学和财政学编写了不少工具书，其中有五部书的质量最高，我将它们统称为"新五样"。与"老两样"相比，新编工具书的编排形式更加多样，内容更加丰富，阅读难度形成梯度，所探讨议题亦更加深入而广泛，还出现一些专精于教育财政的工具书。

1. 教育经济学入门级工具书《教育经济学》（*Economics of Education*）

2010 年，两位美国教育经济学家多米尼克·布鲁尔（Dominic J. Brewer）和帕特里克·麦克尤恩（Patrick J. McEwan）合作出版《教育经济学》。[①] 单从书名看，该书像是一本教材，但它也是一部入门级别的手册工具书。此书编得很好，填补了 20 世纪卡诺伊和萨卡罗普洛斯两部工具书出版之后持续十余年的出版空白。

与前两部工具书相比，布鲁尔和麦克尤恩编撰的这部工具书增添了 20 世纪 90 年代至 21 世纪初教育经济学的新研究领域、新研究方法与新研究成果。该书分为六大部分：概述、人力资本理论、教育生产、成本与财政、教师劳动力市场、教育市场。

编者布鲁尔和麦克尤恩是当前美国相对年轻且非常活跃的两位教育经济学家。我曾看过麦克尤恩发表的一篇有关发展中国家农村教师招聘的综述性文章，非常受启发。[②] 麦克尤恩曾与莱文合作出版一部关于成本 – 效益分析方法的教材《成本 – 效益分析：方法及应用》（*Cost-effectiveness Analysis：Methods and Applications*）[③]，该教材于 2017 年出版第三版，新增添三位编者，并更名为《教育的经济评估：成本 – 效益与收益 – 成本分析》（*Economic Evaluation in Education：Cost-effectiveness and Benefit-cost Analysis*），对公共项目投入和产出效益分析感兴趣的读者可找来研读。

《教育经济学》的国内译本由刘泽云、郑磊和田志磊翻译，2017 年在北京师范大学出版社出版。三位译者都是目前活跃在国内教育经济与财政学界的中青年学者，译本术语准确，行文流畅，可作为教育经济学专业本

---

① Brewer, D. J., & McEwan, P. J (2010). *Economics of education*. Elsevier.

② McEwan, P. J. (1999). Recruitment of rural teachers in developing countries：an economic analysis. *Teaching & Teacher Education*, 15 (8), 849 – 859.

③ Levin, H. M., & McEwan, P. J. (2000). *Cost-effectiveness analysis：methods and applications* (2nd ed.). Sage.

科高年级与研究生教学用书，或作为重要参考阅读文献。

2. 教育经济学入门级工具书《教育经济学：全面纵览》（*The Econom-ics of Education：A Comprehensive Overview*）

英国兰卡斯特大学史蒂夫·布兰德利（Steve Bradley）教授和挪威科技大学科林·格林（Colin Green）教授合作主编的《教育经济学：全面纵览》①，阅读难度稍高于布鲁尔和麦克尤恩的《教育经济学》，但依然属于入门级的。2020年，该工具书出了第二版。两位编者布兰德利和格林同为《教育经济学》期刊主编，他们邀请当前国际学界比较活跃的一批教育经济学者对各自擅长领域的最新研究进展进行评述。譬如，负责撰写"教育与国民参与"一章的学者托马斯·迪（Thomas S. Dee）任教于斯坦福大学研究生院，曾在《公共经济学杂志》（*Journal of Public Economics*）发表论文《教育是否对民主有促进作用?》（Are There Civil Return to Educa-tion?），使其成为教育的非货币收益与政治经济分析领域的重要学者之一。

该工具书共分为五大部分：纵览、教育的私人与社会收益、教育生产、成本与财政、教师劳动力市场、教育市场、选择与激励。从内容结构安排看，该工具书偏向教育经济，教育财政所涉不多（只有两章）。即便谈及教育财政问题，也大都从经济的角度进行原理性的审读和阐释。相比之下，书中有关教育经济议题的讨论非常细致。譬如，第二部分中有关家庭对于学校投入的行为反应的讨论，以及第五部分中有关美国教会学校与学校绩效管理制度的讨论，这些都是其他教科书或工具书极少涉及的内容。有关家庭对于学校投入的行为反应这一章写得尤为好。研究家庭教育支出不能单纯解读家庭教育支出数据的变化，而是要透过经济理论与计量模型去"挖掘"数据变化背后所蕴藏的家庭对子女教育投资的行为逻辑，这让我深受启发。

3. 教育经济学进阶工具书《教育经济学手册》（*Handbook of the Eco-nomics of Education*）

2000年后，爱思唯尔出版集团下属的北荷兰出版社组织各经济学领

---

① Bradley, S., & Green, C. (Eds.). (2020). *The economics of education：a com-prehensive overview* (2nd ed.). Academic Press.

域重要学者编撰经济学系列手册，其中就包含《教育经济学手册》。[①] 该手册现已出版五卷，第一卷和第二卷出版于 2006 年，第三卷和第四卷出版于 2011 年，第五卷出版于 2016 年。该手册前两卷由两位著名的美国教育和劳动经济学家埃里克·汉努谢克（Eric A. Hanushek）和菲尼斯·韦尔奇（Finis Welch）主编，从第三卷开始改为由埃里克·汉努谢克与两位欧洲学者斯蒂芬·曼奇（Stephen Machin）、路德格尔·沃伊斯曼（Ludger Woessmann）主编。

菲尼斯·韦尔奇是资深经济学家，早年发表的研究教育与劳动生产率关系及教育生产函数的文献有很高的引用率。个人以为，韦尔奇对教育经济学的贡献可以与西奥多·舒尔茨（Theodore W. Schultz）、加里·贝克尔（Gary S. Becker）和雅各布·明瑟（Jacob Mincer）比肩，他们同是现代教育经济学的重要奠基人。埃里克·汉努谢克是斯坦福大学经济学教授，以研究教育生产函数与知识资本化闻名于学界，是早些年参与有关"教育财政投入有用还是无用"争议的重要学者。汉努谢克教授为经济学背景，方法好，研究严谨，他发表的所有文献都值得精读。之后加入的两位编者曼奇和沃伊斯曼是汉努谢克知识资本化研究的重要合作者，汉努谢克与沃伊斯曼曾著有《国家的知识资本》（*The Knowledge Capital of Nations*）一书，该书是知识资本理论的重要著作，国内有译本，2017 年由中信出版集团股份有限公司出版。

曼奇和沃伊斯曼分别执教于英国伦敦政治经济学院和德国慕尼黑大学。两位欧洲学者的加入，使该手册的"美国化"背景得以淡化，所讨论议题不再局限于美国学界感兴趣的话题，尤其是从有关教育与劳动迁移、过度教育、教育券、认知经济学方面的章节内容中，我们可以看到不少基于欧洲或全球背景对教育问题的讨论。

该手册前五卷已包含的议题涵盖了目前教育经济学研究的绝大部分领

---

① Hanushek, E. A., & Welch, F. (Eds.). (2006). *Handbook of the economics of education* (Vol. 1 – 2). North Holland; Hanushek, E. A., Machin, S., & Woessmann, L. (Eds.). (2011). *Handbook of the economics of education* (Vol. 3 – 4). North Holland; Hanushek, E. A., Machin, S., & Woessmann, L. (Eds.). (2016). *Handbook of the economics of education* (Vol. 5). North Holland.

域。手册中每章都就某个具体研究议题做了专门的综述，文章长度较之前介绍的入门级手册要长得多，全面介绍了目前各议题最前沿的研究进展情况，读者读完便知道自己研究的起点在哪里，在哪些方面有所突破才能有创新。该手册的内容有一定深度，适合有一定教育经济学理论基础和计量功底的专业学者和高年级研究生研读。

4. 教育财政学工具书

美国杜克大学公共政策与经济学教授海伦·莱德（Helen F. Ladd）和美国《纽约时报》（*New York Times*）教育版前主编爱德华·菲斯克（Edward B. Fiske）合作编撰的《教育财政与政策研究手册》（*Handbook of Research in Education Finance and Policy*）[①]是目前市面上唯一以手册为名的教育财政工具书。两位编者莱德和菲斯克都是美国重要的公共财政和教育财政学者。他们自20世纪70年代至21世纪初发表了一系列有关美国基础教育财政地区间非公平方面的文章，对美国"大城市教育病"有专门的研究，在地区间教育成本指标体系测算、政府间教育财政转移支付研究上有许多高影响的成果。

莱德和美国另一位重要的教育财政学者约翰·英格（John Yinger）曾于20世纪80年代末著有《美国的病态城市》（*America's Ailing Cities*）[②]一书，就美国大城市财政健康与公共服务供给能力展开系统研究。此书虽"老"，但其中不少分析和讨论对于当下中国教育财政的科学规划与设计研究依然具有借鉴意义。伴随着人口流动，中国原有的教育问题会越来越多地由城乡之间的"地域身份"矛盾转变为城市内部的"阶层身份"矛盾。近年来，学区房溢价、义务教育入学制度、校外补习等备受民众关注的教育焦点问题都反映在城市内部，即是明证。

莱德和菲斯克合作编撰的这本教育财政手册内容丰富，包含教育财政与政策的研究视角，教育财政效率，教育财政公平与充足，教育财政与政策的作用和地位，教育市场化与分权化，种族、社会经济背景与学生学业

---

① Ladd, H. F., & Fiske, E. B. (Eds.). (2008). *Handbook of research in education finance and policy*. Routledge.

② Ladd, H. F., & Yinger, J. (1989). *America's ailing cities: fiscal health and the design of urban policy*. Johns Hopkins University Press.

成绩差异，特殊教育财政，高等教育财政等八个部分。由于两位编者都是美国学者，因此不可避免的是，书中几乎所有的政策讨论都以美国为背景，如果读者对美国教育财政制度运行和现实背景缺乏了解，阅读此手册会感到有一定难度。诚然，制度有国别和地区之分，但理论研究和计量方法却是"四海一家"，通过研读此书并补充阅读相关资料对美国制度背景加深认识和了解，或许对破解中国目前或未来教育财政政策困境亦有所助益。

5. 教育经济和财政学词典工具书《教育经济与财政百科全书》(*Encyclopedia of Education Economics and Finance*)

这部教育经济与财政百科全书共有两卷。① 其第一位编者多米尼克·布鲁尔是之前介绍的教育经济学工具书《教育经济学》的第一编者；第二位编者是美国教育财政研究专家劳伦斯·皮库斯，他是之前介绍的教科书《学校财政：一种政策视角》的第二编者，他主要致力于政府间教育财政转移支付和州政府义务教育财政规划方面的研究，曾参与美国多个州以实现财政充足投入为目标的义务教育财政制度改革实践。

该工具书的最大特点是像一本词典，它将教育经济学和财政学中相关重要术语按字母排序，逐条进行释义。每个词条的篇幅都不长，少则不到半页，多则五六页。每个词条文后还附有参考文献，数量虽不多，但都属于极重要文献，非常适合初学者学习。作为专业研究人士，常备这两卷工具书，也可提高资料查阅的效率。将这两卷手册与之前介绍的手册结合起来使用，可达到事半功倍的效果。

三、 研究方法书指引

教育经济与财政研究是一门应用性色彩很浓厚的学科，研读教育经济与财政的学生必须掌握相关计量方法，学习如何运用一定计量方法对数据进行科学分析，为教育政策的制定提供经验证据。早期的教育经济研究主

---

① Brewer, D. J., & Picus, L. O. (2014). *Encyclopedia of education economics and finance* (Vol. 1 & 2). Sage.

要探讨教育投资与国家经济发展之间的关系，因此多采用宏观数据做计量分析，但随着人力资本理论的提出，教育经济慢慢偏向对个体教育投资行为的研究，微观计量方法逐渐占了上风，成为主流方法。教育财政研究同样如此。研究教育财政的学者都知道，教育投入会在多个层面同时表现出差距，如地区之间、省份之间、县域之间、学校之间、个体之间，并且这些差距往往随着比较的层次由高到低而不断加大。譬如，个体间教育投入差距一般高于校际差距，而校际差距又高于县际、省际差距。对更加微观层面的对象进行差距分析，有助于对教育投入差距做出更加细致的分解。以往教育财政研究比较关注宏观层次的教育差距问题，而随着时间推进，研究者越来越关注学校和家庭教育投入在个体间的分配状况，以及此种分配状况对个体教育获得分布的影响。因此，教育财政研究在计量方法应用上也越来越偏爱微观方法。近年来，教育经济与财政研究的融合发展在很大程度上表现为计量方法的趋同。[①]

目前应用于教育经济与财政研究的计量方法不胜枚举。学习计量方法的一个基本思路是，先把方法基础打好，把核心的、常用的方法学好、学通、学透，再采用"研中学"的方法，研究某一具体议题需要运用哪种方法，再专门学习，现学现用，事半功倍。随着你撰写文章数量的增多，你所习得的计量方法会越来越全面和系统化。以下，我将介绍一些学习微观计量常用方法的书籍。

（一） 研究设计与量化研究入门教材

做计量分析要熟知研究设计。从研究问题的提出、构建理论模型并形成变量间关系、概念测量、收集数据，再到采用合适的方法验证自己的假设，无一处不体现研究者的方法功底。美国著名社会学家唐启明（Donald J. Treiman）所著《量化数据分析：通过社会研究检验想法》（*Quantitative*

[①] 有关中国教育经济与财政研究的融合与发展，可参阅黄斌在"北京大学中国教育财政科学研究所成立 15 周年座谈会"上的学术报告：《基于因果证据的义务教育政策研究：兼议中国教育经济与财政研究的融合与发展》，http://news.10jqka.com.cn/20210208/c626907215.shtml。

Data Analysis： Doing Social Research to Test Ideas）① 堪称量化研究设计与方法入门的经典教材。此书内容讲授循序渐进，每章都配有实际案例，难度虽然不高，但要把全书吃透也不易，即便是计量老手也能从中受益。该书在国内有译本，2012 年由社会科学文献出版社出版。

掌握微观计量分析方法需先学习计量经济学基础知识。入门级的计量经济学教材有许多种，相信不少学者授课会选择杰弗里·伍德里奇（Jeffrey Wooldridge）的《经济学导论：现代方法》（*Introductory Economics： A Modern Approach*）与《横截面与面板数据的计量经济分析》（*Econometric Analysis of Cross Section and Panel Data*）作为教材。② 伍德里奇的教材固然经典，但我更偏爱卡特·希尔（R. Carter Hill）、威廉·格里菲思（William E. Griffiths）和盖伊·利姆（Guay C. Lim）合著的《计量经济学原理》（*Principles of Econometrics*）③。理由有二：一是该教材技术化程度较低，更适合非经济学背景的读者阅读；二是该教材配有专门的 Stata 软件操作教材，详细讲授如何使用 Stata 软件实现书中各类方法。初学者使用该教材既能很快掌握计量分析的基本原理，又能熟悉 Stata 软件的各种基本应用，达到学以致用的目的。

目前国内有该教材第四版的中译本，2013 年由东北财经大学出版社出版。配套 Stata 教材亦有中译本，书名为《应用 Stata 学习计量经济学原理》，2015 年由重庆大学出版社出版。

（二） 因果推断入门教材

近年来，因果推断方法盛行，随机实验和准实验方法成为公共政策或

---

① Treiman, D. J. （2009）. *Quantitative data analysis： doing social research to test ideas*. Jossey-Bass.

② Wooldridge, J. M. （2018）. *Introductory econometrics： a modern approach* （7th ed.）. Cengage； Wooldridge, J. M. （2010）. *Econometric analysis of cross section and panel data* （2nd ed.）. MIT press.

③ Hill, R. C., Griffiths, W. E., & Lim, G. C. （2018）. *Principles of econometrics* （5th ed.）. Wiley； Adkins, L., & Hill, R. C. （2011）. *Using Stata for principles of econometrics* （4th ed.）. Wiley.

项目（包括公共教育政策）效果评价研究的主流方法。目前，国内外关于因果推断方法的教材和专业书籍品种越来越多，但大都针对经济学背景读者。对于量化基础较弱或刚入门不久的新人来说，直接阅读这些因果推断专业书籍可能难度偏大，应由浅入深，先培养兴趣，了解因果推断方法的历史发展与基本概念，再深入学习。

总体看，目前面向非经济学背景读者的初级因果推断书籍种类极少。2019 年，民主与建设出版社翻译出版了两位日本经济学家中室牧子和津川友介合著的《原因与结果的经济学》。[①] 该书篇幅不长，仅 10 万余字，若集中精神，花半天工夫就能读完全书。该书采用非数学语言对因果推断方法的发展历史、基本概念和几种常用方法做了概要式的介绍，文字通俗易懂，举例幽默有趣。唯一不足是，此书只能算是因果推断方法的科普类书籍，不能用于正式教学。

因果推断方法入门教材可选择世界银行出版的两部政策效果评价工具书《效果评价手册：量化方法与实践》（*Handbook on Impact Evaluation*：*Quantitative Methods and Practices*）和《效果评价实务》（*Impact Evaluation in Practice*）。[②] 这两部工具书在内容编排上有部分重合，但亦各有所偏重。

《效果评价手册：量化方法与实践》的三位著者沙希德·坎德克尔（Shahidur R. Khandker）、伽亚特丽·库尔瓦尔（Gayatri B. Koolwal）和侯赛因·萨马德（Hussain A. Samad）都是世界银行公共政策评估专家。该手册分为两大部分：第一部分介绍进行项目效果评估的各类计量方法，包括随机实验、倾向得分匹配、倍差法、工具变量法、断点回归等；第二部分介绍如何运用 Stata 软件实现各类因果推断方法。

《效果评价实务》有五位著者，分别是保罗·格特勒（Paul J. Gertler）、塞巴斯蒂安·马丁内斯（Sebastian Martinez）、帕特里克·普雷

① 中室牧子，津川友介. (2019). *原因与结果的经济学*. 民主与建设出版社有限责任公司.

② Khandker, S., Koolwal, G. B., & Samad, H. A. (2010). *Handbook on impact evaluation：quantitative methods and practices*. World Bank；Gertler, P. J., Martinez, S., Premand, P., Rawlings, L. B., & Vermeersch, C. M. J. (2011). *Impact evaluation in practice*. World Bank.

曼（Patrick Premand）、劳拉·罗林斯（Laura B. Rawlings）、克里斯蒂尔·维米尔什（Christel M. J. Vermeersch）。这部书也对随机实验和各类准实验方法进行了介绍，但它更偏向于介绍政策效果评价研究的整体设计，这从该书的内容编排就能看得出。此书分三部分内容。第一部分是对效果评价的概览，主要回答两个问题：为什么要对政策效果进行评价，以及如何设计评价研究问题？第二部分介绍反事实框架与各类因果推断方法，回答如何对政策效果进行评价这一问题，这一部分内容与《效果评价手册：量化方法与实践》一书有不少重合。第三部分解答如何对一项政策的实施效果执行评价，具体介绍了评价研究的整体设计、样本选择、数据收集、结果解释、传播和利用。

总的来看，《效果评价手册：量化方法与实践》更聚焦于实现政策效果评价研究的计量技术，而《效果评价实务》对政策效果评价研究介绍得更加全面和系统。建议初学者先通读《效果评价手册：量化方法与实践》，掌握各类因果推断方法的基本原理及实现技术，再研读《效果评价实务》的第一和第三部分，拓展和补充自己对政策效果评价研究整体设计的认识。

（三） 因果推断进阶教材——"两弹一星"

可作为因果推断进阶教材的书籍种类比较多，其中最负盛名的有四本书，我将其概括为"两弹一星"。

"两弹"中，首推现代因果推断方法发展的两位重要推动者圭多·因本斯（Guido W. Imbens）和唐纳德·鲁宾（Donald B. Rubin）于2015年合著出版的教材《统计学、社会学和生物医学中的因果推断导论》（*Causal Inference for Statistics, Social, and Biomedical Science: An Introduction*）。[1] 该书被誉为因果推断领域最经典和最权威的教科书，它推翻了传统计量方法教材的编写套路，围绕如何正确探知干预分配机制和识别变量间因果关

---

① Imbens, G. W., & Rubin, D. B. (2015). *Causal inference for statistics, social, and biomedical science: an introduction.* Cambridge University Press.

系展开论述。该书分七个部分：因果识别的基本框架、经典随机实验、分配机制设计、分配机制分析、分配机制检验、非遵从者分析和总结。读者通过阅读此书，可全面掌握现代因果推断的基本原理和底层技术。但该书有两点不足：一是篇幅"宏大雄伟"，全书正文厚达 500 余页，令人望而生畏，通读一遍需耗费许多时间；二是注重方法原理推演，技术难度较高，不适合统计学和计量经济学基础较弱的读者研读。

与因本斯和鲁宾教材具有相似地位的"另一弹"是由美国著名社会统计学家斯蒂芬·摩根（Stephen L. Morgan）和克里斯多夫·温希普（Christopher Winship）合著的教材《反事实与因果推断：社会研究方法及原理》（*Counterfactuals and Causal Inference*：*Methods and Principles for Social Research*）。① 该教材初版于 2007 年，较因本斯和鲁宾的教材早许多年，那时因果推断方法尚未流行起来，第二版在 2015 年出版。该教材共分六个部分：社会科学中的因果推断与经验研究、反事实和潜在结果模型、利用观测变量阻断后门路径以估计因果效应、后门规则无效时的因果效应估计、基于观测变量但非点识别时的因果效应估计、总结。由该教材各部分标题就可以看出，摩根和温希普在对各种因果分析思路与策略的讲解和分析中，充分借用了朱迪亚·珀尔（Judea Pearl）提出的有向无环图与后门规则。若干年前，我有一篇投稿论文的外审意见要求我仔细阅读摩根和温希普这本教材的第九章"对因果效应的工具变量估计"并做相应修改。我被迫斥"巨资"购得此书，未曾想读后惊为天人——原来工具变量还可以这样一种有趣的视角来进行理解和诠释！当时我深有"以前的书都白读了"之感。摩根和温希普教材的正文厚度亦达 400 余页，但总体来看，它的阅读难度低于因本斯和鲁宾的教材，而后者对因果推断知识的讲解更成体系、更全面，对相关计量技术的讲解也更细致。

因果推断进阶教材中的"一星"是颗双子星，它们是由微观计量经济学"大牛"教授乔舒亚·安格里斯特（Joshua D. Angrist）和约恩-斯蒂芬·皮施克（Jörn-Steffen Pischke）分别于 2009 年和 2015 年合著出版的两

---

① Morgan, S. L., & Winship, C. (2015). *Counterfactuals and causal inference*：*methods and principles for social research* (2nd ed.). Cambridge University Press.

本书《基本无害的计量经济学：实证研究者指南》（*Mostly Harmless Econometric：An Empiricists Companion*）和《精通计量：从原因到结果的探寻之旅》（*Mastering Metrics：The Path from Cause to Effect*）。①

安格里斯特和皮施克合著的第一本书《基本无害的计量经济学：实证研究者指南》在国内有译本，2012 年由格致出版社等出版。从书名就能看出，两位作者希望此书能给读者带来不一样的计量学习体验，书名中"Mostly Harmless"暗示目前绝大多数计量研究的结果都是有害的，或者是不正确的。由此，两位作者给自己定下了一个目标，即要教授给读者以最无害、能获得最接近真实结果的计量方法。统计是一门关于不确定和残缺的科学，所有统计或计量的结果都是基于不确定和残缺的信息而形成的。为了利用手中的数据信息得到相对确定且适用于大部分人群的结果，统计学家们不得不在构建计量模型时对现实世界设定一些诸如正态分布、有关抑或无关方面的"武断"假设。然而，计量方法的实际应用者常常对于这些假设视而不见，在不符合假设的条件下得出大量存疑的结果。当下，计量研究面临不少批评，批评者中有不少人从不做计量研究或对计量研究不甚了解，他们的批评意见不足为虑，而安格里斯特和皮施克是处于微观计量研究金字塔尖的两位学者，他们的"自我批评"意见理应引起我们重视。

安格里斯特和皮施克合著的第二本书《精通计量：从原因到结果的探寻之旅》，国内也有格致出版社出版的译本，于 2019 年出版。书名中"Master"有两重意思，既有"掌握、精通"之意，亦有"师父、大师"之义，也暗含隐喻，即阅读完该书便可如功夫大师一般身怀绝技，恣意行走于"计量江湖"，因此国内有学者将这本书称为"功夫计量书"。

安格里斯特和皮施克合著的这两本书在内容编排结构上颇为相似，都是先从随机实验讲起，介绍由随机实验产生可信赖的因果推断结论的科学机理，并以此为标杆去评判 OLS 回归、工具变量法、倍差法、断点回归等方法的内部与外部有效性，以帮助读者深刻理解蕴含在这些方法背后的基

① Angrist, J. D., & Pischke, J.-S. (2009). *Mostly harmless econometric：an empiricist's companion*. Princeton University Press; Angrist, J. D., & Pischke, J.-S. (2015). *Mastering metrics：the path from cause to effect*. Princeton University Press.

本假设。并且，这两本书充分体现了安格里斯特和皮施克一贯的研究风格，即只在回归框架下理解和讨论各种因果识别策略和方法，不太谈随机实验。而在之前介绍的"两弹"教材中，随机实验设计是占据"半壁江山"的重点内容。在书中，安格里斯特和皮施克不仅讲解各种方法的原理与应用，还强调如何实现有效的因果研究设计，书中每一章介绍一种方法，有案例配合，语言简洁，文字逻辑清晰，有很强的可读性，但对方法的一些技术细节和检验法讲解得还不够细致。读者如要更深入学习，还需补充阅读针对某一特定方法的专业书籍或文章。

近年来，随着因果推断方法的影响力提升，国外出版市场上有关因果研究设计与因果推断的优秀教科书不断涌现，如坎宁安于 2021 年出版的《因果推断：混音带》（*Causal Inference：The Mixtape*）、亨廷顿-克莱因于 2022 年出版的《效应：研究设计与因果分析导论》（*The Effect：An Introduction to Research Design and Canusality*）。这些新教科书紧跟因果推断方法的理论与技术发展前沿，偏向方法实战训练与应用，文字诙谐有趣，内容深度贯通初级和中级两个难度等级，既可作为因果推断方法的入门教材，亦可作为进阶学习的读物。

（四） 面向教育领域的因果推断教材

2011 年，哈佛大学教育研究院的两位教授理查德·莫内恩（Richard J. Murnane）和约翰·威利特（John B. Willet）合著的《有效方法：教育和社会科学研究中的因果推断》（*Methods Matter：Improving Causal Inference in Educational and Social Science Research*）[①] 由牛津大学出版社出版。这是目前市面上唯一面向教育领域的因果推断方法专著。

该书第一位著者莫内恩教授为经济学背景，长期致力于美国教育政策和教学改革效果评价研究，近年来在扩展弱势家庭学生受教育机会方面做了大量研究。他与美国另一位著名教育政策研究者格雷格·邓肯（Greg J.

---

① Murnane, R. J., & Willett, J. B. (2011). *Methods matter：improving causal inference in educational and social science research*. Oxford University Press.

Duncan）合编的《何处觅机遇？不断加剧的不公平、学校教育与儿童的生活机会》（*Whither Opportunity? Rising Inequality, Schools, and Children's Life Chances*）[1] 一书现就摆在我的案头，其中有不少有关个体、家庭、学校和社区特征对儿童受教育机会影响的研究文献值得一读。《有效方法》的第二位著者威利特教授是统计专家，擅长时间序列和发展模型研究。

对于教育研究者来说，此书非常难得。全书从"何为合乎理性的教育政策？""教育研究是科学吗？"等长期存在争议的议题谈起，循序渐进地对理论构建、研究设计、反事实框架、随机实验、统计效能、自然实验、断点回归、工具变量法等内容进行讲解。此书所举案例大都来自教育领域，莫内恩和邓肯极善于运用简单图示工具，将复杂计量原理"简约化"。我印象最深刻的是，作者在书中只用几个表示变量变异的椭圆图形，就将工具变量的基本原理交代清楚。无须借助复杂的数学推导，读者读后自然明白工具变量估计量为何具有局部特质。两位作者的学术功力可见一斑。个人认为，如果方法课教师只会借助数学符号和公式讲授计量方法，是不合格的。我们在课堂上面对的学生常来自不同的学科背景，有些学生的数学基础较弱，如果教师授课一味依赖枯燥的数学推演，会使得许多学生过早丧失对量化方法的学习兴趣，这对于量化方法的推广与发展来说是极为不利的。作为方法课教师，我们的一个重要使命是让更多学生亲近科学方法，而非远离它。

（五）倾向得分匹配

近年来因果研究十分火爆，国内随机实验研究和准实验研究的文献数量越来越多，其中使用倾向得分匹配法的实证研究尤其多。如果你想对事后的观测数据进行因果分析，而手头数据又无法支撑更加周密的因果推断设计，那么倾向得分匹配法是一个不错的选择。目前，国外主流的经济学期刊对倾向得分匹配法的接受度比较低，不少审稿人认为这一方法只对可

---

[1] Duncan, G. J., & Murnane, R. J. (Eds.). (2011). *Whither opportunity? Rising inequality, schools, and children's life chances*. Russell Sage Foundation.

观测变量进行了控制，无法解决由不可观测异质性引发的隐性偏估问题。但我的理解是，倾向得分匹配法作为一种样本数据的预处理方法，未尝不是一种可实现观测数据平衡的有效手段。研究者可在实施匹配形成新的匹配样本后，再配合使用其他方法（如倍差法、断点回归），以提高估计结果的内部有效性。

2010 年，美国圣路易斯华盛顿大学教授郭申阳和北卡罗来纳大学教堂山分校教授马克·弗雷泽（Mark W. Fraser）合作的倾向得分匹配法专著《倾向值分析：统计方法与应用》（*Propensity Score Analysis：Statistical Methods and Applications*）① 出版。这本方法专著全面且细致地介绍了包括倾向得分匹配法在内的整个匹配法方法家族，书中配有实战案例及 Stata 命令讲解，可以帮助读者很快上手操作并执行各类型匹配模型与方法，非常实用。

两位作者于 2015 年出版该书第二版，五年内两度出版，证明此书确受读者欢迎。第二版比初版新增三章，增加了如何结合结构方程和多层线性实现倾向得分匹配，以及广义倾向得分匹配统计量等内容。该书初版在国内有译本，由重庆大学出版社于 2012 年出版。

近年来，倾向得分匹配法受到多方质疑。2019 年，盖里·金（Gary King）和理查德·尼尔森（Richard Nielsen）在政治学期刊《政治学分析》（*Political Analysis*）撰文《为何倾向得分不应该用于匹配》（Why Propensity Scores Should Not Be Used for Matching），对倾向得分法提出猛烈的批评。他们指出，"倾向得分匹配经常导致与其初衷相左的结果，即该方法常常会加剧数据非平衡，引发估计低效率、模型依赖和偏估的问题"。对此，郭申阳撰文予以反驳，认为金和尼尔森对倾向得分方法基本原理存在根本性的误解。有兴趣的读者可下载这两方学者的交锋文章进行研读，相信通过了解交锋双方的观点，可加深自己对倾向得分匹配法的了解。

---

① Guo, S., & Fraser, M. W.（2015）. *Propensity score analysis：statistical methods and applications*（2nd ed.）. Sage.

（六）多层线性模型

多层线性模型方法（hierarchical linear model，HLM）是 20 世纪 90 年代兴起并被广泛应用于嵌套式数据（nested data）分析的一种计量方法。该方法常用于心理学、社会学、教育学研究，经济研究用得不多，原因可能是多层线性模型方法不能用于解决因果推断问题，或者说该方法的产生原本就不是为了探究因果关系。此外，在一些计量经济学者看来，多层线性模型所能解决的多层次自变量对因变量的回归分析，完全可以通过在单层模型中加入不同层次自变量的交互项来实现，无须另造一种方法。

史蒂芬·劳登布什（Stephen W. Raudenbush）和安东尼·布雷克（Anthony S. Bryk）是推动多层线性模型方法技术发展最重要的两位学者，他们合著的方法专著《多层线性模型：应用及数据分析方法》（*Hierarchical Linear Models：Applications and Data Analysis Methods*）[1] 可以说是学习多层线性模型方法的必读文献。在此书中，劳登布什和布雷克由浅入深地介绍了 HLM 方法应用于回归与测量分析的各类模型原理，其中穿插了不少研究实例，阅读难度不大，有一定计量基础的学生完全可以自学并读懂、读透。劳登布什和布雷克开发了用于多层数据分析的专门软件 HLM，还组织编写了 HLM 使用手册《HLM 6：多层线性及非线性模型》（*HLM 6：Hierarchical Linear and Nonlinear Modeling*）。[2] 除 HLM 外，使用 Stata、Mplus、R 等统计软件亦可实现多层模型分析。

如果要学习如何使用 Stata 实现多层线性模型分析，可选择由索菲娅·拉贝－海斯凯茨（Sophia Rabe-Hesketh）和安德斯·斯克龙达尔（Anders Skrondal）合著的《用 Stata 实现多层与纵向模型》（*Multilevel and*

[1] Raudenbush, S. W., & Bryk, A. S. (2002). *Hierarchical linear models：applications and data analysis methods* (2nd ed.). Sage.

[2] Raudenbush, S. W., Bryk, A. S., Cheong, Y. F., & Congdon, R. T. (2004). *HLM 6：hierarchical linear and nonlinear modeling*. Scientific Software International.

Longitudinal Modeling Using Stata）。① 该书第四版于 2021 年出版，分上、下两卷。利用多层线性模型方法可构建满足不同研究需要的各类型模型。要学习该方法，研习劳登布什和布雷克的方法专著是基础，拉贝－海斯凯茨和斯克龙达尔的 Stata 操作书可作为工具书，要学习如何利用 Stata 软件实现特定的多层线性模型分析，只需从后者中挑选相对应的章节阅读即可。

（七） 差异的测量与分解

教育非公平与非均衡发展是人类社会普遍存在的一种现象，掌握非公平概念并学会如何测量和分解教育非公平是教育计量研究的一项基本功。在教育财政领域，教育非公平集中体现为教育投入非均等。教育财政研究者必须掌握测量教育投入非均等的相关方法。

有关教育差异测量的专业书籍种类比较多，重点推荐由郝令昕和丹尼尔·奈曼（Daniel Q. Naiman）合著的《评估非均等》（*Assessing Inequality*）。② 该书由世哲（Sage）出版社于 2010 年出版，是 Sage 定量社会科学研究丛书中的一本。这一系列方法书的封面都以绿为底色，装帧尺寸较小，坊间称其为"小绿书"。小绿书有两方面特点：一是文章短小精悍，每本书都很薄，能够很快读完；二是注重方法应用，有实例演示，读者读完即能用。我读博士课程的时候，虽然选修了不少方法课，但自己觉得还是不够，小绿书就是我课外"加餐"的主食之一。

郝令昕和奈曼非常系统地介绍了当前测量非均等的两大类方法：参数概要测量法与非参数测量法。数据的差异表现是与数据分布特征紧密联系在一起的，以往我们常常习惯于使用一种测量指标就数据的整体分布差异进行描述。如果在你的研究中，差异测量并不是核心内容或主要研究议题，那么此种做法或许是可取的。但是，如果你希望对数据的差异总体状况或经年的差异趋势做更为详细和科学的分析，那么此种只采用单一参数

---

① Rabe-Hesketh, S., & Skrondal, A. (2021). *Multilevel and longitudinal modeling using Stata* (4th ed.). Stata Press.

② Hao, L., & Naiman, D. Q. (2010). *Assessing inequality*. Sage.

的做法就很可能形成错误的判断。为了解决这一难题，郝令昕和奈曼不仅仅给出了各种参数和非参数的差异测量与分解方法，还非常注重对各类指标和方法之间关系的讲解。不同指标和方法对于同一分布差异的测量是有所侧重的，因此一种好的差异测量策略是综合各类测量指标和方法对分布差异做出综合的评判。

　　测量差异的另一本经典教科书是弗兰克·考威尔（Frank A. Cowell）所著的《测量非均等》（*Measuring Inequality*）[1]。郝令昕和奈曼书中有不少篇幅就直接引用考威尔书中的内容。早在 20 世纪 80 年代，两位美国教育财政学者罗伯特·伯尔尼（Robert Berne）和丽安娜·施蒂费尔（Leanna Stiefel）曾合著出版过一部专门用于测量教育非均等的方法专著《学校财政均等性的测量：概念、方法与实证》（*The Measurement of Equity in School Finance：Conceptual，Methodological，and Empirical Dimension*）。[2] 此书虽老，但据我所知，它是迄今为止唯一专门针对教育财政的差异测量专著。此外，该书不单介绍差异测量方法，还对教育与教育财政领域的相关公平概念及其要素构成进行了解析，并对相关测量工具在美国实际教育财政运作中的应用进行了介绍。该书技术难度相对较低，大部分计算操作是通过 Excel 甚至笔算完成的，数学基础不太好的学生可考虑先从此书看起。

　　郝令昕和奈曼还曾合作出版过另一本方法专著《分位数回归》（*Quantile Regression*）。[3] 该书同属于 Sage 小绿书系列，国内亦有译本。经济研究中的分位数回归通常只用作对不同取值范围内因变量的回归分析，但郝令昕和奈曼这本书的重心在于利用分位数回归做分布差异的测算与分解。该书内容大致分为两大部分：前半部分介绍分位数回归方法的基本原理，后半部分讲授如何利用分位数回归对差异分解和分布变化进行分析。由于有所侧重，该书对于分位数回归的介绍并不完整，只介绍了有条件分位数回归的基本原理与应用，未涉及无条件分位数回归、工具变量分位数回归等较新的分位数回归技术。

---

　　[1]　Cowell，F. A.（2011）. *Measuring inequality*（3rd ed.）. Oxford University Press.

　　[2]　Berne，R.，& Stiefel，L.（1984）. *The measurement of equity in school finance：conceptual，methodological，and empirical dimension*. John Hopkins University Press.

　　[3]　Hao，L.，& Naiman，D. Q.（2007）. *Quantile regression*. Sage.

（八） 类别因变量回归

类别因变量回归是众多社会科学研究都会用到的一种方法，教育经济与财政研究同样如此。在现实生活中，我们总是要在有限的选项中做出非此即彼的选择。一旦此种离散的人类行为选择成为我们研究的对象，成为计量模型中的因变量，我们就需要用到类别因变量回归方法。例如，我们对学生就读大学的意愿进行研究，回归的因变量就是个人是否有意愿上大学，它是一个二分类别变量，取值0和1，1表示愿意，0表示不愿意。我们还可以进一步将上大学意愿分为多个等次，譬如为三分类别变量，取值0、1和2，2表示有意愿上知名大学，1表示有意愿上普通大学，0表示不愿意上大学。

实现类别因变量回归有多种方法，最常见的是逻辑回归与普罗比回归，这两种回归方法在统计原理上没有太大区别，相比之下逻辑回归应用得更多一些。类别变量又可以分为无序和有序两类，因此逻辑回归又可分为无序逻辑回归和有序逻辑回归两类。

目前市面上有关逻辑回归的方法专著和教材种类较多。建议初学者入门首选弗里德·潘佩尔（Fred C. Pampel）所著《逻辑回归：入门读本》（*Logistic Regression：A Primer*）[①]，国内格致出版社有译本，书名为《Logistic回归入门》。该书同样是Sage小绿书系列中的一本，除参考文献外仅有80多页，阅读该书可快速掌握类别因变量回归的基本原理与无序逻辑回归的实操。

入门后，推荐阅读刘兴教授所著《应用Stata实现有序逻辑回归》（*Applied Ordinal Logistic Regression Using Stata*）[②]个人认为该书是目前最好的逻辑回归初中级教科书。该书有三方面特点。一是全，有序逻辑回归以无序逻辑回归为基础，讲有序逻辑回归必须先将无序逻辑回归讲透，因此该书虽然主要讲授有序逻辑回归，但基本涵盖了目前发展比较成熟的各

---

① Pampel, F. C. (2000). *Logistic regression：a primer*. Sage.

② Liu, X. (2016). *Applied ordinal logistic regression using Stata*. Sage.

类型有序和无序逻辑回归模型,甚至包含部分普罗比回归模型的讲解。二是新,体现在两方面:(1)对有序逻辑回归几乎所有类别的模型都进行了细致的讲解,包括比例发生比模型、偏比例发生比模型、广义模型等;(2)专门安排两章全面介绍了逻辑回归在多层线性模型中的应用,这些都是在以往相关方法书和教科书中很少涉及的内容。三是实用,该书通篇结合 Stata 实例应用进行讲解,读者学完即可上手,立刻投入实战。

诚然,刘兴的书亦有一些不足,譬如对最大似然估计与统计推断方面讲得不多,若要在这一方面加深了解,还需寻找其他方法书进行补充阅读,如斯科特·隆(J. Scott Long)与杰里米·弗里兹(Jeremy Freese)合著的《用 Stata 实现类别因变量回归模型》(*Regression Models for Categorical Dependent Variables Using Stata*)① 就是一个非常不错的选择。

(九)影响机制分析

在对于一种现象的量化分析中,我们常常只关注输入变量(自变量)对输出变量(结果变量)的影响,忽视对前者作用于后者的机制分析。目前,社会科学各研究领域期刊都十分注重研究的"故事性",即要求作者不仅能运用合宜的方法估计出 X 对 Y 的影响方向与程度,还需交代清楚 X 在何时或何种条件下实现对 Y 的影响。之所以要追究这一问题,一方面是希望研究者能最大限度地挖掘数据的"潜能",更加深刻地阐释计量研究结果产生的原因及过程,另一方面也缘于对计量研究结果的不信任,希望研究者能通过更多的机制讨论进一步加强估计结果的稳健性与可靠性。这无疑极大地增加了研究的难度,因为它要求研究者必须为自己对估计结果的解释提供更多确切的明证,不能只给一些含混不清的定性解释就敷衍了事。

中介效应与调节效应分析是探索变量间影响机制最常用的方法。美国社会统计学家安德鲁·海耶斯(Andrew F. Hayes)著有条件过程分析法

---

① Long, J. S., & Freese, J. (2014). *Regression models for categorical dependent variables using Stata* (3rd ed.). Stata Press.

专著《中介、调节及条件过程分析导论：基于回归的方法》（*Introduction to mediation, moderation, and conditional process analysis: a regression-based approach*）。① 海耶斯这本方法专著包含的内容非常丰富，从最基本的中介效应模型与调节效应模型讲起，分别探讨了这两种模型在各种变量类型条件下的具体应用，并在此基础上将两种效应融合到统一模型中，从而实现对复杂影响机制的分析。目前，SPSS 有专门的插件 PROCESS 用于实现条件过程分析。海耶斯教材中每一章都附有实例，详细讲解如何在 SPSS 或 SAS 软件中实现特定条件过程模型，具有很强的实用性。该书的最大缺点是文字太过"啰唆"，为了防止学生读了后面忘前面，几乎每一章都至少有五分之一的篇幅用于"前情提要"。此外，书中所选的实例相对冷僻，非社会学或政治学专业背景的读者可能会觉得索然无味，且难以理解。

中介效应分析在经济研究中应用得不多，主要原因是有不少计量经济学家对目前常用的中介效应分析法持"谨慎"的态度。在他们看来，无论是早期提出的中介效应分步检验法，还是近来流行的中介效应自举检验法和条件过程分析法，都不是从正式的因果推断分析框架（潜在结果框架）推演出来的，它们只能实现机制的相关分析，不能对机制做出因果解释。我的个人意见是海耶斯是基于 OLS 技术构建的条件过程模型，它采用的估计技术与断点回归、工具变量法、倍差法、倾向得分法应是兼容的，或许可以在实际研究中配合应用。最难解决的是潜藏于因果机制模型背后的非混淆性假设，要实现对三变量或更多变量之间的因果机制分析，需满足比两变量因果推断更加严苛的假设条件，这使得基于潜在结果框架所形成的机制分析法难以应用于实际观测研究。目前有关因果机制识别与估计方法的研究尚处于探索阶段，具体讨论可参见小介今井（Kosuke Imai）等人② 与范德韦勒（Tyler J. Vanderweele）③ 的研究。

---

① Hayes, A. F. (2018). *Introduction to mediation, moderation, and conditional process analysis: a regression-based approach* (2nd ed.). The Guilford Press.

② Imai, K., Keele, L., & Yamamoto, D. T. (2011). Unpacking the black box of causality: learning about causal mechanisms from experimental and observational studies. *American Political Science Review, 105* (4), 765–789.

③ Vanderweele, T. J. (2015). *Explanation in causal inference: methods for mediation and interaction*. Oxford University Press.

四、 结语

以上是我从事教育经济与财政研究近二十年来阅读和学习过的各类专业文献。我推荐的文献中，有些出版或发表于几十年前，看似已十分老旧，但这并不表示这些文献已不再有被阅读的价值。与自然科学不同，社会科学的许多理论构建和经验结论原本就需经历时间的洗礼，方能显现其真正的价值。文献虽老，却常读常新。

阅读是需要投入大量时间的事情，尤其对于专业研究者来说，这些投入更显得必要。于我而言，读专业文献部分是出于兴趣，但更多是为了增强自己的学术能力、延续自己的学术生命。对于研读文献，我建议采用专题学习的形式，即安排一段完整的时间，就某一核心概念、研究问题或技术方法进行"穷追猛打"的学习。在阅读过程中，读者还需要勤于动笔，或复述总结自己"消化"了的知识，或记录自己在阅读中的所思所想。记阅读笔记虽会拖慢阅读进度，但一举三得：它既能加强对所学知识的记忆，训练作文能力，还能不断给予"我正在阅读"的自我心理暗示，延长有效阅读时间。

我平时奔忙于教学与行政工作，抽不出时间进行专题阅读，到了寒暑假则集中"补课"。每日深夜，坐在书桌前，享受着难得的清静时光，台灯光照着一本已研读逾半的专业文献，手边放着另一本尚未开卷的推理小说，等待睡前阅读，这是多么惬意的一件事啊！

初稿完成于 2021 年 1 月 31 日
二修完成于 2021 年 9 月 16 日
三修完成于 2022 年 1 月 30 日

出 版 人　郑豪杰
责任编辑　翁绮睿
版式设计　郝晓红
责任校对　张晓雯
责任印制　叶小峰

图书在版编目（CIP）数据

　　因果推断：在教育及其他社会科学领域的应用/黄斌，
范雯，朱宇著. —北京：教育科学出版社，2022.8（2023.9重印）
　　ISBN 978－7－5191－3186－9

　　Ⅰ. ①因… Ⅱ. ①黄… ②范… ③朱… Ⅲ. ①因果性－
推断－应用－研究 Ⅳ. ①O212

　　中国版本图书馆 CIP 数据核字（2022）第 121874 号

因果推断：在教育及其他社会科学领域的应用

YINGUO TUIDUAN: ZAI JIAOYU JI QITA SHEHUI KEXUE LINGYU DE YINGYONG

出 版 发 行	教育科学出版社				
社　　　址	北京·朝阳区安慧北里安园甲 9 号		邮　　编	100101	
总编室电话	010－64981290		编辑部电话	010－64981167	
出版部电话	010－64989487		市场部电话	010－64989009	
传　　　真	010－64891796		网　　址	http://www.esph.com.cn	
经　　　销	各地新华书店				
制　　　作	北京京久科创文化有限公司				
印　　　刷	保定市中画美凯印刷有限公司				
开　　　本	720 毫米×1020 毫米　1/16		版　　次	2022 年 8 月第 1 版	
印　　　张	34.75		印　　次	2023 年 9 月第 2 次印刷	
字　　　数	483 千		定　　价	115.00 元	

图书出现印装质量问题，本社负责调换。